AF532831

Haupt

Johannes Rüegg-Stürm & Simon Grand

Das St. Galler Management-Modell

Wissenschaftliche Grundlagen und Praxisbeispiele

3., überarbeitete und weiterentwickelte Auflage

3., überarbeitete und weiterentwickelte Auflage, unveränderter Nachdruck 2018

Bibliografische Information der Deutschen Nationalbibliothek

Die Deutsche Nationalbibliothek verzeichnet diese Publikation in der Deutschen Nationalbibliografie; detaillierte bibliografische Daten sind im Internet über http://dnb.dnb.de abrufbar.

Johannes Rüegg-Stürm & Simon Grand
Das St. Galler Management-Modell: Wissenschaftliche Grundlagen und Praxisbeispiele

Weitere Informationen unter www.sgmm.ch

ISBN 978-3-258-08015-4

Fachredaktionelle Beratung, Message- & Textdesign: Prof. Dr. Peter Stücheli-Herlach, Zürcher Hochschule für Angewandte Wissenschaften
Designsystem & visuelle Gestaltung: Oliver Mayer, Tatin Design Enterprises
Korrektorat: Claudia Bislin

Druck und Lithos: Schwabe AG, Muttenz
Bindung: Grollimund AG, Reinach/BL
Papier: Edixion Offset hochweiss, Heaven 42 softmatt absolutweiss

Printed in Switzerland

www.haupt.ch

Vorwort und Neuerungen der 3. Auflage (2017)

Auf der Grundlage von vielfältigen Erfahrungen in Forschung, Lehre und Executive Education legen wir hiermit die 3. Auflage des St. Galler Management-Modells der 4. Generation (SGMM) vor.

Neben verschiedenen Detailverbesserungen ist die 3. Auflage durch zwei Neuerungen gekennzeichnet, die begrifflich nachgeschärft worden sind:

Erstens haben wir bei den Schlüsselkategorien des SGMM den Begriff der *Differenzierung* auf der Auflösungsebene III von Organisation als Wertschöpfungssystem durch den Begriff der *Ausdifferenzierung* ersetzt und im gesamten Text die folgende Sprachregelung vereinheitlicht:

- Der Begriff der *Differenzierung* bezieht sich auf einen wichtigen *strategischen* Aspekt der Management-Praxis. Differenzierung betrifft unter Bedingungen von Wettbewerb die strategische Notwendigkeit zur *Positionierung* und *Profilierung* einer Organisation. Eine Umwelt, die durch Wettbewerb geprägt ist, macht es erforderlich, dass sich die Wertschöpfung einer Organisation deutlich von der Wertschöpfung anderer Akteure unterscheidet (= differenziert), ein *eigenständiges Profil* aufweist und einen möglichst *einmaligen Nutzen* verspricht. Im Zentrum von Fragen der Differenzierung steht also die Kreierung eines „unique mix of value" (Porter, 1996).

- Demgegenüber bezieht sich der Begriff der *Ausdifferenzierung* auf die *zunehmende Arbeitsteiligkeit* und *Spezialisierung* von organisationaler Wertschöpfung. Heutige Organisationen entwickeln sich immer stärker in Richtung von innovationsorientierten Expertenorganisationen mit einem Fokus auf eine eng gefasste, hochspezialisierte Wertschöpfung, die ganz spezifische Fähigkeiten (Kernkompetenzen) voraussetzt. Das Phänomen der Ausdifferenzierung hat seinen Ursprung in der fortschreitenden Ausdifferenzierung der Gesellschaft in gesellschaftliche Funktionssysteme wie z.B. Wirtschaft, Politik, Wissenschaft, Erziehung, Kunst oder Religion (Luhmann, 1984) und im Innovationswettbewerb.

Eine ähnliche, *interne Ausdifferenzierung* in hochspezialisierte Funktionen ist auch innerhalb von Organisationen zu beobachten (z.B. in Forschung, Entwicklung, Marketing, Verkauf, Human Resources usw.). Und mit Blick auf die gesamte Wertschöpfungskette eines Produkts oder einer Dienstleistung lässt sich in ähnlicher Weise beobachten, dass sich auch die Gesamtwertschöpfung heutiger Güter und Dienstleistungen immer stärker ausdifferenziert in *Wertschöpfungsnetzwerke*, die sich aus dem Zusammenspiel hochspezialisierter Organisationen (insbesondere Unternehmungen) bilden. Damit ist die *externe Ausdifferenzierung* organisationaler Wertschöpfung angesprochen.

Zweitens haben wir in dieser 3. Auflage im Zusammenhang mit unserem Verständnis von Kontroversen die Kategorien *Issues* und *Positionen* auf der Auflösungsebene III von Umwelt als Möglichkeitsraum genauer präzisiert. Dabei unterscheiden wir zum einen den *allgemeinen Kernsachverhalt* einer Kontroverse und zum anderen die *stakeholder-abhängige Wahrnehmungsweise und Lesart* dieses Sachverhalts durch spezifische Stakeholder, die wir als *Issue* bezeichnen. Mit Bezug auf ein solches Issue leiten Stakeholder spezifische normative Ansprüche und Forderungen ab, die zu *Positionen* gebündelt werden können. Aus Sicht der Management-Praxis gilt es zu klären, wo, d.h. auf welchen Management-Plattformen, und wie die Bearbeitung derjenigen Kontroversen stattfinden soll, die für eine Organisation existenzkritische Auswirkungen entfalten können.

Dank

Zentrale Denkimpulse, die zu dieser 3. Auflage des SGMM der 4. Generation geführt haben, verdanken wir den Rückmeldungen von Menschen, die unser Buch als Reflexionssprache und als Lehrmittel einsetzen. Dazu gehören all unsere Partner in Forschung, Lehre und Weiterbildung, denen wir herzlich für eine Vielfalt von Feedbacks, weiterführenden Ideen und Impulsen danken.

Besonders danken möchten wir unserer wissenschaftlichen Mitarbeiterin Naomi Kink. Sie nimmt mit grosser Umsicht die operative Betreuung des Themenfelds *Management* auf der Assessmentstufe (1. Studienjahr) der Universität St. Gallen wahr und hat die Weiterentwicklung dieses Texts zusammen mit Camille Leutenegger engagiert und kompetent unterstützt.

St. Gallen, im April 2017
Johannes Rüegg-Stürm & Simon Grand

Vorwort und Neuerungen der 2. Auflage (2015)

Probleme, die nie gelöst werden, werden deshalb nie gelöst, weil die Manager fortwährend mit allem herumexperimentieren, ausser mit dem, was sie selbst tun. ... Wenn die Leute ihre Umgebung verändern wollen, müssen sie sich selbst und ihr Handeln ändern – nicht jemand anderen.

Karl E. Weick
Der Prozess des Organisierens

Nach einer ersten Testphase der 4. Generation des St. Galler Management-Modells (SGMM) legen wir hiermit die 2. Auflage vor. Auf der Grundlage zahlreicher wertvoller Rückmeldungen auf die 1. Auflage haben wir den gesamten Text vollständig überarbeitet und grundlegend weiterentwickelt. Daraus ist ein vollkommen neuer Text entstanden.

Dabei haben wir einerseits die zentralen Begriffe des Modells weiter geschärft, wichtige Konzepte und Argumente möglichst anschaulich illustriert und wo immer möglich Vereinfachungen vorgenommen. Andererseits haben wir versucht, den Bezug zu wichtigen Perspektiven und Positionen in der Management-Literatur weiter auszubauen.

So ist mit der 2. Auflage ein neues Buch entstanden, das von der inhaltlichen Substanz her eng an die 1. Auflage und an die Vorgängergenerationen anschliesst, zugleich aber vieles systematisch weiterentwickelt. Von grundlegender Bedeutung sind insbesondere folgende Änderungen gegenüber der 1. Auflage:

- Wir haben erstens die wissenschaftlichen Perspektiven, die dem SGMM der 4. Generation zugrunde liegen, zu einer *kommunikationszentrierten Perspektive* verdichtet. Wir verstehen somit Umwelt, Organisation und Management konsequent als *kommunikatives Geschehen.* Folglich verdient die *Strukturierung von Kommunikation* in der Management-Praxis grösste Aufmerksamkeit.

- Wir stellen zweitens *organisationale Wertschöpfung und deren Weiterentwicklung* ins Zentrum der gesamten Überlegungen. In allen Organisationen der heutigen Zeit bildet organisationale Wertschöpfung in ihren vielfältigen Facetten den zentralen Gestaltungsfokus von Management. Sorgfältig zu klären, welche *Wertvorstellungen* dieser Wertschöpfung zugrunde liegen sollen, betrachtet das SGMM seit der 1. Generation als zentrale Management-Aufgabe.

- Wir zeigen drittens systematisch, wie organisationale Wertschöpfung und deren unternehmerische Weiterentwicklung ermöglicht wird durch die Erschliessung der *Umwelt als Möglichkeitsraum* und durch die Verfertigung einer *organisationsspezifischen Ressourcenkonfiguration*.

- Wir beschreiben viertens Umwelt differenziert als Zusammenspiel einer Vielfalt von *Umweltsphären*, die sich kommunikativ als eigenständige und eigensinnige Diskurse verstehen lassen.

- Fünftens sind die *Stakeholder* einer Organisation Nutzniesser und Betroffene der organisationalen Wertschöpfung, aber auch Träger und Repräsentanten wichtiger Erwartungen an eine Organisation. Der Aufbau tragfähiger Beziehungen zu diesen Stakeholdern als Kommunikationsadressaten bildet eine essenzielle Erfolgsvoraussetzung unternehmerischer Wertschöpfung.

- Sechstens beruht eine *wirksame Management-Praxis* aus Sicht des St. Galler Management-Modells auf dem Zusammenspiel von drei Bausteinen: Management ist erstens als ausdifferenzierte *Reflexionsfunktion* einer Organisation zu verstehen, die immer wieder neu das Zusammenspiel dieser Organisation mit ihrer Umwelt in den Blick nehmen muss. Für eine wirksame *reflexive Gestaltungspraxis* von Umwelt und Organisation braucht es zweitens ein spezifisches Repertoire von *Management-Praktiken*. Dieses muss drittens situativ von arbeitsfähigen *Manager-Communities* einer Organisation mobilisiert werden können.

Dank

Einmal mehr ist es der inspirierenden und freundschaftlichen Zusammenarbeit mit vielen Kolleginnen und Kollegen aus der Wissenschaft, insbesondere der Universität St. Gallen, und aus der unternehmerischen Praxis zu verdanken, dass diese grundlegend überarbeitete 2. Auflage des SGMM der 4. Generation entstehen konnte.

Dafür haben sich ganz besonders unsere beiden Institutskollegen Thomas Bieger und Kuno Schedler eingesetzt. Mit ihnen verbindet uns eine freundschaftliche Zusammenarbeit und ein intensiver kollegialer Austausch. Dies ist unverzichtbar für ein aufbauendes Feedback-Geben und Feedback-Nehmen. Von grosser Bedeutung sind für uns auch Rudi Wimmer und Alfred Kieser, die unsere Arbeit am SGMM in verdankenswerter Weise seit vielen Jahren mit grossem Interesse und wertvollem Engagement unterstützen.

Die Weiterentwicklung des SGMM der 4. Generation zur 2. Auflage hat wesentlich von unseren langjährigen Forschungsprogrammen Health Care Excellence, RISE Management Innovation Lab und Systemisches Management profitiert. Im Rahmen von Forschungskolloquien und in verschiedensten Bildungspartnerschaften mit unseren Praxispartnern konnten wir die Kernideen unserer Neuentwicklung ausführlich diskutieren und sorgfältig auf ihre Verständlichkeit und Relevanz für eine wirksame Management-Praxis testen.

Finanziell wird dieses Forschungs- und Transferprojekt in grosszügiger Weise unterstützt von der AVINA Stiftung, von Leonteq Securities und von Raiffeisen Schweiz.

Bei der Entwicklung des vorliegenden Texts hat uns ein Projektteam mit grossem Einsatz und viel Geduld unterstützt und begleitet. Wir danken Dana Behrens, Naomi Kink und Cornelia Wey ganz herzlich für ihre treffenden detaillierten Reviews zum gesamten Text. Weiter danken wir Naomi Kink dafür, dass sie das Projekt in den letzten Monaten der Umsetzung inhaltlich und organisatorisch eng begleitet und die vielen Fäden, die eine zeitgerechte Umsetzung erfordert, mit grosser Umsicht zusammengehalten hat. Cornelia Wey danken wir herzlich für die pädagogische Umsetzung dieses Buchs in Fallstudien und didaktische Arrangements.

Weiter danken wir Peter Stücheli-Herlach, der uns als akademischer Sparringspartner bei der konzeptionellen Weiterentwicklung unterstützt hat. Und wir danken Oliver Mayer und Joseph Kennedy, welche die visuelle Gestaltung der Schlüsselgrafiken und Abbildungen, die Entwicklung des Layouts sowie die Realisierung des Textes als Buch mit Enthusiasmus vorangetrieben haben. In diesen Dank eingeschlossen sind auch Matthias Haupt und sein Haupt Verlag sowie Claudia Bislin als Lektorin.

Ein ganz besonderer Dank geht auch diesmal an Monika Steiger, die wertvolle Korrekturarbeiten erbracht hat und uns mit vorbildlicher Hilfsbereitschaft täglich optimale Arbeitsvoraussetzungen schafft.

Der vorliegende Text wurde von uns beiden als Ko-Autoren vom ersten bis zum letzten Satz gemeinsam erarbeitet. Dass so etwas gelingt, ist nicht selbstverständlich und nicht allein die Leistung der Autoren, sondern erneut das Ergebnis des Zusammenspiels von intellektueller Freude, Vertrauen, Freundschaft und Glück.

St. Gallen, im September 2015
Johannes Rüegg-Stürm & Simon Grand

Vorwort zur 1. Auflage (2014)

Schade ist, wie wenig das von Hans Ulrich geschaffene Management-Modell an der Universität St. Gallen weiterentwickelt wurde. Sein Denkansatz erlaubte es, ein Unternehmen aus unterschiedlicher Sicht zu betrachten und je nach Aufgabenstellung neu zu fokussieren. Der Systemansatz hat immer wieder neue Erkenntnisse gebracht und uns geholfen, unterschiedliche Aspekte in unserem Unternehmen auf den Prüfstand zu stellen, um sie wieder zu einem Ganzen zu verbinden.

Hans Huber
Gründer und Ehrenpräsident
der SFS Group, Heerbrugg
Was mir wichtig ist

Diese bemerkenswerte Rückmeldung eines überaus erfolgreichen Unternehmers aus dem St. Galler Rheintal an die Wissenschaft ist mehr als eine tragfähige Motivation, den Denkfaden des St. Galler Systemansatzes weiterzuspinnen: erstens mit Blick auf grundlegende unternehmerische Herausforderungen von heute, die im Gespräch mit erfahrenen Unternehmerinnen und Unternehmern, Verwaltungsräten, Executives sowie Managerinnen und Managern immer wieder aufscheinen; zweitens mit Blick auf die neuesten Erkenntnisse der Management- und Organisationsforschung, wie sie in der internationalen Scientific Community diskutiert werden; drittens im Hinblick auf eine systematische Verknüpfung von Forschung und Praxis für die Gestaltung von Vorlesungen und Seminaren mit Studierenden an der Universität.

Es war Ende der sechziger Jahre des 20. Jahrhunderts eine Pionierleistung, Fragestellungen der Management-Praxis und Management-Wissenschaft ganz ungewohnt aus einer systemtheoretischen Perspektive zu beleuchten (Ulrich, 1968). Die daraus resultierenden integrativen Perspektiven und Denkformen wurden von den damaligen Pionieren an der Universität St. Gallen (HSG), Hans Ulrich und Walter Krieg (Ulrich & Krieg, 1972), unter der Bezeichnung St. Galler Management-Modell der Praxis zugänglich gemacht. Das St. Galler Management-Modell sollte dazu beitragen, komplexe Management-Herausforderungen in ihrem Gesamtzusammenhang, ihrer vernetzten Verteiltheit und ihrem Voraussetzungsreichtum angemessen erfassen und wirksam bearbeiten zu können.

Dieses Anliegen hat – wie das angeführte Zitat belegt – bis heute nichts von seiner Relevanz eingebüsst, denn Management wird laufend anspruchsvoller und kontroverser. Wachsende Herausforderungen für Unternehmungen, vielfältigere Organisationsformen und Ansätze der Führung sowie gesellschaftliche Kritik machen Orientierung nötiger denn je. Dabei ist auch heute das Zusammenspiel von Umwelt, Organisation und Management oftmals nicht ausreichend im Blick. Die Umwelt ist da, die Organisation funktioniert und Management wirkt. Aber wie?

Das St. Galler Management-Modell der 4. Generation ist ein erneuter Versuch, für die Reflexion, Diskussion und Bearbeitung der Komplexität, mit der sich die Management-Praxis heute konfrontiert sieht, eine Sprache und einen Ordnungsrahmen zu entwickeln. Es teilt mit dem St. Galler Management-Modell der 1. Generation eine systemische und unternehmerische Ausrichtung; es vertieft die explizite Differenzierung von Management in operative, strategische und normative Aspekte, die in der 2. Generation (Bleicher, 1991) entwickelt wurde; zugleich zeigt es gemeinsam mit der 3. Generation (Rüegg-Stürm, 2003), wie folgenreich es ist, Management und Organisation in ihrem Zusammenspiel mit der Umwelt als dynamische Prozesse zu verstehen; und es konzeptualisiert Management neu als reflexive Gestaltungspraxis. Wiederum werden auf dem neuesten Stand der Management-Forschung Grundbegriffe, konzeptionelle Beschreibungsformen, Ordnungsvorstellungen und Perspektiven für ein gemeinschaftliches „Sensemaking“ zur Sprache gebracht.

Unsere Forschungspartnerschaften mit Unternehmungen und Organisationen aus ganz unterschiedlichen Kontexten, beispielsweise mit Industriekonzernen, Technologieunternehmungen, Designfirmen, Forschungsorganisationen, Spitälern und Versorgungsnetzwerken, zeigen, wie wichtig es sein kann, dass sich Management immer wieder selbstkritisch in den Blick nimmt, hinterfragt und neu erfindet. Genau zu dieser Auseinandersetzung will der vorliegende Text einen Beitrag leisten. Wir verstehen den Text daher nicht als Anleitung zur „korrekten Einführung“ des St. Galler Management-Modells in eine bestimmte Organisation. Vielmehr soll er für jede interessierte Manager-Community als eine Grundlage zur eigenständigen Entwicklung einer gemeinsamen Sprache dienen, die es erlaubt, ungewohnte Perspektiven auf das Zusammenwirken von Umwelt, Organisation und Management-Praxis zu gewinnen, um auf diese Weise neuartige Entwicklungs- und Handlungsmöglichkeiten zu entdecken.

Unsere eigene unternehmerische Erfahrung, unsere Mandate in Verwaltungsräten und unser Engagement in der „Executive Education“ zeigen, wie inspirierend es sein kann, mit diesem Modell und einzelnen Begriffen dieses Modells ganz konkret zu arbeiten und sie für die gemeinschaftliche Auseinandersetzung mit wichtigen unternehmerischen Fragen produktiv zu machen. In diesem Sinne verstehen wir diesen Text als Bezugspunkt für die sorgfältige Entwicklung eines eigenen, jeweils organisationsspezifischen Management-Modells. Ein solches entspringt nach unserem Verständnis einer systematischen Reflexions-, Entwicklungs- und Realisierungsarbeit, die von Manager-Communities selbst in einem gemeinschaftlichen reflexiv-unternehmerischen Innovationsprozess zu leisten ist. Mit anderen Worten: Das St. Galler Management-Modell ist eine Inspirations- und Strukturierungshilfe für die dialogische Erarbeitung eines eigenen, organisationsspezifischen Management-Modells.

Dank

Die hier vorgelegte Weiterentwicklung des St. Galler Management-Modells wurde nur möglich dank der inspirierenden freundschaftlichen Zusammenarbeit mit vielen Kolleginnen und Kollegen aus der Wissenschaft, insbesondere der Universität St. Gallen, und aus der unternehmerischen Praxis. Stellvertretend für viele Kolleginnen und Kollegen danken wir namentlich unseren beiden Institutskollegen Thomas Bieger und Kuno Schedler, die sich für die Verankerung der Tradition des St. Galler Management-Modells an der Universität St. Gallen persönlich einsetzen und durch ihre Arbeiten selbst massgeblich an seiner Weiterentwicklung mitwirken. Die Erarbeitung des St. Galler Management-Modells in seiner 4. Generation hat wesentlich von unseren langjährigen Forschungsprogrammen Health Care Excellence, RISE Management Innovation Lab und Systemisches Management profitiert. Finanziell wurde das Forschungsprojekt – dank des thematischen Interesses und persönlichen Engagements unseres Kollegen Peter Gomez – grosszügig unterstützt von der Stiftung zur Förderung der systemorientierten Managementlehre und vom Circle of Learning Officers unter dem Dach der Executive School der Universität St. Gallen.

Bei der Entwicklung, Realisierung und Finalisierung des vorliegenden Texts hat uns ein Projektteam intensiv, professionell und mit viel Geduld unterstützt und begleitet. Wir danken Ann-Kristin Weiser, die das Projekt in den letzten Monaten der Umsetzung als wissenschaftliche Mitarbeiterin inhaltlich und organisatorisch eng begleitet und die vielen Fäden, die eine zeitgerechte Umsetzung erfordert, zusammengehalten hat. Wir danken Peter Stücheli-Herlach, der sich zugleich als Sprach- und Kommunikationsexperte und als akademischer Sparringspartner für das Projekt eingesetzt hat. Und wir danken Oliver Mayer, der die visuelle Gestaltung der Schlüsselgrafiken und Abbildungen, die Entwicklung des Layouts sowie die Realisierung des Textes als Buch geleitet hat.

Weiter danken wir einer Reihe von Personen, die mit uns den ganzen Text, einzelne Kapitel oder spezifische konzeptionelle und inhaltliche Fragen diskutiert haben, namentlich Daniel Bartl, Christian Erk, Alexandra Ettlin, Lisa Kneubühler, Matthias Mitterlechner, Sabine Ruoss, Thomas Schumacher, Sonya Stocker, Harald Tuckermann und Cornelia Wey. Ein ganz besonderer Dank gilt Monika Steiger: Sie schafft täglich immer wieder neu eine Vielzahl von Voraussetzungen dafür, dass unsere Tätigkeiten in Forschung, Lehre und Weiterbildung am Forschungszentrum Organisation Studies des Instituts für Systemisches Management und Public Governance (IMP-HSG) realisiert werden können. Schliesslich danken wir Matthias Haupt und seinem Haupt Verlag für die erneut ausgezeichnete Zusammenarbeit.

Der vorliegende Text wurde von uns beiden als Ko-Autoren vom ersten bis zum letzten Satz gemeinsam erarbeitet. Dass das gelingt, ist nicht selbstverständlich und nicht allein die Leistung der Autoren, sondern Ergebnis eines Gemischs aus intellektueller Freude, Vertrauen, Freundschaft und Glück. Jeder von uns schliesst diesen Dank mit einer persönlichen Note, zuerst Johannes Rüegg-Stürm, dann Simon Grand.

Mein Bezug zum St. Galler Management-Modell geht zurück auf meine Studienzeit bei Hans Ulrich. Die Faszination, die aus der systematischen Auseinandersetzung mit Arbeiten von ihm und vielen seiner Weggefährten resultiert, ist Grundlage für meine wissenschaftliche Tätigkeit und meinen beruflichen Werdegang an der Universität St. Gallen. Dafür bin ich dankbar. Ich danke meinem Kollegen Simon Grand für die freundschaftliche, inspirierende und verlässliche Zusammenarbeit. Meiner Lebenspartnerin Gabriela Rüegg-Stürm und unseren drei Kindern Martina, Simon und Sebastian danke ich herzlich für das grosse Verständnis, für unzählige Gespräche und für den Rückhalt, den ein solches Buchprojekt einer verbindlichen Lebensgemeinschaft abfordert. Über meine Eltern Hans und Ruth Rüegg-Hauser bin ich früh mit einer glaubwürdigen reflexiven Gestaltungs- und Lebenspraxis in Berührung gekommen. Dafür bin ich ihnen zutiefst dankbar.

Mein Bezug zum St. Galler Management-Modell war lange indirekt: Mein Vater war wissenschaftlicher Assistent bei Hans Ulrich und wurde von ihm promoviert. In verschiedenen Gesprächen haben mein Vater und ich kontrovers diskutiert, welche Möglichkeiten das Modell bis heute eröffnen könnte. Ich danke Johannes Rüegg-Stürm für den Vorschlag, die Weiterentwicklung des Modells in der 4. Generation gemeinsam in Angriff zu nehmen. Ich danke meiner Frau Micaëla Raschle Grand für die Gespräche zu wissenschaftlichen und unternehmerischen Themen und den gemeinsamen Lebensweg als Familie mit unseren beiden Kindern Élie Henri und Sophie Lisa. Und ich danke meinen Eltern Jon und Ruth Grand-Ritschard für die grosse Unterstützung.

St. Gallen, im September 2014
Johannes Rüegg-Stürm & Simon Grand

Überblick

Die Bedeutung eines Wortes ist sein Gebrauch in der Sprache.

Ludwig Wittgenstein
Philosophische Untersuchungen

Dieses Buch ist in fünf Kapitel gegliedert. Das Einführungskapitel (Kapitel 0) erläutert die Grundlagen. Die Kapitel 1 bis 3 sind den drei zentralen Dimensionen des St. Galler Management-Modells (SGMM) gewidmet: *Umwelt, Organisation* und *Management.* Kapitel 4 diskutiert die zentrale Bedeutung von Management-Innovation und vertieft wichtige Konsequenzen.

Das Kapitel 0 enthält die *Grundlagen* für ein gutes Verständnis aller weiteren Kapitel. Im Zentrum stehen das *Management-, Wertschöpfungs- und Kommunikationsverständnis* des SGMM. Wir zeigen, warum Management-Modelle wichtig sind und welche Funktionen sie haben. Und wir stellen die Forschungsansätze vor, an denen sich das SGMM der 4. Generation orientiert. Die ungewohnte Nummer „0“ signalisiert, dass es in diesem Kapitel noch nicht um die Schlüsselkategorien des Modells selbst geht, sondern um die Darstellung seiner Grundlagen.

In den Kapiteln 1 bis 3 diskutieren wir die Schlüsselkategorien des Modells: Umwelt als Möglichkeitsraum (Kapitel 1), Organisation als Wertschöpfungssystem (Kapitel 2) und Management als reflexive Gestaltungspraxis (Kapitel 3).

In Kapitel 1 zeigen wir, wie sich eine Organisation und ihre Management-Praxis *Umwelt als Möglichkeitsraum* erschliessen und daraus eine spezifische Ressourcenkonfiguration verfertigen, um organisationale Wertschöpfung zu erbringen (1.0). Wir beschreiben, wie eine Organisation langfristig ein tragfähiges Verhältnis zur existenzrelevanten Umwelt entwickelt, indem sie die Umwelt differenziert erfasst. Im Zentrum steht dabei das Zusammenspiel verschiedener *Umweltsphären,* die den Möglichkeitsraum einer Organisation prägen (1.1). Weiter ist eine vorausschauende Auseinandersetzung mit *Kontroversen* wichtig, die den Möglichkeits- und Erwartungsraum einer Organisation beeinflussen und damit die Ressourcenkonfiguration einer Organisation in Frage stellen können (1.2). Folglich ist es für eine Organisation entscheidend, tragfähige Beziehungen zu relevanten *Stakeholdern* aufzubauen und sich sorgfältig mit deren Erwartungen auseinanderzusetzen. Diese haben einen grossen Einfluss darauf, inwiefern sich die Ressourcen, die für die angestrebte Wertschöpfung erforderlich sind, nachhaltig aus der Umwelt erschliessen lassen. Gleichzeitig sind Stakeholder als Nutzniesser organisationaler Wertschöpfung zu gewinnen und zu binden (1.3).

Kapitel 2 beschreibt *Organisationen als Wertschöpfungssysteme*, die aus einer organisationsspezifischen Ressourcenkonfiguration eine arbeitsteilige Wertschöpfung für ihre Umwelt erbringen. Im Zentrum stehen dabei aus Sicht des SGMM verteilte Kommunikations- und Entscheidungsprozesse, welche diese Wertschöpfung und die dafür notwendigen Wertschöpfungsprozesse stabilisieren (2.0). Die Umwelt eröffnet für eine Organisation permanent neue Möglichkeiten und entwickelt Erwartungen. Nur wenn sich die organisationalen Wertschöpfungsprozesse *fortlaufend unternehmerisch weiterentwickeln*, kann die Existenz einer Organisation nachhaltig gesichert werden (2.1). Dabei ergeben sich laufend eine Vielzahl von Entscheidungsnotwendigkeiten, die es mit Hilfe einer tragfähigen *Entscheidungspraxis* zu bearbeiten gilt (2.2). Da Entscheidungsprozesse oftmals räumlich und zeitlich verteilt ablaufen, ist es nicht selbstverständlich, dass Entscheidungen konsistent und kohärent getroffen werden können. Hierzu muss ein organisationsspezifischer *Referenzrahmen* entwickelt und verankert werden, der kollektive Orientierung vermittelt (2.3).

In Kapitel 3 diskutieren wir *Management als reflexive Gestaltungspraxis*. Reflexiv bedeutet dabei, dass eine organisationale Wertschöpfung immer wieder *aus Distanz kritisch in den Blick genommen* und reflektiert werden muss, damit sich die organisationale Wertschöpfung erfolgversprechend weiterentwickeln kann. Hierfür schafft die *Management-Praxis* die erforderlichen Voraussetzungen. Sie entwickelt und mobilisiert ein Repertoire von Management-Praktiken, die durch Manager-Communities situativ angewandt und fortlaufend optimiert werden (3.0). Auf diese Weise können systematisch unternehmerische Möglichkeiten kreiert und auf breiter Basis realisiert werden (3.1). *Corporate Governance* schafft die erforderlichen Voraussetzungen für eine wirksame Management-Praxis insgesamt: Sie definiert die Systemgrenzen, institutionalisiert Executive Management und verankert eine tragfähige Management-Architektur (3.2). *Executive Management* konkretisiert die Erfolgsvorstellungen einer Organisation und ihrer Management-Praxis, mit Blick auf die organisationale Wertschöpfung und deren Weiterentwicklung als Ganzes. Zugleich differenziert Executive Management organisationsweit die Management-Praxis aus und stabilisiert wichtige Entwicklungsprozesse (3.3).

In Kapitel 4 zeigen wir, was das SGMM zur *Reflexion, Weiterentwicklung und Innovation einer eingespielten Management-Praxis* beitragen kann. Daraus leiten sich wichtige Konsequenzen für Management-Innovation ab, und zwar aus Sicht der unternehmerischen Praxis, einer Universität und der Gesellschaft.

Anleitung für einen guten Umgang mit dem Text

Man muss die Dinge so einfach wie möglich machen. Aber nicht einfacher.

Albert Einstein

Eine wichtige Vorbemerkung

Wenn man die Entwicklung der vier Generationen des St. Galler Management-Modells vergleicht, fällt auf, dass sie im Zeitverlauf textlich umfangreicher werden. Dies hat nichts mit wachsender Theorieverliebtheit der Autoren zu tun. Es hängt vielmehr damit zusammen, dass die Wirksamkeit einer *verantwortungsbewussten Management-Praxis* immer *voraussetzungsreicher* wird. Diese Voraussetzungen in Text-, aber auch Bildform sprachlich zu fassen, präzise zu beschreiben und einfach zu illustrieren, ist eine grosse Herausforderung – für die Autoren wie für die Lesenden.

Was dieses Buch darstellt, ist demzufolge nicht eine Sammlung von Schemen, sondern es ist ein Text, in dem eine *innovative Perspektive, Sprach- und Denkform* zum Zusammenspiel von Umwelt, Organisation und Management zur Darstellung gebracht wird.

Diese Perspektive ist eine *Zumutung,* weil sie vieles, was uns allen selbstverständlich ist, ganz anders sieht und beschreibt, als wir dies gewohnt sind. Wenn dabei der Eindruck entsteht, dass die Ausführungen manchmal etwas sperrig und widerständig wirken, können wir das gut nachvollziehen. Wir können aber Denkgewohnheiten und Bilder, die uns selbstverständlich und vertraut geworden sind, nicht reflektieren und weiterentwickeln, wenn die hierzu erforderliche *Reflexions-Sprache* identisch ist mit dem, was wir schon immer gewusst haben.

In diesem Sinne bleibt für uns als Autoren nur der Wunsch für Geduld, sich auf diesen Text einzulassen, um daraus inspirierende neue Einsichten zu gewinnen, diese mit Kolleginnen und Kollegen gemeinsam zu reflektieren und zu vertiefen, um darauf aufbauend neue eigene Sichtweisen auf die Management-Praxis und spannende Management-Experimente zu generieren.

Ein paar wichtige Lesehilfen dienen dazu, den Umgang mit diesem Text zu unterstützen. Das SGMM ist nach einer Reihe von *grundlegenden Prinzipien* strukturiert. Diese zu kennen, erleichtert die Lektüre des Buches und die Arbeit mit dem Modell.

Die Aufbaulogik des Texts orientiert sich an einem Zooming-in und Zooming-out

Der Aufbau des SGMM ist durch *drei Auflösungsebenen* gekennzeichnet. Diese Auflösungsebenen sind vergleichbar mit unterschiedlichen Massstäben einer Landkarte. Je nach Auflösungsebene gehen die Ausführungen stärker ins Detail oder versuchen umgekehrt, grundlegende Zusammenhänge zu verdeutlichen. Das Wechseln zwischen den Auflösungsebenen wird als Zooming-in (für mehr inhaltliche Vertiefung und Detailpräzision) und als Zooming-out (für mehr Distanz und Überblick) bezeichnet.

Auf der *Auflösungsebene I* unterscheidet das SGMM die drei Schlüsselkategorien Umwelt, Organisation und Management. Das Modell zeigt, dass es für die Management-Praxis wichtig ist, diese drei Schlüsselkategorien in ihrem Zusammenspiel im Blick zu behalten.

Auf der *Auflösungsebene II* wird jeweils eine der Schlüsselkategorien präziser analysiert. So lässt sich beispielsweise die Schlüsselkategorie Umwelt in Umweltsphären (1.1), in Kontroversen (1.2) und in Stakeholder (1.3) ausdifferenzieren. Analoges gilt für die beiden anderen Schlüsselkategorien Organisation und Management. Bei diesem Zooming-in treten zugleich andere Aspekte in den Hintergrund. Mehr Schärfe am einen „Ort" ist nur durch mehr Unschärfe an anderen „Orten" zu gewinnen.

Auf der *Auflösungsebene III* lassen sich die Kategorien der Auflösungsebene II noch weiter differenzieren, Umweltsphären (1.1) beispielsweise im Hinblick auf ihren Fokus (1.1.1), auf relevante Prozeduren (1.1.2) und auf prägende Bewertungsmassstäbe (1.1.3). Analog dazu lassen sich auch alle anderen Kategorien der Auflösungsebene II weiter differenzieren. Zugleich treten andere Kategorien auf den Auflösungsebenen I und II in den Hintergrund.

Jederzeit lässt sich durch ein Zooming-out wieder der Blick fürs Ganze zurückgewinnen. Die Präsentation und Erläuterung des Modells in Form eines Zusammenspiels von Zooming-in und Zooming-out prägt alle drei Hauptkapitel.

Das Modell wird fassbar in Wort und Bild

Wir präsentieren das Modell in Wort und Bild, damit die einzelnen Begriffskategorien und ihre Zusammenhänge möglichst gut fassbar werden.

Mit den Abschnitten *Ein Blick in die Praxis* wird jeweils konkret aufgezeigt, welche Relevanz die Themenstellungen und Management-Herausforderungen des entsprechenden Kapitels in der Praxis haben.

Wichtige Definitionen und Begriffe sind im Text *kursiv* gesetzt und werden so speziell hervorgehoben. Über das *Sachwortregister* am Ende des Buchs lassen sie sich leicht auffinden. Jedes der vertiefenden Kapitel der Auflösungsebene II wird zudem mit einem *zusammenhängenden Beispiel* abgeschlossen, um wichtige Begriffe und Argumente exemplarisch zu illustrieren. Im Anschluss daran werden *Fragen für die unternehmerische Reflexion* formuliert, die als Anregungen für den Gebrauch des Modells in der unternehmerischen Praxis der Leserinnen und Leser dienen mögen.

Die *bildsprachliche Präsentation* erhellt die Zusammenhänge jeweils auf einen Blick. Wir unterscheiden dabei zwei Formen der Visualisierung: Die *Schlüsselgrafiken* zu Beginn jedes Hauptkapitels zeigen jeweils die drei Auflösungsebenen der Schlüsselkategorien des SGMM, Umwelt, Organisation oder Management, im Überblick. Die *Abbildungen im Text* geben verschiedene Konzepte und Frameworks aus der internationalen Management-Forschung und -Praxis wieder, auf die sich das Modell bezieht. Die dazugehörigen Kurztexte enthalten wichtige Informationen und Erläuterungen zur jeweiligen Abbildung.

Das St. Galler Management-Modell ist ein Arbeitsinstrument

Die einzelnen Kategorien der drei Auflösungsebenen werden in dem Masse besser verständlich, in dem die *Vertrautheit mit dem ganzen Modell* zunimmt. Umgekehrt fördert eine solide Kenntnis der einzelnen Kategorien das Gesamtverständnis des Modells. Den Leserinnen und Lesern sei deshalb empfohlen, die Kapitel des Buches nicht nur einmal von vorne nach hinten zu lesen, sondern speziell interessierende Textteile vertiefter zu bearbeiten. Das Verständnis des Modells hängt *von der eigenen Auseinandersetzung mit dem Modell* ab und damit von der Bereitschaft, die Sinnangebote *im eigenen Arbeitskontext auszutesten und anzuwenden.*

Das Modell versteht sich folglich als Einladung an Management-Verantwortliche, mit ihren Teams gemeinsam Themen und Herausforderungen in einer Weise zu bearbeiten, die *zusätzliche und neuartige Handlungs- und Entwicklungsspielräume* für die Weiterentwicklung der verantworteten organisationalen Wertschöpfung sichtbar und benennbar macht.

Das SGMM ist zugleich eine Einladung an Lehrende und Lernende, sich in Aus- und Weiterbildung in einem gemeinschaftlichen Effort auf eine Entdeckungsreise zu begeben, die es erlaubt, das Zusammenspiel von Umwelt, Organisation und Management-Praxis auf neuartige Weise zu sehen und anhand ausgewählter Organisationskontexte kritisch zu reflektieren (siehe dazu www.sgmm.ch).

Die Auflösungsebenen des St. Galler Management-Modells

Das St. Galler Management-Modell

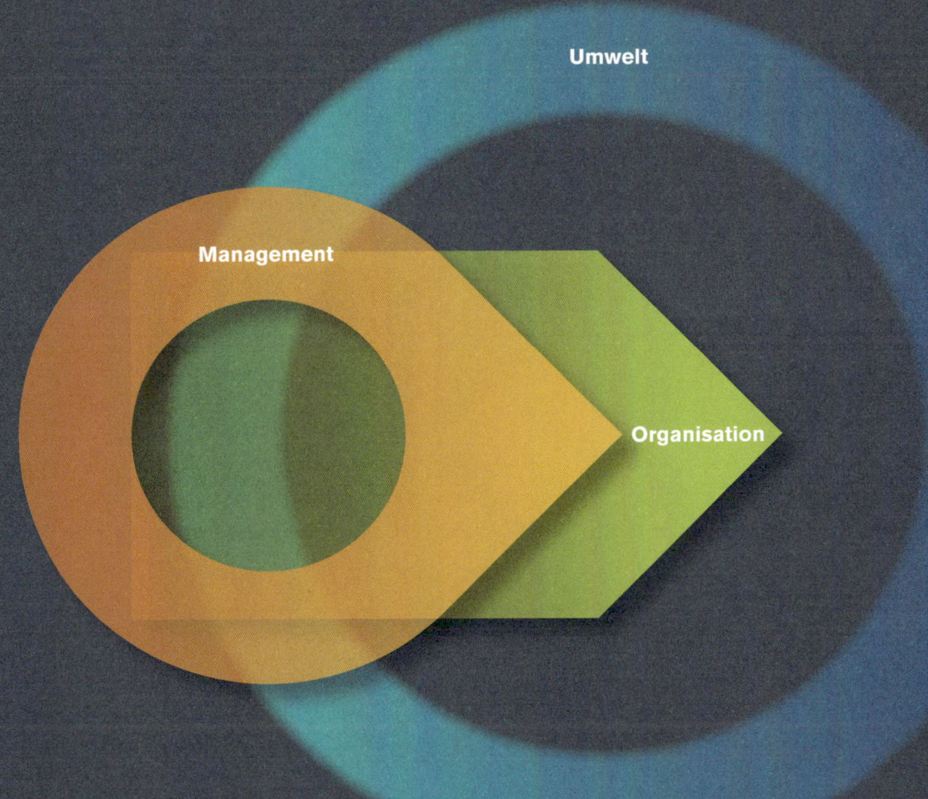

Umwelt als Möglichkeitsraum

Auflösungsebene I

Umwelt als Möglichkeitsraum
Auflösungsebene II

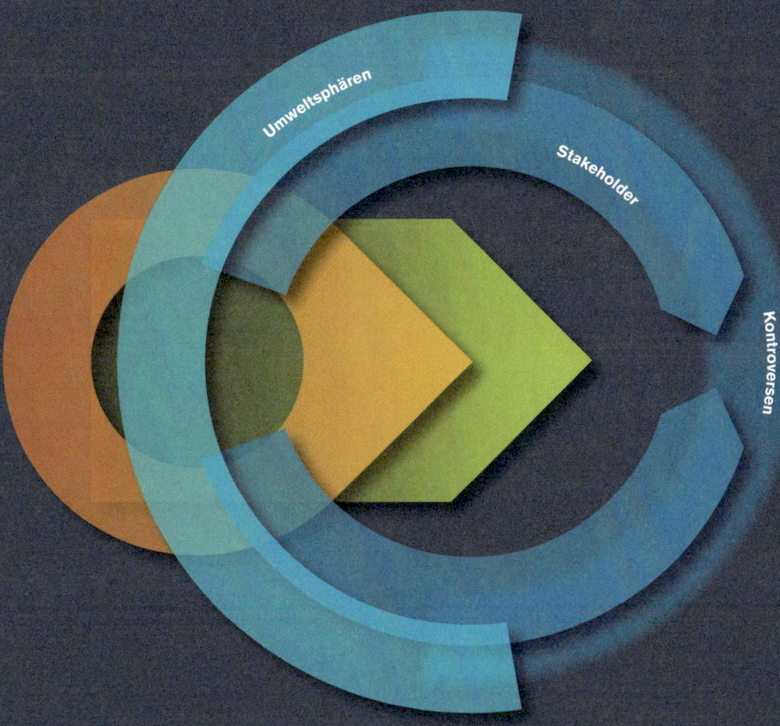

Umwelt als Möglichkeitsraum
Auflösungsebene III

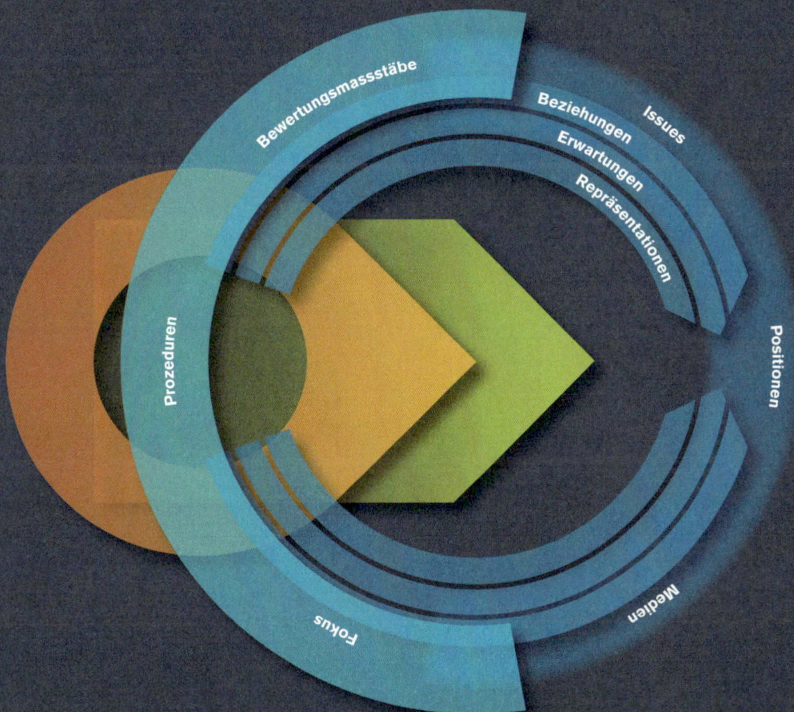

Organisation als Wertschöpfungssystem
Auflösungsebene I

Organisation als Wertschöpfungssystem
Auflösungsebene II

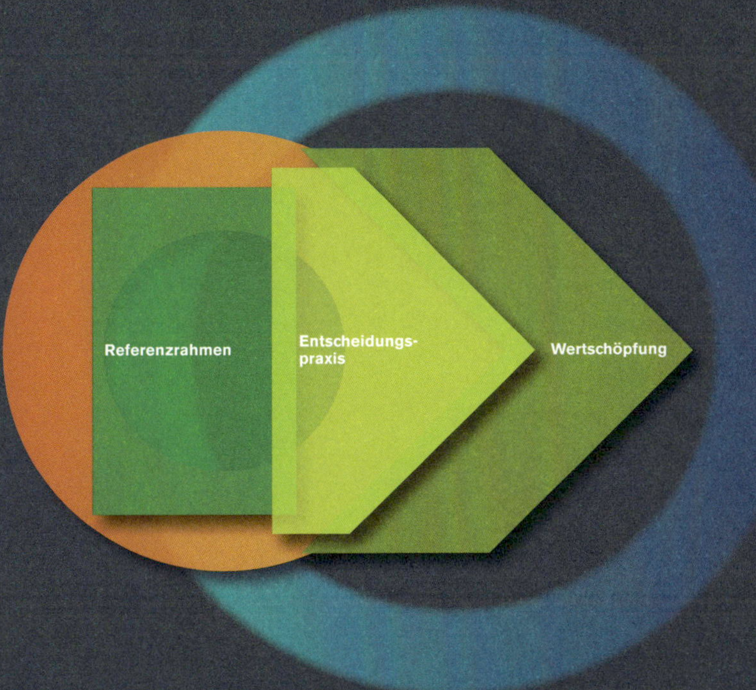

Organisation als Wertschöpfungssystem
Auflösungsebene III

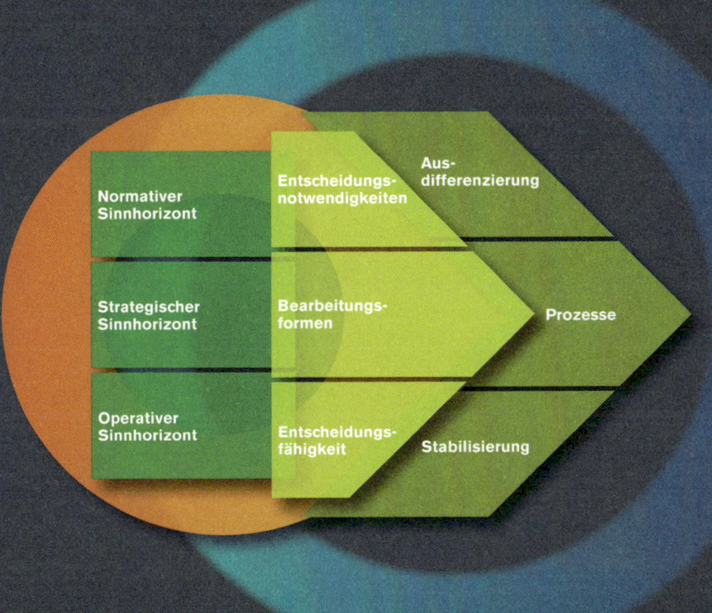

Management als reflexive Gestaltungspraxis
Auflösungsebene I

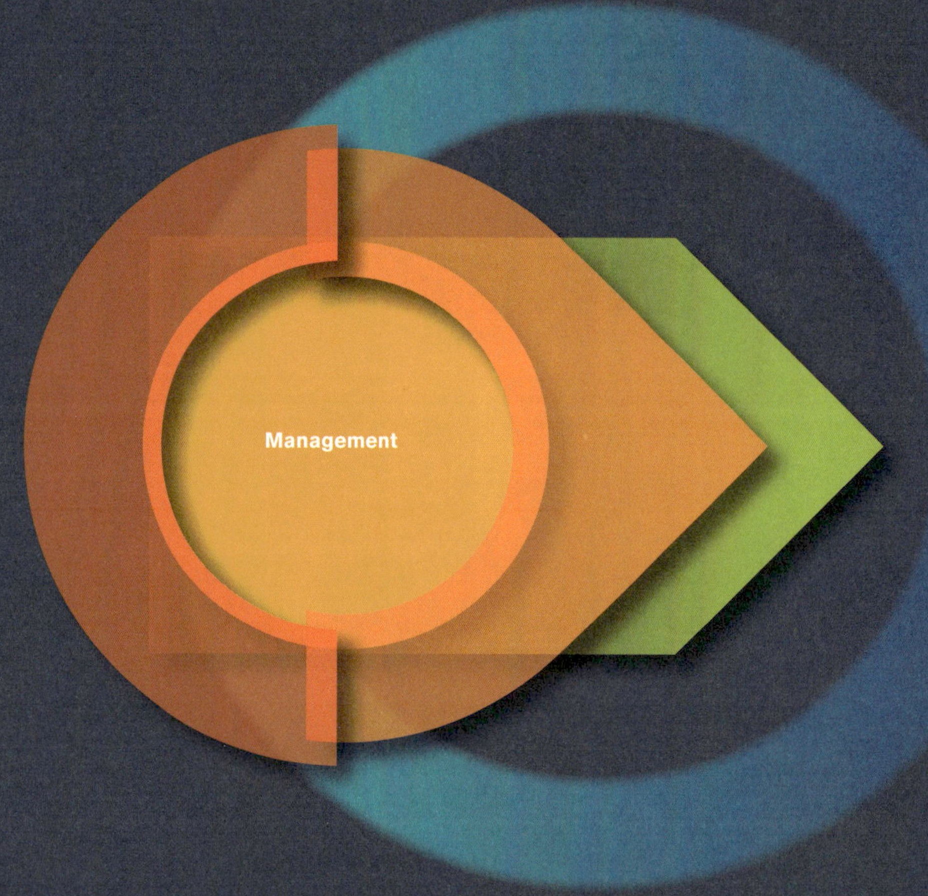

Management als reflexive Gestaltungspraxis
Auflösungsebene II

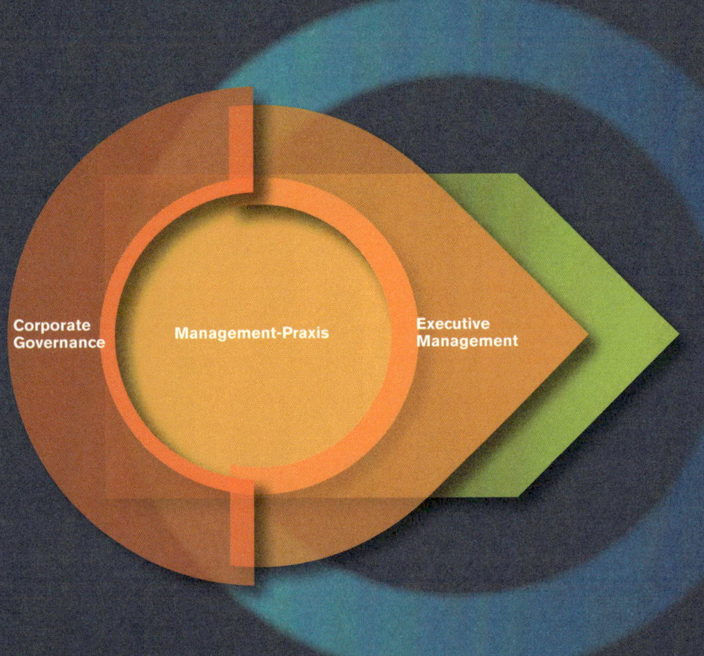

Management als reflexive Gestaltungspraxis
Auflösungsebene III

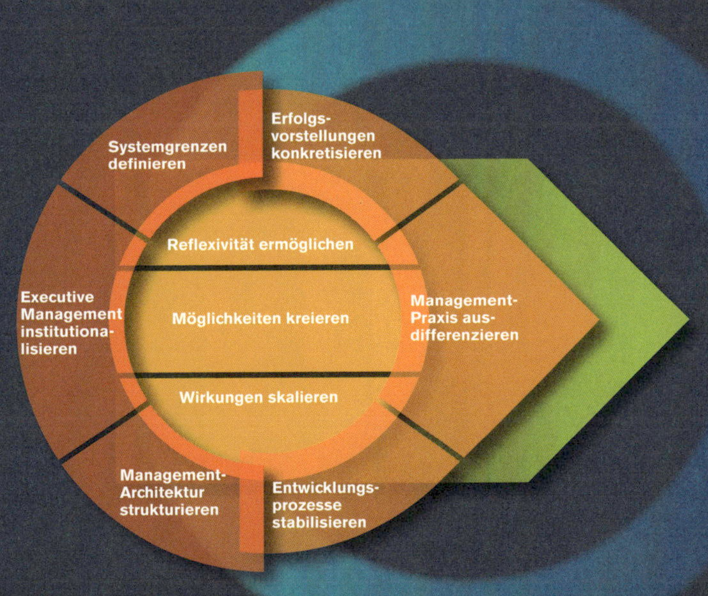

Inhaltsverzeichnis

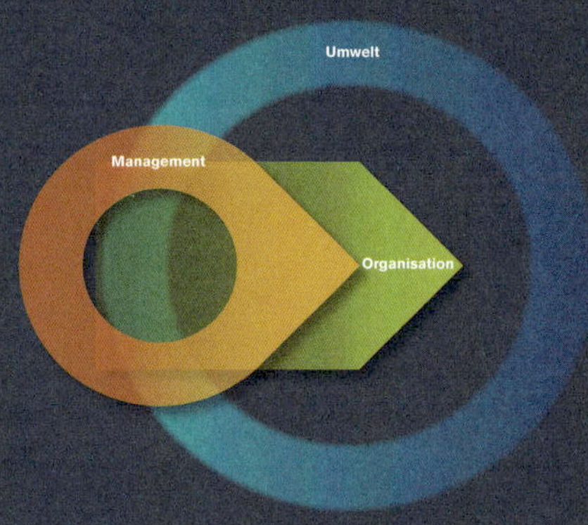

0. Das St. Galler Management-Modell – Management wirksam zur Sprache bringen

In diesem Kapitel 0 werden die Grundlagen für ein gutes Verständnis aller weiteren Kapitel des Buchs erläutert. Im Zentrum stehen das *Management-, Wertschöpfungs- und Kommunikationsverständnis* des St. Galler Managementmodells (SGMM).

Was Management ist und wie es wirkt, wird oft als selbstverständlich und unproblematisch vorausgesetzt. Dabei sind Funktion und Wirkung von Management komplex und voraussetzungsreich. Um dies reflektieren und diskutieren zu können, braucht es eine dafür geeignete Sprache: Hier setzt das SGMM an (Kapitel 0.1). Es versteht Management nicht primär als Institution oder als Aktivitäten von Managern, sondern als reflexive Gestaltungspraxis (Kapitel 0.2). Dabei ist der zentrale Relevanzbereich und Gestaltungsfokus von Management die organisationale Wertschöpfung im Zusammenspiel von Umwelt und Organisation (Kapitel 0.3). Das SGMM unterstützt eine wirksame Management-Praxis durch hilfreiche Vereinfachungen, durch das Aufzeigen wichtiger Zusammenhänge und durch eine Sprach- und Denkform, die dazu beiträgt, gemeinsam über die eigene Management-Praxis reflektieren zu können (Kapitel 0.4). Spezifisch am SGMM ist der grosse Stellenwert, der einer sorgfältigen Reflexion förderlicher Bedingungen für eine nachhaltige Ko-Evolution von Organisation und Umwelt eingeräumt wird. Diese Reflexion beruht auf dem Zusammenspiel eines Zooming-out, um Überblick zu gewinnen, und eines Zooming-in, um Details zu verstehen (Kapitel 0.5). Auch die 4. Generation des SGMM baut systematisch auf neuesten Entwicklungen der Management-Forschung und Management-Praxis auf (Kapitel 0.6). Daraus leitet sich eine kommunikationszentrierte Perspektive auf das Zusammenspiel von Umwelt, Organisation und Management ab (Kapitel 0.7). Management wird also konsequent als Strukturierung von Kommunikation konzipiert (Kapitel 0.8).

0.1 Management – eine kontroverse Black Box öffnen

Heute wird überall gutes und wirksames Management gefordert – in Unternehmungen und öffentlichen Verwaltungen, aber auch in gemeinnützigen Organisationen, Kirchen, Parteien, Spitälern und Universitäten. Gleichzeitig wird heftig diskutiert, was „gutes Management" auszeichne. Immer häufiger entfalten sich engagierte Debatten über „Manager", die als besonders innovativ und verantwortungsvoll wahrgenommen oder als skrupellos und egoistisch kritisiert werden. Management ist *allgegenwärtig* und *kontrovers*. Dabei wird Management oftmals mit mühseliger Administration und hemmender Bürokratie gleichgesetzt und vor allem im angelsächsischen Sprachraum eher abwertend visionärer Leadership und kreativem Unternehmertum gegenübergestellt.

Solche banalisierenden Dichotomien verschleiern das Problem, dass beim Sprechen über „Management" *vielfach unklar ist, was unter Management verstanden* werden soll und wie Management wirkt (Malik, 2013a; Watson, 1994). Verkörpern bestimmte Personen oder Personengruppen „das" Management? Was qualifiziert jemanden, eine Managerin, ein Manager zu sein? Oder qualifiziert sich Management durch eine spezifische Perspektive, z.B. eine ökonomische? Ist Management ein eigenständiger Aufgabenbereich oder eine selbstverständliche Form von Praxis? Was ist der zentrale Bezugspunkt und Gestaltungsbereich von Management: eine bestimmte Form von Wertschöpfung, eine spezifische Organisation, ein Projekt, eine Initiative, ein Netzwerk oder gar die gesellschaftliche Entwicklung insgesamt?

Diese Fragen zeigen: Management und seine Wirkungsdynamik sind erstaunlich unbestimmt oder zumindest unterbestimmt, eine „unverstandene gesellschaftliche Funktion" (Ulrich, 1984). Management erweist sich in vielerlei Hinsicht als eine „Black Box" – und dies, obwohl die Wirkungsdynamik von Management von grösster Bedeutung ist für das Verständnis und die Entwicklung heutiger Organisationen, die zu einem grossen Teil unser Leben prägen. Unter *Black Boxes* verstehen wir voraussetzungs- und bedeutungsreiche Begriffe (wie z.B. Management, Organisation, Kommunikation, Entscheidung, Strategie), deren *Voraussetzungsreichtum* und *Heterogenität von Bedeutungen* beim alltäglichen Sprachgebrauch *ausgeblendet* bleiben. Das heisst, bei der Verwendung solcher Begriffe wird stillschweigend angenommen, dass sie völlig klar und unproblematisch seien.

Umso wichtiger wird vor diesem Hintergrund eine *reflektierte*, im positiven Sinne *kritische Auseinandersetzung* mit Management, sei es in der Management-Praxis selbst, in unterschiedlichsten Organisationen, in der Wissenschaft, in der Lehre mit Studierenden oder in der gesellschaftlichen und medialen Öffentlichkeit. Weil Management weitreichende Wirkungen für unser aktuelles und zukünftiges Leben hat und dementsprechend auch kontrovers diskutiert wird, ist ein sorgfältiges Öffnen der Black Box Management, d.h. eine reflexive Auseinandersetzung mit Management, eine wichtige Voraussetzung, um die Management-Praxis verantwortungsbewusst weiterentwickeln zu können. Zudem ist dieses Öffnen eine unerlässliche Voraussetzung für *Management-Innovation* (siehe Kapitel 4). Denn wenn sich unsere Gesellschaft und die Vielfalt von Organisationen, die unser Zusammenleben prägen, nachhaltig weiterentwickeln können sollen, dann muss sich Management selbst immer wieder neu hinterfragen, fortentwickeln und erneuern.

Hier setzt das SGMM der 4. Generation an. Es fokussiert auf Management als *reflexive Gestaltungspraxis*, orientiert sich an wichtigen *Management-Herausforderungen* und ist zugleich sorgfältig fundiert in der aktuellen *Management-Forschung*.

Das SGMM ist ein Arbeitsinstrument für eine vertiefte Auseinandersetzung mit Management. Es ist eine Einladung, die aktuelle Management-Praxis kritisch zu befragen, alternative Sichtweisen zu entwickeln und so *neue Handlungsspielräume* für die organisationale Wertschöpfung und deren Weiterentwicklung zu entdecken und zu nutzen. Durch Vermittlung hilfreicher konzeptioneller Perspektiven und einer präzisen Sprache stärkt es die gemeinschaftliche *Arbeits- und Entscheidungsfähigkeit* der für eine Organisation verantwortlichen Manager-Communities.

0.2 Management als reflexive Gestaltungspraxis verstehen

Beim Versuch, die Black Box „Management" zu öffnen, lässt sich feststellen, dass der Begriff Management umgangssprachlich meist mit zwei Bedeutungen versehen wird. Zum einen wird Management *institutionell* verstanden. Wir sprechen dann „vom" Management einer Organisation und meinen dabei eine *Personengruppe*, deren Mitgliedern in einer Organisation ein besonderer Einfluss und eine besondere Verantwortung zugerechnet wird. Dabei wird vielfach ohne nähere Bestimmung unhinterfragt vorausgesetzt, wer zu dieser Gruppe zählt – und wer damit ein Manager beziehungsweise eine Managerin „ist" und wer nicht.

Zum anderen wird Management mit dem *individuellen Handeln* einzelner Manager in Verbindung gebracht. Management ist das, was *Manager tun*. Exemplarisch ist dies bei der „Leadership-Perspektive" (Bass, 2008; Bennis, 1989; Bruch & Ghoshal, 2006; Kotter, 1982; Kouzes & Posner, 2010; Tichy & Devanna, 1986) oder bei der Beschreibung der Vielfalt unterschiedlicher Manager-Aktivitäten der Fall (Mintzberg, 1971; 2009). Die Wirksamkeit von Management wird dementsprechend von bestimmten Führungseigenschaften, Haltungen, Tugenden, Kenntnissen, Fähigkeiten und dem korrekten Gebrauch von Führungsinstrumenten abhängig gemacht (Dachler, 1992). Diese sollen dazu beitragen und garantieren, eine Organisation souverän steuern zu können.

Bei beiden Zugängen wird Management *individualistisch von Personen*, ihrem Denken und Handeln her betrachtet. Dabei sind vier Aspekte zu bedenken: Erstens *überschätzen* individualistische Zugänge die *Wirkung* einer einzelnen Person. Zweitens ist aus einer systemischen Sichtweise (siehe Kapitel 0.6) zwingend zwischen den Wirkungen einer Person und der *kommunikativen Zurechnung* bestimmter Wirkungen auf diese Person zu unterscheiden. Auf welche Weise eine Person Wirkungen bei Dritten auslöst (z.B. Begeisterung, Frustration, Verständnis), ist meistens nicht direkt beobachtbar. Vielmehr muss der entsprechende Wirkungszusammenhang, d.h. die Zuschreibung von Zustandsänderungen bei der einen Person auf das Verhalten einer anderen Person, hypothetisch erschlossen werden. Drittens verkürzen individualistische Zugänge die Wirksamkeit und Verantwortung von Management auf Persönlichkeitseigenschaften und individuelle Fähigkeiten. Damit blenden sie den *Voraussetzungsreichtum* wirksamen und verantwortungsbewussten Managements aus. Viertens tendieren diese individualistischen Management-Verständnisse dazu, Management *tautologisch* zu beschreiben, z.B.: Eine Person ist dann ein Manager, wenn sie das tut, was ein Manager tut.

Das SGMM betrachtet sowohl ein institutionalistisches als auch ein individualistisches Verständnis von Management als zu engführend, weil solche reduktionistischen Verständnisse der Komplexität von Management nicht gerecht werden können. Vor diesem Hintergrund hat das SGMM Management seit jeher gezielt auf eine erweiterte Weise verstanden: in der 1. Generation als *Gestalten, Lenken und Entwickeln zweckorientierter sozialer Systeme* (Ulrich & Krieg, 1972). In dieser 4. Generation wird Management als *reflexive Gestaltungspraxis* konzipiert (siehe Kapitel 3.0).

- Zentrale *Bezugspunkte* dieser reflexiven Gestaltungspraxis bilden zum einen das Verhältnis zwischen der verantworteten Organisation und ihrer existenzrelevanten Umwelt, und zum anderen – unmittelbar damit verknüpft – die *organisationale Wertschöpfung* für diese Umwelt. Management ist somit diejenige Praxis, in der Organisation und Umwelt in ihrer Entwicklungsdynamik kritisch in den Blick genommen werden, um Probleme zu identifizieren, aber auch Opportunitäten zu entwickeln – und daraus die erforderlichen Schlussfolgerungen zu ziehen.

- Unter *Praxis* werden nicht individuelle Tätigkeiten einzelner Manager verstanden, sondern eine vielfältige, arbeitsteilig und gemeinschaftlich aufeinander bezogene *kommunikative Tätigkeit,* die durch *Manager-Communities* erbracht wird (Cunliffe, 2014; Wimmer, 2017). Diese Praxis beruht auf dem Zusammenspiel eines Repertoires an kommunikativen Praktiken und Hilfsmitteln zur gemeinsamen Reflexion.

- Management als *reflexive* Gestaltungspraxis hat eine institutionelle Verankerung im Sinne einer spezifisch *ausdifferenzierten Funktion* zur *systematischen Reflexion* wichtiger Ereignisse und Entwicklungen. Dies kann z.B. eine gemeinschaftliche Form von Strategiearbeit leisten. Genauso findet aber Management als reflexive Gestaltungspraxis auch *situativ* statt, ausgelöst durch und bezogen auf unerwartete Probleme oder Opportunitäten.

- *Gestaltung* ist nicht mit technikähnlichem Entwerfen und Steuern auf der Grundlage klar bekannter kausaler Wirkmechanismen zu verwechseln. Vielmehr orientiert sich der Gestaltungsbegriff des SGMM an einer Vorstellung von Management als *Ermöglichung* einer gemeinschaftlichen kommunikativen Reflexion und der *Übersetzung* der resultierenden Erkenntnisse in konkrete Interventionen.

Zentrale Bezugspunkte von Management als reflexiver Gestaltungspraxis bilden z.B. die etablierten Wertschöpfungsprozesse, die Schaffung von Voraussetzungen für sinnhaft aufeinander bezogene Entscheidungen (March, 1994; Wimmer, 2017), Fragen der förderlichen Ko-Evolution einer Organisation und ihrer Umwelt oder die kreative Verfertigung unternehmerischer Opportunitäten (Tsoukas & Knudsen, 2002; Grand & Bartl, 2011). Unter *Verfertigung* („Enactment“: Weick, 1979) verstehen wir dabei einen interaktiven, feedbackintensiven, iterativ fortschreitenden Kreations- und Konkretisierungsprozess von Neuem (Mintzberg, 1987a).

Ein solches Verständnis von Management impliziert in keiner Weise, dass all das, was Manager mit ihrer Persönlichkeit an Fähigkeiten, Erfahrungen und Engagement in diese reflexive Gestaltungspraxis einbringen, irrelevant wäre. Aus systemischer Sicht erwächst aber die Wirksamkeit von Management nicht einfach aus einer simplen Artikulation und Aggregation individueller Fähigkeiten, Erfahrungen und Handlungen, sondern aus dem *verteilten Zusammenspiel* unterschiedlichster, historisch gewachsener *Voraussetzungen,* wie bestimmter Grundverständnisse, kultureller Hintergrundüberzeugungen, Praktiken, Beziehungen, Regeln, Routinen und praktischer Hilfsmittel (siehe Kapitel 3.1).

Aus diesem komplexen, oft schwer durchschaubaren Zusammenwirken können Effekte und Entwicklungen hervorgehen, die nicht auf individuelle Führungseigenschaften zurückgeführt werden können. In Anlehnung an den Ökonomie-Nobelpreisträger Friedrich August von Hayek liesse sich in diesem Sinne sagen, dass Organisationen und ihre Management-Praxis zwar als Ergebnis menschlichen Handelns, aber nicht zwingend menschlichen Entwurfs zu verstehen sind (von Hayek, 1969; Malik, 1984). Dieser systemische Aspekt der voraussetzungsreichen Wirksamkeit von Management als Praxis wird im SGMM ins Zentrum der Aufmerksamkeit gerückt.

Unter Management eine reflexive Gestaltungspraxis zu verstehen, heisst somit, die Wirksamkeit von Management nicht als selbstverständlich vorauszusetzen. Vielmehr wird *gemeinschaftliche Reflexion* als Voraussetzung für verantwortungsbewusste Interventionen in organisationales Geschehen gesehen (Willke, 2005; Baecker, 2003). Dabei zielt diese Einwirkung auf die *Schaffung förderlicher Voraussetzungen*, damit in einer Organisation je neu Entscheidungen getroffen und Ressourcen mobilisiert werden können, die für eine erfolgreiche Wertschöpfung und deren Weiterentwicklung wichtig sind (Drucker, 1954; 1967; Grand & Bartl, 2011).

In diesem Sinne kann Management als reflexive Gestaltungspraxis die Entwicklung einer Organisation in ihrer Umwelt nicht „heroisch" festlegen oder vordefinieren (Baecker, 1994; Ortmann, 2009; Wimmer, 2017). Weil zwischen einer Organisation und ihrer Umwelt im Laufe der Zeit grosse wechselseitige Abhängigkeiten hervorgehen und daraus eine komplex verbundene (gekoppelte) Überlebenseinheit entsteht, ist Management als Praxis lediglich in der Lage, die verantwortete Organisation wie auch deren existenzrelevante Umwelt in einem fortlaufenden, offenen Ko-Evolutionsprozess *gemeinschaftlich mitzugestalten* (Rüegg-Stürm, 2001; Simon, 2007; Wimmer, 2012).

Management als reflexive Gestaltungspraxis entfaltet sich mittels eines *Repertoires* von mehr oder weniger bewährten, aufeinander bezogenen *Management-Praktiken*. Dabei ist eine Management-Praxis stets durch einen historisch gewachsenen und situativ geprägten *Kontext*, d.h. durch Handlungsbedingungen gekennzeichnet, die nicht umfassend durchschaut werden können. Genauso wenig können die Folgen von Interventionen vollständig antizipiert werden (Giddens, 1984; Pettigrew, 1987).

Aus diesen eingeschränkten Wirkmöglichkeiten ergibt sich, dass Management stets durch *Ungewissheit* und *Unsicherheit* gekennzeichnet ist. Dabei sind Ungewissheit und Unsicherheit nicht als etwas Problematisches zu betrachten, sondern als Voraussetzungen für die *Möglichkeit, unternehmerisch zu gestalten*. Mit anderen Worten bilden sie zentrale Ressourcen für die Management-Praxis, indem sie dazu motivieren, eine Organisation und ihre existenzrelevante Umwelt nicht nur so zu sehen, wie sie sich *aktuell* zeigen, sondern immer auch mit Blick darauf, wie sie in Zukunft *potenziell* sein könnten.

0.3 Wertschöpfung als Gestaltungsfokus von Management herausstellen

Den zentralen Gestaltungsfokus von Management als Praxis bildet *organisationale Wertschöpfung*, z.B. Produkte, Dienstleistungen oder ganz allgemein Wirkungen, denen in der existenzrelevanten Umwelt einer Organisation Wert beigemessen wird. Diese Wertschöpfung ist immer wieder aufs Neue in einem offenen, abgestimmten Zusammenspiel einer Organisation und ihrer Umwelt zu entwickeln und zu erbringen.

Unter organisationaler Wertschöpfung verstehen wir einerseits *Wirkungen und Ergebnisse* in Form von Produkten und Dienstleistungen, die einen *Unterschied machen* und aus Sicht spezifischer Wertschöpfungsadressaten einen differenzierenden Mehrwert schaffen, d.h. einen Nutzen zu stiften vermögen. Das ist die *Primärwertschöpfung* einer Organisation. Mit der Primärwertschöpfung sind nicht alle Wirkungen gemeint, die eine Organisation auf ihre Umwelt ausübt, sondern diejenigen, die mit dem grundlegenden Zweck einer Organisation, d.h. mit ihrer *Kernfunktion* zusammenhängen. So geht es z.B. bei einer wirtschaftlichen Organisation (Unternehmung) darum, Bedürfnisse von Kunden zu befriedigen, bei einer politischen Organisation (z.B. Partei) darum, Mehrheiten für die Realisierung öffentlicher Anliegen zu formieren und bei einer wissenschaftlichen Organisation (z.B. Universität) darum, neues Wissen zu generieren (siehe Kapitel 2.0).

Andererseits erbringen Organisationen eine Vielfalt von Leistungen, die über diese Primärwertschöpfung hinausgehen und eine *Zusatzwertschöpfung* darstellen: Organisationen schaffen Arbeitsplätze, zahlen Steuern, bilden einen Ort der Zugehörigkeit, leisten Beiträge für eine sinnstiftende Identität der Mitarbeitenden und erbringen einen substanziellen Beitrag an die finanzielle Altersvorsorge ihrer Mitarbeitenden. Aus diesem Blickwinkel betrachtet, verkörpern heutige Organisationen *stabilisierende Institutionen* in einer entwicklungsoffenen Gesellschaft.

Die Primärwertschöpfung einer Organisation kann sich auf ganz Verschiedenes beziehen, z.B.: Nahrungsmittel, Finanzdienstleistungen, dauerhafte Konsumgüter, technologische oder öffentliche Infrastrukturen, Leistungen zur Selbsthilfe, Mobilisierung von Menschen zur Durchsetzung politischer Interessen, Bildung, wissenschaftliche Publikationen, Gerichtsurteile, Bewilligungen und Verfügungen einer öffentlichen Verwaltung (Schedler & Proeller, 2011).

Die Primärwertschöpfung in Form eines Produkts oder einer Dienstleistung verkörpert dabei für einen Wertschöpfungsadressaten ein *Bündel von Möglichkeiten.* Sie muss von den jeweiligen Wertschöpfungsadressaten in eine *spezifische Nutzenstiftung* übersetzt, d.h. für sich selbst zu einer nutzenstiftenden Ressource gemacht werden (Belz & Bieger, 2006; Herrmann & Huber, 2013). Das gleiche Produkt, z.B. ein Sportwagen, kann von unterschiedlichen Kunden in völlig unterschiedliche Nutzenstiftungen übersetzt werden: Von einem wird er als Transportmittel verwendet, einem anderen dient er als Mittel zur Stärkung des Selbstwertgefühls, einem dritten als Statussymbol, für einen vierten verkörpert er ein Bastlerobjekt zum Ausleben technologischer Fantasien, einem fünften dient er als Sammlerobjekt und einem sechsten als finanzielle Wertanlage.

Wenn wir einen Blick auf die vielfältigen Produkte und Dienstleistungen werfen, die unseren Alltag prägen, fällt auf, dass die allerwenigsten davon von einer einzelnen Person oder Organisation erbracht werden können. Vielmehr sind Produkte und Dienstleistungen das *arbeitsteilig* erbrachte Ergebnis eines hoch komplexen, kooperativen *Wertschöpfungsprozesses*, der eine Vielzahl von *Teilleistungen* integriert, die ihrerseits das Ergebnis anderer Teilleistungen sind. Für die zeitüberdauernd stabile, effiziente und kooperative Integration und Koordination arbeitsteilig erbrachter Leistungen braucht es Organisationen.

Das Zusammenspiel dieser zu integrierenden Teilleistungen in Wertschöpfungsprozessen lässt sich schematisch als *Wertschöpfungskette* oder *Wertschöpfungsnetzwerk* darstellen. An einer Wertschöpfungskette und insbesondere an einem Wertschöpfungsnetzwerk (siehe Kapitel 2.0) sind heutzutage typischerweise mehrere Organisationen beteiligt (siehe dazu Abbildung 1).

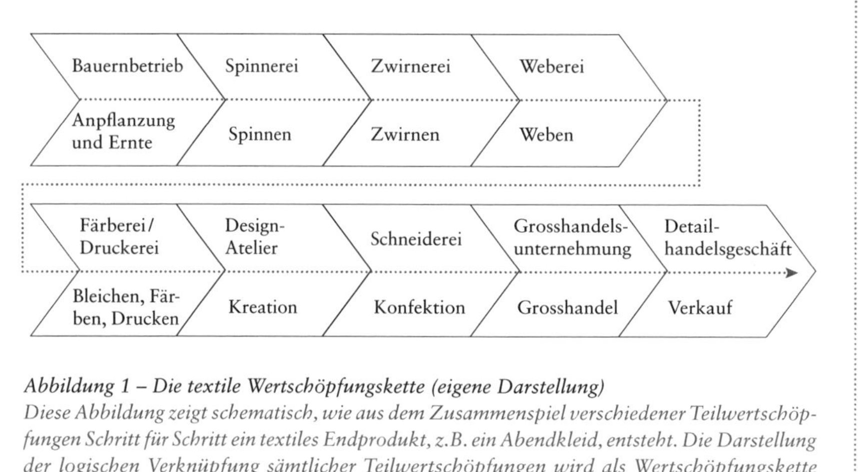

Abbildung 1 – Die textile Wertschöpfungskette (eigene Darstellung)
Diese Abbildung zeigt schematisch, wie aus dem Zusammenspiel verschiedener Teilwertschöpfungen Schritt für Schritt ein textiles Endprodukt, z.B. ein Abendkleid, entsteht. Die Darstellung der logischen Verknüpfung sämtlicher Teilwertschöpfungen wird als Wertschöpfungskette bezeichnet. Unten ist jeweils die Wertschöpfung angeführt, oben die Organisation, welche diese Wertschöpfung erbringt. Zwischen den einzelnen (selbständigen) Organisationen, die an dieser Wertschöpfungskette beteiligt sind, bestehen vielfältige Interaktionen, die der Integration und Koordination der einzelnen Leistungen dienen.

Es ist die *Kernaufgabe* einer einzelnen Organisation genauso wie des Zusammenspiels verschiedener Organisationen in einem Wertschöpfungsnetzwerk, nach Massgabe der Erwartungen der Wertschöpfungsadressaten (z.B. Kundinnen oder Wähler) spezifische Formen einer arbeitsteiligen, kooperativen Wertschöpfung zuverlässig zu erbringen (Fleisch, 2001; Friedli et al., 2013; Möller, 2006). Eine Organisation ist als *prozesshaftes Wertschöpfungssystem* zu verstehen, das der Gründung, Gestaltung und fortlaufenden dynamischen Stabilisierung bedarf (siehe Kapitel 2.1). Diese prozesszentrierte Perspektive hat bereits die 3. Generation des SGMM geprägt (siehe dazu Abbildung 2).

Untrennbar mit der Wertschöpfung verbunden ist die Verfertigung („Enactment") einer spezifischen *Umwelt*, die als der für eine Organisation existenz-

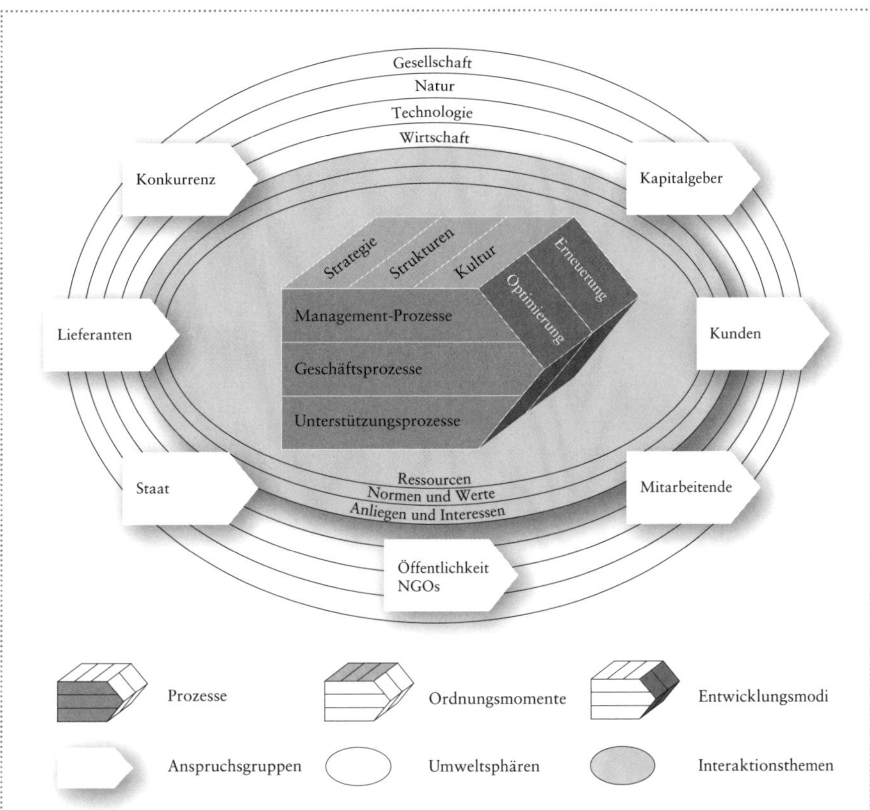

Abbildung 2 – Organisation als prozesshaftes Wertschöpfungssystem: die Sicht der 3. Generation des St. Galler Management-Modells (Rüegg-Stürm, 2003: 22)
Im Zentrum der 3. Generation des SGMM (Rüegg-Stürm, 2003) stehen Wertschöpfungsprozesse. Diese müssen in ihrem vielfältigen Zusammenspiel je neu in der Lage sein, eine differenzierende Wertschöpfung zugunsten der Stakeholder einer Organisation zu erbringen. Letztere werden im SGMM der 3. Generation als Anspruchsgruppen bezeichnet und unterliegen selber einem fortlaufenden Entwicklungsprozess. Sie sind eingebettet in verschiedene Umweltsphären und verfolgen spezifische Anliegen und Interessen, die sie mit Bezug auf gesellschaftliche Werte und Normen zu legitimieren und bei einer Organisation durchzusetzen versuchen. Von solchen Auseinandersetzungen hängt ab, welche Ressourcen von einer Organisation für die eigene Wertschöpfung erschlossen werden können.

relevante *Möglichkeits- und Überlebensraum* verstanden wird (siehe Kapitel 1.0). Dieser Möglichkeitsraum ist gezielt zu erschliessen und selektiv auszuschöpfen. Dabei transformiert eine Organisation Möglichkeiten ihrer Umwelt im Sinne von Handlungsermöglichungen in eine *organisationsspezifische Ressourcenkonfiguration.* Der Aufbau und die Weiterentwicklung dieser Ressourcenkonfiguration bilden ihrerseits das Fundament für die organisationale Wertschöpfung.

Dieser *doppelte* Gestaltungs- und Entwicklungsfokus auf *Organisation* und *Umwelt* mit dem Ziel der wechselseitigen Ermöglichung einer *nachhaltigen Ko-Evolution* von Organisation und Umwelt bildet den zentralen Relevanz- und Aufgabenbereich von Management als reflexiver Gestaltungspraxis (siehe Kapitel 3).

Ein Blick in die Praxis

Organisationale Wertschöpfung als Gestaltungsfokus von Management

Ein gutes Beispiel für das Zusammenspiel von Umweltdynamik, organisationaler Wertschöpfung, deren Weiterentwicklung sowie die daraus resultierenden Herausforderungen für die Management-Praxis stellen die Veränderungen auf den Finanzmärkten in den achtziger Jahren dar. In dieser Zeit sind die Finanzmärkte vielerorts dereguliert worden. In Verbindung mit neuen Möglichkeiten der Informationstechnologie hat dies zu einem fortschreitenden Zusammenwachsen einzelner Finanzmärkte und zur Entstehung eines globalen Finanzmarkts geführt. Gleichzeitig hat vor allem in den industrialisierten Ländern die Altersvorsorge stark an Bedeutung gewonnen. Vor diesem Hintergrund ist die unternehmerische Idee entstanden, Banken und Versicherungen, deren Wertschöpfung sich auf die Handhabung von Finanzrisiken im positiven wie im negativen Sinne bezieht, näher zusammenzuführen und zu Allfinanz-Dienstleistungsunternehmungen zu verschweissen. Dies geschah mit dem Ziel, komplexe Finanzdienstleistungen integrativ aus einer Hand anbieten zu können.

Obwohl diese Wertschöpfungsidee, legitimiert durch eine Erweiterung des Möglichkeitsraums der Umwelt einschliesslich sich ändernder Kundenbedürfnisse, absolut überzeugend war, sind die meisten dieser Allfinanz-Initiativen gescheitert. Rückblickend lässt sich dieses Scheitern zum einen auf eine *mangelhafte Praxis des Integrationsmanagements* (Steiger, 2004) zurückführen. Zum anderen ist aber auch die *Unterschiedlichkeit der Wertschöpfung* und der involvierten, über lange Zeit gewachsenen Organisationen substanziell unterschätzt worden. Versicherungsprodukte werden in aller Regel über Agenten vertrieben, die als Einzelpersonen agieren und das unternehmerische Risiko mittragen. Bankdienstleistungen werden demgegenüber über ein Filialsystem verkauft. Diese unterschiedlichen Vertriebsformen lassen sich nicht ohne Weiteres miteinander kombinieren.

Organisationen lassen sich aus Sicht des SGMM nicht als stabile Entitäten wie eine komplizierte Maschine einfach zusammenbauen. In der Management-Praxis muss vielmehr ein vertieftes *Verständnis des spezifischen Voraussetzungsreichtums* einer bestimmten organisationalen Wertschöpfung aufgebaut werden, um Wertschöpfungssysteme erfolgversprechend neu gestalten zu können. Dementsprechend ist ein profundes und differenziertes Verständnis einer Organisation, ihrer Geschichte, ihrer situativen Verfasstheit und ihrer Entwicklungsdynamik ausschlaggebend für das Entwerfen und wirkungsvolle Umsetzen neuer Formen von Wertschöpfung. Deshalb hängt aus Sicht des SGMM die

Wirksamkeit von Management in zentraler Weise davon ab, wie eine Organisation als Wertschöpfungssystem in der Management-Praxis zur Sprache gebracht und sorgfältig reflektiert werden kann.

Das „Funktionieren" einer Organisation ist voraussetzungsreich

Umso mehr erstaunt es, dass Organisationen im praktischen Alltag, aber auch in wissenschaftlichen Kontexten und in der Management-Literatur häufig als *Black Box* behandelt werden (Simon, 2007). So wird in vielen Strategie-Büchern, die in der Praxis verbreitet sind, grosses Gewicht auf eine sorgfältige Umweltanalyse und auf eine angemessen darauf bezogene Primärwertschöpfung gelegt (Grant, 2013; Hamel & Prahalad, 1994; Porter, 1980). Die Komplexität von Organisation wird dann, wenn überhaupt, erst unter dem Kapitel Strategie-Umsetzung adressiert. Dabei bleibt weitgehend unklar, ob unter einer Organisation beispielsweise eine technikähnlich gestalt- und steuerbare Einheit, eine menschenähnliche intelligente „Super-Person" („Firma A initiiert dies ..., Firma B reagiert so ...") oder eine Aggregation eigensinniger Personen zu verstehen ist (Dachler, 1985).

Weshalb Organisationen und deren Management-Praxis in der Literatur oft nicht präziser ausgeleuchtet werden, lässt sich anhand der Entstehungsgeschichte der Betriebswirtschaftslehre und ihrer Wirkung in der Praxis verdeutlichen. So sind in der Pionierzeit der *deutschen Betriebswirtschaftslehre* Unternehmungen als *ökonomische Institutionen* konzipiert worden, die sich am Formalziel *Gewinn* (Gutenberg, 1929) orientieren. Weiter hat man – wie das folgende Zitat zu illustrieren versucht – aus methodologischen Gründen mit der Prämisse gearbeitet, dass *„die"* Organisation dieser Unternehmungen *„funktioniert"* und keiner besonderen theoretischen Überlegungen bedarf (Gutenberg, 1929: 26): „Die Unternehmung als Objekt betriebswirtschaftlicher Theorie kann also nicht unmittelbar die empirische Unternehmung sein. Es muss für sie die Annahme gemacht werden, dass die Organisation der Unternehmung *vollkommen funktioniert.* Durch diese Annahme wird die *Organisation* als Quelle eigener Probleme *ausgeschaltet* und soweit aus ihrer wissenschaftlich und praktisch bedeutsamen Stellung entfernt, dass aus ihr keine Schwierigkeiten mehr für die theoretischen Gedankengänge entstehen können. ... Es soll nunmehr grundsätzlich der Blick von der Organisation fortgenommen und unmittelbar auf die Unternehmung als Objekt betriebswirtschaftlicher Theorie gelenkt werden."

In der Folge hat sich insbesondere die deutschsprachige Betriebswirtschaftslehre schwerpunktmässig in eine Richtung entwickelt, in deren

Zentrum methodisch nützliche Anleitungen zur analytisch korrekten Bearbeitung von disziplinär eng gefassten Optimierungsproblemen der Unternehmensführung standen. Im *angelsächsischen Raum* sind demgegenüber engführende ökonomisch-rationale Vorstellungen von Organisation und Management eher *in Frage gestellt* worden (Follett, 1995; Barnard, 1938; Cohen et al., 1972; March, 1994; Weick, 1979; Morgan, 1986; Walter-Busch, 1996).

Modelle helfen, den Voraussetzungsreichtum einer Organisation darzustellen

Auf ähnliche Weise wie diese Autoren aus dem angelsächsischen Raum haben in den sechziger Jahren auch die Begründer der 1. Generation des SGMM (Ulrich & Krieg, 1972) die fortlaufende Ausdifferenzierung der empirisch vorfindlichen Organisationen, aber auch der Betriebswirtschaftslehre selbst, zum Anlass genommen, die *wachsende Komplexität heutiger Wertschöpfung* ins Blickfeld zu rücken. Dies kann an zwei Aspekten des SGMM der 1. Generation gezeigt werden.

Erstens haben Hans Ulrich und Walter Krieg (1972; wie später Baecker, 2003) Organisation und organisationale Wertschöpfung zum zentralen Relevanzbereich von Management gemacht, indem sie eine *Unternehmung als zweckorientiertes, produktives soziales System* (Ulrich, 1968) konzipiert haben. Dessen Gestaltung und Weiterentwicklung bedarf anspruchsvoller Integrationsleistungen, weil die Wertschöpfung heutiger Unternehmungen durch vielfältige Abhängigkeiten, Voraussetzungen, Wirkungen und Adressaten gekennzeichnet ist (siehe dazu Abbildung 3).

Zweitens haben die Autoren der *1. Generation* des SGMM systematisch herausgearbeitet, dass die *komplexe Eingebettetheit* organisationaler Wertschöpfung zur Folge hat, dass sich organisationale Wertschöpfung nicht nur an ökonomischen Erfolgsvorstellungen ausrichten darf, sondern antwortfähig („responsive") sein muss auf vielfältige Herausforderungen und Dynamiken unterschiedlicher *Umweltsphären* (ökonomisch, ökologisch, technologisch, sozial). Dies macht es notwendig, diese Dynamiken, damit einhergehende *Möglichkeiten,* aber auch *Erwartungen* und *Restriktionen,* im Innenverhältnis über die technologische, ökonomische und soziale *Gestaltungsebene* zum Thema zu machen und systematisch zu bearbeiten (siehe dazu Abbildung 3).

Wenn z.B. junge Menschen neuartige Erwartungen an die Familienfreundlichkeit von beruflichen Tätigkeitsprofilen entwickeln, dann muss eine solche Herausforderung aufgegriffen und etwa mit Hilfe von Massnahmen der Arbeitszeit- und Arbeitsortflexibilisierung beantwortet werden.

Einen wichtigen Gestaltungsfokus aus der Perspektive dieses Modells bildet deshalb die externe und interne *Integration* einer Unternehmung. *Extern* muss eine Unternehmung in der Lage sein, den dynamischen Entwicklungen in relevanten Umweltsphären gerecht zu werden. *Intern* muss die Unternehmung in der Lage sein, die heterogenen Dynamiken und konfligierenden Erwartungen aus den Umweltsphären in *kohärente Ziele* zu übersetzen und *arbeitsteilig* wirkungsvoll zu bearbeiten. Damit hat bei Ulrich und Krieg die Unternehmung als komplexe Organisation in systematischem Bezug zu ihrer existenzrelevanten Umwelt endlich jenen Stellenwert erhalten, der in der Betriebswirtschaftslehre aus Gründen ihrer methodologischen Anschlussfähigkeit an die damalige Wissenschaftswelt (teilweise bis heute) verloren gegangen ist.

Die fortschreitende Globalisierung und Digitalisierung von Gesellschaft und Wirtschaft und die damit verbundenen Möglichkeiten und Erwartungen haben die Komplexität heutiger Organisationen weiter gesteigert, sodass sich weder ein methodologisch noch ein pragmatisch motiviertes „Blackboxing" der Komplexität von organisationaler Wertschöpfung und Management-Praxis rechtfertigen lässt. Vielmehr muss diese *Komplexität* ins Zentrum einer Auseinandersetzung mit Umwelt, Organisation und Management gestellt werden (Malik, 2013a; Tsoukas 2017). Genau dazu will auch die *4. Generation* des SGMM beitragen (siehe dazu Abbildung 4).

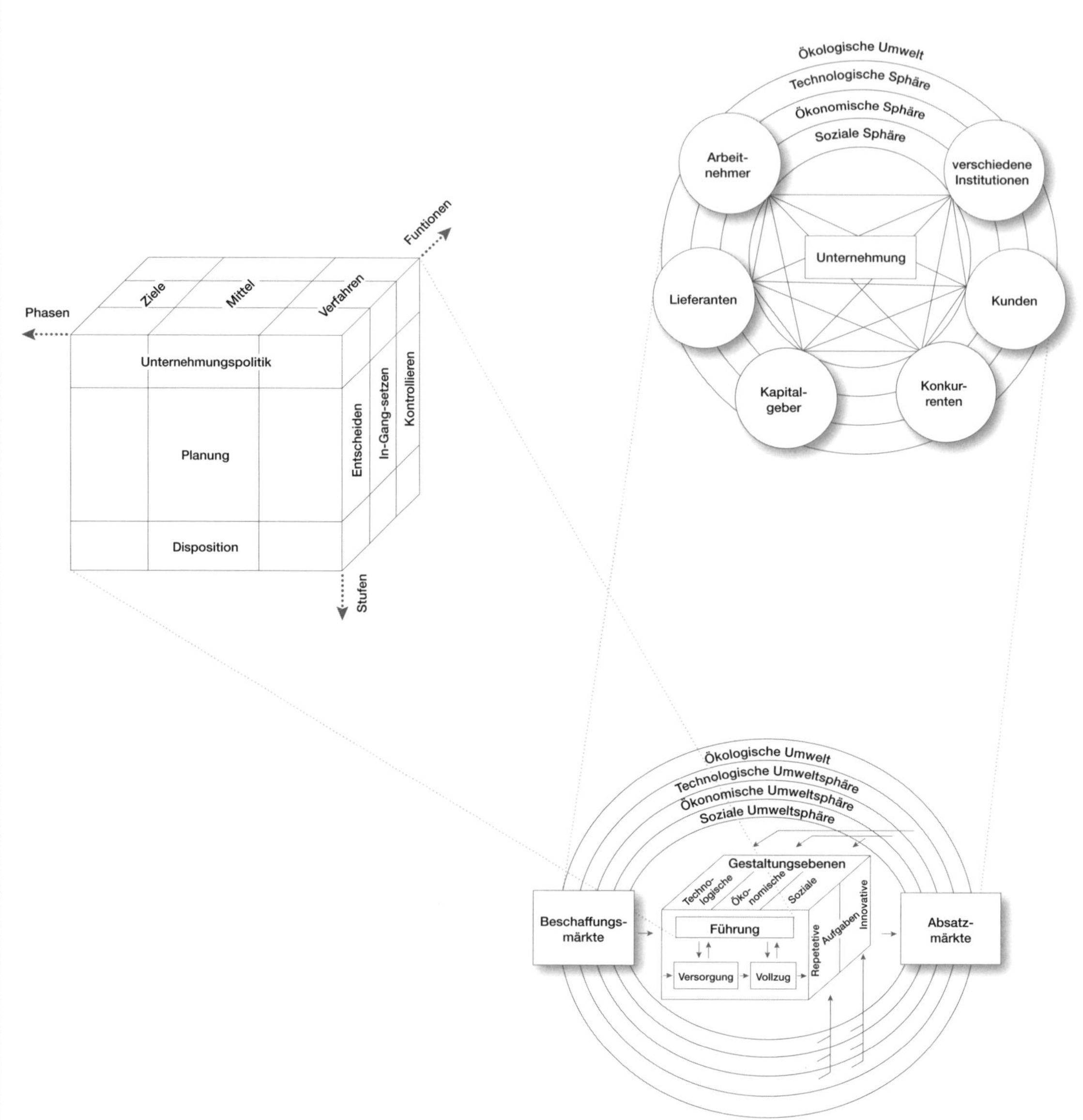

Abbildung 3 – Das St. Galler Management-Modell der 1. Generation (Ulrich & Krieg, 1972: 20, 27, 31)

Schon die 1. Generation des SGMM betont, dass Management einen differenzierten Blick auf Umwelt, Unternehmung und Führung erfordert. Es unterscheidet deshalb ein Umweltmodell, ein Unternehmungsmodell und ein Führungsmodell („Führungswürfel"). Diese drei Teilmodelle beziehen sich aufeinander und ergänzen einander. Neuartig ist dabei, dass eine Unternehmung als zweckorientiertes soziales System verstanden wird, das auf vielfältige Weise in die Umwelt eingebettet ist. Diese Vielfalt kommt in unterschiedlichen Umweltsphären zum Ausdruck. Die Gestaltung einer Unternehmung muss demzufolge sorgfältig auf diese Umweltsphären ausgerichtet werden, was im Innenverhältnis einer Unternehmung in der Unterscheidung einer ökonomischen, technologischen und sozialen Gestaltungsebene zum Ausdruck kommt. Gleichzeitig stellt diese Darstellung die Primärwertschöpfung einer Unternehmung in den Mittelpunkt. Über die Beschaffungsmärkte erschliesst sich eine Unternehmung Ressourcen („Mittel"), um diese dann in Marktleistungen für die Absatzmärkte transformieren zu können (Malik, 2013a).

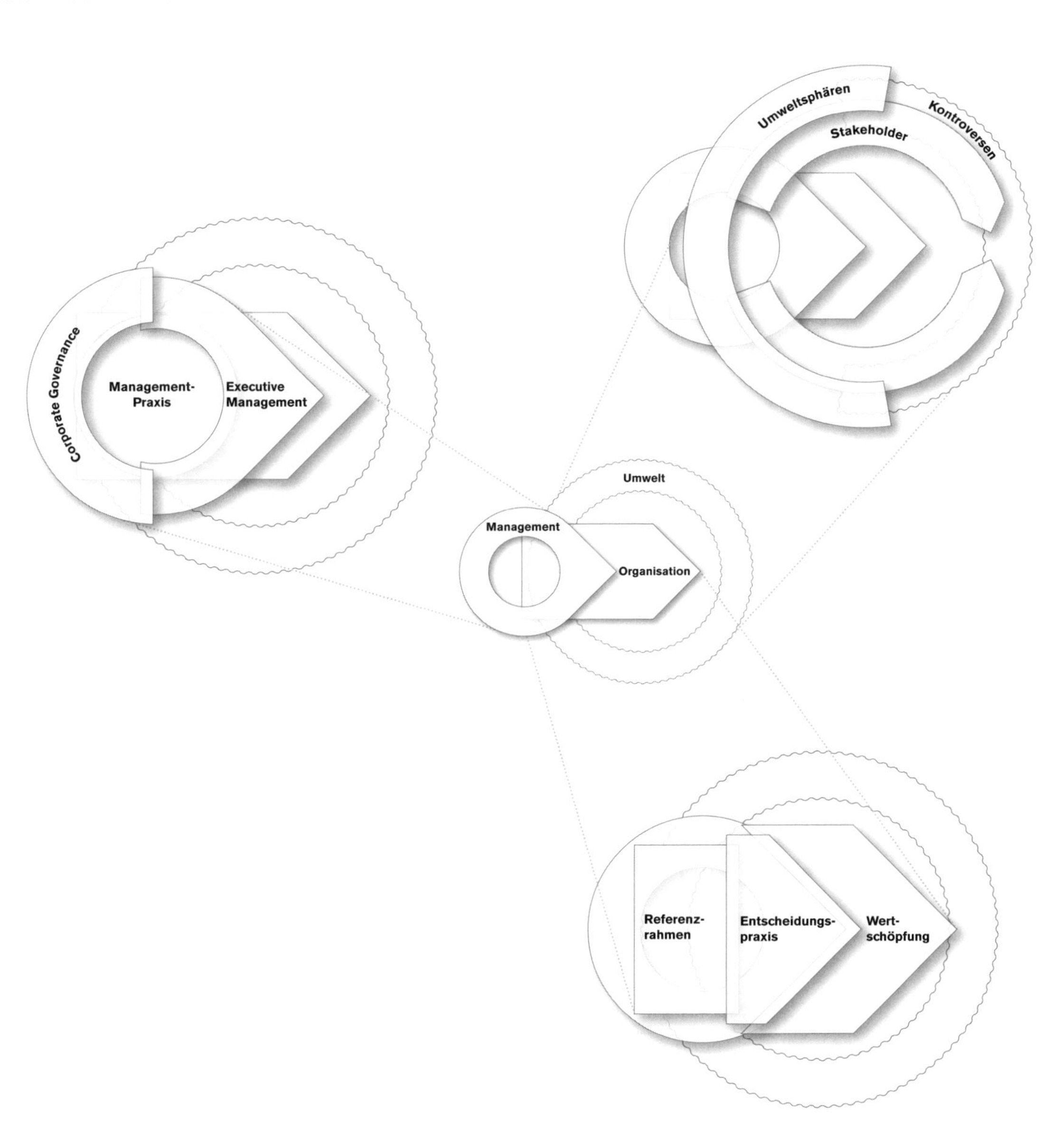

Abbildung 4 – Das St. Galler Management-Modell der 4. Generation (eigene Darstellung)
Für das SGMM der 4. Generation ist eine neuartige visuelle Darstellungsform entwickelt worden, die eng an die Konzeption der 1. Generation (Ulrich & Krieg, 1972; Malik, 1981, 2013a, 2013b) anschliesst. Diese neue Darstellungsform ist dadurch gekennzeichnet, dass das Verhältnis von Umwelt, Organisation und Management noch konsequenter in seinem Zusammenwirken gezeigt wird. Dies soll verdeutlichen, dass sich das, was eine wirksame Management-Praxis leisten muss, nur mit Bezug auf die organisationsspezifische Wertschöpfung für eine ebenso organisationsspezifische Umwelt bestimmen und reflektieren lässt. Dabei erscheinen die drei Schlüsselkategorien Umwelt, Organisation und Management je nach Reflexions- und Gestaltungsinteresse in unterschiedlichen Differenzierungsgraden („Auflösungsebenen“). So erlaubt das SGMM auf Basis einer integrierten Gesamtkonzeption ein flexibles Zooming-in, um bestimmte Aspekte zu vertiefen, oder ein Zooming-out, um diese Aspekte in den Gesamtzusammenhang zu stellen.

0.4 Management sprachlich und visuell modellieren

Management als Praxis ist angesichts der *Flüchtigkeit, räumlichen und zeitlichen Verteiltheit, Unübersichtlichkeit und Komplexität* organisationalen Geschehens im Unterschied zu konkreten Objekten und beobachtbaren Gegenständen ungleich schwieriger fassbar. Im Alltag einer Organisation finden sich keine Handlungen, Interaktionen und Kommunikationen, die quasi von Natur aus das *Etikett* „Management“ tragen. Vielmehr wird das eine oder andere Geschehen mit Bezug zur Wertschöpfung und zur Entwicklung einer Organisation im Moment oder im Nachhinein von den involvierten Akteuren oder von aussen als „Management“ bezeichnet. Dieses *Bezeichnen* von etwas als „Management“ setzt immer schon eine bestimmte *Vorstellung* von Management voraus. Um solche impliziten Vorstellungen von Management explizit machen, reflektieren und mitgestalten zu können, braucht es *Management-Modelle.*

Modelle werden überall dort entwickelt, wo Zusammenhänge nicht offensichtlich oder sehr komplex sind und wo ein solides Verständnis nicht einfach vorausgesetzt werden kann, sondern zum Gegenstand einer *expliziten gemeinschaftlichen Reflexion, Orientierung oder Auseinandersetzung* werden soll. Das ist etwa beim Zeichnen von Bauplänen, bei der Herstellung von Landkarten, bei der Visualisierung komplexer Moleküle oder beim Bau von Planetenmodellen der Fall. Modelle haben keinen Selbstzweck, sondern sie dienen der Simulation und dem besseren Verstehen von Wirklichkeit. Sie unterstützen die Antizipation oder Rekonstruktion von möglichen Entwicklungen durch gezieltes Abstrahieren und Vereinfachen und stehen damit im Dienst der Stärkung unserer Vorstellungskraft.

Ein Geländemodell beispielsweise dient dazu, sich mit den akustischen und verkehrstechnischen Wirkungen einer neuen Autobahn vertraut zu machen, bevor sie tatsächlich gebaut wird. Ein Architekturmodell dient dazu, die ästhetische und funktionale Qualität eines Gebäudes einzuschätzen, bevor das Gebäude realisiert wird. Ähnliches gilt für Flugzeugmodelle. Ein formales ökonometrisches Modell dient dazu, die Wirkung wirtschaftspolitischer Massnahmen abzuschätzen, bevor diese Interventionen real erfolgen. Chemisch-physikalische Modelle dienen dazu, die Funktionsweise und Wirkungsdynamiken neuartiger Substanzen abzuschätzen, bevor diese konkret hergestellt und eingesetzt werden.

Modelle haben mit der Handhabung von *komplexen Zusammenhängen* zu tun. Sie bilden aber „die“ Realität nicht ab, sondern sie stärken das Vorstellungsvermögen und damit unternehmerische Kreativität. Sie erlauben es, gemeinsam neue Wirkungsdynamiken und neue Möglichkeiten zu erkennen, indem sie eine sorgfältige Reflexion und Antizipation von schwer durchschaubaren Ursache-Wirkungs-Zusammenhängen ermöglichen. In diesem Sinne muss auch ein Management-Modell im Hinblick auf die Wirksamkeit von Management durch bewusste Selektion und Vereinfachung dazu beitragen, Wesentliches in den Horizont unserer knappen Aufmerksamkeit zu rücken. Dies wird im SGMM auf dreifache Weise geleistet: erstens durch *Vereinfachungen,* die praktisch Relevantes ins Zentrum der Aufmerksamkeit rücken, zweitens durch eine *Visualisierung* von Verknüpfungen, die wichtige Zusammenhänge verdeutlicht, und drittens durch eine *Sprach- und Denkform,* welche die gemeinschaftliche Reflexionsfähigkeit stärkt (Weiss, 2011).

Vereinfachung erfordert erstens eine *Selektion* von all dem, was als wichtig herausgestellt werden soll. Das SGMM selektiert in einer Weise, dass diejenigen Aspekte von Umwelt, Organisation und Management in den Blick kommen, die praktische Relevanz haben, etwa die Bedeutung spezifischer Kontroversen für die Weiterentwicklung einer organisationalen Wertschöpfung.

Vereinfachung im Zusammenhang mit einem Modell impliziert *Abstraktion:* Nicht die Komplexität der Welt wird sichtbar, vielmehr werden wenige Elemente gezeigt, die es ermöglichen, ein vertieftes Verständnis zu gewinnen und bestimmte Sichtweisen besser zu begründen. In diesem Sinne bildet das SGMM ein „Leerstellengerüst für Sinnvolles" (Ulrich & Krieg, 1972).

Ein Modell, verstanden als Leerstellengerüst für Sinnvolles, muss zweitens dazu beitragen, sprachlich und mit Hilfe von *Visualisierungen* wichtige *Verknüpfungen und Wirkungszusammenhänge* darzustellen und in ihrer Wirkung zu verdeutlichen. Daraus lässt sich eine zwar vereinfachte, dafür aber zugespitzte und griffige Perspektive auf Phänomene, Entwicklungsdynamiken und Handlungsmöglichkeiten in einem komplexen, schwer fassbaren Umfeld gewinnen.

Das SGMM unterscheidet sich dabei insofern von anderen Management-Modellen, als es nicht vorfindliche Kausalbeziehungen zu rekonstruieren versucht, wie etwa bei einem Varianz- oder Kontingenzmodell (siehe dazu Abbildung 5). Vielmehr dient das SGMM im Sinne eines *Prozessmodells* (Langley, 1999) dazu, Ereignisse, Entscheidungen und Entwicklungen in ihrem organisationsspezifischen Sinnzusammenhang aufeinander beziehen zu können. Es soll zum Sensemaking der Wertschöpfung im Zusammenspiel von Umwelt und Organisation beitragen.

Unter *Sensemaking* versteht das SGMM *kommunikative Prozesse der alltäglichen Sinnkonstitution* (Berger & Luckmann, 1966; Weick, 1979; 1995). Dabei werden Ereignisse, Begebenheiten, Kommunikationen, Entscheidungen, Handlungen, Erwartungen und Themen, die im flüchtigen Alltagsgeschehen aufscheinen, herausgegriffen und sinnstiftend miteinander in Beziehung gesetzt, verdichtet und bewertet.

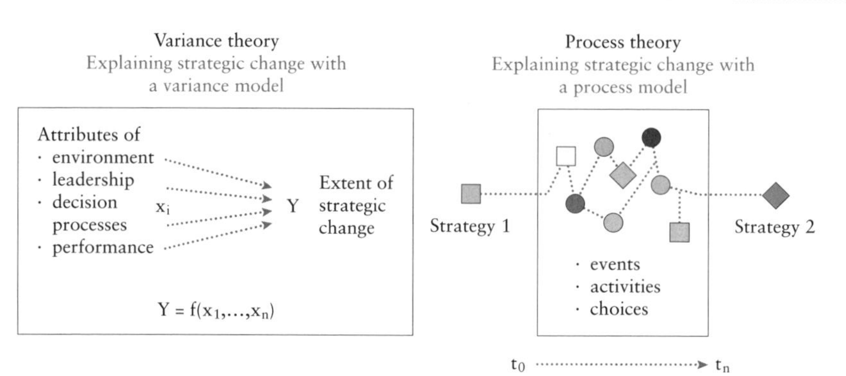

Abbildung 5 – Varianzmodell versus Prozessmodell (Langley, 1999: 693; in Anlehnung an Mohr, 1982)

In der Managementforschung verkörpern diese beiden Modelle zur schematischen Erklärung von Prozessen strategischen Wandels zwei grundsätzlich unterschiedliche Formen des Umgangs mit organisationaler Komplexität und Kausalität. Ein Varianzmodell dient dazu, unter weitgehender Vernachlässigung von Zeit und Kontext zwischen einer abhängigen und mehreren unabhängigen Variablen statistisch erhärtete Wirkungszusammenhänge zu rekonstruieren. Demgegenüber zeigt ein Prozessmodell auf, wie sich ein Veränderungsprozess durch das wechselseitige Zusammenwirken einer Vielzahl von „lose gekoppelten" Ereignissen im Zeitablauf entfaltet und wie sich dabei fortlaufend auch der relevante Kontext weiterentwickelt. Eine systematische Auseinandersetzung mit solchen Entwicklungsmustern und Entwicklungsdynamiken erlaubt es, in spezifischen Situationen die relevanten Zusammenhänge rasch zu erkennen und mögliche Entwicklungsoptionen angemessen einzuschätzen. Auf diese Weise erschliessen und verdeutlichen Prozessmodelle wertvolle Interpretations- und Handlungsmöglichkeiten.

Die klare Unterscheidung und präzise Beschreibung grundlegender Begriffe und Modell-Kategorien sind Voraussetzung dafür, dass ein Modell drittens als *Sprach- und Denkform* zum Sensemaking beitragen und damit eine *kollektive Sinnorientierung* der gemeinsamen Arbeit fördern kann. Auf diese Weise trägt das SGMM im Sinne einer *Reflexions-Sprache* dazu bei, dass verantwortliche Manager-Communities einer Organisation in unübersichtlichen Situationen und bei schwer durchschaubaren Handlungszusammenhängen *sinnstiftende Muster* und *wichtige Zusammenhänge* besser erkennen können. Durch die Selektion, Schärfung und Visualisierung zentraler Begriffe und Modell-Kategorien und durch die präzise Bezugnahme auf diese Begriffe und Kategorien entwickelt sich eine eigene *Management-Sprache,* mit deren Hilfe Manager-Communities ein solides Verständnis neuartiger *Handlungsmöglichkeiten* entwickeln können. Dieser sprachfördernde und verständnisstiftende Nutzen eines Management-Modells wird umso wichtiger, je stärker der berufliche Alltag wie z.B. in der Medizin, in der Informatik oder in der Jurisprudenz durch eine Spezialisierung des relevanten Wissens, durch eigenständige Berufssprachen und Symbolsysteme gekennzeichnet ist.

Management sprachlich und visuell modellieren – ein Beispiel

Eine gemeinsame Sprache mit einer aussagekräftigen Visualisierung grundlegender Wirkungszusammenhänge ist nicht nur eine wichtige Voraussetzung, um sich in heutigen Organisationen und Manager-Communities wechselseitig verstehen, koordiniert arbeiten und gemeinsam entscheiden zu können. Sie stärkt generell die Entscheidungs-, Handlungs- und Entwicklungsfähigkeit einer Organisation und ihrer Manager-Communities (Weiss, 2011). Wie ein Modell im Management-Kontext seine konkrete Anwendung und Interpretation findet, lässt sich anhand des Excellence-Modells der European Foundation of Quality Management (EFQM-Modell) verdeutlichen (siehe dazu Abbildung 6).

Ein Modell wie das EFQM-Modell lässt sich nicht eins zu eins in einer Organisation „einführen". Es dient vielmehr als ***Inspiration*** *für die gemeinschaftliche Entwicklung eines* ***eigenständigen organisationsspezifischen Management-Modells.*** *In diesem Sinne hat beispielsweise der Liechtensteiner Bautechnologie-Konzern Hilti das EFQM-Modell als Grundlage für die Entwicklung eines eigenen Management-Modells verwendet (siehe dazu Abbildung 7).*

Ein Management-Modell kann nicht einfach „angewandt" werden. Vielmehr müssen Management-Modelle – wie auch das SGMM – für eine konkrete Organisation und ihre Management-Praxis zwingend kontextualisiert werden. ***Kontextualisieren*** *meint, ein Modell für einen spezifischen Anwendungskontext (z.B. für eine Organisation in einer bestimmten Entwicklungsphase) in eine möglichst einfach nachvollziehbare, lebendige Sprach- und Denkform zu übersetzen, d.h. zu re-interpretieren und zu* ***konkretisieren.*** *Eine sorgfältige Kontextualisierung erlaubt es, wichtige Wirkungszusammenhänge zu identifizieren, zu benennen und in ihrem spezifischen Zusammenspiel in den Vordergrund zu rücken.*

Dadurch ergibt sich eine zwar vereinfachte, dafür aber prägnante und griffige Perspektive auf Phänomene, Entwicklungsdynamiken und Handlungsmöglichkeiten, die für organisationale Wertschöpfung und eine wirksame Management-Praxis ausgesprochen wichtig sind und einer besonderen Aufmerksamkeit bedürfen. Ein Management-Modell wird über diese Kontextualisierung zu einem wirkungsvollen ***Kommunikations- und Arbeitsinstrument,*** *das die kollektive Beobachtungs-, Reflexions-, Handlungs-, Entscheidungs- und Entwicklungsfähigkeit einer Organisation stärkt.*

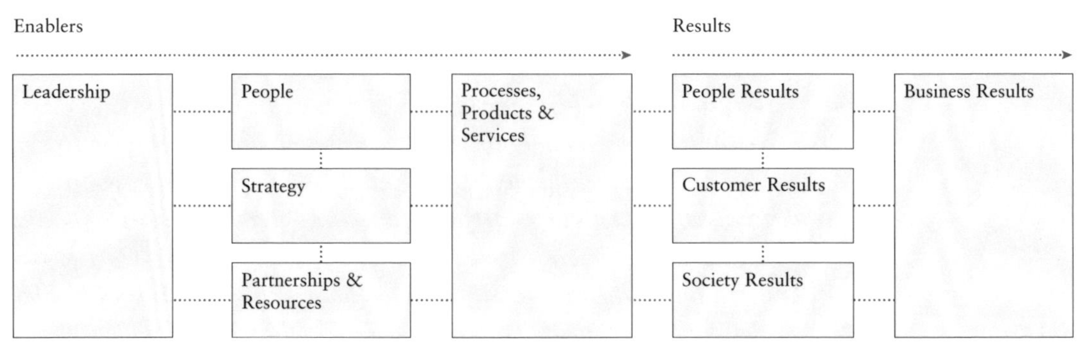

Abbildung 6 – EFQM-Modell (European Foundation for Quality Management, 2012)
Die renommierte European Foundation for Quality Management hat ein Modell entwickelt, das in der Praxis weite Verbreitung gefunden hat. In diesem Modell werden auf einfache Weise ein paar wenige Zusammenhänge dargestellt, die aufzeigen sollen, worauf die Excellence einer Organisation beruht. Dabei wird zwischen „Befähigern" (Fähigkeiten und Qualitäten) und „Ergebnissen" (Wirkungen) unterschieden. Sofern Letztere nicht den Erwartungen entsprechen, muss ein Lernprozess einsetzen, der zu Innovation und Fortschritt führen soll. Mit diesem Modell werden auf übersichtliche Weise zentrale Einflusssphären und Wirkungszusammenhänge der Entwicklung und Gewährleistung hoher Qualität verdeutlicht – als Grundlage für förderliche Diskussionen zur systematischen Stärkung dieser Qualität.

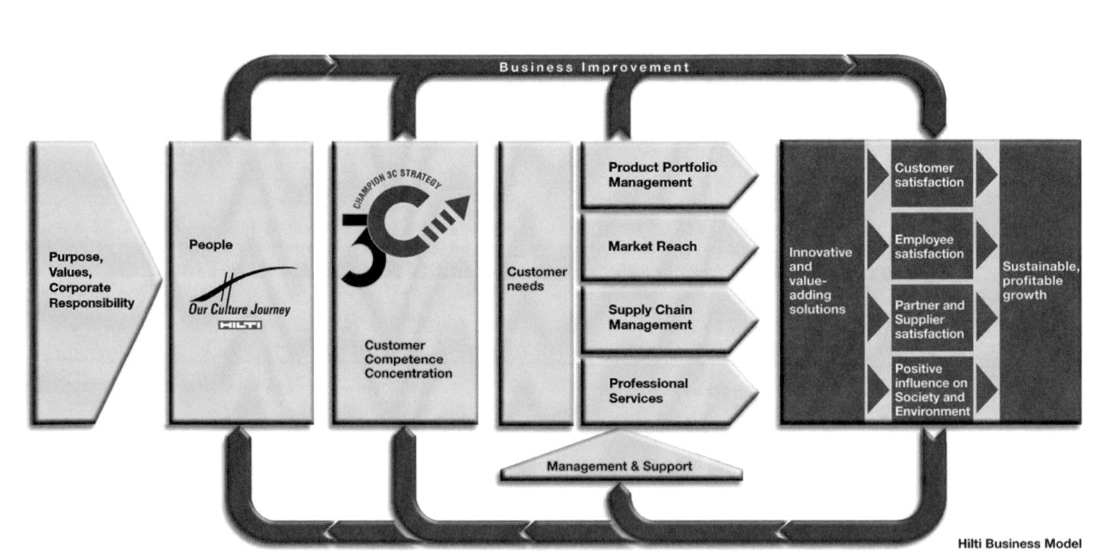

Abbildung 7 – Hilti Business Modell (Darstellung Hilti, Stand 2009)
Ausgehend vom vorgängig dargestellten EFQM-Modell hat der Liechtensteiner Bautechnologie-Konzern Hilti ein eigenständiges, organisationsspezifisches Modell entworfen, um damit einen Bezugsrahmen zu schaffen, der es systematisch erlaubt, zentrale Herausforderungen und Wirkungszusammenhänge der laufenden Unternehmensentwicklung gemeinsam zu diskutieren.

0.5 Management durch Zooming-in und Zooming-out reflektieren

Aus Sicht des SGMM ist eine Management-Praxis immer im Zusammenspiel einer Organisation und ihrer existenzrelevanten Umwelt zu betrachten. Was eine Management-Praxis ausmacht und was von ihr gefordert wird, lässt sich nicht ohne Bezug zur organisationalen Wertschöpfung und zur Umwelt beschreiben, die immer wieder neu zu erschliessen ist. Umgekehrt wird das, was im SGMM als Umwelt einer Organisation bezeichnet wird, nicht verständlich ohne unmittelbaren Bezug zur fraglichen Organisation und deren Wertschöpfung. Der zentrale Bezugspunkt von Management als reflexiver Gestaltungspraxis wiederum ist die *organisationale Wertschöpfung und deren Weiterentwicklung* durch die Ko-Evolution von Organisation und Umwelt.

Die Komplexität und wechselseitige Bezogenheit von Umwelt, Organisation und Management machen es unmöglich, diese drei Kernelemente in einem Modell gleichzeitig in ihrer vollen Differenziertheit zur Darstellung zu bringen. Deshalb arbeitet das SGMM seit der 1. Generation mit der Unterscheidung mehrerer *Auflösungsebenen* (Ulrich & Krieg, 1972). Eine hohe Sensibilität für unterschiedliche Auflösungsebenen und ein entsprechendes *Zooming-in* und *Zooming-out* in diesen Ebenen ist nicht nur für die visuelle und textliche Darstellung des Modells fundamental. Vielmehr lassen sich das permanente Zooming-in und Zooming-out *auch in der Management-Praxis* selbst beobachten: Management als reflexive Gestaltungspraxis geht zu Umwelt und Organisation (siehe Kapitel 3), aber auch zu sich selbst immer wieder auf Distanz (siehe Kapitel 4). Diese bewusste Distanznahme bildet eine wichtige Voraussetzung, um das Zusammenspiel und die Ko-Evolution von Umwelt und Organisation sowie die Wirksamkeit der eingespielten Management-Praxis mit Bezug zur organisationalen Wertschöpfung reflektieren und neu sehen zu können. Zugleich können damit spezifische Themen, Ereignisse und Herausforderungen genauer analysiert und besser verstanden werden.

Je nach Herausforderung und Situation, Reflexions- und Erkenntnisinteresse können bestimmte Aspekte nur dann präzise fokussiert werden, wenn andere in diesem Moment *unscharf* bleiben oder ganz *ausgeblendet* werden – wie beim Zoomen einer Filmkamera. Mit anderen Worten: Wir sind stets gezwungen, situativ einen *Beobachtungsausschnitt* zu wählen und zu bestimmen, was scharfer Vordergrund sein und was für einen Moment als unscharfer Hintergrund gelten soll (Weick, 1979; Latour, 2005).

Beim Zooming-Ansatz des SGMM (siehe die Auflösungsebenen des SGMM) werden drei Schlüsselkategorien unterschieden: Umwelt, Organisation und Management. Dabei versteht das Modell *Umwelt als Möglichkeitsraum*, *Organisation als Wertschöpfungssystem* und *Management als reflexive Gestaltungspraxis*. Auf der obersten Auflösungsebene (Auflösungsebene I) des

Modells geht es darum, diese drei Schlüsselkategorien mit Bezug zur organisationalen Wertschöpfung in ihrem Zusammenspiel zu reflektieren. Zugleich lässt sich jede der drei Kategorien näher fokussieren, um so den Konkretisierungsgrad zu erhöhen. Dafür nutzt das SGMM für alle drei Kategorien noch zwei weitere Auflösungsebenen.

So stehen auf der Auflösungsebene II je drei Kategorien zur Beschreibung von Umwelt, Organisation und Management im Fokus. Für die Umwelt sind dies *Umweltsphären*, *Kontroversen* und *Stakeholder*, für Organisation *Wertschöpfung*, *Entscheidungspraxis* und *Referenzrahmen*, für Management *Management-Praxis*, *Corporate Governance* und *Executive Management*. Auf der Auflösungsebene III kommen dann für jede dieser Kategorien vertiefend drei weitere Aspekte in den Blick. Beispielsweise sind das bei der Kategorie Kontroversen *Issues*, *Positionen* und *Medien* (siehe die Auflösungsebenen des SGMM).

Wichtig ist dabei, dass die drei Schlüsselkategorien und die drei Auflösungsebenen jederzeit flexibel gewechselt und in Verbindung gebracht werden können und in *keinem hierarchischen Verhältnis* zueinander stehen. Über ein Zooming-in oder Zooming-out soll letztendlich eine problem- und erkenntniszentrierte Wahl der Fokussierung und Tiefenschärfe auf Problemzusammenhänge ermöglicht werden.

0.6 **Das St. Galler Management-Modell in der Forschung verorten**

Das SGMM ist ein Modell, das sich seit der 1. Generation (Ulrich & Krieg, 1972) durch eine *systemorientierte Perspektive* auf Umwelt, Organisation und Management auszeichnet. Das SGMM der 4. Generation orientiert sich wie bereits das SGMM der 3. Generation an denjenigen systemorientierten Forschungssträngen, denen eine konstruktivistische Epistemologie zugrunde liegt (Grand et al., 2015). Solche systemorientierten Forschungsstränge, die *konstruktivistisch* argumentieren, werden in der Literatur als *systemisch* bezeichnet (Baecker, 1999; 2003; 2009; Bateson, 1985; von Foerster, 1984; Luhmann, 1984; 2000; 2002; Maturana & Varela, 1987; Simon, 2006; 2007; Willke, 2005; 2006; 2014; Wimmer, 1999; 2009; 2012). Kennzeichnend für die 4. Generation des SGMM ist diese systemische Perspektive auf Umwelt, Organisation und Management (Rüegg-Stürm, 1998a; 1998b; 2000).

Akzentuiert und erweitert wird diese systemische Perspektive durch neuere Arbeiten der Organisations-, Management- und Strategieforschung, welche die eminente Bedeutung von *Prozessen* für das Verständnis von Umwelt, Organisation und Management ins Zentrum rücken. Aus Sicht dieses sogenannten „*Process Turn*“ wird das Zusammenspiel von Umwelt, Organisation und ihrer Management-Praxis nur unter sorgfältiger Berücksichtigung seiner historischen Entstehungsgeschichte und situativen Bedingtheit als verwobenes Gefüge dynamischer Kommunikations- und Entscheidungsprozesse verstehbar. Diese Prozesse werden als ergebnisoffen und unsicher, als verteilt und nur begrenzt gestaltbar betrachtet (Czarniawska, 2009; Hernes, 2008; 2014; Langley, 1999; Langley & Tsoukas, 2010; Pettigrew, 1987; 1990; Tsoukas & Chia, 2002; Van de Ven, 1993; Weick, 1979; 1995; siehe auch Abbildung 5).

Deshalb erweisen sich simplifizierende linear-kausale Erklärungen für das Geschehen zwischen Umwelt, Organisation und Management aus einer prozesszentrierten Perspektive als völlig unzureichend. Vielmehr wirken Erwartungen an die Zukunft im Geschehen der Gegenwart und Erfahrungen der Gegenwart zirkulär auf die etablierten Zukunftserwartungen zurück. Was konkret geschieht, entfaltet durch fortlaufende Beobachtungen, kommunikative Bezugnahmen und Interpretationen in einer Art und Weise Wirkungen für die Zukunft, die nicht vorhersehbar sind.

Das konkrete Geschehen ist deshalb immer kontingent, das heisst, es kann sich immer auch anders entwickeln. *Kontingenz* ist dabei nicht zu verwechseln mit Beliebigkeit. Vielmehr bezeichnet der Begriff etwas, *das weder notwendig noch unmöglich* ist (Luhmann, 1984). Die Kontingenz des organisationalen Geschehens zeigt sich darin, dass dieses gleichermassen voraussetzungsreich *und* entwicklungsoffen ist. Es baut auf gewachsenen Bedingungen auf, es bleibt aber offen, wie sich diese Bedingungen in der weiteren Entwicklung konkret auswirken werden. Demzufolge gibt es im sozialen Zusammenleben, in der Entstehung und Weiterentwicklung von Organisationen, im Wirken von Management als reflexiver Gestaltungspraxis keine Gesetzmässigkeiten, sondern nur historisch gewachsene Praktiken, Handlungs- und Entwicklungsmuster mit einer zwar vorstrukturierenden, aber niemals determinierenden Wirkung.

Eine weitere Akzentuierung erfährt die 4. Generation des SGMM durch die grosse Bedeutung, die *Praktiken* und *Routinen* beigemessen wird. Der Begriff der Praktiken will deutlich machen, dass das Agieren von Manager-Communities und Mitarbeitenden sowie menschliches Handeln ganz generell nie vollkommen autonom erfolgen, sondern immer eingebettet sind in historisch gewachsene und situativ relevante Kontexte, d.h. in eine *gemeinschaftlich konstituierte und gelebte Praxis*. Der Begriff der *Eingebettetheit* („Embeddedness“: Granovetter, 1985; Callon, 1998) soll verdeutlichen, dass unser Handeln bewusst oder unbewusst stets Bezug nimmt und mitgeprägt wird durch wichtige Erfahrungen, laufende Entwicklungen, gewachsene Überzeugungen, gelernte Formen des Interpretierens und implizit wirksame Regeln, denen im Handlungskontext unhinterfragt eine hohe Bedeutung und Legitimität zugerechnet wird.

In diesem Sinne beschreibt der sogenannte „*Practice Turn*" in der Sozialtheorie (Reckwitz, 2002; Schatzki et al., 2001), wie Praktiken entstehen, wie sie unser Handeln vorstrukturieren und wie sich Praktiken in einer gemeinschaftlichen Praxis stabilisieren. Daraus ergibt sich, dass eine Organisation auch als *spezifisches Repertoire von stabilisierenden Praktiken* (Bourdieu, 1977; Boltanski & Thévenot, 1991; Feldman & Orlikowski, 2011; Giddens, 1984; Latour, 2005; Nicolini, 2013; Thévenot, 2006) interpretiert werden kann, die immer wieder einer reflexiv-unternehmerischen *Gestaltung* bedürfen (Golsorkhi et al., 2015; Johnson et al., 2007; Grand & Bartl, 2011). Management als reflexive Gestaltungspraxis ist somit stets als eingebettete und *kreative Praxis* zu verstehen (De Certeau, 1984; Joas, 1992; Tsoukas & Knudsen, 2002; Tengblad, 2012).

Das SGMM hat nicht den Anspruch, alle erwähnten Forschungsstränge umfassend zur Darstellung zu bringen. Es geht vielmehr darum, ihr heuristisches Potenzial für ein besseres Verständnis von Umwelt, Organisation und Management fruchtbar zu machen. Dabei verdichtet das SGMM zentrale Perspektiven und Denkfiguren dieser Forschungsstränge zu einer *kommunikationszentrierten Perspektive.* Das SGMM folgt somit der Empfehlung, einen undogmatischen, aber keineswegs beliebigen Umgang mit wissenschaftlichen Theorietraditionen zu pflegen (Neuberger, 1995).

0.7 Das St. Galler Management-Modell aus einer kommunikationszentrierten Perspektive konzipieren

Was eine systemische, eine prozessorientierte und eine an Praktiken interessierte Perspektive verbindet, ist eine konstruktivistische Epistemologie (Berger & Luckmann, 1966; von Foerster et al., 1992; Hacking, 1999; Simon, 2006). Eine *konstruktivistische Epistemologie* impliziert, die Welt nicht als etwas Gegebenes vorauszusetzen, sondern als Ergebnis von *kommunikativen Aushandlungsprozessen* zu verstehen. Was als wirklich und relevant gelten soll, wird fortlaufend kommunikativ ausgehandelt. Damit wird deutlich, wie bedeutungsvoll eine kommunikationszentrierte Perspektive, d.h. ein systematischer Fokus auf *Kommunikation* und auf die *Bedingungen der Ermöglichung* organisationaler Kommunikation, für ein Management-Modell ist (Luhmann 1984; 2000; Martens, 1989). Denn in einer dynamischen Welt menschlichen Zusammenlebens gibt es aus einer systemisch-konstruktivistischen Perspektive keine zeitüberdauernd vorfindlichen Entitäten und Kausalitäten, die „da draussen" existieren, objektiv betrachtet und präzise erforscht werden können. Vielmehr versuchen wir im gemeinsamen kommunikativen Austausch, mit unseren selbst verfertigten Erwartungen, Bildern und Vorstellungen dem flüchtigen Geschehen *Bedeutung und Sinn abzugewinnen* und dabei diesem Geschehen *ordnende Kausalitäten* aufzuerlegen (Luhmann, 1984; Weick, 1979). Diese können dann in Form von Interpretationsschemata, Ursachenkarten oder Regeln eine vorstrukturierende, stabilisierende Wirkung entfalten.

Systemisch zu denken und zu handeln, erfordert deshalb, sich der *kommunikativen Konstruiertheit* des eigenen Beobachtens und Denkens bewusst zu sein und anzuerkennen, dass unser Beobachten und Denken weder einfach „wahr" noch völlig beliebig ist, sondern bestimmten historisch gewachsenen und kulturell-kommunikativ vermittelten Denk- und Handlungsformen folgt. In diesem Sinne verkörpert das SGMM der 4. Generation selbst eine *wort- und bildsprachliche Konstruktion,* die Kommunikation ins Zentrum der gesamten Argumentation rückt. Der 4. Generation des SGMM liegt durchgängig eine *kommunikationszentrierte Perspektive* auf organisationale Wertschöpfung im Zusammenspiel von Umwelt, Organisation und Management zugrunde.

Eine kommunikationszentrierte Perspektive ist durch eine Reihe von Aspekten charakterisiert, die hier im Zusammenhang dargelegt werden und die Konzeption des SGMM prägen:

1. Aus einer kommunikationszentrierten Perspektive wird Kommunikation als Prozess verstanden, in dem ein *kollektiviertes Verständnis* konkreter Situationen und abstrakter Zusammenhänge, vergangener Ereignisse und getroffener Entscheidungen als gemeinsam geteilte Wirklichkeit etabliert wird (Berger & Luckmann, 1966). Kommunikation verkörpert einen *wechselseitig aufeinander bezogenen* Prozess der Wirklichkeitskonstitution, an dem *mehrere Akteure* beteiligt sind und in dessen Verlauf eine sinnhafte Sicht der Dinge konstruiert wird. Kommunikation ist dabei ein *kreatives Geschehen,* in dem vielfältige Bedeutungs- und Sinnzuschreibungen erfolgen, die nicht ohne Weiteres beobachtet und in ihrer Wirkung eingeschätzt werden können (Joas, 1992; Czarniawska, 2009). Mit diesem Verständnis von Kommunikation unterscheidet sich das SGMM deutlich von einem im Alltag häufig anzutreffenden Transferverständnis, das Kommunikation mit der Vorstellung einer einfachen „Übertragung" von Information verbindet und das Gelingen von Kommunikation als selbstverständlich und unproblematisch voraussetzt (Latour, 2005; Luhmann, 1984).

2. Kommunikation ist *auf Sprache angewiesen.* Dabei soll Sprache breit verstanden werden als *Gesamtheit symbolischer Ausdrucksformen* (Cassirer, 2010). Zur Sprache gehören Wortsprache, Körpersprache, Bildsprache und andere ästhetische Formen symbolischen Ausdrucks. Auch Geld kann als Medium, d.h. als symbolisch generalisiertes *Kommunikationsmedium* (Luhmann, 1997) mit komplexitätsreduzierender Wirkung verstanden werden, das ökonomische Austauschprozesse vereinfacht und beschleunigt. Das SGMM versteht sich in diesem Sinn als bild- und wortsprachliches Kommunikationsmedium, und zwar insbesondere als *Reflexions-Sprache,* die Management als kommunikative Reflexions- und Gestaltungspraxis wirksam unterstützen will. Sprache generell, und das SGMM als spezifische Reflexions-Sprache für die Management-Praxis und -Forschung sind in diesem

Sinne *Ressourcen,* die eine kommunikative Reflexions- und Gestaltungspraxis wirkungsvoll ermöglichen.

3. Gemäss einem systemischen Verständnis von Kommunikation wird unter *Information* nicht eine übertragbare Entität (im Sinne von Bits und Bytes) verstanden, sondern *„ein Unterschied, der einen Unterschied macht"* (Bateson, 1985: 582). Welche kommunikative Wirkung eine Aussage im Sinne von wirksamer Information auslöst (oder auch nicht) hängt nicht von der Aussage selber ab, sondern von den Erwartungen und vom Kenntnisstand des Adressaten des Gesagten (Watzlawick et al., 1967). So kann beispielsweise eine Aussage, sobald sie mehrfach gesagt worden ist, ihre Wirkung verlieren, weil sie nicht mehr neu und unerwartet ist und demzufolge auch keinen Unterschied mehr macht (von Weizsäcker, 1986). Umgekehrt kann ein Schweigen (anstelle einer endlich erwarteten Antwort) eine zentrale Information darstellen, insofern als sie beim Adressaten einen Unterschied ausmacht.

Das hat Konsequenzen: Kommunikation lässt sich nicht von einem Individuum unilateral steuern oder determinieren. Individuen können zwar Beiträge in einen Kommunikationsprozess einbringen, Impulse für einen Themenwechsel lancieren oder durch extreme Aussagen provozieren. Letztlich „entscheidet" aber die *systemische Eigendynamik* des verteilten Kommunikationsgeschehens, ob und wenn ja, welche Wirkungen Kommunikationsbeiträge von Individuen in einem Kommunikationsprozess entfalten.

4. Die Vorstellung von Information als definierbarer Entität und die Annahme der Möglichkeit eines unproblematischen Transfers von Information werden also aus systemischer Sicht in Frage gestellt. Die Wirkung von Information hängt immer von gewachsenen Erwartungen und Sinnschemata ab (Baecker, 2005). Damit kommt die *Prozesshaftigkeit* und *Kontextualität* von Kommunikation ins Spiel (Watzlawick et al., 1967). Erst dies macht verständlich, weshalb auch eine „Nicht-Information", z.B. ein Schweigen oder das Ausbleiben einer erwarteten Antwort, eine zentrale Information verkörpert. Mit anderen Worten kann eine vermeintliche „Nicht-Kommunikation" hoch wirksame Kommunikation sein (Baecker, 2007). Nicht-Kommunikation wie das Schweigen in einer schwierigen Situation oder das Unterlassen eines Blickkontakts ist paradoxerweise ein eminent bedeutsamer Auslöser für Prozesse der Zuschreibung von Bedeutungen.

5. Diese *mitlaufenden Zuschreibungsprozesse* unterscheiden *Handeln* von *Kommunizieren.* Kommunikation ergibt sich erst dann, wenn einer beobachteten Handlung eine *Mitteilungsabsicht zugeschrieben* wird (Simon, 2007). Nicht die subjektive Absicht von Handelnden ist relevant, sondern ob überhaupt und welche Mitteilungsabsichten spezifischen Handlungen zugerechnet werden. Kommunikation kann also auch dann stattfinden, wenn beim „Sender"

gar keine Kommunikationsabsicht besteht. Alles, z.B. die Teilnahme oder die Abwesenheit an der Verabschiedung einer wichtigen Mitarbeiterin, das Schweigen in einer Diskussion, das Husten während einer Ansprache, kann zur Kommunikation werden, sobald Mitteilungsabsichten unterstellt werden.

6. Kommunikation ist im Unterschied zu Handlungen immer ein Geschehen, das aus dem aufeinander bezogenen („relationalen“), *kreativen und entwicklungsoffenen Zusammenwirken* mehrerer Akteure hervorgeht (Baecker, 2005; Simon, 2007). Welche Wirkungen von einzelnen Handlungen, Interaktionen und Ereignissen ausgehen, entscheidet sich somit erst im kommunikativen Prozess der *kreativen, aufeinander bezogenen Zuschreibung* von Mitteilungsabsichten und Bedeutungen.

7. Kommunikation ist ein *polyzentrisches Geschehen*, in dem durch das räumlich verteilte Zusammenspiel unterschiedlicher Aussagen, Perspektiven und Bewertungen einerseits eine *Vielzahl von Bedeutungen* hervorgeht. Im Verlauf der Zeit können sich andererseits wenige Sicht- und Argumentationsweisen stabilisieren und kollektiv durchsetzen. Genau dies geschieht beispielsweise bei der Entwicklung und Realisation eines neuen Geschäftsmodells. Wenn die Idee eines neuen Geschäftsmodells in die organisationale Kommunikation eingebracht wird, entstehen in unterschiedlichen Diskussionen unterschiedliche Interpretationen. Im Verlaufe der kommunikativen Auseinandersetzung mit dem Geschäftsmodell und dessen fortlaufender Konkretisierung wird sich allmählich ein homogeneres Verständnis dessen herauskristallisieren, was dieses Geschäftsmodell tatsächlich bedeutet. So können sich in einer Organisation über verteilt ablaufende Kommunikationsprozesse vergemeinschaftete Verständnisse und Überzeugungen etablieren, welche die organisationale Wertschöpfung in Bezug zur existenzrelevanten Umwelt massgeblich prägen und in ihrer Entwicklungsdynamik beeinflussen.

8. Gelingende organisationale Kommunikation wird vor diesem Hintergrund – genauso wie das Gelingen persönlicher und gesellschaftlicher Kommunikation – zu einem höchst *voraussetzungsreichen,* wenn nicht gar *unwahrscheinlichen Vorgang* (Taylor & Van Every, 2011; Luhmann, 2009). Systemisch lassen sich drei Unwahrscheinlichkeiten differenzieren:

- Eine erste Unwahrscheinlichkeit ergibt sich aus der Schwierigkeit, Adressaten von Kommunikation überhaupt erreichen zu können, das heisst, *knappe Aufmerksamkeit* zu mobilisieren.

- Eine zweite Unwahrscheinlichkeit ergibt sich daraus, dass Verstehen aus *komplexen Interpretationsprozessen* erwächst. Dabei werden Beobachtungen mit anderen Beobachtungen sowie mit dem historisch gewachsenen und dem aktuellen Kontext sinnhaft in Verbindung gebracht. Solche Interpretations- und Sensemaking-Prozesse laufen unterschiedlich und grösstenteils implizit ab. Sie sind entsprechend nicht unilateral steuer- oder kontrollierbar, was das häufige Auftreten von Missverständnissen erklärt.

- Eine dritte Unwahrscheinlichkeit betrifft die gewünschte Wirksamkeit einer Kommunikation. Damit ist die Wahrscheinlichkeit der *Akzeptanz* angesprochen. Jede Form von Kommunikation weist einen *performativen Aspekt* auf: Sie impliziert Erwartungen bzw. Erwartungsänderungen – und sei es nur das Anliegen, aufmerksam zuzuhören. Solche Erwartungen können jederzeit kontrovers in Frage gestellt oder gar enttäuscht werden – wir können uns immer auch anders als erwartet verhalten.

9. Aus einer systemischen Perspektive können Beobachtungen, Gedanken und Ideen nur unter der Voraussetzung organisationale Relevanz gewinnen, dass sie *Eingang in die organisationale Kommunikation finden* und sich während der laufenden Kommunikationsprozesse *gemeinsam beobachten* lassen. Was einzelne Menschen in einzelnen Situationen für sich beobachten und denken, bleibt verborgen und irrelevant, solange es nicht in der organisationalen Kommunikation zum Ausdruck kommt und gemeinsam beobachtbar und bearbeitbar wird. Kommunikation ist der konstituierende „Ort" (Taylor & Van Every, 2011), wo Organisation und Umwelt zum Leben erweckt und real werden; wo deutlich wird, was als wichtig erachtet wird und was nicht. Aus einer kommunikationszentrierten Perspektive entscheidet ausschliesslich der *kommunikative Zugang*, wie wir eine Organisation und ihre Umwelt zu sehen bekommen und welche Einflussmöglichkeiten sich daraus eröffnen.

10. Sowohl der kommunikative Zugang zu einer Organisation als auch die Möglichkeit, durch eigene Beiträge Wirkung in der organisationalen Kommunikation zu erlangen, hängen von *Machtprozessen* ab (Luhmann, 2012). Einfluss und Macht, und damit die *Beobachtungs- und Kommunikationsmöglichkeiten* sind in Organisationen nicht gleich verteilt, sondern verändern sich z.B. in hierarchisch strukturierten Organisationen von oben nach unten. Die damit verbundenen Unterschiede in den Möglichkeiten des Einwirkens auf die Kommunikation sind in dem Sinne für die organisationale Wertschöpfung und deren Weiterentwicklung *funktional*, als sie dazu beitragen, dass es in einer Organisation zeitgerecht zu Entscheidungen kommt und nicht jede kontroverse Frage die Gefahr in sich trägt, dass es zu einer nicht mehr endenden Diskussion oder zu einer problematischen Dauerpolitisierung kommt.

11. Von zentraler Bedeutung für die Beeinflussung und Wirkung von Kommunikation sind deshalb nicht nur die Inhalte von Kommunikation, sondern auch die *Plattformen, Medien* und *Formen* von Kommunikation – und damit ganz allgemein die *Bedingungen der Ermöglichung* von Kommunikation (Luhmann, 2002). In dieser Hinsicht verdienen die *prozessuale Strukturierung* und

räumliche Inszenierung von Kommunikation eine besondere Aufmerksamkeit, beispielsweise die Strukturierung einzelner Kommunikationsanlässe wie Sitzungen, Workshops, Mitarbeitendengespräche, Informationsveranstaltungen, Grossgruppen-Events, aber auch die Etablierung und Gestaltung von zeitüberdauernden Kommunikationsplattformen (Cooren et al., 2011; Putnam & Mumby, 2013). Mit anderen Worten hängt die Wirksamkeit von Management als reflexiver Gestaltungspraxis in entscheidender Weise von geschickten *Praktiken der Makro- und Mikrostrukturierung von Kommunikation* ab (siehe Kapitel 3.2.2).

12. Dabei ist im Sinne eines Zooming-in und Zooming-out zwischen unterschiedlichen *Arenen, Institutionalisierungen und Reichweiten* von Kommunikation zu unterscheiden (Foucault, 1971; Boltanski & Thévenot, 1991; Grant et al., 2004). Wie wirksam Kommunikation ist, hängt wesentlich davon ab, wie stark sie von eingespielten Prozeduren profitiert und sich beispielsweise als Diskurs etablieren kann (Phillips & Hardy, 2002), die sich mit dem SGMM als stabilisierte Umweltsphären beschreiben lassen (siehe Kapitel 1.1). Ob sich eine politische Kampagne in einer lokalen Debatte erschöpft oder zeitüberdauernd zu einer gesellschaftlichen Auseinandersetzung wird, hängt massgeblich davon ab, ob ein Thema nur in der Lokalzeitung oder in der Tagesschau behandelt wird.

Die hier differenzierten Aspekte einer kommunikationszentrierten Perspektive machen deutlich, weshalb alle Formen eines *trivialisierenden Kommunikationsverständnisses* vor dem Hintergrund aktueller Forschung (Tsoukas, 2017), aber auch unserer Erfahrungen mit organisationalem Kommunikationsgeschehen in Frage zu stellen sind. Gefordert ist vielmehr eine hohe Sensibilität für den *Voraussetzungsreichtum* gelingender Kommunikation. Nur so wird beispielsweise ersichtlich, weshalb gewisse Ereignisse und Handlungen ohne böse Absicht sehr unterschiedlich interpretiert werden und entsprechend unterschiedlich Wirkung entfalten; oder warum ein gemeinsames Verständnis einer Situation, eines Projekts oder einer Strategie meist nicht einfach vorausgesetzt werden kann, sondern im Verlaufe vielfältiger Kommunikationsaktivitäten erst sorgfältig zu erarbeiten ist. Und es erklärt auch, weshalb Veränderungen der Umwelt einer Organisation fast immer heterogen interpretiert und kontrovers diskutiert werden.

0.8 **Die Management-Praxis kommunikativ verstehen**

Kommunikation wird im SGMM als ein verteiltes, relationales, begrenzt steuerbares und fragiles Geschehen mit wirklichkeitskonstituierender Wirkung betrachtet. Weil das SGMM unter dem, was Management im Kern ausmacht, eine reflexive Gestaltungspraxis versteht und diese Gestaltungspraxis als gemeinschaftlichen Prozess, d.h. als *Kommunikationspraxis* interpretiert, haben die vorangegangenen Überlegungen weitreichende Folgen für unser Verständnis der Möglichkeiten und Grenzen einer wirksamen Management-Praxis.

Eine kommunikationszentrierte Perspektive auf Management als Praxis impliziert erstens, dass radikal Abstand genommen wird von jeglicher Art technizistischer Steuerungsvorstellungen (im Sinne von „Engineering“) oder gar eines heroischen Managementverständnisses (Baecker, 1994) im Sinne der „Leadership“-Literatur. Vielmehr gilt es, besondere Aufmerksamkeit auf die *kommunikativen Praktiken* zu richten, die in der Management-Praxis mobilisiert werden, sowie deren Voraussetzungsreichtum, Funktionalität oder auch Dysfunktionalität zu reflektieren (siehe Kapitel 3.1).

Eine kommunikationszentrierte Perspektive auf Management impliziert zweitens einen geschärften Blick auf die etablierte Kommunikationspraxis und auf all das, was die beobachtbaren Kommunikationspraktiken *dramaturgisch und zeitlich strukturiert*, stützt, legitimiert und bis zu einem gewissen Grad unverwechselbar macht. Es gilt somit, immer wieder einen *reflexiven Blick* auf die gewachsene Kommunikations- und Entscheidungspraxis zu gewinnen – in ihrer Vernetztheit, aber auch in ihrer *Kontingenz* und damit *Gestaltbarkeit*. Dies ist eine besondere Herausforderung wirksamer Management-Innovation (siehe Kapitel 4).

Die gewachsene Kommunikations- und Entscheidungspraxis lässt sich drittens anhand spezifischer *Kommunikationsplattformen* beobachten und rekonstruieren, die sich im Verlaufe der Entstehungsgeschichte herausgebildet haben und in der Management-Praxis zu einer organisationsspezifischen *Management-Architektur* zusammenwachsen. Kommunikationsplattformen versteht das SGMM als räumlich und zeitlich strukturierte, formelle oder informelle Arrangements, auf denen wiederholt in mehr oder weniger routinisierter Form Kommunikation stattfindet (siehe dazu Abbildung 35). Eine Management-Architektur verbindet diese vielfältigen Kommunikationsplattformen zu einer Gesamtkonstellation, die wirksame Management-Praxis systematisch ermöglicht.

Management als reflexive Gestaltungspraxis, und die darin mobilisierten Praktiken und Plattformen sind viertens in unterschiedlicher Form *institutionalisiert:* Kommunikationsplattformen können hoch *formalisiert* sein, wie die Durchführung einer Verwaltungsrats- oder Geschäftsleitungssitzung, oder rein informell, wie ein Gespräch in der Kantine. Sie können stark *routinisiert* sein wie der regelmässige Team-Austausch an der Kaffeebar jeweils um 10.00 Uhr vormittags oder sich als mehr oder weniger spontane Begegnungen ergeben wie ein Small-Talk im Treppenhaus oder an der Tramhaltestelle, wenn man z.B. regelmässig mit dem gleichen Tram zur Arbeit gelangt (siehe Kapitel 3.0).

Aus einer kommunikationszentrierten Perspektive sind das Zusammenwirken dieser kommunikativen Praktiken und Kommunikationsplattformen, und die dabei (mehr oder weniger) systematisch adressierten Themen, deren wirksame Bearbeitung sowie der dabei stattfindende Beziehungsaufbau von grosser Bedeutung für die Management-Praxis. Durch die systematische Bearbeitung von Themen, Issues und Herausforderungen formieren sich dabei fünftens *Manager-Communities* als spezifische Communities-of-Practice, die aus Sicht des SGMM auch als *Kommunikations-Gemeinschaften* verstanden werden können. Nicht der einzelne Manager oder die einzelne Managerin, nicht die Institutionalisierung in formalen Gremien allein macht die *unternehmerische Reflexivität, Kreativität und Wirksamkeit* einer Management-Praxis aus, sondern die erfolgreiche Entwicklung und Mobilisierung von Manager-Communities (siehe Kapitel 3.0).

Management wirksam zur Sprache bringen – Fragen zur unternehmerischen Reflexion

Mit Blick auf Ihre Management-Praxis ist eine Frage immer wieder von zentraler Bedeutung: Verfügen Sie über eine adäquate gemeinsame Sprache, um Ihre unternehmerischen Herausforderungen präzise zu artikulieren, unerwartete Ereignisse diskutieren und unsichere Entwicklungen kollektiv reflektieren zu können, als Voraussetzung für die Entwicklung zukunftsfähiger Handlungsoptionen? Davon ausgehend sind verschiedene konkrete Fragen wichtig:

- *In welchen Situationen, bei welchen Herausforderungen und Themenstellungen würden Sie sich ganz besonders eine präzise gemeinsame Sprache wünschen? Welche Erfahrungen haben Sie bis anhin beim Versuch gemacht, eine gemeinsame Sprache und eine gemeinsame Vorstellungswelt zu entwickeln? Wie interpretieren Sie diese Erfahrungen?*

- *Mit welchen Hilfsmitteln wie etwa Modellen versuchen Sie, für Ihre Mitarbeitenden oder Ihre Investoren, grundlegende Zusammenhänge zwischen Ihrer Wertschöpfung, Ihrer Organisation, der existenzrelevanten Umwelt Ihrer Organisation und der etablierten Management-Praxis zu verdeutlichen? Wie gehen Sie dabei konkret vor?*

- *Falls Sie ein Modell verwenden: Aufgrund welcher Kriterien haben Sie dieses Modell ausgewählt, wie haben Sie es an Ihre Bedürfnisse angepasst und kontextualisiert – oder haben Sie sogar eigens ein Modell entwickelt? Was sind Ihre bisherigen Erfahrungen, was bewährt sich, und wo sehen Sie Bedarf, das Modell zu präzisieren und weiterzuentwickeln?*

1. Umwelt als Möglichkeitsraum

Eine Organisation und ihre Management-Praxis erschliessen sich Umwelt als *Möglichkeitsraum* und verfertigen daraus eine spezifische *Ressourcenkonfiguration*, um *organisationale Wertschöpfung* erbringen zu können (Kapitel 1.0). Damit eine Organisation langfristig ein tragfähiges Verhältnis zur existenzrelevanten Umwelt entwickeln kann, muss diese möglichst differenziert und präzise erfasst werden: als ein Zusammenspiel von *Umweltsphären*, die den Möglichkeitsraum einer Organisation prägen. Umweltsphären versteht das St. Galler Management-Modell als Diskurse (Kapitel 1.1). Zusätzlich ist eine möglichst vorausschauende Auseinandersetzung mit *Kontroversen* notwendig, die den Möglichkeitsraum – der zugleich ein Erwartungsraum ist – verändern und damit die Ressourcenkonfiguration einer Organisation in Frage stellen können (Kapitel 1.2). Deshalb ist es für eine Organisation entscheidend, tragfähige Beziehungen zu relevanten *Stakeholdern* aufzubauen und sich sorgfältig mit deren Erwartungen auseinanderzusetzen. Diese Beziehungen haben einen grossen Einfluss darauf, inwiefern sich die Ressourcen, die für die angestrebte Wertschöpfung erforderlich sind, nachhaltig aus der Umwelt erschliessen lassen. Gleichzeitig sind Stakeholder immer wieder als Nutzniesser organisationaler Wertschöpfung zu gewinnen und zu binden (Kapitel 1.3).

Umwelt als Möglichkeitsraum
Auflösungsebene II

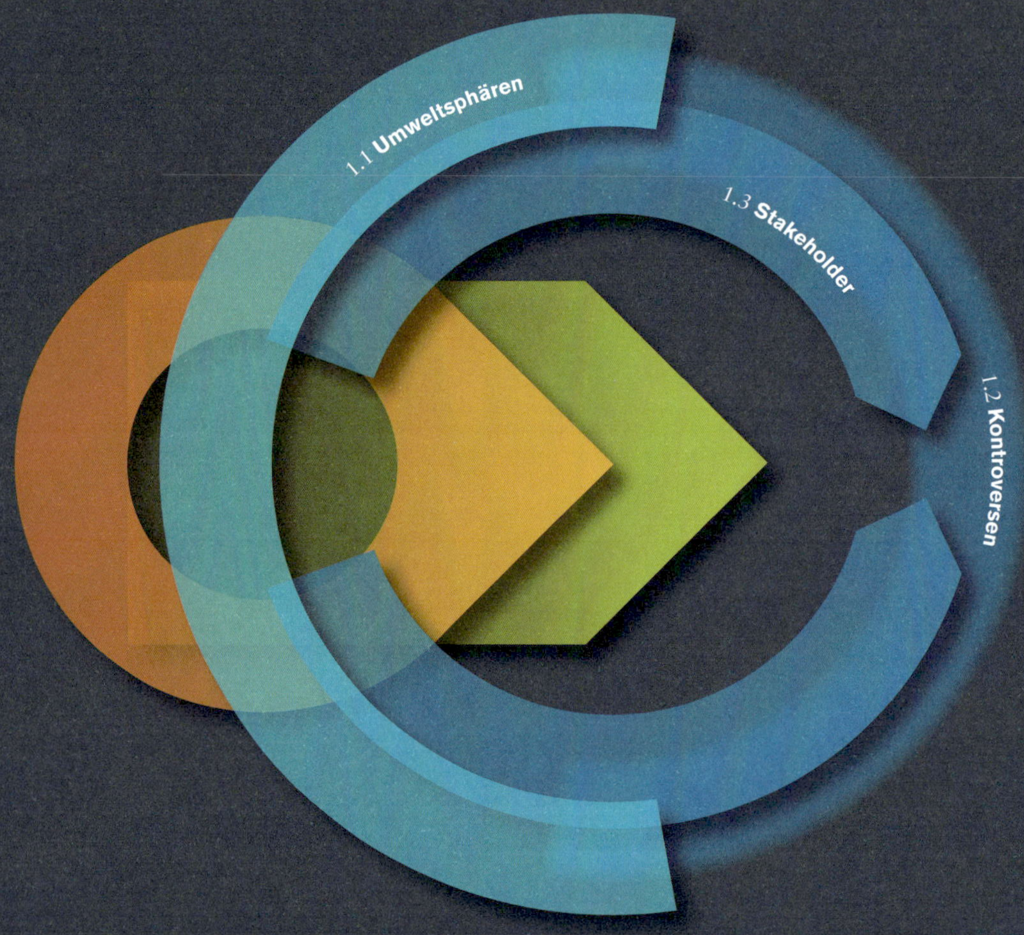

Umwelt als Möglichkeitsraum
Auflösungsebene III

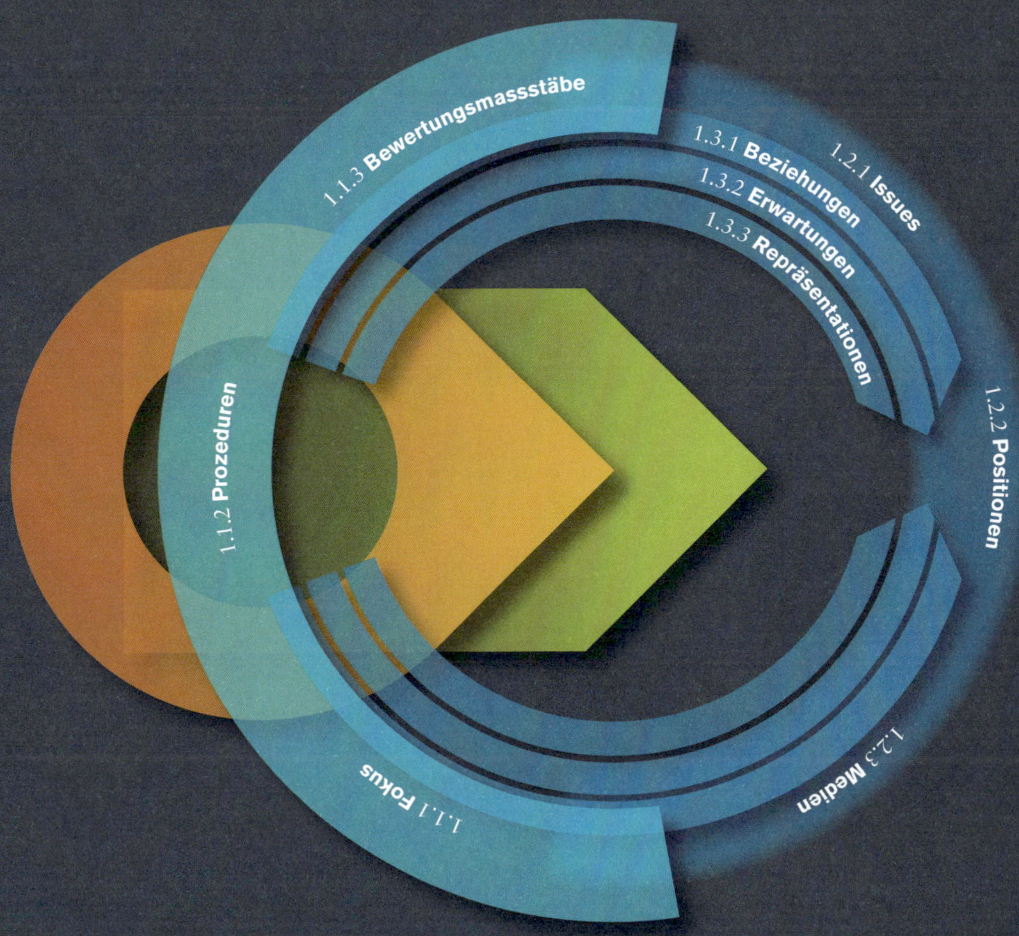

1.0 **Umwelt als Möglichkeitsraum erschliessen**

1.0.1 Den existenzrelevanten Möglichkeitsraum abgrenzen

Kapitel 1 nimmt die *Umwelt als existenzrelevanten Möglichkeitsraum organisationaler Wertschöpfung* in den Blick. Das SGMM konzipiert Umwelt im Unterschied zum Alltagsverständnis nicht als die gesamte Welt ausserhalb einer Organisation. Umwelt wird vielmehr als derjenige Teil der Welt angesehen, den eine Organisation *für sich als existenzrelevant erschliesst* (Simon, 2007). So definiert jede Organisation für sich einen spezifischen Möglichkeitsraum, auf den sie ihre Aufmerksamkeit ausrichtet und den sie mit Blick auf ihre Wertschöpfung kommunikativ erschliesst und bearbeitet. Finanzmärkte sind beispielsweise für eine Organisation nicht per se relevante Umwelt, sondern nur insofern, als sich eine Organisation tatsächlich mit ihnen auseinandersetzt und sie *als Potenzial für die eigene Wertschöpfung nutzt*: als Gewinnungsmöglichkeit für finanzielle Ressourcen, als Instanz einer objektivierten Bewertung von unternehmerischem Erfolg oder als Gradmesser für die Zukunftserwartungen von Investoren (Esposito, 2010).

Der Begriff *existenzrelevant* soll verdeutlichen, dass sich zwischen einer Organisation und deren Umwelt im Verlaufe der Zeit in einem Ausmass Abhängigkeiten herausbilden können, die für das Überleben dieser Organisation kritisch sind. Was existenzrelevant ist, kann und wird sich dabei *über die Zeit verändern:* in der Gründungsphase etwa ist der Aufbau einer ersten Kundenbasis existenziell, in einer späteren Phase geht es darum, bestehende Kunden mit neuen Produkten weiterhin zu überzeugen. Umwelt muss durch eine Organisation als relevanter Handlungsraum immer wieder neu erschlossen und abgegrenzt werden.

Umwelt ist nicht einfach gegeben, sondern sie wird erstens immer wieder neu *organisationsspezifisch verfertigt*. Der Prozess der *Verfertigung* („Enactment“: Weick, 1979) bezeichnet den *fortlaufenden kommunikativen Prozess der Erschliessung und Gestaltung* von Umwelt (Rüegg-Stürm, 2001); im Alltag wird das oft auch als *Kreation unternehmerischer Opportunitäten* beschrieben (Grichnik, 2006; McGrath & MacMillan, 2000; Shane & Venkataraman, 2000; Shane, 2003). So sind z.B. Kunden als Adressaten organisationaler Wertschöpfung nicht einfach da, sondern müssen immer wieder neu gewonnen und mit nutzenstiftender Wertschöpfung überzeugt werden.

Dies bedeutet, dass eine Organisation zweitens *immer nur einen Ausschnitt* der Welt als existenzrelevante Umwelt selektiert. Alternative Möglichkeiten werden ausgeblendet und nicht als Opportunitäten für die eigene Wertschöpfung wahrgenommen (Shane & Venkataraman, 2000). *Selektivität* erweist sich in diesem Zusammenhang als Voraussetzung für organisationale Handlungsfähigkeit (Luhmann, 2000): Wenn eine Organisation den Möglichkeitsraum zu offen gestaltet und zu viele Möglichkeiten verfolgt, verliert sie die Voraussetzungen, um einzelne Möglichkeiten auch tatsächlich für erfolgreiche Wertschöpfung nutzen zu können (Teece et al., 1997). Vieles muss ausgeschlossen werden, damit Weniges möglich wird, das heisst, die „Reduktion von Komplexität ist Bedingung der Steigerung von Komplexität" (Luhmann, 2002: 121).

Jeder Möglichkeitsraum weist drittens *inhärente Grenzen* auf – etwa in der Form von Erwartungen, Restriktionen, Spielregeln – die grosse Wirksamkeit entfalten, von einer Organisation aber nur teilweise mitgestaltet werden können. Umwelt ist somit nicht nur Möglichkeitsraum, sondern auch *Erwartungsraum* einer Organisation. Geld für eine Investition in neue technologische Möglichkeiten auf den Finanzmärkten zu mobilisieren, heisst etwa, sich systematisch mit den Erwartungen von Investoren und Analysten auseinanderzusetzen. Wissenschaftliche Erkenntnisse für eine neue Dienstleistung produktiv zu machen, impliziert, sich auf die Debatten der involvierten Scientific Communities einzulassen. Junge Menschen als Kunden zu gewinnen, bedeutet, sich mit ihrer Erfahrungswelt zu beschäftigen. Umwelt ist nie einfach verfügbar, sondern muss in ihrer Eigensinnigkeit und Widerständigkeit verstanden und über entsprechende Prozesse einer sorgfältigen Auseinandersetzung zugänglich gemacht werden (Schedler & Rüegg-Stürm, 2013).

Die Umwelt als Möglichkeitsraum einer Organisation und deren organisationale Wertschöpfung *konstituieren sich wechselseitig,* das heisst, aus organisationsspezifischer Umwelt und Organisation formiert sich im Verlaufe der Zeit eine aufeinander bezogene *Einheit* (siehe Kapitel 2.0). So kann z.B. das Potenzial einer technologischen Innovation in der Umwelt von einer Organisation nur erkannt und genutzt werden, wenn ihre Entscheidungspraxis, Sinnhorizonte und Wertschöpfungsprozesse in der Lage sind, dieses Potenzial zu thematisieren, zu bearbeiten und auszuschöpfen. Eine Organisation muss somit fähig sein, die mit dieser Innovation verbundenen technologischen Möglichkeiten für sich zu erschliessen und in eine attraktive Wertschöpfung umzusetzen (Conner & Prahalad, 1996; Christensen, 1997; Choo & Bontis, 2002). Umgekehrt können diese technologischen Möglichkeiten nur dann Wirksamkeit erlangen, wenn es Organisationen gibt, die diese zu erschliessen und zu nutzen wissen.

1.0.2 Eine organisationsspezifische Ressourcenkonfiguration verfertigen

Das SGMM betrachtet die Umwelt als Möglichkeitsraum organisationaler Wertschöpfung. Dabei ist es wesentlich, diesen Möglichkeitsraum für die organisationale Wertschöpfung konkret zu erschliessen und auszuschöpfen. Das heisst, der Möglichkeitsraum muss *zu einer spezifischen Ressourcenkonfiguration gemacht* werden, um ihn für die organisationale Wertschöpfung nutzen zu können (siehe dazu Abbildung 8).

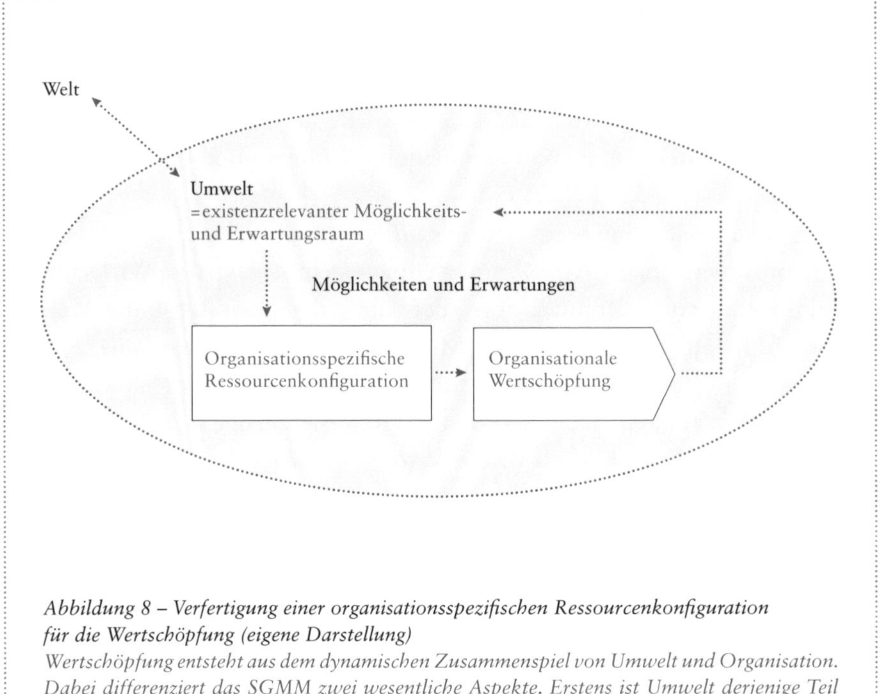

Abbildung 8 – Verfertigung einer organisationsspezifischen Ressourcenkonfiguration für die Wertschöpfung (eigene Darstellung)

Wertschöpfung entsteht aus dem dynamischen Zusammenspiel von Umwelt und Organisation. Dabei differenziert das SGMM zwei wesentliche Aspekte. Erstens ist Umwelt derjenige Teil der Welt, den eine Organisation für sich als existenzrelevant erschliesst und zum unternehmerischen Möglichkeitsraum macht. Eine Organisation hat nicht die Welt als solche im Blick, sondern die für sie relevante Umwelt. Zweitens verfertigt eine Organisation aus diesem Möglichkeitsraum eine organisationsspezifische Ressourcenkonfiguration. Diese verkörpert den Voraussetzungsreichtum für die organisationsspezifische Wertschöpfung.

Die Ressourcenkonfiguration einer Organisation besteht aus *Ressourcen,* d.h. aus Möglichkeiten, die unternehmerisch erschlossen und als konkrete Voraussetzungen *für eine spezifische Wertschöpfung nutzbar* gemacht werden müssen. So bietet z.B. die Nähe zu einer Universität die Möglichkeit, frühzeitig exzellente Absolventinnen und Absolventen zu identifizieren, einzubinden und für eine engagierte Mitarbeit zu gewinnen. Sobald solche Absolventinnen und Absolventen tatsächlich angestellt werden, werden sie zum Bestandteil der organisationalen Ressourcenkonfiguration. Eine solche verkörpert das tatsächlich erschlossene, realisierte Gefüge an *Voraussetzungen,* die für eine spezifische organisationale Wertschöpfung unabdingbar sind: Darin wird der *Voraussetzungsreichtum* organisationaler Wertschöpfung deutlich.

Wertvolle Ressourcen einer Organisation sind beispielsweise finanzielle Mittel, technologische Infrastrukturen, Herstellungsverfahren, Wissensstrukturen, Kunden-Communities, Mitarbeitende und deren Fähigkeiten, rechtliche Rahmenbedingungen, Reputation und Vertrauen (Weibel, 2004). Solche Ressourcen sind nicht einfach gegeben. Vielmehr müssen sie zuerst identifiziert, bewertet und mobilisiert, das heisst, für die organisationale Wertschöpfung *zur Ressource gemacht* werden (Burgelman, 2002; Bower & Gilbert, 2005).

Eine Ressourcenkonfiguration, und damit der Voraussetzungsreichtum organisationaler Wertschöpfung, muss permanent gepflegt und ausgeschöpft werden, damit die angestrebte Wertschöpfung auch tatsächlich realisiert werden kann. Es reicht beispielsweise nicht aus, kluge Köpfe anzustellen. Diese können ihre Intelligenz nur dann zum Tragen bringen, wenn die Voraussetzungen, z.B. eine technologische Infrastruktur und ein Arbeitsumfeld vorliegen, die es erlauben, produktive Beiträge für die angestrebte Wertschöpfung zu leisten. Nur so können attraktive Produkte und Dienstleistungen entwickelt, ein neues Geschäftsmodell etabliert oder ein Markenversprechen eingelöst werden.

Der Begriff *Konfiguration* soll verdeutlichen, dass Ressourcen nicht isoliert für die Wertschöpfung mobilisiert werden können, sondern erst durch ihr *organisationsspezifisches Zusammenspiel wirksam* werden (siehe Kapitel 2.0). So können z.B. Investitionsmöglichkeiten in neue Technologien mit der Art ihrer Finanzierung und mit der bestehenden Gebäudeinfrastruktur zusammenhängen. Die Reputation einer Organisation wirkt sich auf das Engagement von Kunden-Communities aus, und umgekehrt. Die Entwicklung einer profilierten Wissensbasis und die Gewinnungsmöglichkeiten talentierter Mitarbeitender beeinflussen sich gegenseitig.

Dies bedeutet, dass organisationale Wertschöpfung nicht durch die Mobilisierung isolierter Ressourcen erbracht wird. Vielmehr geht es um die Formierung einer *einmaligen Konfiguration*, die eine Organisation zu einer spezifischen Wertschöpfung befähigt und damit von anderen Organisationen differenziert (*„Dynamic Capabilities“:* Teece et al., 1997; Eisenhardt & Martin, 2000).

Die Verfertigung einer organisationsspezifischen Ressourcenkonfiguration aus dem Möglichkeitsraum ist ein dynamischer Prozess. Erstens benötigt er *Zeit*, das heisst, der Aufbau von Reputation oder die Etablierung einer robusten Wissensbasis in einem neuen Tätigkeitsgebiet ist ein aufwendiger und langwieriger Entwicklungsprozess (Langley, 1999). Zweitens *wirkt* die Etablierung einer Ressourcenkonfiguration *über die Zeit*. Wenn gewisse Ressourcen (zu) stark strapaziert werden, fehlen sie unter Umständen in der Zukunft – das macht „Nachhaltigkeit“ zu einem zentralen unternehmerischen Thema (Dyllick, 2003). Wenn es gelingt, Kunden zu begeistern und gleichzeitig eine überzeugende Marke aufzubauen, schafft das die Voraussetzung für zukünftige Handlungs- und Entwicklungsmöglichkeiten.

So entsteht drittens stets auch eine *Pfadabhängigkeit* (Sydow et al., 2009; siehe dazu Abbildung 9): Die Ressourcenkonfiguration von heute prägt die Ressourcenkonfiguration von morgen massgeblich mit. Die Wirkungen der aktuellen und die Entwicklungspotenziale zukünftig möglicher Ressourcenkonfigurationen regelmässig in den Blick zu nehmen, ist demzufolge eine wesentliche Aufgabe von Management als reflexiver Gestaltungspraxis (Grand & Bartl, 2011; siehe Kapitel 3.1).

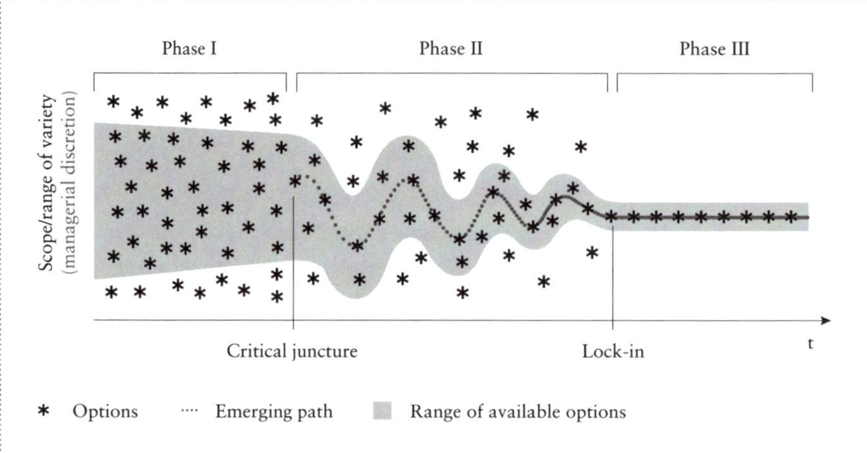

Abbildung 9 – Formierungsprozess von Entwicklungspfaden (Sydow et al., 2009: 692)
Das Konzept der Pfadabhängigkeit („Path Dependence") unterscheidet idealtypisch drei Phasen, die bei der Formierung von stabilen Entwicklungspfaden und daraus resultierenden Ressourcenkonfigurationen und Beziehungskonstellationen eine Rolle spielen. In Phase I („Preformative Phase") lassen sich unterschiedlichste Entwicklungsmuster in den Initiativen, Entscheidungen und Interpretationen von Akteuren beobachten. Das ist charakteristisch für die Frühphase von neuen technologischen Entwicklungen oder bei der Gründung eines Unternehmens. In Phase II („Formation Phase") setzen selbstverstärkende Mechanismen ein, das heisst, gewisse Konfigurationen und Beziehungen spielen sich ein und werden stabiler, während andere sich verflüchtigen: Der Möglichkeitsraum formiert sich. In Phase III („Lock-in Phase") schliesslich sind die wechselseitigen Erwartungen so weit eingespielt, dass sie sich nicht mehr so leicht verändern bzw. sich nur in bestimmten ko-evolutionären „Pfaden" weiterentwickeln können: Ressourcenkonfiguration und Wertschöpfung, Umwelt und Organisation werden zu einer Einheit.

1.0.3 Die Erwartungen relevanter Akteure adressieren

Bei der Erschliessung der Umwelt als Möglichkeitsraum und der Verfertigung einer spezifischen Ressourcenkonfiguration muss eine Organisation genau verstehen, wie diese Umwelt von den *Erwartungen unterschiedlicher Akteure* geprägt und mitgestaltet wird. Dabei sind einerseits Akteure wesentlich, die z.B. als wichtige Lieferanten Einfluss auf die Generierung und Verteilung relevanter Ressourcen haben. Andererseits muss festgelegt werden, auf welche Akteure, z.B. bestimmte Kunden als Zielgruppen, die organisationale Wertschöpfung ausgerichtet werden soll (siehe dazu Abbildung 10).

Relevante Akteure sind beispielsweise *Individuen,* die in einer Debatte Meinungsführerschaft gewinnen oder als Lead Users als Erste die neu entwickelten Produkte kaufen. Auch *Communities* können zu relevanten Akteuren werden, wenn sie mit Bezug auf gesellschaftliche Issues oder ausgehend von spezifischen Wertvorstellungen Kritik an der Wertschöpfung üben, Fragen stellen oder alternative Produktionsformen einfordern. Relevante Akteure sind auch andere *Organisationen,* die etwa finanzielle Ressourcen bereitstellen oder wichtige Halbfabrikate liefern.

Eine Organisation ist aus Sicht des SGMM „strukturell gekoppelt" mit anderen Akteuren (Maturana & Varela, 1987; Luhmann, 2002). Von zentraler Bedeutung sind dabei Erwartungen und Abhängigkeiten, die sich im Verlaufe der Zeit herauskristallisieren und stabilisieren. *Strukturelle Kopplungen* resultieren aus einer Interaktionsgeschichte, beispielsweise zwischen Lieferanten und Kunden. Wenn Kunden wiederholt Produkte und Dienstleistungen kaufen, entsteht beim Lieferanten die Erwartung, dass diese auch zukünftig kaufen werden. Der Lieferant richtet seine Ressourcenkonfiguration darauf aus und wird abhängig vom Kaufverhalten der Kunden. Diese wiederum erwarten, dass sie beim Lieferanten die gewünschten Produkte und Dienstleistungen auch in Zukunft zuverlässig erhalten werden. Auch sie richten ihre Ressourcenkonfiguration auf diese Beziehung aus. So werden Kunden und Lieferanten *füreinander wechselseitig zur existenzrelevanten Umwelt.* Dasselbe geschieht in Mitarbeiter-, Investoren- und anderen Beziehungen.

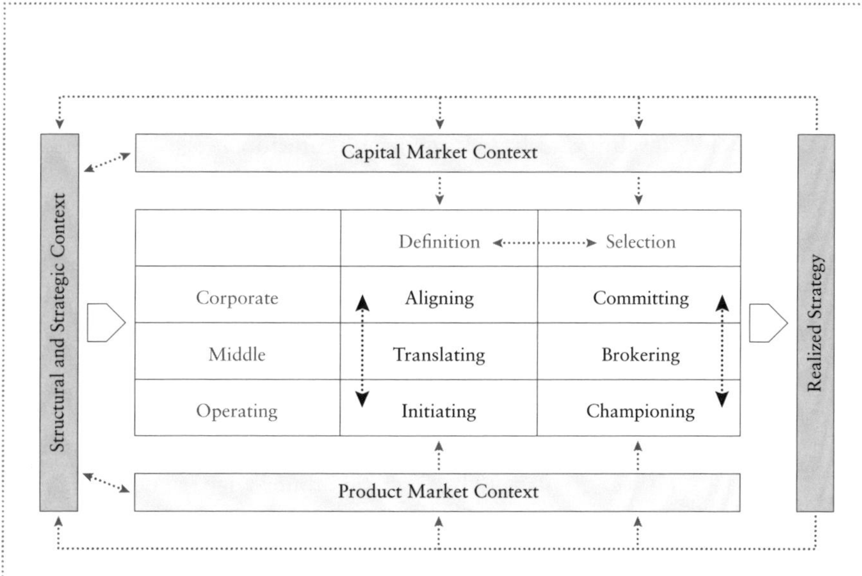

Abbildung 10 – Prozess der Ressourcenallokation (Bower & Gilbert, 2005: 444)
Eines der prominentesten Frameworks in der Diskussion über das Zusammenspiel von Umwelt als Möglichkeitsraum und Organisation als Wertschöpfungssystem ist das Bower-Burgelman-Modell (Burgelman, 2002; Bower & Gilbert, 2005). Dieses Framework zeigt, wie die Umwelt als Möglichkeitsraum (insbesondere „Kapitalmarkt" und „Produktmarkt"), die Entscheidungspraxis einer Organisation (durch „Definition" und „Selektion") sowie mehrere Management-Ebenen („Corporate, Middle, Operating Management") und die realisierte Strategie („Realized Strategy") zusammenwirken. Eine Umweltmöglichkeit wird zu einer Ressource einer Organisation „gemacht", in relevante Aktivitäten und Initiativen investiert und so in verschiedenen Schritten für die organisationale Wertschöpfung erschlossen.

Eine strukturelle Kopplung entsteht immer dann, wenn sich in einer Interaktionsgeschichte im Zeitverlauf *wechselseitig aufeinander bezogene Erwartungen und Abhängigkeiten* herausbilden. Dies passiert dann, wenn jeder der Akteure ein wichtiges Element der existenzrelevanten Umwelt des anderen Akteurs wird. Dabei kann die Existenz des einen Akteurs zu einer *wichtigen Existenzvoraussetzung für den anderen Akteur* werden – und umgekehrt.

Die Wertschöpfung einer Organisation kann sich in dem Masse erfolgreich entwickeln und nachhaltig durchsetzen, wie eine Organisation durch stabile Beziehungen zu relevanten Akteuren immer wieder die notwendigen Voraussetzungen für diese Wertschöpfung schaffen kann (siehe Kapitel 1.3). Statt von „struktureller Kopplung" liesse sich aus einer dynamischen Perspektive auch von einer *Ko-Evolution* von Umwelt und Organisation sprechen (Simon, 2006), etwa im Fall von Entwicklungspartnerschaften im Innovationsprozess, im Fall von Lieferanten-Kunden-Beziehungen bei der Etablierung eines einzigartigen Geschäftsmodells oder im Fall der Zusammenarbeit einer Universität mit einer Unternehmung im Bereich der Management-Weiterbildung. Die dabei wirksamen wechselseitigen Erwartungen unterliegen einer zeitlichen Dynamik und müssen immer wieder neu geklärt und in ihren Konsequenzen für die organisationale Wertschöpfung reflektiert werden: eine zentrale Aufgabe von Management als reflexiver Gestaltungspraxis (siehe Kapitel 3.0).

1.0.4 Möglichkeitsraum und Ressourcenkonfiguration kommunikativ bearbeiten

Die Erschliessung der Umwelt als Möglichkeitsraum und die Verfertigung einer organisationsspezifischen Ressourcenkonfiguration sind im Kern *kommunikative Prozesse*. Sie sind das Ergebnis interaktiver Aushandlungen unterschiedlichster Akteure (Weick, 1979; 1995). Umwelt wird als Möglichkeits- und Erwartungsraum *nur durch Kommunikation* für eine Organisation und ihre Management-Praxis *wahrnehmbar* und *bearbeitbar*. Weil sich die Umwelt fortlaufend weiterentwickelt, muss sie immer wieder neu ausgelotet, erschlossen und hinterfragt werden.

Veränderungen der Umwelt werden dabei entweder als *kontinuierliche Verschiebung* oder als *unerwartete Veränderung*, d.h. als Bestätigung oder als Überraschung wahrgenommen. Kontinuierliche, beinahe unmerklich verlaufende Verschiebungen können auch als *Trends* beschrieben werden (Esposito, 2004; Bieger, 2015). Radikale und unerwartete Entwicklungen markieren dagegen *Trendbrüche*. Eine Organisation kann ausgewählte Trends für sich zur Ressource machen. Sie wird aber zugleich immer durch Trendbrüche und daraus resultierende neuartige Erwartungen herausgefordert. Solche ergeben sich aus *Kontroversen* unterschiedlichster Akteure, die sie nur begrenzt beeinflussen kann (siehe Kapitel 1.2).

Die Umwelt als Möglichkeitsraum einer Organisation ist keine homogene Grösse. Umwelt kann nicht als Einheit gesehen werden, sie wird in der Interaktion von Organisation und Umwelt *in vielfältige Möglichkeiten differenziert* und immer wieder neu spezifiziert. Die Pluralität der Umwelt wird im SGMM in der Notwendigkeit einer organisationsspezifischen kommunikativen Identifikation, Bewertung und Bearbeitung der Umwelt sichtbar gemacht. Technologie und Wissen, finanzielle Mittel und Reputation, Gesetze und Moral zu unterscheiden, bedeutet, die Umwelt in ihrer Pluralität wahrzunehmen und zugleich mit Blick auf eine angestrebte Ressourcenkonfiguration konkreter zu fassen. Dies kann entlang von zwei Dimensionen geschehen (Boltanski & Thévenot, 1991).

Von Relevanz ist erstens *horizontale Pluralität:* Dieser Begriff bezieht sich auf die Notwendigkeit, eine *Vielfalt unterschiedlicher Möglichkeiten* als Opportunitäten zu prüfen, um mit Bezug darauf die gewachsene Ressourcenkonfiguration unternehmerisch weiterzuentwickeln. So werden z.B. technologische Entwicklungen für die Realisierung neuer Produkte und Infrastrukturen genutzt. Aufgrund gesellschaftlicher Trends wird der Markenauftritt angepasst. Neue rechtliche Regelungen ermöglichen ein neues Geschäftsmodell. Mit zunehmender Vielfalt unterschiedlicher Möglichkeiten und Kontroversen ist die Frage zu stellen, welche Ressourcen eine Organisation kommunikativ als relevant und attraktiv identifiziert und welche Unterschiede und Abhängigkeiten zwischen Ressourcen erkennbar werden (Czarniawska, 2009).

Von horizontaler Pluralität zu unterscheiden ist zweitens *vertikale Pluralität:* Mit diesem Begriff soll verdeutlicht werden, dass sich *unterschiedliche Detaillierungsebenen* von Handlungsmöglichkeiten beobachten und thematisieren lassen. Je genauer wir einzelne Möglichkeiten in den Blick nehmen, desto vielfältiger und heterogener werden sie (Thévenot, 2006). Es macht für eine Organisation beispielsweise einen Unterschied, ob sie eine Technologie als Infrastruktur, als einzelnes technisches Modul, als Zulieferprodukt, als spezifisches Verfahren, als patentierwürdige Errungenschaft oder als wissenschaftliche Inspiration interpretiert und nutzt. Zudem kann sich der relevante Grad der Detaillierung mit der Zeit ändern, wenn z.B. eine vertiefte Auseinandersetzung mit einem spezifischen Verfahren wichtiger wird. Dann muss das, was bisher als homogene Ressource und damit als selbstverständliche Umwelt verstanden worden ist, detaillierter in den Blick genommen und kommunikativ präziser beschrieben werden.

Organisationen entwickeln im Rahmen von *Kommunikationsprozessen* mit vielfältigen Akteuren differenzierende Gestaltungsmöglichkeiten. Sie loten die Erwartungen relevanter Akteure und deren Relevanz für die Wertschöpfung kommunikativ aus. Inwieweit sich die etablierte Form eines bestimmten Umgangs mit ihrer Umwelt für eine Organisation bewährt, ist eine offene Frage, weil sich die Umwelt für eine Organisation als dynamisch, heterogen, unsicher zeigt – und oft auch als eigensinnig und widerständig (Schedler & Rüegg-Stürm, 2013). Umweltmöglichkeiten müssen von Organisationen *organisationsspezifisch identifiziert, bewertet* und immer wieder neu in eine förderliche Ressourcenkonfiguration für die organisationale Wertschöpfung transformiert werden.

Aus Sicht des SGMM ist die Umwelt einer Organisation, d.h. der für eine Organisation relevante Möglichkeits- und Erwartungsraum, in seiner Entstehung, Bewertung, Erschliessung und Ausschöpfung immer in weitere Zusammenhänge eingebettet. Das SGMM unterscheidet drei Aspekte, die für Organisationen und ihre Management-Praxis zentral sind, wenn sie „ihre" Umwelt als existenzrelevanten Möglichkeitsraum spezifisch erschliessen und nachhaltig ausschöpfen wollen: Ein unternehmerischer Möglichkeitsraum wird erstens geprägt durch spezifische *Umweltsphären*. Er wird zweitens immer wieder durch *Kontroversen* herausgefordert und verändert. Drittens sind mit unterschiedlichen *Stakeholdern* aus diesem Möglichkeitsraum tragfähige Beziehungen aufzubauen. Diese dienen vor allem dazu, eine organisationsspezifische Ressourcenkonfiguration zu verfertigen und für die organisationale Wertschöpfung produktiv zu machen.

Umweltsphären verstehen → 1.1
Kontroversen führen → 1.2
Stakeholdern begegnen → 1.3

Ein Blick in die Praxis

Umweltsphären, Kontroversen und Stakeholder im Zusammenspiel verstehen

Aus Sicht des SGMM betrachtet die Management-Praxis die Umwelt einer Organisation als *unternehmerischen Möglichkeits- und Erwartungsraum.* Dieser ist durch ganz unterschiedliche Entwicklungen gekennzeichnet und muss entsprechend in seiner Bedeutung erfasst, bewertet und ausgeschöpft werden. Dabei werden beispielsweise immer wieder neue Trends sichtbar, im Kampf um bewährte Ressourcen entsteht mehr Wettbewerb, gewisse Produktionsverfahren werden unvermittelt zum Gegenstand politischer Auseinandersetzungen. Folglich müssen der Möglichkeitsraum und die Gestaltungmöglichkeiten einer Organisation – all das, was als wertschöpfende Ressource erschlossen und genutzt werden kann – immer wieder neu beurteilt werden.

Damit eine Management-Praxis diese unternehmerischen Möglichkeiten einer kommunikativen Auseinandersetzung zugänglich machen, reflektieren und für die verantwortete Organisation wirksam erschliessen kann, sind im Rahmen des SGMM Analyse-Instrumente mit unterschiedlichen Perspektiven entwickelt worden. Diese dienen der Analyse wichtiger *Umweltsphären,* der möglichst vorausschauenden Auseinandersetzung mit sich anbahnenden *Kontroversen* und dem *Aufbau tragfähiger Beziehungen zu wichtigen Stakeholdern* (siehe Kapitel 1.1, 1.2 und 1.3).

Umweltsphären verstehen

Die Ausdifferenzierung der Umwelt in spezifische Umweltsphären dient in der Tradition des SGMM seit der 1. Generation einer sorgfältigen Auseinandersetzung mit der vielfältigen Umwelt einer Organisation. Dabei wird in der 4. Generation stärker als bei den Vorgängergenerationen darauf hingewiesen, dass Umweltsphären in ihrer spezifischen Wirk- und Entwicklungsdynamik zu analysieren sind, wenn Organisationen und ihre Management-Praxis die Entwicklung ihrer Umwelt präzise einschätzen und vorausschauend mit Trends und Trendbrüchen umgehen wollen.

Dies bedeutet erstens, dass Umweltsphären nicht räumlich, sondern *kommunikativ* zu verstehen sind. Es bedeutet zweitens, dass relevante Umweltsphären *organisationsspezifisch selektiert* und priorisiert werden müssen. Die folgende generische Beschreibung von Umweltsphären hat deshalb nicht abschliessenden, sondern nur exemplarisch-illustrativen Charakter.

Umweltsphären werden vom SGMM als *Diskurse* konzipiert (siehe Kapitel 1.1), die sich anhand ihres thematischen Fokus, ihrer Prozeduren und ihrer Bewertungsmassstäbe charakterisieren lassen. Exemplarisch werden im SGMM neun Umweltsphären unterschieden, um die Vielfalt von Umweltdiskursen anzudeuten, die für eine Organisation potenziell relevant sind („horizontale Pluralität"; siehe Kapitel 1.0; für eine Beispielanwendung siehe Abbildung 12):

- *Umweltsphäre „Wirtschaft":* Hier steht eine *optimale Allokation von Ressourcen* zur effizienten Herstellung von Gütern und Dienstleistungen im Fokus. Diese Allokation erfolgt durch Prozeduren des Marktes, d.h. durch Vermittlung von Nachfrage und Angebot sowie durch Preisbildung. Entsprechende Entscheidungen orientieren sich an Bewertungsmassstäben wie Kosten-Nutzen-Verhältnis, Effizienz und Produktivität oder Gewinn und Verlust. Überall dort, wo Märkte den Zugang und die Mobilisierung von Ressourcen mitprägen, muss die Management-Praxis die entsprechenden Allokations- und Bewertungsprozesse verstehen und in ihren Konsequenzen für die eigene Wertschöpfung beurteilen. Sie muss also an den Diskurs der Märkte anschlussfähig sein.

- *Umweltsphäre „Wissenschaft":* Analog kann man Wissenschaft durch einen Fokus auf die *Generierung und kritische Überprüfung von Wissen* charakterisieren. Dies erfolgt durch Prozeduren der methodisch fundierten Wissensentwicklung und über Review-Prozesse in Fachzeitschriften der „Scientific Community". Als Bewertungsmassstäbe fungieren etwa Wahrheit, Plausibilität und Gültigkeit, methodische Nachvollziehbarkeit, Wiederholbarkeit und Publizierbarkeit. Wissen als wichtige Komponente jeder Ressourcenkonfiguration ist durch seine Einbettung in der Scientific Community geprägt und muss von einer Organisation in seiner praktischen Relevanz eingeschätzt werden.

- *Umweltsphäre „Technologie":* Technologie ist durch einen Fokus auf die *Erweiterung des Möglichen und Machbaren* gekennzeichnet. Entscheidend sind dabei Prozeduren der Materialisierung von technologischen Systemen und technischen Artefakten; diese werden anhand von Bewertungsmassstäben wie Neuartigkeit, Machbarkeit, Wirksamkeit oder Zuverlässigkeit beurteilt (siehe dazu Abbildung 11).

- *Umweltsphäre „Politik":* Politik lässt sich charakterisieren durch einen Fokus auf die *„Produktion" von Macht* und in demokratischen Staatsgebilden auf die *Bildung von Mehrheiten* zur Durchsetzung von Interessen. Im Zentrum stehen dabei Prozeduren der

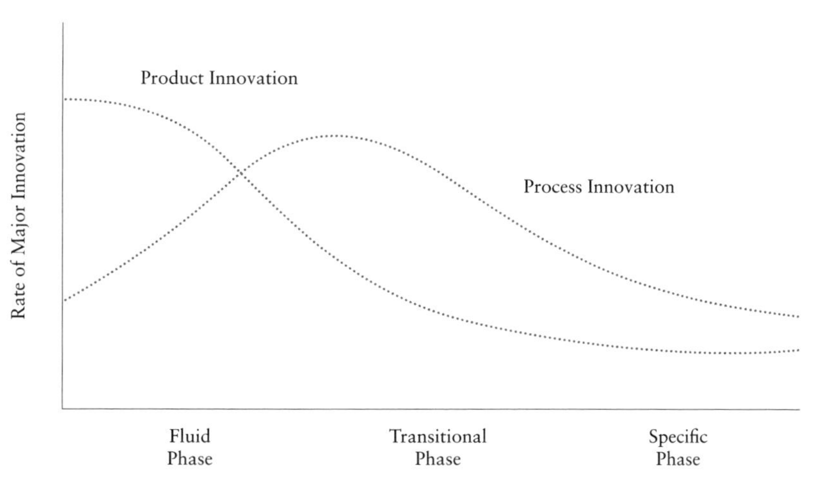

Abbildung 11 – Produkt- und Prozessinnovations-Framework (Utterback, 1996: 91)
Exemplarisch für eines der Frameworks, mit denen sich die Entwicklungsdynamik einer einzelnen Umweltsphäre genauer analysieren lässt, wird hier das Framework für die Analyse technologischer Innovation als Produkt- und Prozessinnovation gezeigt (Utterback, 1996). Dieses Framework beschreibt Technologien in ihrer Entwicklungsdynamik über die Zeit, wobei Phasen des Experimentierens und Phasen der Verdichtung zu verbindlichen Standards, sogenannten „Dominant Designs", einander ergänzen (Dosi, 1982; Bijker et al., 1987; Bijker & Law, 1992). Während das klassische Modell eine zeitliche Trennung der Phasen vorsieht, weisen neuere Versionen auf eine Verschränkung der Phasen hin (Bijker, 1995). Für eine erfolgversprechende Management-Praxis ist es entscheidend zu verstehen, von welcher Technologiedynamik die Umwelt einer Organisation geprägt ist.

Repräsentation politischer Anliegen, der Entscheidungsfindung durch (parlamentarische) Debatten, Wahlen, Abstimmungen, Konsultationen und Referenden sowie der Planung und Evaluation von politischen Handlungsprogrammen. Zu den Bewertungsmassstäben gehören etwa Stimmenpotenzial, Mehrheitsfähigkeit, Wählbarkeit oder Durchsetzbarkeit.

- *Umweltsphäre „Recht":* Recht ist charakterisiert durch die Herausforderung, *institutionalisierte Berechenbarkeit* durch die Etablierung von *kodifizierten Regeln des Zusammenlebens* sicherzustellen. Diese Regeln werden durch Prozeduren der Rechtsentwicklung, Rechtsprechung und Rechtsanwendung konkretisiert und laufend weiterentwickelt. Als Bewertungsmassstäbe dienen beispielsweise Legalität, Rechtssatzmässigkeit und Rechtsgleichheit.

- *Umweltsphäre „Öffentlichkeit":* Die mediale Öffentlichkeit produziert und bündelt *kollektive Aufmerksamkeit für bestimmte Themen und Issues.* Dafür sind spezifische Prozeduren bzw. Plattformen der Präsentation, Inszenierung und Auseinandersetzung wesentlich. Diese haben einen zentralen Einfluss, worauf sich die öffentliche Aufmerksamkeit richtet und worauf nicht. Bewertungsmassstäbe der medialen Öffentlichkeit sind z.B. Neuigkeit, Empörungs- und Skandalpotenzial (Imhof, 2014).

- *Umweltsphäre „Ethik“:* Hier liegt der Fokus auf einer systematischen Reflexion von *Formen und Voraussetzungen eines guten Lebens und eines gerechten Zusammenlebens,* sei es als Individuum

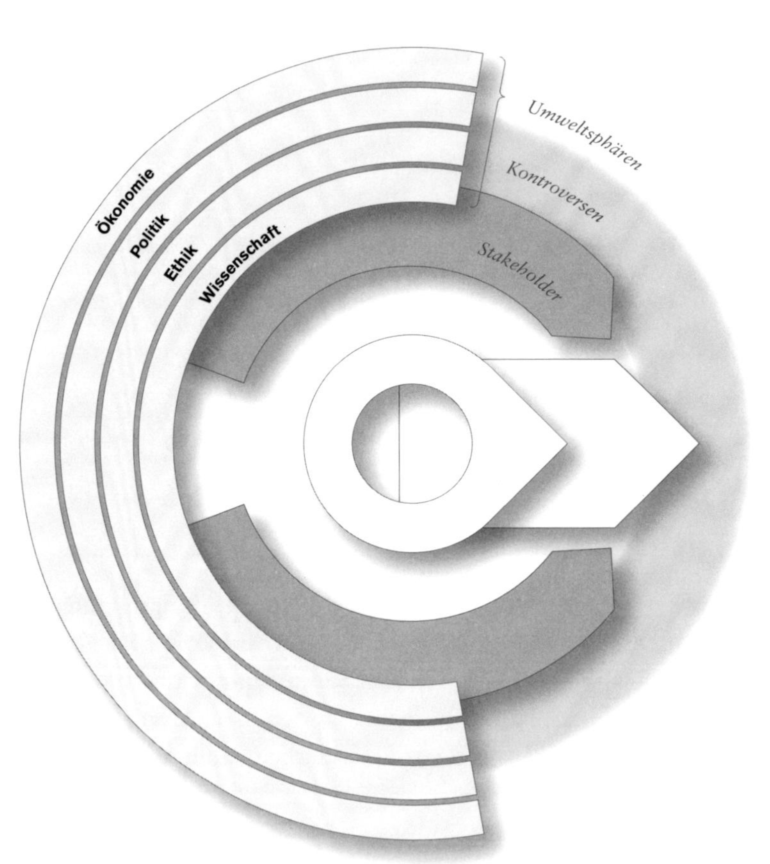

Abbildung 12 – Umweltsphären (eigene Darstellung)
Die Umwelt einer Organisation anhand von Umweltsphären zu analysieren, bedeutet, genauer zu bestimmen, welche Umweltsphären für die Verfertigung der organisationsspezifischen Ressourcenkonfiguration besonders wichtig sind, und was daraus für die organisationale Wertschöpfung und deren Weiterentwicklung folgt. Ein Forschungsinstitut im Bereich der Stammzellenforschung beispielsweise wird sich nicht nur an der Umweltsphäre Wissenschaft und an den Debatten in der „Scientific Community“ orientieren. Wesentlich ist auch eine Orientierung an den Umweltsphären Politik und Ethik, um abschätzen zu können, wie zentrale Aspekte der Stammzellenforschung aus dem Blickwinkel dieser beiden Umweltsphären interpretiert werden. Daraus ergeben sich wichtige Schlussfolgerungen zur Frage, inwieweit existenzrelevante Ressourcen (z.B. Bewilligungen für Anwendungsversuche) mobilisiert werden können und wie das Kommerzialisierungspotenzial der entsprechenden wissenschaftlichen Erkenntnisse einzuschätzen ist.

oder als Kollektiv. Diese Fragen werden in philosophischen Auseinandersetzungen verhandelt und begründet, und zwar unter Bezugnahme auf Wertmassstäbe wie Lebensdienlichkeit, Gerechtigkeit und Fairness.

- *Umweltsphäre „Gesellschaft“:* Gesellschaft verweist auf das *soziale „Ganze“*, das als *Integrationshorizont* unterschiedlichster Lebens- und Handlungssphären begriffen werden kann. Es geht um Voraussetzungen und Praktiken der Herstellung eines umfassenden sozialen Zusammenhalts. Als Bewertungsmassstab dient z.B. das „Gemeinwohl“ (Public Value).

- *Umweltsphäre „Natur“:* Wenn etwas über Natur ausgesagt wird oder wenn *im „Namen der Natur“ argumentiert* wird, geschieht dies in der Regel auf der Basis von bestimmten Vorstellungen und Bildern „der“ Natur. Natur kann als ein Raum vorfindlicher und nur mittelbar beeinflussbarer Lebensbedingungen gesehen werden, der sich nicht selbständig artikulieren kann, oder schlicht als Möglichkeit, eine nicht weiter spezifizierte Referenz zu postulieren. Bewertungsmassstab kann dann „naturgemäss“ d.h. „der Natur entsprechend bzw. zuwiderlaufend“ sein.

Jede Umweltsphäre kann durch ein *Zooming-in* weiter spezifiziert werden („vertikale Pluralität“; siehe Kapitel 1.0). Die Umweltsphäre „Wirtschaft“ beispielsweise ist aus Sicht einer Organisation nicht unbedingt als Einheit zu sehen, sondern differenziert sich in ganz unterschiedliche Teilsphären: beispielsweise in den *Finanzmarkt* (zur Beschaffung von Finanzmitteln für die Finanzierung einer wichtigen Investition), in *Absatzmärkte* (auf denen Produkte und Dienstleistungen platziert werden), oder in *Arbeitsmärkte*. Letztere wiederum lassen sich weiter differenzieren in spezialisierte Arbeitsmärkte für Technologieexpertinnen oder Projektmanager, für Marketing-Experten oder Controller, für Ärztinnen und Lehrer. Je nach Situation und Kontext sind unterschiedliche Differenzierungsgrade sinnvoll. In der Management-Praxis findet entsprechend laufend ein Zooming-in und Zooming-out statt, je nach Fragestellung oder Herausforderung.

Kontroversen führen

Im Unterschied zu den Umweltsphären, die sich aus Sicht des SGMM als zeitüberdauernd stabile Handlungs- und Kommunikationswelten (Diskurse) manifestieren, zeigen sich Kontroversen oftmals als *überraschende, unberechenbare und schlecht eingrenzbare Kommunikationsdynamiken* (siehe Kapitel 1.2). Unvermittelt wird beispielsweise die

Sinnhaftigkeit einer bestimmten Form von Energiegewinnung in Frage gestellt, die *moralische Legitimität* gewisser Geschäftsmodelle und Geschäftspraktiken kritisiert oder die *Wünschbarkeit* einer vielversprechenden technologischen Entwicklung hinterfragt. Kontroversen entstehen also insbesondere dann, wenn durch kommunikative Bezugnahme auf etablierte Umweltsphären die Gewinnung und Ausschöpfung relevanter Ressourcen nicht mehr sichergestellt werden kann.

In diesen Fällen reicht der Bezug auf *Bewertungsmassstäbe* einer einzelnen Umweltsphäre nicht mehr aus, um eine sorgfältige Auseinandersetzung mit einer Kontroverse sicherzustellen. „Nachhaltigkeit" etwa kann als wirtschaftliche, als soziale oder als ökologische Herausforderung adressiert werden. Weiter kann „Nachhaltigkeit" wirtschaftlich *bearbeitet* und in neuartige Geschäftsopportunitäten übersetzt werden, oder politisch mobilisiert und als Kristallisationspunkt zur Gewinnung neuer Wählerinnen und Wähler genutzt werden. Neue Technologien wiederum können weit über die Umweltsphäre „Technologie" hinaus wirken und weitreichende ethische Fragen aufwerfen. „Nachhaltigkeit" ist insofern kontrovers, als das Verhältnis und die relative Gewichtung einzelner Bezugspunkte und Bewertungsmassstäbe selbst Gegenstand der Auseinandersetzung wird.

Dabei lassen sich Kontroversen aus Sicht des SGMM anhand einiger wesentlicher Merkmale systematisch analysieren (siehe Kapitel 1.2): Eine Kontroverse entzündet sich an Issues, formiert sich um Positionen und wird in ganz unterschiedlichen Medien inszeniert. Im Zentrum einer Kontroverse steht ein *spannungsreicher Kernsachverhalt,* der in Abhängigkeit von der Betroffenheit bestimmter Stakeholder für diese zu einem *Issue* wird. Issues sind stakeholder-spezifische *Lesarten* und *Wahrnehmungsweisen* des Kernsachverhalts, um den sich eine Kontroverse dreht. Im Folgenden erläutern wir die Bearbeitung einer Kontroverse anhand des Beispiels „Sicherheit der Energieversorgung".

- *Issues:* Um die Sicherheit der Energieversorgung dreht sich heute in vielen westlichen Ländern eine Kontroverse. „Sicherheit der Energieversorgung" ist ein vielfältiger spannungsreicher Kernsachverhalt und bildet den *Gegenstand* einer intensiven Kontroverse. Dabei ist es wesentlich zu verstehen, dass das, was „Sicherheit der Energieversorgung" im Kern ausmacht, nicht einfach objektiv feststeht, sondern *interpretationsbedürftig* ist und immer wieder neu gelesen wird. Da unterschiedliche Stakeholder, seien es Individuen, Communities oder Organisationen, ganz unterschiedlich von Auswirkungen der Sicherheit der Energieversorgung betroffen sind, werden sie diesen spannungsreichen Sachverhalt durchaus unterschiedlich wahrnehmen und darstellen. Mit anderen Worten konstituiert sich die Kontroverse um den Kernsachverhalt „Sicherheit der Energieversorgung" aus dem *Zusammenspiel unterschiedlicher Issues,* d.h. stakeholder-spezifischer Wahrnehmungsweisen und Lesarten dieser Sicherheitsproblematik.

•• „Sicherheit der Energieversorgung" im Zusammenhang mit der Energieversorgung kann z.B. als *Kostenfaktor* interpretiert werden: Ein hohes Mass an Versorgungssicherheit ist mit hohen Kosten verbunden – und damit für Unternehmungen, die viel Energie benötigen, ein ernsthaftes Issue. Umgekehrt gibt es Unternehmungen, die genau dies als *Geschäftsopportunität* betrachten, indem sie energiesparende Technologien anbieten.

•• „Sicherheit der Energieversorgung" kann als Problem der *Versorgungssicherheit* und der *Versorgungsautonomie* interpretiert werden. Daraus kann sich die Forderung nach einer staatlich finanzierten Förderung von Alternativenergien und von Energiesparmassnahmen ergeben oder nach Massnahmen zur Abhängigkeitsreduktion von Staaten und globalen Energiekonzernen.

•• „Sicherheit der Energieversorgung" kann als Problem der *Unfallvermeidung* interpretiert werden. Betroffene Bevölkerungsgruppen können die Stilllegung von risikoreichen Energiegewinnungsanlagen in der Nähe von Agglomerationen fordern oder die Subventionierung von Alternativenergien, da diesen ein reduziertes Unfallrisiko unterstellt wird.

•• „Sicherheit der Energieversorgung" kann als Problem *nachhaltiger Energieproduktion* interpretiert werden. Daraus ergibt sich beispielsweise aus Sicht von Umweltschützern der Anspruch auf eine gezielte Förderung von erneuerbaren Energien und auf ein Verbot oder eine Einschränkung nicht erneuerbarer Energien. Zugleich wird dabei stillschweigend ein bestimmtes Verständnis von „Nachhaltigkeit" vorausgesetzt, das unter Umständen ebenfalls einer Kontroverse unterliegt.

•• „Sicherheit der Energieversorgung" kann schliesslich als Problem des *Landschaftsschutzes* interpretiert werden. Das ist überall dort der Fall, wo eine Bevölkerung, die in einer unberührten Landschaft oder einem engen Tal wohnt, aus Gründen der Versorgungssicherheit mit dem Bau von grossen Windkraftanlagen oder neuen Stromleitungen zur Verteilung von erneuerbarem Strom konfrontiert wird.

An diesen Beispielen wird deutlich, dass mit dem spannungsreichen Kernsachverhalt einer Kontroverse völlig *unterschiedliche Diagnosen*, *kontextabhängige Interpretationen* und *umstrittene Bewertungen* einhergehen können. Zudem zeichnen sich Kontroversen dadurch aus, dass sich Lesarten und Interpretationen schleichend oder auch schlagartig ändern können. So ist heute unter dem Aspekt des Landschaftsschutzes mit Widerstand auch gegen kleinere Wasserkraftwerke zu rechnen – viel stärker als zu Beginn der Industrialisierung. Ein schwerer Unfall in einem Kernkraftwerk kann unvermittelt zu einer völlig anderen Einschätzung des Nutzens von Kernenergie führen.

Deshalb ist es eine Kernaufgabe jeder Management-Praxis, Kontroversen, die eine existenzrelevante Wirkung auf die verantwortete Organisation entfalten können, möglichst frühzeitig zu reflektieren. Dabei geht es darum, stakeholder-spezifische Issues in ihrer Heterogenität und zeitlichen Dynamik differenziert zu erfassen, mit Hilfe von Visualisierungen (siehe Abbildung 15) sorgfältig zu interpretieren und mit Blick auf positive und negative Wirkungen auf die organisationale Wertschöpfung zu bewerten.

- *Positionen:* In engem Zusammenhang mit der Unterschiedlichkeit der Issues (Lesarten), die eine Kontroverse kennzeichnen, steht die Herausbildung unterschiedlicher Positionen, die in dieser Kontroverse zu beobachten sind. Aus der spezifischen Lesart eines spannungsreichen Kernsachverhalts lassen sich *Ansprüche* ableiten, die sich zu einer Position verdichten lassen. Dabei ist die Unterscheidung „dafür"/„dagegen" im Hinblick auf einen spannungsreichen Kernsachverhalt wie „Sicherheit der Energieversorgung" zu eindimensional, es lassen sich vielmehr mannigfaltige Nuancen erkennen.

  - Wenn Sicherheit der Energieversorgung aus Sicht energieintensiver Unternehmungen als *Kostenfaktor* gesehen wird, wird die Kontroverse unter den Aspekten der Sicherstellung der lokalen und globalen Wettbewerbsfähigkeit und des potenziellen Verlusts von Arbeitsplätzen geführt. *Energiesicherheit darf nicht zu Kostensteigerungen und Arbeitsplatzverlusten führen.*

  - Wenn Sicherheit der Energieversorgung aus Sicht der Politik als *Versorgungssicherheit* interpretiert wird, werden steuernde regulatorische Eingriffe in die Energieversorgung (z.B. Abgaben oder Subventionen) als Beitrag zur Stärkung der öffentlichen Versorgungssicherheit dargestellt, die allen zugutekommen soll. *Die Politik braucht griffige Steuerungsinstrumente.*

·· Wenn Sicherheit der Energieversorgung als Problem der *Unfallvermeidung* verstanden wird, lassen sich daraus Forderungen nach Standortverlagerungen, höheren Sicherheitsstandards oder neuen Technologien im Bereich der Energieerzeugung ableiten. *Die Sicherheit der Energieversorgung soll mit technologischen Innovationen garantiert werden.* Daraus können Technologie-Unternehmungen für sich Opportunitäten ableiten.

·· Wenn Sicherheit der Energieversorgung als Problem *nachhaltiger Energieproduktion* verstanden wird, sind aus Sicht von Umweltverbänden alle Energieerzeugungsformen unhaltbar, die das Risiko irreversibler Schäden für jetzige oder nachfolgende Generationen mit sich bringen. *Sie müssen rechtlich verboten werden.* Für Anwaltskanzleien kann das zu einem neuen Kompetenzfeld werden.

- *Medien*: Kontroversen finden in Medien statt. Medien verkörpern öffentliche Kommunikationsräume mit eigenen Zugangs-, Darstellungs-, Inszenierungs- und Verbreitungsmöglichkeiten, die einen grossen Einfluss auf die entsprechende Kommunikationsdynamik haben. Auseinandersetzungen zu Fragen der „Sicherheit der Energieversorgung" können in unterschiedlicher medialer Form stattfinden.

·· Sobald die Ankündigung des Baus eines neuen Kernkraftwerks erfolgt, besetzen Gegner eines solchen Vorhabens das hierfür vorgesehene Gelände. Durch *Besetzungen* wird der Bevölkerung örtlich und räumlich unmittelbar begreifbar gemacht, wo genau dieses Kernkraftwerk zu stehen käme, wer die Nachbarn wären und wer direkt von entsprechenden Emissionen bedroht würde.

·· Gleichzeitig werden im Fernsehen *Expertendiskussionen und Polit-Talkshows* zu den Chancen und Gefahren eines solchen Bauprojekts durchgeführt. Über Social Media werden hierzu Zuschauerinnen und Zuschauer mobilisiert. Ob und wie solche Auseinandersetzungen moderiert werden, hat eine relevante Wirkung auf die Art und Weise, in welche Richtung sich eine Kontroverse entwickeln kann.

·· *Petitionen* gegen eine neue Starkstromleitung werden medienwirksam vor dem Gebäude der Kantonsregierung der Regierungspräsidentin übergeben.

·· Politiker verdeutlichen in *parlamentarischen Debatten*, wie als Folge des Baus eines neuen Kernkraftwerks die Steuern tief gehalten werden können.

- Mit einem *fiktiven Hörspiel* wird im Radio der Super-Gau eines Kernkraftwerks erzählt und literarisch inszeniert.

- Unternehmerinnen zeigen in *Zeitungsinterviews* auf, weshalb man zur Sicherung von Arbeitsplätzen in der Region auf günstige elektrische Energie angewiesen ist.

- Mit der *Besichtigung* innovativer Gebäude wird aufgezeigt, dass es technisch möglich ist, auf den Einsatz nicht erneuerbarer Energien zu verzichten.

Kontroversen können über ganz unterschiedliche Medien ausgetragen werden, die mit unterschiedlichen Formen öffentlicher Aufmerksamkeit verbunden sind. Dabei lassen sich gewisse Lesarten eines spannungsreichen Kernsachverhalts und daraus abgeleitete normative Positionen in bestimmten Medien besser medial inszenieren als in anderen, je nach *Veranschaulichungsmöglichkeit* und *Veranschaulichungsnotwendigkeit*.

Die Wahl eines Mediums führt dazu, dass gewisse Issues dominanter sichtbar werden können als andere. Dies hängt unter anderem damit zusammen, dass unterschiedliche Akteure einen unterschiedlichen Zugang zu medialen Plattformen haben (oder haben wollen). So treten gewisse Wissenschaftlerinnen und Wissenschaftler im Fernsehen auf, andere verweigern sich. Manche Issues lassen sich in einer aufgeheizten Fernsehdebatte besser darstellen als in einem abgeklärten Expertengespräch. Entsprechend wandern gewisse Issues erfolgreich zwischen Medien, andere sind dafür weniger gut geeignet.

Aus Sicht der Management-Praxis stellt sich die Herausforderung, wie *Medienkompetenz* aufgebaut werden kann, wie über eine *breite Medienbeobachtung* Kontroversen frühzeitig erkannt, Positionen identifiziert und die Verfertigung spezifischer Issues mitgestaltet werden können. Je kritischer und existenzrelevanter eine Kontroverse für eine Organisation wird, desto dringender ist zu klären, was unternommen werden kann und muss, um eine gewisse *Interpretationshoheit* über diese Kontroverse zu erlangen.

Vor diesem Hintergrund stellt sich die Frage, auf welche bewährten Instrumente und Inszenierungsformen zur Darstellung und kommunikativen Bearbeitung von Kontroversen zurückgegriffen werden kann, um komplexe Issues und damit verbundene Positionen verständlich darzustellen und deren Entwicklungsdynamik sichtbar zu machen (Latour, 2008; siehe dazu Abbildung 15).

Wie bei der Auseinandersetzung mit Umweltsphären ist auch die Handhabung einer Kontroverse in der Management-Praxis durch eine Dynamik des *Zooming-in* und *Zooming-out* charakterisiert. Inwieweit lassen sich beispielsweise die Aussagen von Gegnern der Kernenergie zu einer Position bündeln, oder ist es wesentlich, verschiedene kritische Positionen zu unterscheiden? Sind sich die Notenbanken bei der Stabilisierung der Wirtschaftsentwicklung in wesentlichen Aspekten einig und abgestimmt in ihren Marktinterventionen, oder muss man die einzelnen Positionen pro Notenbank im Detail verfolgen? Sind spezifische wissenschaftliche Kontroversen zur Interpretation gewisser Krisenphänomene wichtiger als andere – und müssen diese dementsprechend systematisch(er) verfolgt werden?

Stakeholdern begegnen

Sowohl bei der Auseinandersetzung mit Umweltsphären, als auch bei der Beschäftigung mit Kontroversen spielen unterschiedliche Akteure, seien es Individuen, Communities oder Organisationen, eine wesentliche Rolle. Dabei sind insbesondere Akteure relevant, welche die Erschliessung wichtiger Ressourcen und die Formierung der organisationsspezifischen Ressourcenkonfiguration beeinflussen, oder welche zu einer verdichtenden Instanz oder zum symbolischen Träger einer Kontroverse werden. Umweltsphären und Kontroversen lassen sich nur über die Ansprache von Akteuren beeinflussen, sie repräsentieren aus Sicht des SGMM Kommunikationsadressen von Umweltsphären und Kontroversen.

Organisationen lassen sich folglich auf unterschiedlichste Akteure ein, die bei der Erschliessung unternehmerischer Möglichkeitsräume und bei der Verfertigung der für die organisationale Wertschöpfung erforderlichen Ressourcenkonfiguration massgeblich mitwirken. In der Management-Literatur werden diese Akteure (Individuen, Communities und Organisationen) als *Stakeholder* bezeichnet (Freeman, 1984; siehe Kapitel 1.3). Der Bedeutung des Begriffs Stakeholder ist wesentlich offener gefasst als der deutsche Begriff Anspruchsgruppen, bei dem suggeriert wird, dass Ansprüche vorhanden sein müssen, um als Anspruchsgruppe zu gelten.

Stakeholder können ganz allgemein als organisationsrelevante *Repräsentanten* unterschiedlicher Umweltsphären, Kontroversen oder auch nur einzelner Positionen, Argumente und Forderungen verstanden werden. Stakeholder sind sozusagen das Kommunikationsorgan von Umweltsphären und Kontroversen. Sie wirken aus Sicht einer Organisation an der Artikulation relevanter Positionen in Diskursen und

Kontroversen mit und verfertigen diese zu *erkennbaren Perspektiven, Erwartungen, Anliegen, Interessen und Ansprüchen*. Die Identifikation, Interpretation und Bewertung relevanter Erwartungen der Stakeholder sind das Ergebnis einer anspruchsvollen Bestimmungsleistung einer Organisation und ihrer Management-Praxis.

Allerdings existieren Stakeholder für eine Organisation nicht als solche, sondern sie müssen nach Massgabe bestimmter Kriterien identifiziert und als Stakeholder anerkannt werden. Das SGMM der 4. Generation benennt *fünf Kategorien*, anhand deren Stakeholder in der Management-Praxis differenziert werden können (für eine Beispielanwendung siehe Abbildung 13):

- Erstens lassen sich Stakeholder identifizieren, die aufgrund ihrer *Position für die Primärwertschöpfung* einer Organisation zentral sind, exemplarisch dafür sind *Lieferanten* und *Kunden*. Der Verlauf einer Auseinandersetzung mit diesen Stakeholdern kann die Wertschöpfung, die Existenzvoraussetzungen und die Entwicklungsmöglichkeiten einer Organisation am direktesten und unmittelbarsten tangieren. Zudem ist eine Organisation selbst immer zugleich Kunde der Lieferanten und Lieferant der Kunden und dabei eingebunden in ein dynamisches Beziehungsgeflecht von Akteuren entlang einer verteilten Wertschöpfungskette oder eines Wertschöpfungsnetzwerks.

- Zweitens lassen sich Stakeholder identifizieren, die einer Organisation wesentliche *finanzielle* und *nicht-finanzielle Ressourcen* zur Verfügung stellen, insbesondere *Kapitalgeber* oder *Professionsgemeinschaften* (z.B. Fachärztinnen, Juristen, Pflegefachpersonen). Ohne die erfolgreiche Mobilisierung dieser Stakeholder gelingt es nicht, die Umwelt als Möglichkeitsraum zu einer tragfähigen organisationsspezifischen Ressourcenkonfiguration zu machen. Aus Sicht des SGMM sind in diesem Zusammenhang die *Mitarbeitenden*, ganz besonders in ihrer Rolle als *Managerinnen* und *Manager*, von grosser Bedeutung, da sie immer wieder neu für die organisationale Wertschöpfung und für die Management-Praxis zu mobilisieren sind.

- Drittens sind Stakeholder für die *institutionellen, infrastrukturellen* und *intellektuellen Voraussetzungen* wichtig, etwa Behörden und Anbieter öffentlicher *Infrastrukturleistungen* (z.B. Energieversorgungsunternehmungen oder Verkehrsbetriebe). In einer Wissens- und Expertengesellschaft gehören dazu aber ganz besonders auch die unterschiedlichsten *Forschungs- und Bildungsinstitutionen* wie Berufsschulen, Universitäten oder unabhängige Forschungsorganisationen, Think Tanks und Experten-Communities.

- Viertens lassen sich Stakeholder identifizieren, die ausgehend von *aktuellen Ereignissen, Betroffenheit* und *eigenen Agenden* Ansprüche formulieren. Dazu gehören z.B. *Massenmedien*, die sich mit relevanten Positionen zu bestimmten kontroversen Issues auseinandersetzen, oder *NGOs* und *soziale Bewegungen*, die einzelnen Positionen in Kontroversen eine Stimme geben und die damit verbundenen Erwartungen, Interessen und Ansprüche bündeln und repräsentieren.

- Fünftens lassen sich immer auch Stakeholder identifizieren, die von der organisationalen Wertschöpfung direkt oder indirekt betroffen sind, ihre *Betroffenheit aber nicht selbst artikulieren* und zur Sprache bringen können, weil ihnen dazu die *nötigen Ressourcen, Kompetenzen, Instrumente oder Rechte fehlen.* Dazu gehören beispielsweise Bevölkerungsgruppen, die in der Rohstoffgewinnung oder mit Entsorgungsarbeiten in der Wertschöpfungskette engagiert sind, denen aber im entsprechenden wirtschaftlichen, politischen und kulturellen Kontext *kaum Rechte zugestanden* werden. Dazu zählen aber auch weitere Menschengruppen wie etwa Kleinkinder, Menschen mit Krankheiten und Behinderungen sowie zukünftige Generationen, oder Tiere und Pflanzen (Latour, 2007; siehe Kapitel 1.3 für das normativ-kritische Stakeholder-Konzept).

Bei der Auseinandersetzung mit spezifischen Stakeholdern ist es wesentlich, sich zu vergewissern, dass sich diese mit ihren Anliegen, Erwartungen, Interessen und Ansprüchen stets auf *mehrere Umweltsphären* beziehen können oder an *unterschiedlichen Kontroversen* beteiligt sind. So kann beispielsweise ein Stakeholder zugleich Konsument, Mitarbeiterin in einer zuliefernden Forschungseinheit und Mitglied einer Partei sein, das heisst, er begegnet einer Organisation in ganz unterschiedlichen Rollen und Zusammenhängen. Oder eine NGO kann zugleich als Gesprächspartnerin in einem politischen Diskurs und als Verdichtungsinstanz einer Position in einer aktuellen gesellschaftlichen Kontroverse mitwirken. Zudem können Stakeholder mehreren der vorgängig aufgezählten Kategorien zugerechnet werden, da diese Kategorisierung nicht trennscharf ist. Folglich ist es für die Management-Praxis wesentlich, Stakeholder in ihrer vielfältigen Eingebettetheit, in ihrer eigenen Handlungslogik und mit Blick auf ihre Bedeutung für die eigene Wertschöpfung möglichst präzise verstehen zu lernen. Dies erfordert eine sorgfältige und wertschätzende Auseinandersetzung mit diesen Stakeholdern.

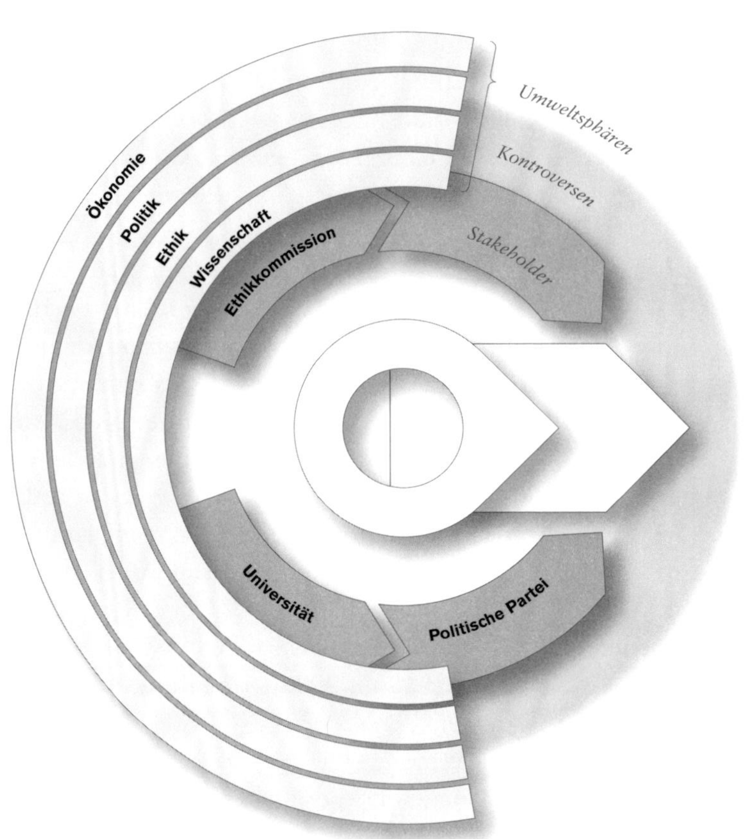

Abbildung 13 – Umweltsphären und Stakeholder (eigene Darstellung)
Wie spezifische Umweltsphären und deren Diskurse für die organisationale Wertschöpfung und deren Weiterentwicklung Relevanz und Wirksamkeit erlangen können, hängt wesentlich davon ab, welche Akteure (Individuen, Communities und Organisationen) als Stakeholder erkennbar werden. Für die in Abbildung 12 skizzierte Situation eines Forschungsinstitutes im Bereich der Stammzellenforschung kann das beispielsweise bedeuten, dass das Wirken einer politischen Partei, die sich mit Bezug zu ethischen Perspektiven und Bewertungen positioniert und profiliert, genau zu beobachten ist; oder dass die Frage wichtig wird, welche ethischen Themen bei der Technikfolgenabschätzung einer wissenschaftlichen Entwicklungsrichtung kontrovers verhandelt werden; oder dass eine konkurrierende Unternehmung aufgrund ihrer Nähe zu einem attraktiven Universitätsstandort schneller vorwärtskommt. Aus Sicht einer Organisation und ihrer Management-Praxis ist es entscheidend, möglichst präzise diejenigen Stakeholder zu identifizieren und sich mit diesen auseinanderzusetzen, die aufgrund ihrer Einflussmöglichkeiten auf die Ressourcenkonfiguration, aber auch durch ihre Betroffenheit bedeutsam sind.

1.1 **Umweltsphären verstehen**

1.1.0 Umweltsphären konstituieren sich als Diskurse

Die spezifische Umwelt einer Organisation ist eingebettet in Umweltsphären, d.h. in grössere institutionalisierte Zusammenhänge, die sich als ausdifferenzierte Diskurse beschreiben lassen. Das SGMM *konzipiert Umweltsphären als Diskurse* und Diskurse als *kollektiv etablierte* und *institutionell routinisierte Kommunikations- und Handlungsformen* (Foucault, 1971; Grant et al., 2004; Phillips & Hardy, 2002).

Institutionell routinisiert sind Kommunikations- und Handlungsformen dann, wenn sie in Form von expliziten und impliziten *Regeln, Praktiken* und *Routinen* eingespielt sind und von den beteiligten Akteuren als selbstverständlich akzeptiert und nicht weiter hinterfragt werden. Kollektiv etabliert sind Diskurse, insofern sich unterschiedliche Akteure an einem *gemeinsam geteilten Repertoire* von Regeln, Praktiken und Routinen, und auch an gemeinsam geteilten Vorstellungen, Interpretationsmustern und Erwartungen orientieren.

Das SGMM verknüpft dabei ein diskursives Verständnis von Umweltsphären als routinisierten Kommunikations- und Handlungsformen mit einem systemischen Verständnis von Umweltsphären als *gesellschaftlichen Funktionssystemen* (Luhmann, 1997). Dadurch kommt in den Blick, dass wichtige Umweltsphären, wie z.B. „Wirtschaft", „Recht", „Wissenschaft", „Kunst" oder „Politik" nicht nur eigene Diskurse verkörpern, sondern einer spezifischen *Funktionslogik* folgen und bestimmte gesellschaftliche Funktionen erbringen. Die Umweltsphäre Wirtschaft sorgt z.B. für eine effiziente Allokation von knappen Ressourcen, die Umweltsphäre Recht für die Kodifizierung verbindlicher Spielregeln eines verlässlichen Zusammenlebens, die Umweltsphäre Wissenschaft für die Entwicklung von neuem Wissen, die Umweltsphäre Politik für eine geordnete Repräsentation politischer Interessen (siehe dazu den Blick in die Praxis in Kapitel 1).

Mit der vorliegenden Definition von Umweltsphären als Diskursen wird für die Konzipierung von Umweltsphären ein wissenschaftliches Verständnis des Diskursbegriffs vertreten – im Gegensatz zu einem Alltagsverständnis, das alle Formen kommunikativer Auseinandersetzung unter diesen Begriff subsumiert.

Umweltsphären können in einer Organisation nur dann differenziert in Erscheinung treten, wenn sie *kommunikativ als stabilisierte Bezugspunkte zur Darstellung* gelangen. Und genau das ist ohne Bezugnahme auf die Diskurse, welche die Umweltsphären prägen, und ohne Verständnis dieser Diskurse nicht möglich (Maitlis, 2005; Hernes & Maitlis, 2010). Mit anderen Worten können Organisationen und ihre Management-Praxis Umweltsphären als Diskurse rekonstruieren und bearbeiten. Umweltsphären sind in dem Masse als Bezugspunkte organisationaler Wertschöpfung wirksam, wie sie als *„normalisiertes"* Interaktions- und Kommunikationsgeschehen adressiert werden, das permanent wirkt und nach *Spielregeln* abläuft, die nicht weiter hinterfragt, sondern von allen am Diskurs beteiligten Akteuren als unstrittig gegeben befolgt werden (Boltanski & Thévenot, 1991; Thévenot, 2006).

Eine Organisation, die immer wieder erfolgreich innovative Produkte entwickelt, wie z.B. mehrere Generationen von Smartphones, bezieht sich bei der organisationalen Wertschöpfung und deren Weiterentwicklung auf *unterschiedliche Umweltsphären* und die in ihnen jeweils vorherrschenden Diskursen. Als Artefakt etwa verweist das Smartphone auf die Umweltsphäre „Technologie" und impliziert, dass eine Organisation attraktive Anwendungen und Nutzenstiftungen vorschlagen muss. Zugleich besitzt das Smartphone ein ästhetisiertes Interface, das es einer Organisation ermöglicht, mit Bezug zur Umweltsphäre „Kunst" spannende Geschichten für ihre Kunden und Communities zu erzählen. Aus Sicht der Kunden bietet eine Organisation mit ihren Smartphones eine Projektionsfläche für Wünsche und Fantasien des permanenten „Erreichbar- und Wichtigseins". Über die Frage nach der Legitimität von Überwachungsmöglichkeiten, Herstellungs- und Entsorgungsbedingungen kann ein Smartphone-Anbieter mit Bezug zur Umweltsphäre „Ethik" in Diskurse über allgemein anerkannte Wertvorstellungen involviert werden. Solche können in einem spezifischen Produkt exemplarisch sichtbar oder von diesem besonders offensichtlich verletzt werden, etwa weil bei der Nutzung unzulässig Daten erfasst, bei der Beschaffung Fair-Trade-Standards verletzt werden oder weil bei der Produktion unwürdige Arbeitsbedingungen herrschen.

Eine Umweltsphäre, verstanden als ein spezifischer Diskurs, der den entsprechenden Kommunikations- und Handlungsraum (z.B. Wirtschaft, Politik, Recht) konstituiert und prägt, kann *von niemandem einseitig und definitorisch gestaltet* werden. Bei Umweltsphären als Diskursen handelt es sich aufgrund vielfältigster Interaktionen um *sich selbst organisierende Prozesse* (Maguire & Hardy, 2013). Eine Organisation und ihre Management-Praxis erleben in der Interaktion mit ihrer Umwelt, dass sich je nach Einbettung in diese Umwelt gewisse diskursive Formen als dominant aufdrängen. Sie erfahren gleichzeitig, dass andere Themen, Perspektiven und Vorgehensweisen kaum auf Verständnis und Akzeptanz stossen (Latour, 1999). Sie merken, dass gewisse Positionen unhinterfragt vertreten werden können, während andere Sichtweisen strittig sind und begründet werden müssen (Hernes & Maitlis, 2010). Sie beobachten, dass sich bestimmte Trends durchsetzen oder verschwinden.

Die kommunikative Auseinandersetzung mit Umwelt ist ein vielfältiger Sensemaking-Prozess (Maitlis, 2005; Weick, 1995; siehe auch Kapitel 0.4). In diesem Prozess werden gemeinsam Bedeutungen verfertigt, die eine unterschiedliche Breitenwirkung entfalten, sich unterschiedlich erfolgreich durchsetzen und sich dabei mehr oder weniger eng an einzelnen Umweltsphären als Diskursen orientieren.

Für Organisationen und ihre Management-Praxis ist es von grosser Bedeutung, die eigenständigen und eigensinnigen Diskurse, welche die einzelnen Umweltsphären prägen, profund zu verstehen. Dies gilt insbesondere dann, wenn sie mit Blick auf die Verfertigung der für die organisationale Wertschöpfung erforderlichen Ressourcenkonfiguration *existenzrelevant* sind. Das SGMM vertieft das Verständnis von Umweltsphären entlang der drei Aspekte *Fokus, Prozeduren* und *Bewertungsmassstäbe,* die es erlauben, Umweltsphären genau zu beschreiben und besser zu verstehen. Ein differenziertes Verständnis insbesondere der *existenzrelevanten Umweltsphären* bildet eine zentrale Voraussetzung, um an die Dynamik dieser Diskurse kommunikativ anschlussfähig zu sein.

Umweltsphären orientieren sich an einem Fokus → 1.1.1
Umweltsphären entfalten sich in Prozeduren → 1.1.2
Umweltsphären auferlegen Bewertungsmassstäbe → 1.1.3

1.1.1 Umweltsphären orientieren sich an einem Fokus

Im Mittelpunkt einzelner Umweltsphären stehen aus diskursiver Perspektive spezifische *Kernthemen* und *Bewertungen.* Die in einer Umweltsphäre engagierten Akteure erleben diese Sphäre anhand von dominanten Problemstellungen, die systematisch und zeitüberdauernd bestehen (Watson, 1995). Das kann eine wissenschaftliche Diskussion, eine ökonomische Herausforderung oder eine politische Streitfrage sein. Dabei spielt es eine wesentliche Rolle, dass Themen durch die Prägung einer Umweltsphäre *immer schon spezifisch dargestellt* und eingebettet werden, beispielsweise als fundierte Begründung in der Wissenschaft, als rentable Wachstumsoption in der Ökonomie oder als mehrheitsfähige Position in der Politik (Latour & Weibel, 2005).

Eine Umweltsphäre steckt das Repertoire möglicher Beschreibungen, Erklärungen und Begründungen ab, das einer Organisation und ihrer Management-Praxis für die Legitimation von Entscheidungen zur Verfügung steht (Berger & Luckmann, 1966; Hardy et al., 2000; Keller et al., 2011). Dabei lassen sich die entsprechenden Diskurse und ihre Kernthemen in Bezug setzen zu *Schlüsselfunktionen*, die sich im Laufe der gesellschaftlichen Entwicklung zu eigenständigen *gesellschaftlichen Funktionssystemen* ausdifferenziert haben. Diese folgen einer eigenen Funktionslogik und lassen sich genau dadurch von anderen Funktionssystemen unterscheiden (Luhmann, 1997). Mit Bezug zur Umweltsphäre Wirtschaft wird z.B. ein Thema wie „Nachhaltigkeit“ als

Problem der effizienten Allokation knapper Ressourcen betrachtet, mit Bezug zur Umweltsphäre Politik als Profilierungsmöglichkeit einer Partei und mit Bezug zur Umweltsphäre Ethik als Frage der Generationengerechtigkeit.

Was gesagt und verhandelt wird, kann nicht unabhängig davon verstanden werden, mit Bezug auf welchen Diskurs dies geschieht (Watson, 1995). Das heisst, dass ein Thema nicht bearbeitet werden kann, wenn keine Anschlussfähigkeit an die *Art und Weise des Zur-Sprache-Bringens* in einem Diskurs gegeben ist (Schedler & Rüegg-Stürm, 2013). Dies erfahren eine Organisation und ihre Management-Praxis als *Eigensinnigkeit* und *Widerständigkeit*, wenn z.B. Unternehmer ihre Anliegen mit Akteuren der Politik diskutieren möchten und sich dabei am Diskurs der Wirtschaft orientieren. Unter Bezugnahme darauf, wie in einem bestimmten Diskurs etwas „allgemein", „üblicherweise", „öffentlich" zur Sprache gebracht wird, können Organisationen und ihre Management-Praxis inhaltliche Fokussierungen vornehmen (für das Beispiel Umweltsphäre Wirtschaft siehe Abbildung 14).

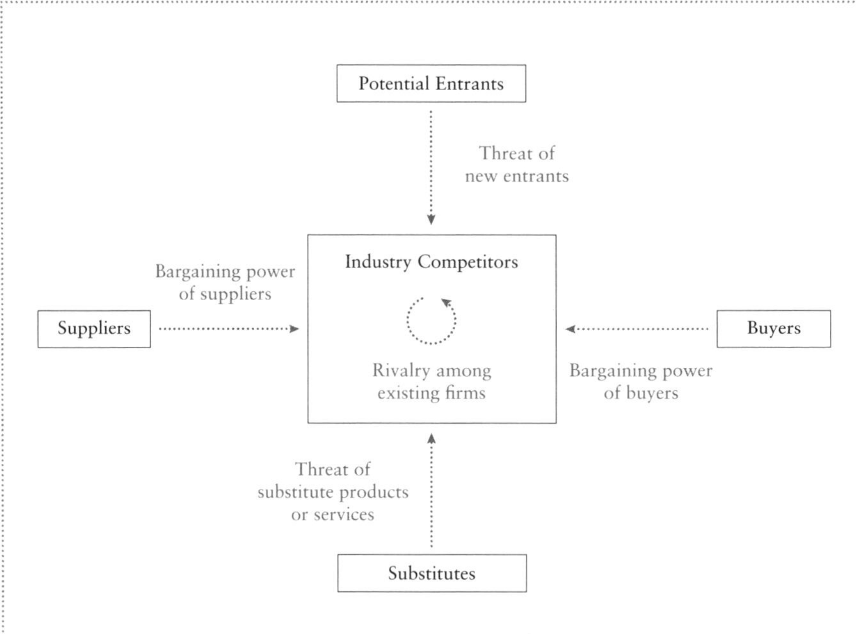

Abbildung 14 – Five-Forces-Framework der Wettbewerbsanalyse (Porter, 1980: 4)
Ein prominentes Konzept, die Entwicklungsdynamik einer Organisation und ihrer Umwelt aus dem Blickwinkel der Umweltsphäre „Wirtschaft" zu analysieren, ist das Five-Forces-Framework von Michael Porter (Porter, 1980). Dieses Framework analysiert die Umweltsphäre Wirtschaft aus ökonomischer Sicht und interpretiert Märkte als Produktmärkte. Es analysiert, wie Unternehmungen im Wettbewerb zueinander stehen („Rivalry among existing firms"), welche Kräfte diesen Wettbewerb indirekt mitbeeinflussen („Bargaining Power" und „Threat") und welche Bedeutung das für die Attraktivität des Marktumfeldes und für die spezifische Position einzelner Unternehmungen („Wettbewerbsposition") hat. Auf dieser Basis lassen sich fünf Wettbewerbskräfte („5 Forces") unterscheiden, die mitbestimmen, wie attraktiv die organisationsspezifische Umwelt aus ökonomischer Perspektive ist. Daraus lässt sich auch ableiten, wie sich diese Attraktivität entwickeln könnte.

1.1.2 Umweltsphären entfalten sich in Prozeduren

Kommunikation mit Bezug auf Umweltsphären als Diskursen folgt Regeln und einer definierten Kommunikations- und Handlungslogik. Diese Logik entfaltet sich in *institutionalisierten Prozeduren*, die unhinterfragt vollzogen werden (Powell & DiMaggio, 1991; Phillips et al., 2004). Das verfügbare Repertoire diskursiver Prozeduren etabliert sich dabei im Kommunikationsgeschehen und im Handlungsvollzug (Hernes & Maitlis, 2010), in der Umweltsphäre Wissenschaft beispielsweise durch das Referenzieren auf anerkannte Forschungsmethoden und Publikationen, in der Umweltsphäre Wirtschaft durch die Nutzung institutionalisierter Märkte wie etwa Versteigerungen, in der Umweltsphäre Politik durch Prozeduren der parlamentarischen Debatte.

Durch konkrete diskursive Beiträge werden diese Prozeduren aktualisiert und mit Blick auf konkrete Ereignisse je neu bestätigt (Czarniawska, 2009). Wollen sich eine Organisation und ihre Management-Praxis in spezifischen Umweltsphären engagieren und diese wirksam mitgestalten, müssen sie das *Repertoire* etablierter Handlungsmuster, Begründungsprozeduren und Kommunikationsroutinen profund verstehen. Nur so können sie sich relevant artikulieren, nur so haben sie eine Chance, verstanden zu werden. Dass dies nicht einfach ist, erfahren Unternehmer, wenn sie sich in der Politik engagieren, oder Wissenschaftler, wenn sie sich in der Wirtschaft Gehör verschaffen möchten.

Durch den Gebrauch eines etablierten Kommunikations- und Handlungsrepertoires in konkreten Situationen und Interaktionen und durch unterschiedlichste Akteure stabilisiert sich dieses Repertoire und kristallisiert dabei zu einer spezifischen, z.B. ökonomischen, politischen oder wissenschaftlichen *„Rationalität“* (Schedler & Rüegg-Stürm, 2013; Siegenthaler, 2005).

Die Prozeduren einer Umweltsphäre, z.B. die jährliche Geschäftsberichterstattung auf der Basis standardisierter Rechnungslegungsrichtlinien im Rahmen einer Bilanzpressekonferenz in der Umweltsphäre Wirtschaft, unterscheiden sich dabei bezüglich ihres *Institutionalisierungsgrads* (Phillips et al., 2004; Maguire & Hardy, 2013). Was heute als selbstverständliche Handlungslogik etabliert ist, z.B. die Anwendung bestimmter Rechnungslegungsstandards, ist Ergebnis eines evolutionären Selektionsprozesses. In diesem Prozess verfestigen sich Möglichkeiten zu unhinterfragten Wirklichkeiten mit einer spezifischen raum-zeitlichen Ausdehnung (Hosking & Morley, 1991; Latour, 2005).

1.1.3 Umweltsphären auferlegen Bewertungsmassstäbe

Ein wesentliches Gestaltungsmoment jeder Umweltsphäre sind die *Bewertungsmassstäbe*, also die Bezugspunkte, Leitunterscheidungen und Erfolgsvorstellungen, die in einem Diskurs implizit mitschwingen und angeben, was jeweils *als wichtig, interessant, normal, erfolgskritisch und erstrebenswert* betrachtet werden soll (Boltanski & Thévenot, 1991; Thévenot, 2006; Schedler & Rüegg-Stürm, 2013). Damit wird gleichzeitig festgelegt, was unwichtig, uninteressant, abweichend, problematisch, aussichtslos und zu vermeiden ist.

Solche Bewertungen bilden einen *Bedeutungs- und Bewertungshorizont* fraglos gültiger Wertvorstellungen, die eine Umweltsphäre als Diskurs prägen (Grant et al., 2004). Anhand dieser Bewertungsmassstäbe kann beurteilt werden, welche Argumentationen, Positionen und Entscheidungen zu einem normalen Vollzug des Diskurses dazugehören und auf Resonanz stossen. Diese Argumentationen und Positionen bilden mit Blick auf die Erschliessung der Umwelt als Möglichkeitsraum wichtige Andockpunkte von unternehmerischen Gestaltungsmöglichkeiten einer attraktiven organisationalen Wertschöpfung.

Für eine Organisation und ihre Management-Praxis ist es zentral, die Bewertungsmassstäbe zu kennen, anhand deren Ressourcen diskursspezifisch beurteilt und damit im Kontext einer Umweltsphäre wie „Wirtschaft" oder „Technologie" bewertet werden. Dabei werden Bewertungsmassstäbe immer wieder auch in Form konkreter *Bewertungsinstrumente* greifbar (Karpik, 2010). In der „Haute Cuisine" etwa sind das die Restaurantführer, in der Wirtschaft Markt- und Finanzkennzahlen, in der Kunst die Urteile wichtiger Galerien, Sammler und Kuratoren, im Bereich der Finanzmärkte Ratingagenturen und im universitären Kontext Rankings und Zitationsindizes.

Diese Bewertungsinstrumente sind in *diskursspezifischen Prozeduren verankert*. Sie werden durch etablierte Prozeduren laufend aktualisiert, begründet und weiterentwickelt. Eine Organisation und ihre Management-Praxis müssen dabei immer wieder beurteilen, ob und wie weit sie bestimmte Prozeduren und Bewertungsmassstäbe, und damit verbunden gewisse Umweltsphären ernst nehmen und ausdrücklich adressieren oder sich diesen entziehen wollen.

Umweltsphären verstehen – ein Beispiel

Welche Wirkung eine Umweltsphäre auf die erfolgreiche Verfertigung einer organisationsspezifischen Ressourcenkonfiguration ausübt, lässt sich an der Umweltsphäre „Wirtschaft" als Möglichkeitsraum organisationaler Wertschöpfung exemplarisch zeigen.

Die Wirtschaft prägt die Vorstellung von dem, was als Wertschöpfung zu betrachten ist, beispielsweise aus der Perspektive von Kunden, Konkurrenten oder Investoren. Wertschöpfung „ökonomisch" zu verhandeln, heisst, den Möglichkeitsraum einer Organisation mit Blick auf die Allokation knapper finanzieller und nicht-finanzieller Ressourcen auszuloten.

Wesentliche Bewertungsmassstäbe sind dabei z.B. Effizienz, Produktivität, Kosten-Nutzen-Verhältnis, erwartbarer Gewinn und Verlust sowie Wertsteigerungspotenzial.

Die Umweltsphäre „Wirtschaft" ist dabei eng verknüpft mit den Prozeduren von Märkten zur effizienten Allokation von Ressourcen. Wer sich in der Umweltsphäre „Wirtschaft" engagieren möchte, muss an den ökonomischen Diskurs anschliessen, d.h. anerkennen, dass Märkte als Vermittlungsinstitutionen wesentlich sind. Diese bringen die unübersichtliche Vielfalt von Entscheidungsmöglichkeiten mit den verfügbaren knappen Ressourcen und der Zahlungs- sowie Investitionsbereitschaft der involvierten Akteure zusammen und strukturieren die entsprechenden Interaktionen. Zentrale Prozeduren dafür sind etwa die Preisbildung nach definierten Spielregeln, die es ermöglicht, verschiedene Angebote mit der Nachfrage einzelner Marktteilnehmer in Einklang zu bringen, oder Kennzahlen und Reporting-Praktiken, die als Bezugspunkte für Bewertungen und Vergleiche dienen.

In Märkten, die als Diskursräume die Umweltsphäre „Wirtschaft" prägen, wird so eine kommunikative Generalisierungs- und Vergleichsleistung erbracht, durch welche die Komplexität möglicher Bedeutungszuschreibungen und Transaktionsformen massiv reduziert wird (Tirole, 1988; North, 1990; Callon, 1998). Dazu dienen auch generalisierte Kommunikationsmedien wie Geld (Luhmann, 1997), welche die Komplexität der Marktkommunikation extrem vereinfachen und damit auch beschleunigen. Für eine Organisation stellt sich dabei immer wieder neu die Frage, ob und inwiefern ihre Entscheidungen und Handlungen der Marktlogik ökonomischer Diskurse entsprechen bzw. je nach Umweltorientierung entsprechen sollten. Von der Antwort auf diese Frage hängt es ab, wie eine Organisation zukünftig ihre Ressourcenallokation vornehmen und legitimieren kann und welchen mehr oder weniger verbreiteten und institutionalisierten Bewertungsdebatten sie sich dadurch aussetzt.

In der Umweltsphäre „Wirtschaft" lassen sich durch ein Zooming-in ganz verschiedene Bewertungsmassstäbe unterscheiden. Während aus dem Blickwinkel einer Unternehmung als Ganzes die Rentabilität des investierten Kapitals interessiert, sind es bei einem einzelnen Produkt der Deckungsbeitrag, bei einer Patientin im Spital das Verhältnis von Fallkosten zu Fallkostenpauschale oder bei einem heiklen Investitionsprojekt die Opportunitätskosten.

Marktmechanismen und Marktverhalten sind aus diesem Blickwinkel betrachtet diskursiv geprägte Prozeduren der effizienten Ressourcenallokation. Sie legen unterschiedliche Praktiken der Preisbildung und Preis-

setzung nahe, denen gemeinsam ist, dass sie ganz unterschiedliche Ressourcen durch ein generalisiertes Bewertungssystem auf einen Nenner bringen und damit vergleichbar machen.

Umweltsphären verstehen – Fragen zur unternehmerischen Reflexion

Identifizieren Sie die wichtigsten drei Veränderungen in der Umwelt Ihrer Organisation, mit denen Sie sich in den letzten zwei Jahren intensiver auseinandergesetzt haben. Diskutieren Sie mit Ihren Kolleginnen und Kollegen, wie sich der Möglichkeitsraum Ihrer Organisation entwickelt und verändert hat, was sich nicht (wie vielleicht erwartet) realisieren liess und worin aktuell die grössten Opportunitäten für die zukünftige Wertschöpfung Ihrer Organisation bestehen. Stellen Sie sich dabei folgende Fragen:

- *Wie muss sich Ihre Ressourcenkonfiguration mit Blick auf eine attraktive Wertschöpfung Ihrer Organisation weiterentwickeln? Welche Ressourcen gewinnen, welche verlieren an Bedeutung? Welchen Zugang haben Sie zu den wichtiger werdenden Ressourcen, und was muss geschehen, damit dieser Zugang zukünftig noch besser wird?*

- *Welche Umweltsphären und damit verbundenen Fokusse, Prozeduren und Bewertungsmassstäbe prägen die aktuelle und zukünftige Wertschöpfung Ihrer Organisation? Wie setzen Sie sich mit diesen gegenwärtig auseinander, wo erwarten Sie Veränderungen?*

- *Wie robust (und erfolgreich) schätzen Sie das Zusammenspiel Ihrer Organisation mit der für Sie relevanten Umwelt im Moment ein? Wo sehen Sie attraktive Optionen, den Möglichkeitsraum zu erweitern, neue Opportunitäten zu realisieren und so Ihre Ressourcenkonfiguration zu stärken?*

1.2 **Kontroversen führen**

1.2.0 Kontroversen stellen Selbstverständliches in Frage

Durch gesellschaftliche Kontroversen kann die Selbstverständlichkeit eines unternehmerischen Handlungs- und Entwicklungsspielraums und die etablierte Gewinnung und Verknüpfung von Ressourcen zu einer organisationsspezifischen Ressourcenkonfiguration grundlegend in Frage gestellt werden (Boltanski & Thévenot, 1991; Latour, 2005). Kontroversen konstituieren sich aus oftmals überraschenden und unberechenbaren *Konfrontationen,* die unvermittelt aus *divergierenden* Erwartungen, Positionen und Wertvorstellungen *innerhalb* von Umweltsphären und *zwischen* Umweltsphären resultieren. Alles, was etablierte Diskurse stabilisiert und dafür sorgt, dass die mit ihnen verknüpften Ressourcenallokationsprozesse nicht weiter hinterfragt werden, kann Gegenstand einer Kontroverse werden. Eine Kontroverse stellt Bestehendes in Frage und schafft zugleich Raum für *Alternativen.*

So kann die Dominanz eines bestimmten *Fokus* (z.B. Kosten-Nutzen-Verhältnis der wirtschaftlichen Umweltsphäre) in Frage gestellt werden, weil er verhindert, dass alternative Anliegen (z.B. Umweltverträglichkeit der Umweltsphäre Ethik) überhaupt zur Sprache gebracht werden können. Oder bei der Beurteilung von neuen Geräteinterfaces kann in einer alternden Gesellschaft neben der ästhetischen Attraktivität neu auch die Benutzbarkeit durch ältere Menschen wichtiger werden. Auch *Prozeduren* können hinterfragt werden, weil sie nicht mehr die etablierten Erwartungen befriedigen: Neben Kundenbefragungen für die Spezifikation eines neuen Produktes gewinnen offene Debatten in den Social Media an Bedeutung. *Bewertungsmassstäbe* können in Kritik geraten, wenn z.B. ergänzend zur technischen Neuartigkeit von Produktefeatures neu auch ein „ease of use“ gefordert wird. Dies wiederum kann zu einer Neuverteilung von Ressourcen führen, die für die etablierten Anbieter nicht wünschenswert ist (Callon et al., 2001).

Die skizzierten Alternativen werden häufig auf spezifischen Kommunikationsplattformen verhandelt (Boltanski, 2009), die durch eigene Spielregeln, Routinen und Infrastrukturen gekennzeichnet sind (Latour & Weibel, 2005).

Kontroversen entstehen insbesondere dann, wenn durch gewohnheitsmässige kommunikative Bezugnahme auf etablierte Umweltsphären im Sinne von dominanten Diskursen die Gewinnung, Bewertung und Allokation relevanter Ressourcen nicht mehr sichergestellt werden kann (Boltanski & Thévenot, 1991; Thévenot, 2006). Weil kritische Argumente in den Umweltsphären Ethik, Politik und Öffentlichkeit unvermittelt ein viel höheres Gewicht bekamen, hat in der Kontroverse zur Steuertransparenz der Bezug auf lokale Steuergesetze (Umweltsphäre Recht) bei Privatbanken plötzlich nicht mehr ausgereicht, Praktiken unter dem Stichwort „Bankgeheimnis“ weiterhin als zentrales Element ihres etablierten Geschäftsmodells anwenden zu dürfen.

Kontroversen etablieren sich, sobald sie von bestimmten Akteuren als relevant (und vielleicht sogar attraktiv) angesehen werden und deren Aufmerksamkeit gewinnen (Franck, 1998; 2005). Deshalb müssen Organisationen und ihre Management-Praxis möglichst frühzeitig erfassen, wann sich eine Kontroverse zusammenbraut und wie sich als Folge davon die Möglichkeiten der Gewinnung und Ausschöpfung relevanter Ressourcen verändern könnten. Kontroversen können auch *Trendbrüche* signalisieren oder zumindest die Möglichkeit, dass sich eingespielte Trends nicht mehr mit der gleichen Selbstverständlichkeit fortsetzen wie bisher (siehe Kapitel 1.0).

Ein Beispiel ist die Kontroverse um „Nachhaltigkeit“. Nachhaltigkeit hat als wichtiger Kernsachverhalt in politischen Auseinandersetzungen und technologischen Entwicklungen inzwischen einen festen Platz. Aufgrund einschneidender Ereignisse (wie Unfällen) und unerwünschter Entwicklungen (wie die Klimaerwärmung) wird das Thema „Nachhaltigkeit“ kontrovers diskutiert. Dass es um eine Kontroverse geht – und nicht nur um eine öffentliche Debatte –, zeigt sich darin, dass unterschiedliche diskursive Bezugnahmen miteinander verknüpft werden. Individuen, Communities und Organisationen berufen sich in der gleichen Argumentation auf die Natur („Schutz“), die Ökonomie („Wachstum“), die Technologie („Sicherheit“) und die Ethik („Verantwortung“). Entsprechend kann „Nachhaltigkeit“ der Energieversorgung nicht mehr isoliert mit Bezugnahme auf einzelne Umweltsphären verhandelt werden. Auch eine Bewertung auf Basis einzelner Massstäbe genügt nicht mehr, um robuste Bewertungen möglicher Alternativen der Energieversorgung vorzunehmen.

Eine zentrale Herausforderung für Organisationen und ihre Management-Praxis besteht im Umgang mit Kontroversen darin, dass jede Kontroverse einer eigenen Entwicklungsdynamik unterliegt, die sich sehr grundlegend auf die Erschliessung und Ausschöpfung der Umwelt als Möglichkeitsraum und auf die Verfertigung einer robusten Ressourcenkonfiguration auswirken kann. Mögliche Konsequenzen einer Kontroverse für die Gewinnung relevanter Ressourcen sind stets nur schwer abschätzbar. Aus der Sicht des SGMM lässt sich eine Auseinandersetzung mit Kontroversen vereinfachend entlang von drei Aspekten strukturieren.

Kontroversen entzünden sich an Issues → 1.2.1
Kontroversen formieren sich um Positionen → 1.2.2
Kontroversen werden in Medien inszeniert → 1.2.3

1.2.1 Kontroversen entzünden sich an Issues

Was für Umweltsphären der Fokus ist, markiert bei Kontroversen ein spannungsreicher *Kernsachverhalt*, der abhängig von entsprechender Betroffenheit als spezifisches Issue wahrgenommen wird. Kontroversen formieren sich um *Issues*, d.h. um unterschiedliche Wahrnehmungsweisen, Lesarten und Betroffenheiten des Kernsachverhalts. Die Auseinandersetzung mit diesem Kernsachverhalt *problematisiert etablierte Selbstverständlichkeiten*. Sie eröffnet zugleich das Potenzial, neue Perspektiven und Positionen zu entwickeln und neue Akteure zu mobilisieren (Callon, 1986; Latour, 2004; 2005). Spannungsreiche Kernsachverhalte und ihre Wahrnehmung als stakeholder-spezifische Issues sind gekennzeichnet durch ein beträchtliches *Empörungs-, Betroffenheits-, Aufmerksamkeits- und Kritikpotenzial*, das sie mit Blick auf die Infragestellung des Etablierten interessant macht (Boltanski, 2009; Imhof, 2014). Dabei werden Issues als spezifische Wahrnehmungsweisen und Lesarten oft in zugespitzter Weise formuliert, um das Potenzial des Kernsachverhalts wirksam ausschöpfen zu können: Kinderarbeit als „Skandal", kreative Projektarbeit als „Ausbeutungsmodell", Boni als „Bereicherungsvehikel". Mit dem Zuspitzen von Issues werden etablierte Positionen kritisiert und zugleich Veränderungsnotwendigkeiten mit entsprechenden Entwicklungspotenzialen angemahnt.

Kontroversen zeichnen sich durch eine grosse Heterogenität strittiger Issues und durch die behauptete Unvereinbarkeit der vertretenen Ansprüche und Positionen aus. Zugleich fehlen unstrittige diskursive Prozeduren und etablierte Kommunikationsplattformen, um diese Unvereinbarkeiten kollektiv routinemässig bearbeiten zu können (Latour, 2005; Boltanski, 2009).

Issues sind durch eine bestimmte *Mobilisierungswirkung* und deren konkrete Nutzung gekennzeichnet: Empörung wird in Mitspracherechte, Betroffenheit in Ansprüche, Kritik in Gegenentwürfe übersetzt. Kontroversen sind dabei immer durch eine *normative Dimension* gekennzeichnet, weil sie etablierte Bewertungsmassstäbe und Bewertungsprozeduren in Frage stellen (Thévenot, 2006). In einer Organisation muss folglich möglichst frühzeitig geklärt werden, auf welche Wahrnehmungsweisen und Lesarten (Issues) eines spannungsreichen Kernsachverhalts systematisch Bezug genommen werden soll, um der eigenen Lesart in der weiteren Auseinandersetzung ein substanzielles Gewicht zu verleihen (Callon et al., 2001; Franck, 2005).

1.2.2 Kontroversen formieren sich um Positionen

Aus der spezifischen Wahrnehmungsweise und Lesart eines spannungsreichen Kernsachverhalts lassen sich bestimmte Ansprüche ableiten, die sich zu einer *Position* verdichten lassen. In diesem Sinne begründet der *aus einer bestimmten*

Lesart abgeleitete normative Forderungskatalog eine bestimmte Position mit Bezug zu diesem Kernsachverhalt.

Dabei hat die Kommunikationsform (Begriffswahl, Storyline, Argumentationsform, Inszenierungspraxis), *wie* die entsprechenden Anliegen, Interessen und Ansprüche argumentativ und medial zum Ausdruck gebracht werden, zentrale Auswirkungen auf die Überzeugungskraft und Wirksamkeit (Impact) der Position. Mit anderen Worten können eine eingängige Begriffswahl, eindrückliche Storylines und kluge Argumentationsketten in Medien mit hoher Aufmerksamkeit eine starke Mobilisierungs- und Legitimationswirkung entfalten. So wird beispielsweise „kreative Projektarbeit" in der aktuellen Kontroverse zur ökonomischen Bedeutung von Kreativität je nach Position als „Zukunftsmodell für eine flexible Arbeitsorganisation", als „Potenzial der sogenannten Creative Industries", als „Ausbeutungsmodell mit prekären Anstellungssituationen" oder als „zeitgemässe Arbeitsform in der Wissensgesellschaft" interpretiert (Boltanski & Chiapello, 1999; Reckwitz, 2012).

Dabei stellt sich die Frage, wie in einer Kontroverse Wahrnehmungsweisen und Lesarten konkret bewertet werden (Latour, 1999). Einzelne Akteure (Individuen, Communities, Organisationen) greifen Deutungen auf und *machen sie sich zu eigen*. Sie beginnen im Hinblick auf diese spezifischen Deutungen zu *agieren*. Wenn sich andere anschliessen, kann sich mit der Zeit eine prägende Lesart herausbilden, und damit gewinnen einzelne Positionen an Dominanz.

Wer im Namen welcher Issues mit welchen Motivationen agiert, wer welche Perspektiven und Interessen wie bündelt, wann und wo welche Fragen zur Sprache gebracht werden, ist das Ergebnis vielfältiger Aushandlungs- und Kommunikationsprozesse. Diese unterliegen stets einer eigenen, unsicheren Entwicklungsdynamik (Callon et al., 2001), die von einer Organisation und ihrer Management-Praxis genau beobachtet und möglichst aktiv mitgestaltet werden muss. Dafür sind der kommunikative Zugang zu einer Kontroverse, ein gutes Verständnis der Kommunikationsdynamik und attraktive Bilder, Storylines und Argumentationsmuster von zentraler Bedeutung.

1.2.3 Kontroversen werden in Medien inszeniert

Kontroversen erlangen ihre Wirkung über mediale Inszenierungen. Der Begriff Medien wird vom SGMM weit gefasst. Medien sind *alle öffentlichen Vermittlungs- und Darstellungsformen* von Themen und Trends, deren Interpretationen und Begründungen. Medien haben durch ihre spezifische Struktur einen Einfluss darauf, wie und in welchem Rahmen Kontroversen stattfinden können und was darin auf welche Weise verhandelt wird (McLuhan, 1964; Münkler & Roesler, 2008). Dabei spielt es eine Rolle, wie Aussagen und Positionen in einem Medium sichtbar gemacht werden. Zugleich ist entscheidend, wer *Zugang* zu einem Medium hat.

Spezifische Medien konstituieren sich oftmals aus Organisationen mit einer bestimmten Agenda und einer bestimmten Identität: Zeitungen beispielsweise gehören zu Unterhaltungskonzernen, öffentlich-rechtliche Fernsehkanäle müssen sich an politischen Agenden orientieren, Social-Media-Plattformen werden von Technologie-Unternehmen entwickelt und betrieben. Je nachdem, welche Akteure an der medialen Inszenierung einer Kontroverse beteiligt sind, spielt die Bezugnahme zum Beispiel auf einen öffentlichen Auftrag, auf eine kulturelle Mission oder auf eine kommerzielle Zielsetzung eine wichtige Rolle. Neue Informations- und Kommunikationstechnologien beeinflussen dabei die Möglichkeiten wesentlich mit, ob und wie spezifische Kontroversen strukturiert und moderiert, dramatisiert oder heruntergespielt werden können (McLuhan, 1964; McLuhan & Fiore, 1967; Latour, 2005; siehe dazu Abbildung 15).

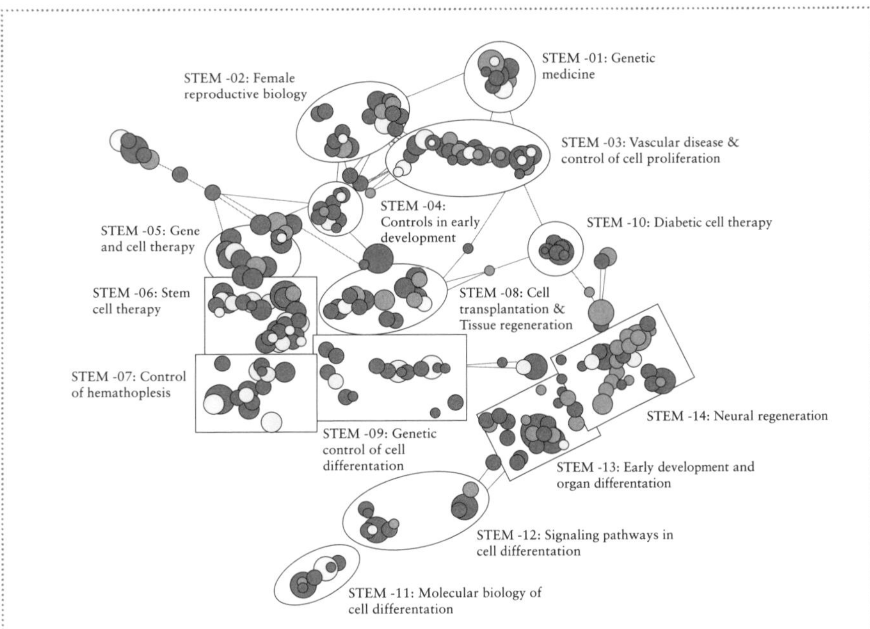

Abbildung 15 – „Mapping Controversies" (Darstellung in Anlehnung an http://www.bruno-latour.fr/courses)
Kontroversen zu inszenieren und spezifische Issues mit Bezug zu relevanten Positionen, Perspektiven und Argumentationen medial sichtbar zu machen, erfordert gestalterische und technologische Instrumente. In den letzten Jahren hat sich eine Community herausgebildet, die sich mit konkreten Kontroversen beschäftigt und mögliche Instrumente entwickelt, mit denen diese Kontroversen aus der Sicht unterschiedlicher Akteure (Individuen, Communities, Organisationen) greifbar und gestaltbar gemacht werden können. Die globale Forschungsinitiative MASCOPOL stellt unterschiedlichste Instrumente und Designansätze zusammen, die deutlich machen, wie das Mapping einer Kontroverse aussehen könnte (etwa am Beispiel des Mappings wichtiger Positionen in der aktuellen Kontroverse zum Issue „Stammzellenforschung", wie oben abgebildet). Diese Initiative ist eine Einladung, für die eigene Praxis selber Maps zu relevanten Kontroversen zu entwickeln (Clarke, 2005). Diese Abbildung macht insbesondere deutlich, wie stark sich die Auseinandersetzung mit stabilen Umweltsphären und die Rekonstruktion von Kontroversen auch visuell voneinander unterscheiden.

Nicht jede medial inszenierte Diskussion ist schon Teil einer Kontroverse. Eine Organisation und ihre Management-Praxis sind gefordert, *provokative Aussagen* im Kontext etablierter Umweltsphären (als Diskurse) von *strittigen Issues* als zentralen Bezugspunkten von Kontroversen zu *unterscheiden*. Dies ist wichtig, weil sich diskursive Bearbeitungen und kontroverse Auseinandersetzungen bezüglich der Berechenbarkeit ihrer Entwicklungsdynamik und Wirkung unterscheiden. Eine solche Unterscheidung vorzunehmen, ist jedoch oft schwierig, weil sich Individuen, Communities und Organisationen zugleich in verschiedenen Umweltsphären bewegen und an mehreren Kontroversen partizipieren. Genau deshalb sind unternehmerische Strategien immer auch Strategien der Kommunikation, der Medialisierung und der Versprachlichung von Positionen (Boje, 2008; Stücheli-Herlach & Grand, 2014).

Zusammenfassend kann festgestellt werden, dass sich Organisationen und ihre Management-Praxis zwangsläufig den Spielregeln und Eigendynamiken unterschiedlichster Medien aussetzen (müssen). Zugleich prägt die Gestaltung eigener Kommunikationsplattformen und Inszenierungen in verschiedenen Medien der Öffentlichkeit den Möglichkeitsraum einer Organisation wesentlich mit.

Kontroversen führen – ein Beispiel

Ein kontroverser Kernsachverhalt ist „Intellectual Property" – ein zentrales Thema der Wissensgesellschaft. In dieser Kontroverse wird darüber verhandelt, welche intellektuellen Kreationen, Produkte und Herstellverfahren durch ein Patent (Kopierverbot) geschützt werden sollen und dürfen, welche Neuentwicklungen in welcher Form als Ressourcen für andere Entwicklungen weiterverwendet werden dürfen, worin entsprechende Eigentumsrechte bestehen und unter welchen Lizenzbedingungen eine Weiterverwendung stattfinden darf (etwa als „Creative Commons": Lessig, 1999). Dabei wirkt erschwerend, dass sich die in bestimmten Teilen der Welt etablierten Arrangements bezüglich „Intellectual Property" in anderen Teilen der Welt so nicht durchsetzen lassen bzw. aus kulturellen Gründen gar nicht verstanden werden. So können mehrere rechtliche Regelungen bezüglich der Patentierbarkeit nebeneinander stehen. Diese rechtlichen Regelungen sind ihrerseits auslegungsbedürftig. Auf diese Weise ergeben sich vielfältige Lesarten von „Intellectual Property" und unterschiedliche Begründungen für die Einhaltung oder Verletzung von rechtlich geregelten Sachverhalten.

Die Kontroverse zu einer internationalen Regelung und zur konkreten Handhabung von „Intellectual Property" zeigt, wie Issues je nach Position unterschiedlich definiert werden: Organisationen, die ihre Ergebnisse aus dem eigenen Forschungs- und Entwicklungsprozess mit Blick auf die Kom-

merzialisierung schützen wollen, sehen sich Organisationen gegenüber, die in der freien Bewegung neuen Wissens eine zentrale Ressource für Innovation sehen. Akteure (Individuen, Communities, Organisationen), die sich für die freie Nutzung und Weiterentwicklung kultureller Artefakte einsetzen und Musik, Bücher oder Kunst frei kopieren und verfügbar machen, sehen sich Organisationen gegenüber, die den Schutz von Autorinnen und Künstlern als zentrale Aufgabe erachten. Die kontroverse Auseinandersetzung dieser Positionen lässt sich nicht vollständig in den etablierten Diskursen abbilden, weil die Positionen quer zu deren Selbstverständlichkeiten stehen. Was wirtschaftlich nachvollziehbar ist, muss längst noch nicht politisch opportun sein, was rechtlich geregelt ist, muss längst noch nicht kulturell akzeptiert sein; was sich technologisch realisieren lässt, muss längst noch nicht ethisch legitim sein.

Ein Beispiel für die enge Verknüpfung von Medien und Aussagen sind die sozialen Medien, die neue Möglichkeiten der kontroversen Auseinandersetzung mit Issues wie dem Thema „Intellectual Property" eröffnen und die etablierten Diskussionsmedien teils ergänzen, teils auch ersetzen. Dabei verändern sich die Darstellungsformen: Kurze Messages sind angesagt, viele Mitteilungsformen sind interaktiv und bieten die Möglichkeit, sich einzubringen. Neu lässt sich die Entwicklungsdynamik einer Kontroverse sichtbar machen, weil deren Verlauf mitdokumentiert wird. Zugleich spielen verschiedene Formen der Beteiligung eine wichtige Rolle, und Autorschaft wird neu gesehen. Auch die Redaktionsprozesse verschieben sich. In den „Social Media" spielen verteilte Entwicklungsformen, synchrone und asynchrone Interaktivität eine grosse Rolle. Unterschiedlichste Akteure schreiben und entwickeln mit. Aus Sicht einer Organisation und ihrer Management-Praxis stellt sich die Frage, wie gut sie auf eine aktive Mitwirkung in diesen Entwicklungsumgebungen medialer Inszenierung vorbereitet sind und wie auf die Deutung, Strukturierung und Bewertung von Issues und Positionen Einfluss genommen werden kann.

Kontroversen führen – Fragen zur unternehmerischen Reflexion

Identifizieren Sie die wichtigste (existenzrelevante) Kontroverse, mit der Ihre Organisation gegenwärtig konfrontiert ist. Umschreiben Sie möglichst präzise den Kernsachverhalt dieser Kontroverse, und klären Sie, weshalb sich Ihre Organisation mit dieser Kontroverse befassen muss. Diskutieren Sie mit Ihren Kolleginnen und Kollegen im Verwaltungsrat, in der Geschäftsleitung oder in Ihrer Manager-Community, welche Aspekte und Dynamiken dieser Kontroverse besonders entscheidend sind (oder noch werden könnten) und welche Konsequenzen sich daraus für Ihre Organisation ergeben könnten. Stellen Sie sich dabei folgende Fragen:

- *Wie nehmen Sie die entsprechende Kontroverse wahr? Was genau bildet aus Ihrer Sicht den Kernsachverhalt der Kontroverse? Wie stellt sich dieser Kernsachverhalt aus dem Blickwinkel unterschiedlicher Stakeholder dar, d.h. welche Issues werden im Moment durch welche Stakeholder kontrovers verhandelt? Wie kommen sie zur Sprache? Wie genau werden sie beschrieben? Mit welchen Beispielen werden sie illustriert? Mit welchen Argumenten wird ihre Bedeutung begründet? Und worin genau besteht aus Sicht Ihrer eigenen Organisation das wesentliche Issue in dieser Kontroverse?*

- *Welche Positionen lassen sich im Moment in der Kontroverse identifizieren? Welche dieser Positionen sind für die Wertschöpfung Ihrer Organisation aktuell und zukünftig von Bedeutung? Wie setzen Sie sich mit diesen Positionen auseinander?*

- *In welchen Medien wird die Kontroverse im Moment vornehmlich ausgetragen? Welchen Zugang haben Sie zu diesen Medien? Mit welchen Positionen bringt sich Ihre Organisation in diesen Medien ein?*

- *Welche Wirkungen könnte der Verlauf dieser Kontroverse auf den unternehmerischen Möglichkeits- und Entwicklungsspielraum Ihrer Organisation – und damit auf Ihre Ressourcenkonfiguration und organisationale Wertschöpfung haben?*

1.3 **Stakeholdern begegnen**

1.3.0 Stakeholder als relevante Akteure der Umwelt ansprechen

Eine Organisation orientiert sich an unterschiedlichsten Akteuren – Individuen, Communities und Organisationen –, die bei der Erschliessung des unternehmerischen Möglichkeitsraums, bei der Verfertigung der organisationsspezifischen Ressourcenkonfiguration oder als Adressaten und Betroffene von organisationaler Wertschöpfung relevant sind. In der Management-Literatur werden diese Akteure als Stakeholder bezeichnet (Freeman, 1984). Stakeholder sind Akteure, die als Individuen, Communities oder Organisationen zum einen den *unternehmerischen Möglichkeitsraum* (und die Verfertigung der Ressourcenkonfiguration) *massgeblich mitbeeinflussen* und zum anderen von den *Gesamtwirkungen der organisationalen Wertschöpfung* (Produkte, Public Value, Emissionen) positiv profitieren oder negativ betroffen sind. Stakeholder gibt es nicht einfach, sondern sie müssen von einer Organisation und ihrer Management-Praxis immer wieder neu identifiziert werden.

Stakeholder machen aus Sicht einer Organisation relevante Positionen in Diskursen und Kontroversen zu *artikulierten* und somit *erkennbaren Anliegen, Erwartungen, Interessen* und *Ansprüchen*. Dabei müssen eine Organisation und ihre Management-Praxis je neu eine sorgfältige Identifikation, Interpretation und Bewertung dieser Erwartungen vornehmen (Dyer & Singh, 1998; Dachler & Hosking, 1995). Allerdings existieren Stakeholder für eine Organisation nicht als solche, sondern sie müssen nach Massgabe bestimmter Kriterien *identifiziert und anerkannt* werden. Dabei lassen sich zwei Stakeholder-Konzepte unterscheiden (Ulrich, 2008; Rüegg-Stürm, 2003).

Bei einem *strategischen Stakeholder-Konzept* liegt der Fokus auf organisationaler *Abhängigkeit* von den entsprechenden Stakeholdern. Die Auswahl der relevanten Stakeholder orientiert sich an der *Wirkmächtigkeit* und potenziellen Durchsetzbarkeit der Interessen und Ansprüche dieser Stakeholder gegenüber einer Organisation (Freeman, 1984). Im Zentrum steht die strategische Bedeutung eines Stakeholders für die organisationale Wertschöpfung, für die hierzu erforderliche Ressourcenkonfiguration und für den notwendigen Zugang zum existenzrelevanten Möglichkeitsraum.

Bei einem *normativ-kritischen Stakeholder-Konzept* liegt der Fokus hingegen auf *Betroffenheit*. Grundsätzlich werden aus dieser Perspektive alle Individuen, Communities und Organisationen – unabhängig von ihren Einflussmöglichkeiten – als Stakeholder ernst genommen, die faktisch oder potenziell von positiven oder negativen Wirkungen der organisationalen Wertschöpfung betroffen sind (Ulrich, 2008). Diese Betroffenheit schliesst auch externe Effekte ein, die oft indirekt wirken können.

Stakeholder zu identifizieren und zu ihnen robuste Beziehungen aufzubauen, ist aus Sicht des SGMM von grosser Bedeutung, weil Umwelt als Möglichkeitsraum nur in den *Beziehungs- und Kommunikationsprozessen* mit den Stakeholdern überhaupt wahrnehmbar und bearbeitbar wird. Aus Sicht einer Organisation und ihrer Management-Praxis geht es demzufolge darum, durch die Etablierung zuverlässiger Beziehungen zu unterschiedlichsten Stakeholdern wie Kunden und Lieferanten, Mitarbeitenden und Investoren den Zugang zu wichtigen Ressourcen sicherzustellen und zu erweitern. Dadurch kann der unternehmerische Möglichkeitsraum wirksam erschlossen und zu einer relevanten Ressourcenkonfiguration verfertigt werden.

Zugleich geht es darum, *einseitige Abhängigkeiten von spezifischen Ressourcenquellen zu reduzieren*, um auch bei unerwarteten Ereignissen flexibel reagieren zu können, ohne die eigene Gestaltungs- und Weiterentwicklungsfähigkeit zu verlieren und dadurch die aktuelle und zukünftige Ressourcenkonfiguration zu gefährden (Noda & Bower, 1996; Bower & Gilbert, 2005). Und vor allem im Hinblick auf die Wahrnehmung von gesellschaftlicher Verantwortung geht es immer wieder darum zu bestimmen, welche von der organisationalen Wertschöpfung betroffenen Akteure als Stakeholder kommunikativ eingebunden werden können und sollen, und welche nicht.

Unter einer *Beziehung zu den Stakeholdern* versteht das SGMM – nahe an unserem Alltagsverständnis – jede Form der *stabilisierten wechselseitigen kommunikativen Bezugnahme* von Akteuren, die es ermöglicht, verlässliche Erwartungen und ein robustes Vertrauen zu bilden, um so die Unsicherheit im Bereich der Gestaltung von organisationaler Wertschöpfung handhabbar zu machen. Dabei wird „robust" analog zum Begriff „anti-fragil" (Taleb, 2012) verstanden: Anti-fragil sind Beziehungen, die durch unerwartete Entwicklungen nicht gefährdet, sondern beispielsweise durch eine verlässliche und kooperative Handhabung unerwarteter Entwicklungen sogar noch stärker werden können.

Exemplarisch verdeutlichen lässt sich die Bedeutung von Stakeholdern für den Zugang zu Ressourcen am Aufbau eines neuen Unternehmens. Bei der Gründung ist ein Unternehmen flexibel, vieles ist möglich. Zugleich fehlen die finanziellen und nicht-finanziellen Ressourcen, um den Möglichkeitsraum wirksam zu erschliessen und daraus eine spezifische organisationale Wertschöpfung zu entwickeln. Durch die Gewinnung finanzieller Ressourcen, z.B. über die Zusammenarbeit mit einem Investor oder über die Etablierung erster Kundenbeziehungen, schärfen sich die Vorstellungen bezüglich einer attraktiven organisationalen Wertschöpfung, und es formiert sich eine erste organisationsspezifische Ressourcenkonfiguration. Zugleich entstehen Abhängigkeiten. Es wird entsprechend wichtiger, Ressourcen aus unterschiedlichen Quellen zu gewinnen, um die Eigenständigkeit bewahren zu können (Simon,

2007). So gilt es z.B., die Kundenbasis auszuweiten, um die Abhängigkeit von einzelnen Kunden zu reduzieren und die Kommerzialisierungsmöglichkeiten des Unternehmens sukzessive auszuweiten.

Mit Blick auf die Erschliessung der Umwelt als Möglichkeitsraum und die Verfertigung einer organisationsspezifischen Ressourcenkonfiguration lässt sich die Bedeutung von Stakeholdern entlang von drei Aspekten vertiefen: Erstens geht es darum, die Potenziale aktueller und zukünftig relevanter Stakeholder immer wieder gemeinsam zu klären und zu bewerten, um ausgewählte Stakeholder rechtzeitig für die Weiterentwicklung der organisationsspezifischen Ressourcenkonfiguration mobilisieren oder als Adressaten organisationaler Wertschöpfung gewinnen zu können. Dazu ist es unerlässlich, tragfähige *Beziehungen* zu diesen Stakeholdern aufzubauen. Zweitens geht es darum, sich unter Nutzung und Pflege dieser Beziehungen sorgfältig mit den *Erwartungen* und *Betroffenheiten* dieser Stakeholder auseinanderzusetzen. Und drittens geht es darum, Stakeholder als *Repräsentanten* unterschiedlichster Positionen, Perspektiven, Anliegen, Erwartungen und Interessen zu verstehen und diese Erwartungen in der organisationalen Wertschöpfung und in der Management-Praxis immer wieder aktiv aufzugreifen.

Stakeholder wirken über Beziehungen → 1.3.1
Stakeholder verdichten Erwartungen der Umwelt → 1.3.2
Stakeholder sorgen für die Repräsentation von Positionen → 1.3.3

1.3.1 Stakeholder wirken über Beziehungen

Die Mobilisierung wichtiger Ressourcen ist abhängig von *robusten Beziehungen* (Dyer & Singh, 1998) zu unterschiedlichen Stakeholdern (wie z.B. Investoren oder Lieferanten, Kunden-Communities, Medienorganisationen oder sozialen Bewegungen). Denn Ressourcen werden von einer Organisation mobilisiert durch den *kommunikativen Austausch mit spezifischen Akteuren* – seien es Individuen, Communities oder Organisationen (siehe dazu Abbildung 8). Eine Organisation muss in der Lage sein, unterschiedliche *Beziehungsformen* zu entwickeln, die sich z.B. in Gesprächen und Verträgen, über definierte Schnittstellen, gemeinsam benutzte technologische Infrastrukturen, Social-Media-Plattformen oder Kundenbefragungen konkretisieren können. Dabei geht es darum, zeitgerecht existenzrelevante Ressourcen zu identifizieren, zu erschliessen und zu einer organisationsspezifischen Ressourcenkonfiguration zu verfertigen. Zugleich sind wichtige Wertschöpfungsadressaten zu überzeugen und zu gewinnen.

Wie *tragfähig* das Beziehungsnetzwerk einer Organisation zu den für sie relevanten Stakeholdern ist, hängt von mehreren Faktoren ab: Es spielt erstens eine Rolle, wie *spezifisch oder generisch* wichtige Ressourcen sind. Daraus ergibt sich zweitens, dass nicht alle involvierten Stakeholder gleichermassen *austauschbar* sind (Barney, 1991). Wenn eine Organisation beispielsweise primär Absolventinnen bestimmter Universitäten engagiert, dann steigt die Bedeutung guter Beziehungen zu dieser Universität. Oder wenn sich eine Organisation stark an einzelnen Lieferanten orientiert, weil nur diese die nötige Qualität von Halbfabrikaten sicherstellen können, die für die organisationale Wertschöpfung wesentlich sind, dann erfordert das einen intensiven und sorgfältigen Umgang mit diesen Lieferanten.

Drittens spielt eine Rolle, wie *stabilisiert* und *generalisiert* die für die Ressourcenverteilung relevanten Diskurse sind (Phillips et al., 2004). Es ist zudem wichtig zu verstehen, wie *dynamisch* sich ein Diskurs entwickelt und wie selbstverständlich oder kontrovers wichtige Aspekte der organisationalen Wertschöpfung und der dafür notwendigen Ressourcenkonfiguration sind. Spielt zum Beispiel der rechtliche Rahmen für das aktuelle Geschäftsmodell eine zentrale Rolle (etwa durch die Festlegung von Intellectual-Property-Richtlinien), dann müssen eine Organisation und ihre Management-Praxis sorgfältig beobachten, wieweit die Umweltsphäre „Recht" diese Richtlinien in ihrer Rechtsprechung bestätigt, wie allgemein die Richtlinien gelten und wie akut diese in Frage gestellt oder öffentlich diskutiert werden.

Viertens spielt es für eine Organisation eine zentrale Rolle, ob aktuelle und potenzielle Kontroversen die *Mobilisierbarkeit* von Ressourcen verändern können. Zugleich ist es wesentlich zu schärfen, welche *alternativen unternehmerischen Möglichkeitsräume* denkbar sind. Ist beispielsweise der Zugang zu wichtigen Rohstoffen für die aktuelle Wertschöpfung durch politische Unruhen oder internationale Rechtsstreitigkeiten gefährdet, dann muss eine Organisation alternative Zugänge zu vergleichbaren Rohstoffen entwickeln. Und zugleich muss sie die organisationale Weiterentwicklung darauf ausrichten, gegebenenfalls die bestehende Ressourcenkonfiguration zu überdenken und neu aufzusetzen.

Für jede Organisation ist es folglich von grosser Bedeutung, gut qualifizierte Mitarbeitende zu identifizieren, für die Mitarbeit zu gewinnen und über tragfähige Beziehungen sorgfältig in entsprechende Wertschöpfungsaktivitäten einzubinden. Dazu ist es notwendig, eine starke Reputation als attraktiver Arbeitgeber aufzubauen, Angebote für eine gezielte Weiterentwicklung der Kompetenzen und Fähigkeiten der Mitarbeitenden bereitzustellen und so die Weiterentwicklung von Mitarbeitenden und Organisation miteinander zu verknüpfen. Dabei können sich gewisse Mitarbeitende zu Schlüsselakteuren für die organisationale Wertschöpfung entwickeln, sie werden zu zentralen Leistungsträgern.

Wie Mitarbeitende dabei eine Organisation als Arbeitgeberin beurteilen, ist von ihren Erwartungen, aber auch von Erfahrungen aus ihrem Engagement in unterschiedlichen Umweltsphären geprägt (z.B. Wirtschaft, Politik, Wissenschaft). Zugleich spielen Kontroversen eine relevante Rolle, da beispielsweise ganz neue Beurteilungskriterien für die Qualität einer Anstellung – etwa die Work-Life-Balance, Kinderbetreuungsmöglichkeiten, die Attraktivität des Aufgabenprofils oder finanzielle Beteiligungsmöglichkeiten – ins Spiel kommen können.

In diesem Zusammenhang ist zu beachten, dass es ambivalent und dementsprechend problematisch sein kann, Mitarbeitende ohne nähere Umschreibung einfach als *„Human Resources"* zu bezeichnen. Denn zum einen kann dieser Begriff eine technikähnliche Nutzung der Kapazitäten der Mitarbeitenden für die Ziele einer Organisation suggerieren: Mitarbeitende werden instrumentalisierend schlicht als nützlicher Produktionsfaktor betrachtet, den man mit dem Ziel einer fortlaufenden Produktivitätssteigerung optimal einsetzen muss. Zum anderen kann mit diesem Begriff aber auch die Notwendigkeit einer systematischen Förderung und Verwirklichung *menschlicher Potenziale* betont werden.

Das SGMM ermöglicht es, diese unterschiedlichen Denkansätze kritisch zu reflektieren und Ressourcen nicht vorschnell auf einen wertvollen, knappen und prinzipiell beliebig nutzbaren Produktionsfaktor zu reduzieren. Genau deshalb versteht das SGMM Ressourcen nicht einfach als definierte, frei verfügbare Entitäten, sondern als *gestaltbare und bewertungsbedürftige Möglichkeiten,* die immer im Zusammenhang mit der organisationalen Ressourcenkonfiguration zu sehen und zu bewerten sind. Zu Letzterer gehören auch Reputation und Vertrauenswürdigkeit als Arbeitgeber, eine sinnstiftende Arbeitsgestaltung und breit angelegte Entwicklungsmöglichkeiten für Mitarbeitende. In Kontexten, in denen kein differenziertes Verständnis von „Ressourcen" erkennbar ist, sollte der Begriff „Human Resources" sorgfältig hinterfragt werden.

1.3.2 Stakeholder verdichten Erwartungen der Umwelt

Eine Organisation ist fortlaufend unterschiedlichsten Erwartungen ausgesetzt, die durch Stakeholder zu Ansprüchen verdichtet werden können, und sie verfertigt als Stakeholder von anderen Akteuren selbst permanent Erwartungen an ihre Umwelt. Diese Erwartungen werden konkret fassbar im Austausch und in der Beziehung mit Stakeholdern, die als *Artikulationsinstanzen* und zugleich als *Kommunikationsadressaten* dieser Erwartungen fungieren (Luhmann, 2000).

Unter Erwartungen versteht das SGMM *verdichtete antizipierte Zukunft.* Erwartungen verkörpern eine Konkretisierung und Bewertung des unternehmerischen Möglichkeitsraums, indem sie die Realisation bestimmter Möglichkeiten im Vergleich zu anderen als *wahrscheinlicher* spezifizieren und so den prinzipiell unbegrenzten Möglichkeitsraum und dessen Komplexität reduzieren. Die Bildung von Erwartungen ist unerlässlich, um mit der Unsicherheit und Ungewissheit der Zukunft zurechtzukommen.

Erwartungen substituieren die grundlegende Unsicherheit und Ungewissheit der Zukunft durch ein *begrenztes Mass an fiktiver Gewissheit.* Fiktiv ist diese Gewissheit, weil es trotzdem immer anders kommen könnte. Fiktive Gewissheit erlaubt es, auf kollektiver Basis Dispositionen zu treffen. Erwartungen sind deshalb eine wichtige Grundlage für kollektive Handlungsfähigkeit, indem sie im Sinne einer *„operativen Fiktion"* (Schmidt, 2005) die Zukunft als gegeben und gewiss erscheinen lassen, obwohl dies nie der Fall sein kann.

Dies ist wichtig, wenn sich eine Organisation mit unterschiedlichen Stakeholdern in verteilten Wertschöpfungskonstellationen abstimmen muss. Denn obwohl die Zukunft *unvorhersehbar* und *ungewiss* ist, müssen Akteure in solchen Konstellationen so entscheiden und handeln, dass dies zu den anderen Akteuren passt. Passen meint dabei, dass es allen beteiligten Akteuren jederzeit als sinnvoll erscheint, den etablierten Austausch und die aufgebaute Beziehung fortzusetzen. Zentrale Voraussetzung hierfür ist die Bildung von *wechselseitig zueinander passenden Erwartungen,* die es überhaupt ermöglichen, dass Kooperation zustande kommt.

Dabei ist es wichtig, das *Zusammenspiel von Erwartungen* im Auge zu behalten. Akteure formieren immer auch Erwartungen, die sich auf die Erwartungen anderer Akteure beziehen, sogenannte *Erwartungserwartungen* (Luhmann, 1984). Die Teilnehmerin einer Sitzung erwartet nicht nur, dass die Sitzung pünktlich beginnt, sondern sie erwartet auch, dass alle anderen Sitzungsteilnehmenden ebenfalls pünktlich da sind. Und diese anderen Sitzungsteilnehmenden unterstellen einander ebenfalls dieselbe Erwartung. Die Herausbildung dieser Erwartungserwartungen braucht keineswegs ein geplanter Prozess zu sein, sondern kann sich selbstorganisierend einschwingen.

Erwartungserwartungen sind folglich Erwartungen, die einander *wechselseitig unterstellt* werden. Wenn sich die wechselseitig unterstellten Erwartungen, die sich auf gemeinsame Interaktionen beziehen, wiederholt bestätigen, kommt es zu einer *strukturellen Kopplung* oder zu einer sozialen Struktur, die wechselseitiges Agieren erwartbar und stabil macht. Erwartungen werden dabei in Sensemaking-Prozessen (Weick, 1979) *fortlaufend implizit verfertigt* und wirken, ohne dass sich die beteiligten Akteure dessen bewusst sind.

Worin Erwartungen wirklich bestehen, wird oftmals erst sichtbar, wenn sie enttäuscht werden. Dies kann zwar Lernprozesse auslösen, es kann aber auch sehr zweckmässig sein, *Erwartungsenttäuschungen* proaktiv zuvorzukommen. Hierzu ist es wichtig, Erwartungen mit Hilfe von *Praktiken der Erwartungsklärung* und *Erwartungssteuerung* immer wieder sorgfältig kommunikativ zu erschliessen. Solche Praktiken bilden zentrale Voraussetzungen einer gedeihlichen Ko-Evolution von Organisation und Umwelt, zu der Stakeholder wie Kunden, Lieferanten, Mitarbeitende und Manager-Communities gehören.

Erwartungen sind dabei einerseits immer *spezifisch*, z.B. erwartet ein bestimmter Kunde einen gewissen Qualitätsstandard, ein Investor eine bestimmte finanzielle Performance oder ein Technologiepartner definierte Schnittstellen. Zugleich verdichten Stakeholder immer auch *generalisierte* Erwartungen der Umwelt mit Bezug zum Fokus einer Umweltsphäre oder mit Blick auf Positionen einer Kontroverse. Daher ist aus Sicht einer Organisation immer wieder neu zu bestimmen, inwieweit gewisse Stakeholder wie z.B. einzelne Kunden oder Mitarbeitende Erwartungen artikulieren, die situativ und einmalig sind oder auch für andere Kunden und Mitarbeitende zeitüberdauernde Gültigkeit besitzen.

Diese Grundüberlegungen haben Konsequenzen für die Bearbeitung von Stakeholder-Erwartungen. Jede Erwartung eines einzelnen Stakeholders steht im Kontext von Erwartungen anderer Stakeholder. Die Erwartungsbildung ist *interaktiv und rekursiv*, es formieren sich wechselseitig unterstellte Erwartungen. Allerdings werden Beziehungen zu einzelnen Stakeholdern stets durch unerwartete Ereignisse und Irritationen herausgefordert, die gedeutet und bearbeitet werden müssen, wenn die weitere Entwicklung der Beziehung sichergestellt und stabilisiert werden soll (Callon et al., 2001). Durch Veränderungen in Diskursen und durch die Bearbeitung von Kontroversen können sich die in einer Beziehung zu einzelnen Stakeholdern wirksamen Erwartungen jederzeit verschieben. Entsprechend sind sie *immer wieder neu zu klären* (Weick, 1979).

Erwartungen von Stakeholdern und deren Bestimmung durch eine Organisation sind folglich durch eine Reihe von Aspekten gekennzeichnet:

- Erwartungen sind erstens nicht einfach gegeben, sondern sie etablieren sich durch einen *kreativen Prozess wechselseitiger Bezugnahme*. Unternehmerische Möglichkeits- und Erwartungsräume sind nicht objektiv gegeben. Sie sind das Ergebnis einer *kreativen, kommunikativen Leistung*, die eine Organisation und ihre Management-Praxis im Zusammenwirken mit unterschiedlichen Stakeholdern immer wieder erbringen muss (Shane, 2003; Tsoukas, 2005; Sarasvathy, 2008; Grand & Fust, 2011). Viele Erwartungen wirken dabei *implizit* und müssen zuerst zur Sprache gebracht werden (Nonaka, 1994) – oder wie Weick (1985: 195) es formuliert: „Wie kann ich wissen, was ich denke, bevor ich höre, was ich sage?“

- Weil sich Erwartungen immer auch auf Erwartungen anderer beziehen („Welche Erwartungen habe ich als Kunde im Hinblick auf das, was wohl auch andere Kunden erwarten?"), müssen sich Erwartungen zweitens durch kommunikative Interaktion *wechselseitig fortlaufend stabilisieren* (Simon, 2007). Dies geschieht etwa durch die Etablierung von *Referenzsystemen*, z.B. in Form von Service-Rankings und Prozess-Benchmarks, Produkt-Vergleiche und Analysten-Reports. Solche Referenzsysteme ermöglichen es, die Vielfalt unterschiedlicher Erwartungen als strukturierte Erwartungskonfiguration zu erfassen (Karpik, 2010).

- Drittens wirken Erwartungen oft durch *Negativselektion:* Gewisse Möglichkeiten werden ausgeschlossen, ohne dass Erwartungen positiv bestimmt werden können (Rüegg-Stürm, 2001). Zudem sind Erwartungen vielfach implizite Setzungen, im Sinne von *„operativen Fiktionen"* (Schmidt, 2005). Sie entstehen und wirken als kollektive Orientierungshilfe, ohne dass sie bewusst entworfen und oder je thematisiert worden wären. Bisweilen können sie aber nicht eingelöst werden, sondern werden durch Erwartungsenttäuschungen verschoben und geschärft.

- In Kooperationsbeziehungen sind Erwartungen folglich nicht unbedingt daraufhin zu bewerten, ob sie richtig oder falsch sind; zentral ist vielmehr die Frage, wie weit sie viertens zueinander passen und *operabel* sind, das heisst, inwieweit sie die Handlungs- und Entwicklungsfähigkeit der Akteure fördern, die Beziehungen zwischen Stakeholdern und einer Organisation stärken und Relevanz für die organisationale Wertschöpfung entfalten können.

- Die Verfertigung einer organisationsspezifischen Ressourcenkonfiguration durch die Interaktion mit Stakeholdern ist dabei fünftens *kein linearer Transferprozess*, sondern ein kreativer Prozess der Exploration, Bewertung und *Übersetzung von Möglichkeiten* (Gergen, 1994; Steyaert, 2007) in eine organisationsspezifische Ressourcenkonfiguration. Der Begriff des Transfers geht von der Annahme aus, dass Möglichkeiten und Ressourcen als Entitäten linear von einem Kontext in einen anderen Kontext übertragen werden können. Der Begriff „Übersetzung" ist bewusst als Kontrast dazu gewählt („Translation": Callon, 1986; Latour, 2005; Akrich et al., 2006). Übersetzung verweist auf den *Voraussetzungsreichtum,* auf dem jede Wertschöpfung beruht.

Dabei wird jede Übersetzung je nach Perspektive und Kontext unterschiedlich beurteilt und bewertet (Bijker et al., 1987). Aussagen und Begründungen, die beispielsweise in einer wissenschaftlichen Debatte artikuliert werden, sind in einer Auseinandersetzung zur Entwicklung einer neuen Technologie nicht automatisch von Bedeutung. Dagegen spielen Fragen der Machbarkeit, der Finanzierbarkeit, des „Timings" oder der Marktakzeptanz eine Rolle. Zu fragen ist dann, welche Kundenlösungen sich daraus entwickeln lassen oder mit welchen technischen Verfahren eine Erkenntnis produktiv gemacht werden kann. Wie das geschieht, wirkt sich darauf aus, was organisationsspezifisch als relevantes Wissen gilt bzw. wie es gerahmt werden muss, um relevant zu werden.

1.3.3 Stakeholder sorgen für die Repräsentation von Positionen

Die Erwartungen relevanter Stakeholder beziehen sich auf ganz unterschiedliche Fokusse und Bewertungsmassstäbe in Umweltsphären – und auf Issues und Positionen in Kontroversen. Eine Organisation und ihre Management-Praxis müssen diese Fokusse und Positionen kommunikativ sichtbar machen und mit Bezug zur organisationalen Wertschöpfung konkretisieren (Dachler, 1992; Dachler & Hosking, 1995; Gergen, 1994). Mit der *Repräsentation* von Fokussen und Positionen werden die damit verbundenen *Erwartungen, Interessen und Ansprüche artikuliert und organisationsbezogen sichtbar gemacht.* Nur was kommunikativ zur Darstellung gelangt und repräsentiert wird, kann aus einer kommunikationszentrierten Perspektive in einer Organisation Wirksamkeit entfalten und von der Management-Praxis bearbeitet werden (Luhmann, 2000; Simon, 2007).

Dabei haben institutionelle Rahmenbedingungen und mediale Infrastrukturen einen wesentlichen Einfluss auf diesen Repräsentationsprozess. Eine differenzierte Betrachtung macht deutlich, dass *drei Prozesse der Repräsentation* unterschieden werden können (Latour & Weibel, 2005; Latour, 2005; 2007).

Erstens impliziert Repräsentation die *Vertretung einer Position:* Es geht darum, Erwartungen und Interessen zu artikulieren und in einer Organisation zu einem Bezugspunkt zu machen. Eine Organisation und ihre Management-Praxis haben also Fragen zu beantworten wie diese: Welche Stakeholder vertreten besonders wichtige Anliegen und Gesichtspunkte, was die Entwicklung neuer Produkte und Technologien betrifft? Welche Investoren müssen unbedingt in die Weiterentwicklung der organisationalen Wertschöpfung einbezogen werden? Aber auch umgekehrt: Welche eigenen Positionen, was gesetzliche Rahmenbedingungen für die organisationale Wertschöpfung betrifft, müssen unbedingt in die politischen Debatten eingebracht werden?

Zweitens heisst Repräsentation *Abbildung, Sichtbarmachung und Symbolisierung:* Es geht darum, wichtige Erwartungen und Interessen in einer resonanzfähigen Form darzustellen und als Informationen, Bezugspunkte oder Entscheidungskriterien in die Entscheidungspraxis einzubringen. Eine Organisation und ihre Management-Praxis haben also Fragen zu beantworten wie diese: In welchen Darstellungsformen und auf welchen Plattformen können die Erwartungen von Finanzmarktteilnehmern am wirksamsten kollektiv sichtbar und damit beobachtbar gemacht werden, z.B. als grafische

Darstellung der Aktienpreisentwicklung auf einem Screen, als Ranking der Kreditwürdigkeit in einem Label, als Sammlung von pointierten Einzelaussagen im Rahmen einer Präsentation oder als summarisches Statement in einem Report?

Drittens heisst Repräsentation *Stellvertretung:* Einzelne Akteure sprechen „im Namen" von anderen, die selbst nicht präsent sind (Latour, 2005). Das setzt voraus, dass Praktiken entwickelt werden, die strukturieren, wie legitime Stellvertretung sichergestellt werden kann. Eine Organisation und ihre Management-Praxis haben also Fragen zu beantworten wie diese: Welche Arbeitnehmervertreter sind legitimiert, im Namen der Mitarbeitenden an einem Strategieprozess teilzunehmen? Wer vertritt wichtige Stakeholder wie beispielsweise die Kunden in einem Entwicklungsausschuss? Wie sollen die Anliegen relevanter NGOs in der organisationalen Entscheidungspraxis thematisiert und umgesetzt werden?

Stakeholdern begegnen – ein Beispiel

Exemplarisch für die Bedeutung von Stakeholdern für das Zusammenspiel von Umwelt und Organisation im Hinblick auf die Erschliessung eines attraktiven organisationalen Möglichkeitsraums und die Verfertigung einer darauf aufbauenden Ressourcenkonfiguration ist die Identifikation und Mobilisierung von Wissen.

Dabei muss beispielsweise eine Pharma-Unternehmung Wissen über wesentliche Wirkmechanismen einer Krankheit wie Krebs aus mehreren Umweltsphären und über ganz unterschiedliche Stakeholder mobilisieren können. In der Wissenschaft erweitert sich fortlaufend der Stand wissenschaftlichen Wissens und schafft so stets neue Möglichkeiten für die Entwicklung innovativer Therapien. Zugleich wird in der Umweltsphäre Technologie neues Wissen mit Blick auf seine Nutzungsmöglichkeiten und auf Fragen einer sicheren Anwendbarkeit kritisch getestet. Wissen über innovative Behandlungsformen ist aber auch mit Blick auf sein politisches Mobilisierungspotenzial, auf seine ethische Brisanz und auf seinen Bezug zur Natur zu bewerten: Wie weit darf man mit Tierversuchen bei der Entwicklung neuer Therapien gehen? Dabei können sich vielfältige kontroverse Issues ergeben, weil neue wissenschaftliche Erkenntnisse ökonomisch, politisch und ethisch höchst unterschiedlich beurteilt und bewertet werden können, z.B.: Welcher Preis ist für neuartige Therapien gerechtfertigt?

Wissen für organisationale Wertschöpfung zu mobilisieren, bedeutet, zu den relevanten Stakeholdern als Diskurs-Repräsentanten dieser Umweltsphären gezielt spezifische Beziehungen zu etablieren. Im Fall einer

Pharma-Unternehmung bedeutet dies zuallererst, tragfähige Beziehungen zu Universitäten und Krankenhäusern aufzubauen. Dabei ist es wichtig, entsprechende Pioniere (z.B. ausgewählte Forscherinnen und Forscher, Chefärztinnen und Chefärzte) zu identifizieren und deren Erwartungen und Zukunftsvorstellungen sorgfältig in Erfahrung zu bringen. Dies erlaubt es, zum einen deren Arbeit gezielt zu unterstützen und zum anderen einen direkten privilegierten Zugang zum erarbeiteten Wissen zu erlangen. Wichtig sind auch die Repräsentationsfunktionen dieser Pioniere, in ihrer Rolle als Vertreterinnen und Vertreter von wissenschaftlichen Communities und von medizinischen Fachgesellschaften.

Genauso wichtig ist es, analoge Beziehungen zu Akteuren aufzubauen, die innovativen Formen medizinisch-technischer Forschung und Applikation möglicherweise kritisch gegenüberstehen, sei es, weil Tierversuche als nicht verantwortbar betrachtet werden, oder weil man sich z.B. im Zusammenhang mit gentechnologischer Forschung vor schwer abschätzbaren Folgen der erarbeiteten Technologien und Therapien fürchtet. Gleichzeitig muss über Anstrengungen der Wissenschaftskommunikation die Öffentlichkeit und die Politik ins Boot geholt werden. Auch diesbezüglich ist es wichtig, frühzeitig Erwartungen zu klären, um herauszufinden, welche konkreten Akteure (Journalisten, Medienunternehmen, politische Parteien, NGOs und deren Exponenten) ein besonderes Interesse am eigenen Tätigkeitsgebiet haben oder sich sogar thematisch über Kompetenz in diesem Tätigkeitsgebiet zu profilieren versuchen. Dabei ist es ausserordentlich wichtig, gerade zu potenziell kritisch eingestellten Stakeholdern möglichst frühzeitig tragfähige und vertrauensvolle Beziehungen aufzubauen und dazu beizutragen, dass diese Stakeholder wie die Öffentlichkeit ganz allgemein ein gutes Grundverständnis des eigenen Tuns aufbauen können, bevor kontroverse Fragen und Themenstellungen auftauchen, die aufgrund ihrer emotionalen „Aufladung" oft sehr schwierig kommunikativ zu bearbeiten sind.

Stakeholdern begegnen – Fragen zur unternehmerischen Reflexion

Identifizieren Sie bitte die beiden wichtigsten intangiblen Ressourcen (wie etwa Wissen, Erfahrungen, Reputation oder Vertrauen), von denen die Wertschöpfung Ihrer Organisation in zentraler Weise abhängt. Diskutieren Sie mit Ihren Kolleginnen und Kollegen, wie die Erschliessung und Ausschöpfung dieser Ressourcen nachhaltig sichergestellt werden kann. Stellen Sie sich dabei bitte folgende Fragen:

- *Welche Stakeholder sind für die Gewinnung dieser Ressourcen besonders wichtig, und wie robust sind die bisher etablierten Beziehungen zu diesen Stakeholdern? Was stützt und stabilisiert diese Beziehungen?*

- *Welche weiteren Ressourcen, die für die organisationale Wertschöpfung wichtig und wertvoll sind, könnten über Ihre Beziehungen zu diesen Stakeholdern auch noch mobilisiert werden?*

- *Wie gut kennen Sie die Erwartungen, Anliegen, Interessen und Ansprüche dieser Stakeholder, und was stellt sicher, dass diese in Ihren Entscheidungsprozessen angemessen zur Sprache kommen?*

- *Wie ist sichergestellt, dass schleichende Erwartungsänderungen oder eigentliche Trendbrüche im Rahmen dieser Beziehungen zu wichtigen Stakeholdern rasch erkannt und bearbeitet werden können?*

- *Wie können Sie Ihre eigenen Erwartungen und Erwartungsänderungen wirksam in Stakeholder-Beziehungen einbringen, die für Sie existenzrelevant sind?*

Wenn Sie vor diesem Hintergrund auf die *Gesamtwirkungen* Ihrer organisationalen Wertschöpfung schauen, dann stellen sich unter Umständen weitere Fragen, die bei der Beantwortung der bisher formulierten Fragen noch nicht adressiert worden sind:

- *Wer ist eigentlich von Ihrer Wertschöpfung direkt und indirekt betroffen? In welcher Form? Inwieweit zieht die Nutzenstiftung Ihrer Wertschöpfung dabei indirekte Folgewirkungen nach sich, die nicht in Ihrem Sinne sind?*

- *Wie gehen Sie damit um? In welcher Form können sich negativ betroffene Stakeholder, unabhängig von ihren Machtpositionen und Einflussmöglichkeiten, wirkungsvoll artikulieren?*

- *Welches Stakeholder-Konzept verfolgen Sie aktuell? Mit welchen Erfahrungen, und aus welchen Gründen? Was unternehmen Sie, um negative Betroffenheiten zu eliminieren oder zumindest fair zu verteilen und selbst mitzutragen?*

2. Organisation als Wertschöpfungssystem

Organisationen sind *Wertschöpfungssysteme*, die aus einer organisationsspezifischen Ressourcenkonfiguration eine *arbeitsteilige Wertschöpfung* für ihre Umwelt erbringen. Im Zentrum stehen dabei aus Sicht des St. Galler Management-Modells *verteilte Kommunikations- und Entscheidungsprozesse*, welche diese Wertschöpfung und die dafür notwendigen Wertschöpfungsprozesse stabilisieren (Kapitel 2.0). Die Umwelt eröffnet für eine Organisation fortlaufend neue Möglichkeiten, entwickelt aber auch Erwartungen. Deshalb müssen sich die organisationalen *Wertschöpfungsprozesse* fortlaufend unternehmerisch weiterentwickeln (Kapitel 2.1). Bei der Erbringung organisationaler Wertschöpfung und deren Weiterentwicklung ergeben sich eine Vielzahl von Entscheidungsnotwendigkeiten, die es mit Hilfe einer tragfähigen *Entscheidungspraxis* sorgfältig zu bearbeiten gilt (Kapitel 2.2). Da Entscheidungsprozesse räumlich und zeitlich verteilt ablaufen, ist es nicht selbstverständlich, dass Entscheidungsnotwendigkeiten konsistent interpretiert und Entscheidungsoptionen kohärent bewertet werden. Hierzu muss ein organisationsspezifischer *Referenzrahmen* entwickelt und verankert werden, der kollektive Orientierung vermittelt (Kapitel 2.3).

Organisation als Wertschöpfungssystem
Auflösungsebene II

Organisation als Wertschöpfungssystem
Auflösungsebene III

2.0 **Organisation als Wertschöpfungssystem stabilisieren**

2.0.1 Organisationale Wertschöpfung ist Prozess und Ergebnis

Im Zentrum von Kapitel 1 steht der erste grundlegende Bezugspunkt von Management als reflexiver Gestaltungspraxis: *Umwelt,* verstanden als der spezifische existenzrelevante Möglichkeits-, aber auch Erwartungsraum einer Organisation, der immer wieder aufs Neue erschlossen und zu einer organisationsspezifischen Ressourcenkonfiguration verfertigt werden muss. In Kapitel 2 wird ein zweiter zentraler Bezugspunkt der Management-Praxis in den Blick genommen: *Organisation.*

Organisationen sind heutzutage nicht mehr wegzudenken. Der grösste Teil aller Produkte und Dienstleistungen, die unser wirtschaftliches, gesellschaftliches und politisches Leben prägen, wird von Organisationen hergestellt, und die meisten Menschen arbeiten heute für kleinere oder grössere Organisationen (Schimank, 2010). Das SGMM versteht unter einer Organisation ein *arbeitsteiliges Wertschöpfungssystem* – und nicht wie im Alltag oft anzutreffen ein Gestaltungsinstrument (im Sinne eines Strukturierungshilfsmittels).

Was eine Organisation im Kern ausmacht, sind *verteilt ablaufende Prozesse des Organisierens* (Weick, 1979), die eine Organisation als Wertschöpfungssystem konstituieren und stabilisieren – man denke beispielsweise an das Zusammenspiel von Vorlesungen, Forschungsinitiativen, Weiterbildungsaktivitäten und Berufungsverfahren an einer Universität. Diese Aktivitäten müssen sich dynamisch aufeinander einspielen und zugleich immer wieder weiterentwickelt werden. Das bildet eine Voraussetzung dafür, dass eine Universität Studierende ausbilden, wissenschaftliche Debatten prägen und gesellschaftliche Fragen wirksam bearbeiten kann.

Der zentrale Bezugspunkt dessen, was in einer Organisation geschieht, ist eine spezifische *Wertschöpfung.* Wertschöpfung kann sowohl vom *Ergebnis* her verstanden werden als auch vom *Prozess* her, der zu diesem Ergebnis führt. Wenn im SGMM Wertschöpfung thematisiert wird, schwingen *stets beide* Aspekte von Wertschöpfung mit, weil sich letztendlich das eine nie ohne das andere verstehen lässt.

Wertschöpfung bezieht sich einerseits auf das *Wertschöpfungsergebnis,* d.h. insbesondere Produkte und Dienstleistungen. Diese müssen aus Sicht der Zielgruppen einen *Mehrwert* (Nutzen) stiften. *Zielgruppen* sind als wichtige Stakeholder die Adressaten organisationaler Wertschöpfung, z.B. bei Unternehmungen bestimmte Kundengruppen, bei einer Verwaltung die Bürgerinnen und Bürger, bei einer Universität die Studierenden und die Forschungspartner, bei einem Gericht die Konfliktparteien, bei einem Spital die Patientinnen und Patienten. Ein ergebniszentriertes Verständnis von Wertschöpfung fokussiert somit auf die *erzielte Wirkung* von Wertschöpfung für die Zielgruppen, z.B. auf nutzbare *Produkte* im Sinne von physisch greifbaren Artefakten (Fahrzeuge, Computer, Haushaltgegenstände, Textilien, Halbleiter-Komponenten, Landwirtschaftsprodukte, Bücher usw.) oder auf *Dienstleistungen* im Sinne von immateriellen Wirkungen, die etwas ermöglichen (Finanzdienstleistungen, Übernachtungsmöglichkeiten, Bildungsleistungen usw.).

Wertschöpfung bezieht sich andererseits – was im Rahmen des SGMM besonders wichtig ist – auch auf den *Wertschöpfungsprozess*, d.h. auf alle *Aktivitäten,* die beispielsweise mit der Erfindung, Entwicklung, Herstellung, dem Vertrieb, der Anwendungsberatung und Entsorgung von Produkten und Dienstleistungen zu tun haben (siehe dazu Abbildung 1 und 17).

Wichtig ist bei einem prozesshaften Verständnis von Wertschöpfung, dass Wertschöpfung auf Voraussetzungen angewiesen ist, die in der Umwelt als Möglichkeitsraum erschlossen und in eine organisationsspezifische Ressourcenkonfiguration transformiert werden müssen (siehe Kapitel 1). Mit Ressourcenkonfiguration ist das spezifische Zusammenspiel von Ressourcen (wie etwa Rohstoffe und Zwischenprodukte, Wissen, Reputation, Glaubwürdigkeit, räumliche und technische Infrastrukturen) gemeint. Diese Ressourcen sind in ihrer Gesamtkonfiguration *nutzenstiftende Voraussetzungen* für konkrete Wertschöpfungsaktivitäten.

Umwelt als Möglichkeitsraum ist aber nicht nur „Ressourcenlieferant" für organisationale Wertschöpfung, sondern als Erwartungsraum auch *Adressat* der organisationalen Wertschöpfung. Stakeholder können von dieser Wertschöpfung indessen nur profitieren, wenn es ihnen ihrerseits gelingt, die organisationale Wertschöpfung für sich zu einer Ressourcenkonfiguration zu verfertigen, die sich in einen spezifischen Nutzen übersetzen und entsprechend ausschöpfen lässt.

Die im Zentrum unternehmerischer Aktivitäten stehende Wertschöpfung wird im SGMM als *Primärwertschöpfung* bezeichnet – im Bewusstsein, dass z.B. eine Organisation auch anderweitig relevante Wertschöpfung für ganz unterschiedliche Stakeholder erbringt, beispielsweise durch Bereitstellung sicherer Arbeitsplätze, durch Zahlung von Steuern, durch Ausbildung von Lehrlingen, durch Unterstützung von Berufsschulen und Universitäten oder durch Förderung kommunaler und kultureller Entwicklungsprojekte.

Mit dem Begriff Primärwertschöpfung einer Organisation (siehe Kapitel 0) ist nicht notwendigerweise die Gesamtwertschöpfung eines Produkts oder einer Dienstleistung aus Sicht des abschliessenden Leistungsempfängers, z.B. des Endkunden, gemeint. Unter der Primärwertschöpfung versteht man vielmehr den *spezifischen Beitrag*, den eine an der Entwicklung und Herstellung eines nutzenstiftenden Endprodukts beteiligte Organisation erbringt (siehe dazu Abbildung 16).

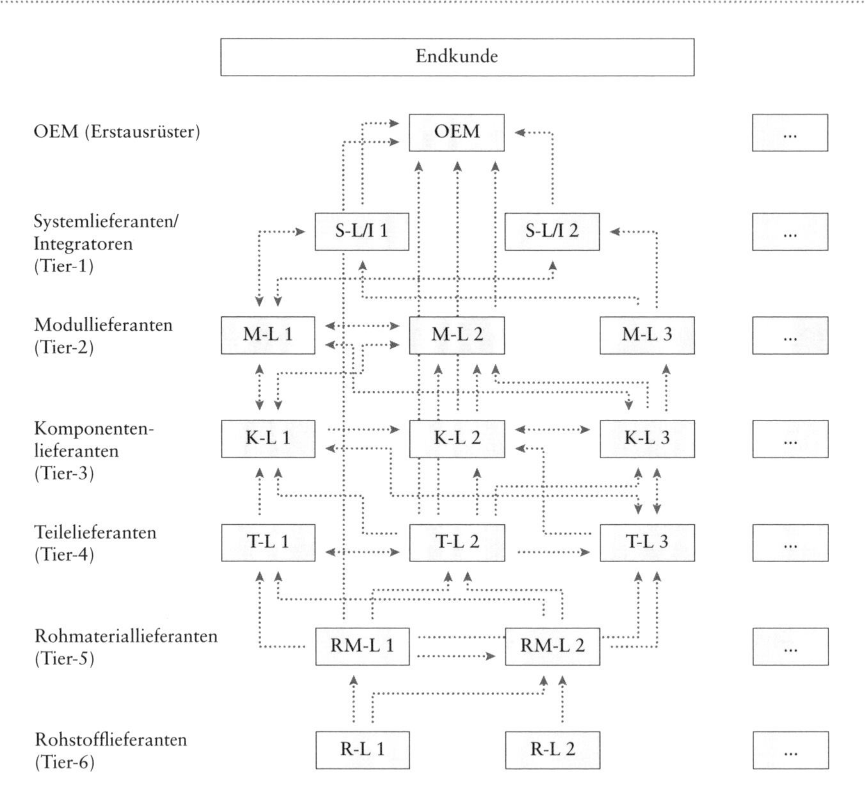

Abbildung 16 – Wertschöpfungskonstellation (Schonert, 2008: 195)
Ein prominenter Bezugsrahmen für die Analyse des vielfältigen Zusammenspiels von Wertschöpfungsbeiträgen unterschiedlichster Organisationen ist das Framework der Wertschöpfungskonstellation (siehe auch „Value Constellation“: Christensen, 1997). Dieses Framework zeigt, wie die Gesamtwertschöpfung für die Endkunden aufgeteilt wird auf verschiedene spezialisierte Organisationen, die gemeinsam ein Wertschöpfungsnetzwerk bilden. In diesem Wertschöpfungsnetzwerk sind die Beteiligten wechselseitig auf die Wertschöpfung der anderen angewiesen und bauen darauf ihre eigene Wertschöpfung auf. Dabei wird oft auch in gemeinsame Infrastrukturen (z.B. IT-Plattformen) investiert, und Wertschöpfungspartner werden wechselseitig in Innovationsprozesse involviert. Damit können wertvolle Ressourcen eines solchen Netzwerks, z.B. verteilte Kompetenzen und Kapazitäten, gemeinsam ausgeschöpft werden. Netzwerke können auf diese Weise den Möglichkeitsraum der beteiligten Akteure erweitern. Über die Zeit stabilisiert sich eine Wertschöpfungskonstellation, was sie robuster macht gegenüber neuen Konkurrenten.

Die Primärwertschöpfung in Form eines Produkts oder einer Dienstleistung verkörpert sozusagen ein *Möglichkeitenbündel*, das als *nutzenstiftende Ressource* von den jeweiligen Zielgruppen in eine spezifische Nutzenstiftung transformiert werden muss. Das gleiche Produkt, z.B. ein mobiler PC, kann bei unterschiedlichen Leistungsadressaten zu teilweise völlig unterschiedlichen Nutzenstiftungen führen. Er kann als Schreib- und Präsentationstool, als Kommunikationsinstrument, als Terminkalender, als Speichergerät für Fotos und Filme, als Buchungsplattform für Veranstaltungen, als Spielzeug usw. eingesetzt werden.

Das Zusammenspiel von *Primärwertschöpfung* (siehe Kapitel 0.3) und *organisationsspezifischer Umwelt* ist Ausdruck grundlegender Wertvorstellungen einer Organisation und prägt folglich deren *Identität*. In der Praxis lassen sich diesbezüglich ganz unterschiedliche Grundtypen von Organisationen unterscheiden (Apelt & Tacke, 2012).

Organisationstypen unterscheiden – ein Beispiel

Nicht alle Organisationen sind gleich. Eine Organisation definiert sich wesentlich darüber, worin ihre Primärwertschöpfung besteht und an welcher spezifischen Umwelt sich diese Wertschöpfung orientiert. Unter der Primärumwelt versteht das SGMM diejenige Umweltsphäre, an der sich die Primärwertschöpfung einer Organisation orientiert.

Primärwertschöpfung und Primärumwelt prägen die Identität und das Selbstverständnis einer Organisation, einschliesslich der Art und Weise, wie mit Irritationen, Anliegen, Interessen und Ansprüchen umgegangen wird. Mit den Begriffen Primärwertschöpfung und Primärumwelt wird zudem verdeutlicht, dass Organisationen mehrere Zwecke oder Funktionen haben, das heisst, Multizweck- oder Multifunktionssysteme sein können, die mit einer Vielfalt heterogener Erwartungen zurechtkommen müssen.

Insgesamt lassen sich Organisationen anhand von drei wesentlichen Unterscheidungen typisieren: Es gibt Organisationen, die ihre Primärwertschöpfung an Märkten (Umweltsphäre Wirtschaft) ausrichten, und solche, die eine andere Art der Primärwertschöpfung erbringen. Es gibt Organisationen, die mit ihrer Wertschöpfung eine finanziell realisierbare Wertsteigerung für ihre Eigentümer erzielen wollen, und solche, die das gerade nicht anstreben und andere Wertvorstellungen ins Zentrum ihrer Tätigkeit stellen. Schliesslich gibt es Organisationen, die sich in privatem Besitz, und solche, die sich in öffentlichem Besitz befinden.

Auf diese Weise lassen sich sechs Organisationstypen unterscheiden:

- *Erstens sind Organisationen* ***Unternehmungen****, wenn sie ihre Wertschöpfung an Märkten und damit an der Umweltsphäre Wirtschaft ausrichten. Sie erwirtschaften eine Wertsteigerung für ihre Eigentümer. Sie sind in privater Hand, und das Eigentum an Unternehmungen ist in Form von Aktien oder anderen Beteiligungsformen mehr oder weniger uneingeschränkt handelbar.*

- *Zweitens sind Organisationen* **öffentliche Unternehmungen***, wenn der Staat Eigentümer ist und sie sich zugleich an den Umweltsphären Politik und Wirtschaft ausrichten müssen. Ihre Wertschöpfung wird staatlich reguliert, wenn es z.B. um kritische Infrastrukturen oder politisch gewollte Dienstleistungen (Service Public) geht.*

- *Drittens sind Organisationen* **öffentliche Organisationen***, wenn sie sich im Unterschied zu öffentlichen Unternehmungen nicht an der Umweltsphäre Wirtschaft ausrichten, sondern eine hoheitliche Wertschöpfung (z.B. öffentliche Sicherheit) erbringen. Diese beruht auf einem staatlichen Auftrag und orientiert sich an den Umweltsphären Politik und Recht.*

- *Viertens sind Organisationen* **Non-Governmental Organizations** *(NGOs), wenn sie sich typischerweise an den Umweltsphären Öffentlichkeit und Ethik ausrichten, ihre Wertschöpfung aber – im Unterschied zu öffentlichen Organisationen – nicht durch einen staatlichen Auftrag legitimiert ist.*

- *Fünftens sind Organisationen* **Non-Profit Organizations** *(NPOs), wenn ihre Gründung und ihr Fortbestehen nicht durch eine Wertsteigerung für ihre Eigentümer motiviert sind, sondern durch kollektive Selbsthilfe oder durch einen gesellschaftlichen, kulturellen, symbolischen oder intellektuellen Mehrwert.*

- *Sechstens sind Organisationen* **pluralistische Organisationen***, wenn mehrere der oben genannten Organisationsmerkmale gleichzeitig auf sie zutreffen (z.B. bei öffentlichen Spitälern oder bei privaten Universitäten). Ihre Wertschöpfung ist typischerweise gekennzeichnet durch multiple Orientierungen an mehreren Umweltsphären, durch heterogene Erfolgsvorstellungen und oftmals auch durch hybride Eigentumsverhältnisse. Wirksames Management als reflexive Gestaltungspraxis ist in solchen Organisationen mit besonderen Herausforderungen verbunden.*

2.0.2 Organisationale Wertschöpfung wird arbeitsteilig erbracht

Organisationale Wertschöpfung ist heutzutage in den meisten Fällen geprägt durch drei grundlegende Merkmale: erstens durch koordinierte *Arbeitsteiligkeit*, zweitens durch *Spezialisierung*, d.h. durch den Einsatz von Spezialexpertise und von hochwertiger Technologie, und drittens durch räumliche und zeitliche *Verteiltheit*. Alle drei Merkmale sind eng miteinander vernetzt.

Arbeitsteiligkeit bedeutet *vom Wertschöpfungsergebnis her* betrachtet, dass ein Endprodukt *in Teile und Module aufgeteilt* wird, die spezifische Teilfunktionen für die Gesamtwertschöpfung erbringen. In ähnlicher Form kann eine Dienstleistung wie eine Kreditvergabe in spezifische Einzelaufgaben und modularisierte Aufgabenbündel aufgespalten werden. *Vom Wertschöpfungsprozess her* betrachtet bedeutet Arbeitsteiligkeit, dass die Gesamtwertschöpfung, d.h. die *Aktivitäten,* die erforderlich sind, um ein Endprodukt oder eine Dienstleistung herzustellen, *verteilt* werden, nicht nur auf unterschiedliche Personen, sondern auch auf unterschiedliche Organisationen und sogar auf ganze Wertschöpfungsnetzwerke (siehe dazu Abbildung 16).

Arbeitsteiligkeit, d.h. ein Aufteilen der Gesamtwertschöpfung, ist mit zwei wesentlichen Vorteilen verbunden: Erstens erlaubt dieses Aufteilen die Herausbildung von *spezialisiertem Wissen und Können.* Das Volumen an Arbeit wird nicht nur in identischer Form auf eine Vielzahl von Akteuren verteilt, sondern diese Akteure, ob Individuen, Communities oder Organisationen, können und müssen sich dabei gezielt spezialisieren. Sie müssen sich in der Tendenz von Generalisten zu Spezialisten entwickeln. Sie beherrschen zwar nur einzelne Aktivitäten der Gesamtwertschöpfung, diese aber dank grosser *Kompetenz* und *Erfahrung* sehr gut.

Zweitens geht mit dieser akteursbezogenen Spezialisierung auch eine *Spezialisierung der Ressourcenkonfiguration* insgesamt einher, z.B. im Bereich räumlicher Infrastrukturen und technischer Hilfsmittel. Ob eine Waage für die Gewichtsermittlung von Lebensmitteln im Detailgeschäft oder für das Wägen von Ingredienzen für ein pharmazeutisches Produkt benutzt wird, ist nicht dasselbe. Aus der unterschiedlichen Verwendung resultieren unterschiedliche Funktionsanforderungen an die Produkte und damit auch unterschiedliche Geräte. Und aus der Unterschiedlichkeit technischer Hilfsmittel resultieren wiederum unterschiedliche Anforderungen, was deren Bedienung betrifft.

Demzufolge erlaubt es das Aufteilen der Gesamtwertschöpfung, auch *spezifische Ressourcenkonfigurationen* bereitzustellen und diese netzwerkartig optimal auszuschöpfen. Eine Pharmaunternehmung produziert die Waagen nicht unbedingt selbst, die sie für die Produktion von Medikamenten benötigt. Sie kauft diese von einem Waagenproduzenten zu. Dieser wiederum stellt nicht nur Waagen für Pharmaunternehmungen her, sondern unter Umständen auch für Bäckereien, Metzgereien, Lebensmittelfachgeschäfte, Kosmetikahersteller usw. Dies erlaubt es einem Waagenproduzenten, fokussierte Kompetenzen einschliesslich der erforderlichen Anwendungskenntnisse aufzubauen und Spezialisierungsvorteile auf breiter Basis auszuschöpfen (Barney, 1991; Peteraf, 1993; Teece et al., 1997).

Die skizzierte Arbeitsteiligkeit und Spezialisierung heutiger Organisationen ist der Spiegel einer weitreichenden gesellschaftlichen Entwicklung. In den westlichen Gesellschaften ist diese Entwicklung durch Prozesse der *Öffnung* und des *permanenten Experimentierens* (Latour, 2005), d.h. durch *verteilte Innovation* gekennzeichnet – und zwar in allen Lebensbereichen (Gross, 1994; Sloterdjik, 2013). Damit einher geht eine funktionale Ausdifferenzierung in spezialisierte Funktionssysteme mit eigenen Handlungslogiken oder Rationalitäten wie z.B. Wirtschaft, Wissenschaft, Politik, Recht, Kunst und Religion (Luhmann, 1997; Schedler & Rüegg-Stürm, 2013).

Eine ähnlich fortschreitende Ausdifferenzierung und Spezialisierung ist auch *innerhalb* von Organisationen und *zwischen* Organisationen zu beobachten – und zwar in allen skizzierten Organisationstypen. Weil unterschiedlichste Formen von Spezialexpertise und damit die Spezialisierung von Mitarbeitenden sowie der Einsatz von anspruchsvoller Technologie ständig an Bedeutung gewinnen, sprechen wir heute oft von einer *Wissens- oder Expertengesellschaft* (Drucker, 1993; Hirschi, 2012).

Innerhalb einer Organisation erfolgt die Wertschöpfung heute in *spezialisierten Teilfunktionen*, die arbeitsteilig zusammenspielen müssen, wie z.B. Forschung und Entwicklung, Beschaffung, Produktion, Logistik, Verkauf und Finanzen. Diese Teilfunktionen erbringen mittels miteinander verknüpfter,

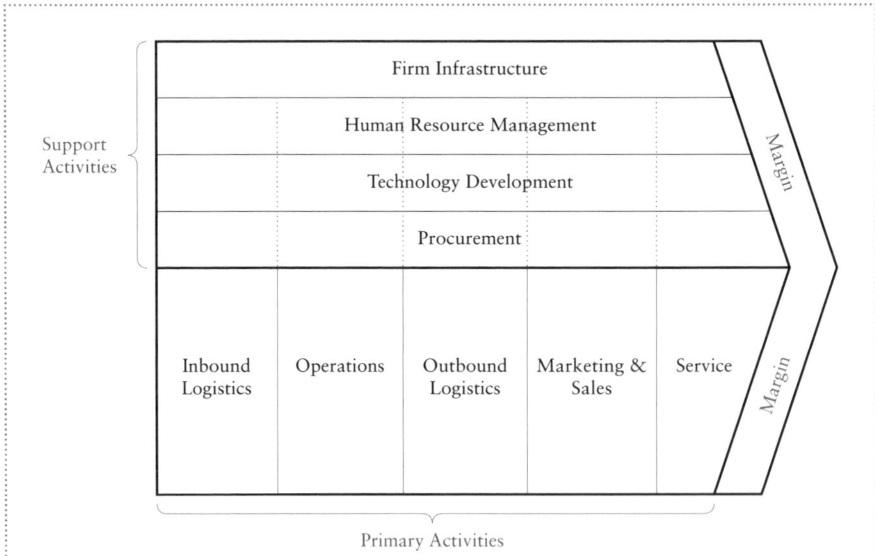

Abbildung 17 – Wertkette („Value Chain“: Porter, 1980: 37)
Die Wertkette ist ein Hilfsmittel zur Darstellung und Analyse der wichtigsten Wertschöpfungsfunktionen einer Organisation. Unterschieden wird dabei zwischen primären Aktivitäten („Primary Activities“), die unmittelbar zur Nutzenstiftung der Wertschöpfungsadressaten beitragen, und unterstützenden Aktivitäten („Support Activities“), die gewissermassen die Voraussetzungen dafür schaffen, dass die eigentliche Wertschöpfung einer Organisation erbracht werden kann (Porter, 1980). Mit Hilfe des Konzepts der Wertkette lassen sich bei einer Unternehmung die Schwerpunkte der eigenen Wertschöpfung ermitteln. Dabei lässt sich z.B. eruieren, bei welchen Schwerpunkten nachhaltige Wettbewerbsvorteile bestehen, sei es über exzellente Beiträge zum potenziellen Kundennutzen oder über besondere Kosteneffizienz.

spezialisierter Aktivitäten spezifische Teilleistungen, die in organisationalen Wertschöpfungsprozessen zu Produkten und Dienstleistungen integriert werden müssen (siehe dazu Abbildung 17).

Was organisationale Wertschöpfung in ihrer intra- und interorganisationalen Arbeitsteiligkeit und Spezialisierung im Weiteren besonders kennzeichnet, ist ihre *räumliche und zeitliche Verteiltheit.* Damit ist gemeint, dass unterschiedliche Wertschöpfungsschritte zeitlich gestaffelt in verschiedenen Organisationen erbracht werden und in diesen verschiedenen Organisationen wiederum räumlich an unterschiedlichen Orten (z.B. Standorten, Gebäuden, Lokalitäten).

Diese räumliche Trennung und zeitliche Aufgliederung von Teilprozessen macht es notwendig, dass diese *ohne direkte, unmittelbare Kommunikation koordiniert* werden müssen. Die Gewährleistung einer kohärenten Wertschöpfung ohne permanente Möglichkeit einer direkten kommunikativen Verständigung zwischen den Beteiligten markiert den fundamentalen Unterschied zwischen modernen Organisationen und Handwerksbetrieben – und sie markiert auch den Unterschied zwischen Teamarbeit, die grösstenteils auf Face-to-Face-Kommunikation der Beteiligten basiert, und organisationaler Wertschöpfung, bei der dies gerade nicht vorausgesetzt werden kann.

2.0.3 Organisationen konstituieren sich als Systeme

Organisation wird im SGMM als *Wertschöpfungssystem* konzipiert. In unserem alltäglichen Sprachgebrauch verstehen wir unter einem System eine *Wirkungseinheit,* die aus verschiedenen Komponenten besteht, z.B. ein „Computersystem“ in einer Unternehmung, ein „Heizungs- und Klimasystem“ in einem Gebäude, ein „Spielsystem“ in einer Fussballmannschaft, ein „Diagnosesystem“ in einem Auto oder ein „Ausbildungssystem“ an einer Universität. Auch der menschliche Körper lässt sich als System begreifen oder das Rechtssystem in unserer Gesellschaft.

Mit dem Begriff System wird ganz allgemein das *Zusammenspiel vielfältiger Wirkkomponenten* einer fraglichen Wirkungseinheit betont. Nicht die Eigenschaften der Elemente eines Systems sind von zentraler Bedeutung, sondern deren Zusammenwirken. Es ist dieses *interdependente Zusammenwirken,* das einem System eine bestimmte Gestalt gibt und bestimmte Funktionen ermöglicht (Erk, 2016).

Konzeptionell lassen sich zwei grundlegend unterschiedliche Typen von Systemen unterscheiden (von Foerster, 1993). Auf der einen Seite gibt es *Maschinen-Systeme.* Diese durchdringen und prägen das technisierte Leben von heute. Sie bestehen aus genau *spezifizierten Komponenten* mit genau *spezifizierten Funktionen.* Bei Maschinen-Systemen sind die *Kausalitäten* des

Zusammenwirkens der einzelnen Komponenten *klar* und *eindeutig*. Dies ist unerlässlich im Hinblick auf die Steuerbarkeit und die erwartbare Wirkung eines Maschinen-Systems. Auch wenn z.B. moderne technische Systeme äusserst kompliziert und in ihrer Gesamtwirkung nur schwer voraussagbar sind, bezeichnet man solche Maschinen-Systeme in der neueren Systemtheorie als *triviale Systeme* (von Foerster, 1993) beziehungsweise als Black Boxes, die durch ihren Input und Output abschliessend bestimmt sind (Latour, 2005).

Ganz andere Verhältnisse prägen soziale Systeme wie Teams, Familien, Organisationen oder die Gesellschaft insgesamt. Sie werden in der neueren Systemtheorie als *nicht-triviale Systeme* bezeichnet (von Foerster, 1993; Tsoukas, 2017). Solche Systeme sind durch *eigene Entscheidungsfähigkeit* gekennzeichnet, die in Form überraschender Entscheidungen, kreativer Initiativen und unternehmerischer Innovationen erkennbar wird. Organisationen verkörpern eine spezifische Kategorie solcher sozialen Systeme. Sie erbringen arbeitsteilige Wertschöpfung und strukturieren diese Wertschöpfung und deren Weiterentwicklung selbst.

Organisationen als Wertschöpfungssysteme sind durch verschiedene Merkmale gekennzeichnet, die im Folgenden erläutert werden:

1. Organisationen sind *komplexe Systeme*. Als komplex bezeichnen wir ein System dann, wenn gleichzeitig unterschiedliche Aufgaben bearbeitet werden müssen, die nicht kausal, sondern zirkulär in Form von Wechselwirkungen und gegenseitigen Ermöglichungsbeziehungen aufeinander bezogen sind (Nassehi, 2015; 117). Komplexe Systeme sind durch Ereignisdynamiken gekennzeichnet, die sich in selbstreferentieller, paradoxer Weise *wechselseitig voraussetzen* und *bewirken*. Solche Ereignisdynamiken und die damit verbundenen Wirkungszusammenhänge sind *nicht durchschaubar* und können prinzipiell *nicht abschliessend erfasst werden*. Und weil komplexe Systeme nicht „objektiv" analysiert und klar durchschaut werden können, sind sie höchstens begrenzt steuerbar (Baecker, 1994, 2003; Probst, 1987; Simon, 2007; Wimmer, 2012, 2017).

Gut illustrieren lässt sich dies am Beispiel eines Fussballspiels. Ein Fussballspiel selbst ist zwar keine Organisation, sondern eine einmalige Episode, die sich aus dem spezifischen Zusammentreffen von zwei Fussballmannschaften ergibt. Ein Fussballspiel konstituiert sich aus einem vielfältigen Zusammenspiel von Interaktionen und (routinisierten) Spielzügen. Das Verhalten der Spieler auf dem Feld ist nicht kausal determiniert, sondern eine kreative, wechselseitig aufeinander bezogene Leistung. Jeder Spieler bewegt sich auf dem Spielfeld eigenständig nach Massgabe gewachsener Erwartungen und mit Bezug auf das situative Verhalten aller anderen Spieler, auf die man wechselseitig angewiesen ist.

Deshalb ist der Verlauf (oder gar Erfolg) eines Fussballspiels in keiner Weise vorhersehbar. Erfolg erwächst aus vielen gemeinsamen Trainings und gemeinsamem Diskussionen, aus denen sich erfolgversprechende Muster kooperativen Zusammenspiels entwickeln können, die dazu beitragen, einen bestimmten Gegner zu bezwingen. Die relevanten Wirkungszusammenhänge sind aber, wenn überhaupt, sowohl für die Spielenden, den Trainer wie für die Zuschauenden nicht vollständig durchschaubar und erklärbar. Noch schwieriger ist dies bei Organisationen, bei denen Beobachtungs- und Kommunikationsprozesse nicht nur sequenziell, sondern räumlich getrennt, zeitlich verteilt und dennoch aufeinander bezogen ablaufen.

2. Organisationen als Systeme sind wie ein Fussballspiel im Kern als etwas *Prozesshaftes* zu verstehen, das einer Entwicklungsdynamik unterliegt. Prägend für eine Organisation sind nicht einzelne physische Komponenten oder greifbare Artefakte, sondern eine Vielzahl von *Ereignissen* und *Geschehnissen,* die im Moment ihres Entstehens eigentlich schon wieder vergehen, wenn sie nicht zum Bezugspunkt weiterer Ereignisse werden und im weiteren Verlauf des zeitlichen Geschehens einen *Unterschied machen,* das heisst, eine Wirkung erzeugen können (siehe Kapitel 0).

3. Genau dies ist die Funktion von *Entscheidungen,* den zentralen Elementen einer Organisation (Luhmann, 1988). Aus einer systemischen Perspektive werden Organisationen aus Entscheidungen konstituiert. Entscheidungen sind Kommunikationen mit *kollektiver Selbstbindungswirkung.* Sie bilden die Voraussetzung dafür, dass arbeitsteiliges Zusammenwirken und damit organisationale Wertschöpfung zeitüberdauernd stabil erbracht werden kann. Das beginnt bereits bei der Gründung einer Organisation: Durch Serien von Entscheidungen entfalten gewisse Ereignisse eine systematische Wirkung in der organisationalen Entwicklung, wodurch sich die organisationsspezifische Wertschöpfung zu stabilisieren beginnt, sei dies vom Wertschöpfungsprozess oder vom Ergebnis her betrachtet. In diesem Sinne kann man Organisationen auch als *Entscheidungssysteme* begreifen.

4. Das Geschehen und die Weiterentwicklung einer Organisation sind stets durch ein *kreatives Moment* gekennzeichnet, das die Wirkungsdynamik von Kommunikationen, Entscheidungen und Handlungen charakterisiert. Dieses kreative Moment hat seinen Ursprung in der Freiheit und Spontaneität menschlichen Handelns (Joas, 1992), aber auch in der Unberechenbarkeit, wie sich bestimmte Ereignisse, Situationen und Interventionen in den weiteren Prozessen des Organisierens auswirken. Wie eine neue Idee aufgenommen, kommunikativ bearbeitet wird und eine Serie von aufeinander bezogenen Entscheidungen prägt, ist grundsätzlich ungewiss und erlaubt viele *Entwicklungsmöglichkeiten.*

5. Organisationen sind dynamische Systeme und als solche durch *Entwicklungsoffenheit* gekennzeichnet. Organisationen entwickeln sich fortlaufend weiter, sie sind *permanent im Werden.* Selbstorganisierend formieren sich dabei stabilisierende Muster und dynamische Strukturen (siehe Kapitel 2.0.4). Gleichzeitig sind Organisationen aber stets auch durch einen *fortlaufenden Zerfall* in ihrer Entwicklung gefährdet. Sie sind entropisch, das heisst, auf kollektive Aufmerksamkeit und Entscheidungen angewiesen, damit sich *ihr Fortbestehen stabilisieren* kann. Was sich bei Organisationen als erklärungsbedürftig erweist, ist demnach nicht ihre Veränderung, sondern ihre fortlaufende *Stabilisierung* (Weick, 1979).

6. Dabei stehen die einzelnen Systemelemente einer Organisation, d.h. insbesondere Entscheidungen, Kommunikationen und Handlungen, miteinander in einer spezifischen *Beziehung.* Sie entfalten sich nicht beliebig, sondern sie bauen aufeinander auf und *schliessen sinnhaft aneinander an.* So folgt die Erstellung eines Jahresbudgets oder der Aufbau einer neuen Kundenbeziehung in der Regel ganz bestimmten erwartbaren Schritten, bis es schliesslich zu einem Kaufabschluss kommt. Dasselbe betrifft die Entwicklung eines neuen Produkts oder die Trennung von einem Mitarbeiter. Darin kommt die *dynamische Interaktionsstruktur* einer Organisation zum Ausdruck.

7. Organisationen lassen sich als komplexe Systeme *höchstens in Ansätzen und aus der Distanz analysieren,* ihre spezifische Funktionsweise und Wirkdynamik mit Bezug zu einzelnen Ereignissen ist nur schwer erklärbar und prognostizierbar. Dies ist nicht nur durch die räumliche und zeitliche Verteiltheit organisationalen Geschehens bedingt. Es ist auch dadurch bedingt, dass das Beobachten selbst unausweichlich eine schwierig einschätzbare *Rückwirkung* auf das beobachtete System hat. Diese Rückwirkung ist umso stärker, je umfangreicher die Beobachtungsarbeit (z.B. in Form von Beratung oder von wissenschaftlicher Forschung) ausfällt. Dies hat weitreichende Konsequenzen für ein systemisches Verständnis von Organisations- und Managementforschung (Tuckermann, 2013).

8. Mit der Prozesshaftigkeit von Organisationen als komplexen Systemen hängt die fundamentale Bedeutung der *Zeitdimension* und der damit verbundenen *Prozesse der Sinnkonstitution* zusammen. In Prozessen des Organisierens wird das fortlaufende Geschehen permanent auf die Vergangenheit und auf die Zukunft bezogen. Interpretierte Vergangenheit (Geschichte) und erwartete Zukunft wirken dabei als *sinnstiftende Bezugshorizonte.* Diese Bezugs- oder Sinnhorizonte (siehe Kapitel 2.3) bilden einen dynamischen *Kommunikationskontext,* dessen Wirkung und Weiterentwicklung nicht gesteuert werden kann. Vielmehr entstehen diese sinnstiftenden Bezugshorizonte im kontinuierlichen kommunikativen Sensemaking (Weick, 1995).

9. Mit Blick auf diese eminente Bedeutung des „Prozessierens“ von Sinn (Luhmann, 1984) radikalisiert eine systemische Perspektive auf Organisationen das *Verständnis von Kausalität.* Kausalitäten sind in der sozialen Welt nicht gegeben, sondern sie entwickeln und verfestigen sich als Folge spezifischer Zuschreibungen im kommunikativen Sensemaking: Kausalitäten resultieren aus der *kommunikativen Zuschreibung* von Wirkungen zu Ursachen. Kausalitäten entfalten sich im Beschreiben und sinnhaften Deuten von Ereignissen und Entwicklungsprozessen. Dabei werden explizit oder implizit Kausalitäten formuliert, indem bestimmte Ereignisse und Entwicklungen miteinander in eine systematische Verbindung gebracht werden. Solche Beschreibungen können weitreichende Folgen für die *Erwartungen* haben, die sich daraus formieren (Grand et al., 2015).

Dies hat eine Reihe weitreichender Implikationen für die Konzeptionalisierung von Organisationen als Wertschöpfungssystemen, insbesondere hinsichtlich der Frage, wie das Verhältnis und die Wirkungsbeziehung zwischen Individuen und einer Organisation zu verstehen sind und welche Auswirkungen dies für die Wirksamkeit von Management hat.

Wenn aus einer systemischen Perspektive Entscheidungen und ihre Vernetzung als die grundlegenden Systemelemente einer Organisation konzipiert werden, resultiert daraus erstens, dass *Menschen* (als Mitarbeitende, Managerinnen und Manager) genauso wie Dokumente, Leitbilder, Pläne, Reglemente, Richtlinien, räumliche und technische Infrastrukturen, *nicht als Elemente einer Organisation* betrachtet werden. Sie sind vielmehr der *Umwelt* einer Organisation zuzurechnen (Simon, 2007). Mit dieser provokativen Sichtweise wird allerdings keine Abwertung der Bedeutung von Menschen für eine Organisation postuliert, und es werden auch nicht Menschen als irrelevant aus dem organisationalen Geschehen ausgeblendet. Vielmehr wird auf diese Weise die Autonomie, Kreativität und Vielschichtigkeit von Menschen als relevant anerkannt. Menschen werden gerade als eigenständige Umwelt einer Organisation zu zentralen Inspirations- und Irritationsquellen und damit zu wertvollen und unverzichtbaren Ressourcen (siehe Kapitel 1.3.1) für die Entstehung einer Organisation, deren Wertschöpfung und Weiterentwicklung.

Menschen der Umwelt einer Organisation zuzurechnen, hat zugleich mit einer *zurückhaltenden Einschätzung der Kausalität menschlichen Wirkens* zu tun. In diesem Sinne stellt eine systemische Perspektive zweitens die Annahme in Frage, dass einzelne Individuen organisationales Geschehen direktiv steuern und deterministisch beeinflussen können (Luhmann, 2002). Organisationen sind nicht einfach der externalisierte Spiegel visionärer Vorstellungen von souveränen Top Managern, wie es in Arbeiten der Leadership-Forschung (z.B. Tichy & Devanna, 1986; Kouzes & Posner, 2010) bisweilen suggeriert wird. Was Menschen wirklich *konkret bewirken* können, entscheidet sich immer im *situativen Geschehen*, im *Zusammenwirken* einer Vielzahl von Erfahrungen, Erwartungen und Wirkungsdynamiken, in kommunikativen Prozessen einer *ergebnisoffenen Auseinandersetzung*, die zwar beeinflusst werden kann, gleichzeitig aber etablierten Mustern, Regeln und Routinen folgt (Tsoukas, 2017).

Deshalb lassen sich drittens weder die wirksamen Kausalitäten im Wirken einer Organisation als Wertschöpfungssystem bewusst erfassen, noch die dabei ablaufenden Prozesse direkt steuern. Diese *nicht steuerbare Komplexität* lässt sich bei jedem anspruchsvollen Kunden- oder Mitarbeitendengespräch erleben. In noch geringerem Ausmass deterministisch beeinflussbar ist eine strategische Kontroverse. Diese Sichtweise wird auch beim Ökonomie-Nobelpreisträger Friedrich August von Hayek (1969) deutlich, wenn er soziale Ordnungen zwar als Ergebnis menschlichen Handelns, aber nicht menschlichen Entwurfs betrachtet. Was wirklich zählt, was einer Organisation ein unverwechselbares Erscheinungsbild gibt und damit eine Organisation als Wertschöpfungssystem im Kern charakterisiert, ist das *routinisierte Organisationsgeschehen* (Nelson & Winter, 1982), aus dem immer wieder aufs Neue nutzenstiftende Wertschöpfung für spezifische Zielgruppen hervorgehen muss.

Zusammenfassend wird im SGMM eine Organisation als *komplexes, prozesshaftes System* betrachtet. Das, was eine Organisation im Kern ausmacht und kennzeichnet, sind *gemeinsam konstituierte Kommunikationen und Entscheidungen*. Diese weisen stets ein *kreatives Moment* auf, sie finden folglich in einer nicht beliebigen, routinisierten Weise statt und sind auf eine spezifische Art und Weise miteinander *verknüpft*. Eine Organisation wird erkennbar und erhält ihr unverwechselbares Gesicht durch gleichermassen *stabilisierende und entwicklungsoffene Kommunikations-, Entscheidungs- und Handlungsmuster*. So unterscheiden sich Organisationen z.B. in der Art und Weise, wie sie Kunden und Mitarbeitende gewinnen, wie sie Mitarbeitende ins Alltagsgeschehen und in die alltägliche Wertschöpfung integrieren, wie Projekte initiiert, strukturiert und durchgeführt werden, wie Opportunitäten identifiziert, verfertigt und ausgeschöpft werden, wie mit Kritik umgegangen wird und wie Reklamationen abgearbeitet werden, wie Budgets erarbeitet und kommuniziert werden und wie Lieferanten in die eigenen Innovationsprozesse eingebunden werden.

2.0.4 Organisationen strukturieren sich selbst

Eine Organisation als Wertschöpfungssystem strukturiert und stabilisiert sich selbst, indem das Alltagsgeschehen auf verteilte Weise an verschiedensten Orten sinnhaft interpretiert (Daft & Weick, 1984; Dachler, 1992) und eine Vielzahl von Entscheidungen getroffen werden. Dabei wird auf andere, bereits getroffene oder noch zu erwartende Entscheidungen Bezug genommen. Auf diese Weise verdichten sich Gewissheiten darüber, was wichtig und erstrebenswert ist und was gemeinsam zu unternehmen oder zu unterlassen ist. Ein solches Verständnis von Organisation als *sich selbst strukturierendem Entscheidungssystem* (Luhmann, 1988) steht in grundlegendem Kontrast zu anderen Organisationsverständnissen, die völlig selbstverständlich von der Möglichkeit einer instrumentellen Strukturierung und Steuerung von oben oder von aussen her ausgehen.

Sich selbst strukturierend meint dabei, dass sich organisationale Ordnung, d.h. Regeln, Routinen und Strukturen, *aus dem fortlaufenden Alltagsgeschehen herausbilden* und nicht von aussen einem System übergestülpt und aufgezwungen werden können (Giddens, 1984; Weick, 1979). Dabei ist ein System als etwas Prozesshaftes, als ein Ereigniszusammenhang, zu verstehen. Nach diesem Verständnis ist jedes Ereignis, jede Situation und jede Interaktion im Prozess des Organisierens zunächst etwas Einmaliges und Irreversibles, das sich im Moment ereignet und damit flüchtig bleibt (Hernes, 2008; Luhmann, 1984). Was einer Organisation ihre eigenständige Identität gibt, sind aber nicht diese Einzelereignisse. Vielmehr gewinnt sie ihre Identität durch die spezifische Art und Weise, wie sich diese Begebenheiten und Ereignisse *sachlich und zeitlich zu kohärenten Kommunikations-, Entscheidungs- und Handlungsmustern vernetzen* und verdichten (Dutton & Dukerich, 1991).

Es sind diese Muster, welche die *relevanten Strukturen* einer Organisation verkörpern und über einzelne Situationen hinaus wirken (Barley & Tolbert, 1997), indem sie *Berechenbarkeit*, *Erwartbarkeit*, *Verlässlichkeit* und damit *Stabilität* organisationalen Geschehens vermitteln. So müssen beispielsweise Unternehmungen für ihre Kundinnen, Spitäler für ihre Versorgungsgebiete, Sicherheitsorgane und Behörden für ihre Bürgerinnen und Bürger verlässlich sein und zeitüberdauernd erwartbar agieren. Damit dienen Strukturen der *Ungewissheitsabsorption.*

Strukturen unterscheiden sich stark voneinander, was ihre *Wirkungsreichweite* und den Grad ihrer expliziten Beschreibung und formalen Kodifizierung betrifft. Dies wird deutlich, wenn wir implizite Regeln, Entscheidungsmuster, Routinen oder explizit formalisierte Strukturierungshilfsmittel wie Leitbilder, Pläne, Checklisten, Reglemente, Vorschriften und Weisungen miteinander vergleichen. Dabei ist es wesentlich, dass diese Strukturen als Ergebnis sich selbstorganisierender Prozesse der *organisationalen Stabilisierung* verstanden werden (Baitsch, 1993; von Hayek, 1969; 1972; Probst, 1987; Taylor & van Every, 1999; Tsoukas, 2005). So ermöglichen Strukturen den kohärenten irreversiblen Vollzug von Prozessen; und der wiederholt bewährte, kohärente Vollzug eines Prozesses konstituiert die hierzu erforderlichen reversiblen Strukturen.

Besonders deutlich wird dies beispielsweise an *Ritualen*, d.h. zeremoniellen Handlungsvollzügen. Rituale folgen einer Struktur, die sich über die Zeit evolutionär entwickelt hat. Sie strukturiert eine Zeremonie wie z.B. eine Taufe, eine Heirat oder die Beförderung oder Verabschiedung von Mitarbeitenden in einer Organisation (Rüegg-Stürm & Gritsch, 2003). Durch jeden bewährten und einmaligen Vollzug einer Zeremonie wird die Struktur des Rituals aktualisiert, das heisst, erneut als angemessen, richtig und gültig statuiert. Auf diese selbstbezügliche Weise strukturieren sich Organisationen durch die Mobilisierung eines Repertoires von Kommunikations-, Entscheidungs- und Handlungsmustern (siehe dazu Abbildung 18).

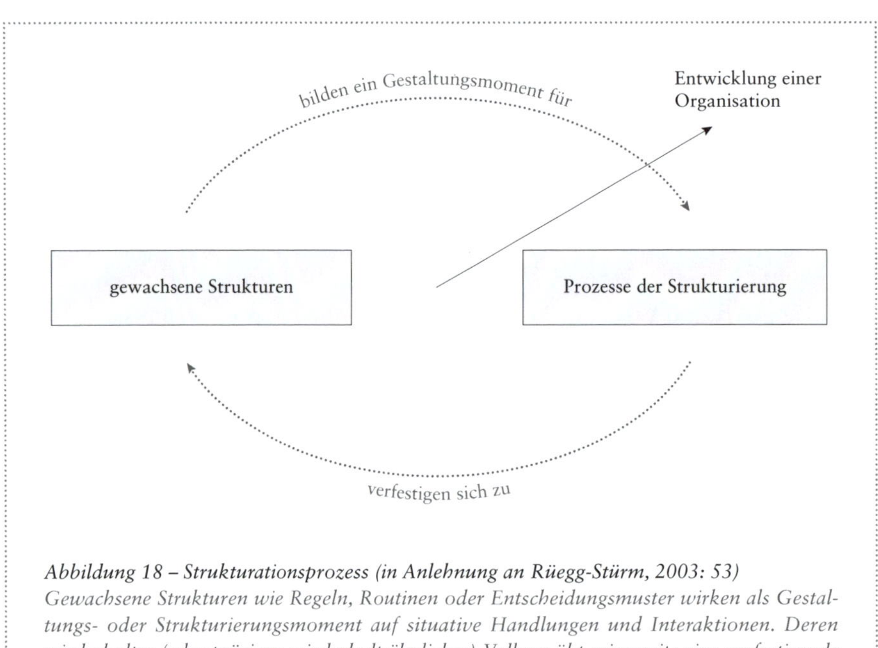

Abbildung 18 – Strukturationsprozess (in Anlehnung an Rüegg-Stürm, 2003: 53)
Gewachsene Strukturen wie Regeln, Routinen oder Entscheidungsmuster wirken als Gestaltungs- oder Strukturierungsmoment auf situative Handlungen und Interaktionen. Deren wiederholter (oder präziser: wiederholt ähnlicher) Vollzug übt seinerseits eine verfestigende (oder bei Friktionen eine destabilisierende) Rückwirkung auf die gewachsenen Strukturen aus. Damit soll ausgesagt werden, dass Strukturen keinerlei determinierende Wirkung auf das Alltagsgeschehen entfalten können, dass aber umgekehrt auch Handlungen nie in einem völlig offenen, sozusagen strukturlosen Raum stattfinden. Diese Dynamik als Strukturationsprozess (Giddens, 1984) zu verstehen, heisst, in Prozessen des Organisierens immer zugleich Wirkmomente der Stabilität, aber auch der flexiblen situativen Einpassung, Kreativität und Innovation zu sehen. So bilden Strukturationsprozesse ein zentrales Strukturmoment der entwicklungsoffenen Stabilisierung einer Organisation.

2.0.5 Organisationen verfertigen sich durch Kommunikation

Eine Organisation stabilisiert sich mittels Entscheidungsprozessen, in denen immer wieder aufs Neue geklärt und festgelegt werden muss, worum es bei der Wertschöpfung einer Organisation geht, was sie einmalig macht und wie sie weiterentwickelt werden soll. Dabei sind diese Entscheidungsprozesse nicht als Selektionsprozesse eines Individuums, sondern als *Kommunikationsprozesse* zu verstehen. In der fortlaufenden organisationalen Kommunikation, in deren Zentrum *kollektive Sensemaking-Prozesse* (Weick, 1979) stehen, werden bestimmte Kommunikationen als Entscheidungen etikettiert und auf diese Weise zu *verbindlichen Prämissen* für weitere Kommunikationen, Entscheidungen und Handlungen verfertigt. Wirksame Entscheidungen resultieren folglich nicht aus autonomen Festlegungen eines souveränen Individuums, sondern sie verkörpern *kollektive Errungenschaften*, ein Ergebnis gelungener kommunikativer Klärungs- und Legitimierungsprozesse.

Das SGMM versteht Kommunikation als *gemeinschaftlichen Prozess der Wirklichkeitskonstruktion*, in dem fortwährend ein kollektiviertes Verständnis konkreter Situationen, Schlüsselereignisse und wichtiger Zusammenhänge als gemeinsam geteilte Wirklichkeit etabliert wird (siehe Kapitel 0.7). Deshalb kommt der Strukturierung von Kommunikation (etwa einzelner Sitzungen, Workshops, Mitarbeitendengespräche, Informationsveranstaltungen), aber auch der kommunikativen Gestaltung von zeitüberdauernd rhythmisierten Kommunikationsplattformen (etwa Verwaltungsrats-, Geschäftsleitungs-, Bereichsleitungssitzungen, regelmässigen Anlässen zur Mitarbeiterinformation) eine fundamentale Bedeutung zu (Cooren et al., 2011; siehe auch Kapitel 3).

Ein gutes Beispiel für diese Strukturierung durch Kommunikation ist der Gründungsprozess einer Unternehmung. Dabei muss die Geschäftsidee mit der angestrebten Wertschöpfung von den Gründern kommunikativ ausgehandelt, geklärt und sukzessive konkretisiert werden (siehe dazu Abbildung 19). Im Verlauf dieses Prozesses entwickeln sich auch Vorstellungen zu einer sinnvollen Arbeitsteilung und Erwartungen an eine zweckmässige Arbeitsgestaltung mit damit verbundenen Rechten und Pflichten. Über die Zeit hinweg formieren sich stabile Rollen, Regeln und Routinen. Spätestens wenn es um die Beschaffung von finanziellen Mitteln geht, müssen wichtige Festlegungen auch schriftlich festgehalten und formalisiert werden: in einem Business Plan, in den Statuten, in einem Organisationsreglement, in einer Kompetenzordnung sowie in Verträgen mit Investoren, Lieferanten und Mitarbeitenden.

Ein Gründungsprozess beruht in grundlegender Weise auf *Kommunikation* und auf *Entscheidungen, die kommunikativ verfertigt* werden und sich zu Prämissen zukünftigen Entscheidens und Handelns verfestigen. All das, was an kreativen Ideen, Expertise und Ansprüchen nicht in die gemeinsame Kommunikation eingebracht wird oder werden kann und sozusagen in den Köpfen der Beteiligten stecken bleibt, kann keine Wirksamkeit entfalten. Es zählt also nicht das, was die Gründerinnen und Gründer denken, sondern das, was davon in die organisationale Kommunikation gelangt. Deshalb ist die zielgerichtete Schaffung von *förderlichen Bedingungen, Haltungen und Regeln* für eine offene und konstruktive Kommunikation von Beginn an eine höchst relevante Erfolgsvoraussetzung.

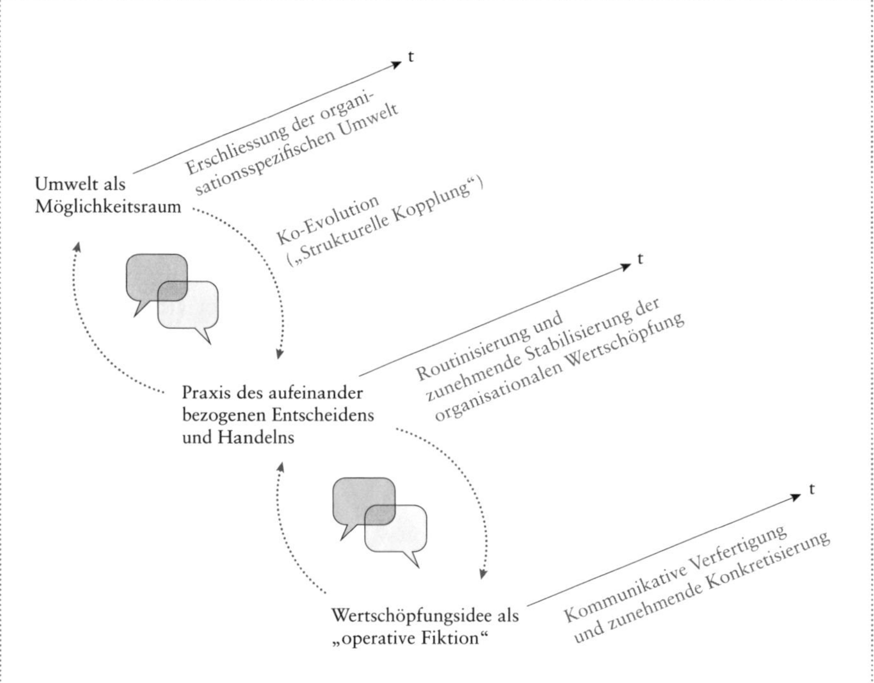

Abbildung 19 – Gründungsprozess (eigene Darstellung)
Die Gründung eines Unternehmens beruht auf einer Geschäftsidee. Jede Geschäftsidee ist letztlich eine Fiktion, d.h. eine offene Behauptung initiativer Individuen, dass es mit Bezug zur Umwelt möglich sein wird, durch die Entwicklung, Herstellung und den Verkauf eines neuen Produkts oder einer neuen Dienstleistung einen Mehrwert zu schaffen, der längerfristig die Existenz und erfolgreiche Weiterentwicklung des Unternehmens zu einer etablierten Unternehmung sicherstellen kann. Die Schaffung dieses Mehrwerts ist dabei auf verschiedenste Formen der Arbeitsteilung und Kooperation angewiesen. Die Geschäftsidee wirkt dabei als „operative Fiktion“ (Schmidt, 2005). Sie ermöglicht koordiniertes Handeln, indem sich alle Beteiligten so verhalten, als ob *die Geschäftsidee klar und realisierbar, also bereits Realität wäre. So kann eine Geschäftsidee als Fiktion reale Wirkung entfalten und zu einer sich selbsterfüllenden Prophezeiung werden (Dalucas, 2015). Weil alle Beteiligten die ursprüngliche Idee ernst nehmen und gemeinsam darauf Bezug nehmen, lässt sich kooperatives, arbeitsteiliges und verteiltes Handeln realisieren.*

Im SGMM wird das Verständnis von Organisation als Wertschöpfungssystem entlang dreier Aspekte vertieft: Die tragfähige Ko-Evolution einer Organisation und ihrer existenzrelevanten Umwelt hängt erstens ab von einer nachhaltig differenzierenden *Wertschöpfung* für diese Umwelt: Organisationale Wertschöpfung muss einen Unterschied machen. Nutzenstiftende Wertschöpfung beruht heutzutage auf dem dynamischen Zusammenspiel einer *Ausdifferenzierung* von Teilsystemen (Organisationsbereichen) im Dienste einer arbeitsteiligen Spezialisierung und zugleich der *Integration* arbeitsteiliger Wertschöpfungsbeiträge mit Hilfe von gut abgestimmten *Wertschöpfungsprozessen.* Damit Organisationen eine verlässliche Wertschöpfung erbringen können, brauchen sie zweitens eine eingespielte *Entscheidungspraxis,* die es wahrscheinlich macht, dass aus der Vielzahl unterschiedlichster Optionen immer wieder diejenigen ausgewählt werden, die zu erfolgreicher Wertschöpfung beitragen. Hierzu ist es drittens wichtig, einen *Referenzrahmen* zu etablieren, der es angesichts der räumlichen und zeitlichen Verteiltheit von Entscheidungsprozessen erlaubt, Möglichkeiten und Optionen auf kohärente Weise sinnhaft einzuordnen und zu bewerten.

Organisationale Wertschöpfung unternehmerisch weiterentwickeln → 2.1
Durch tragfähige Entscheidungspraxis Gewissheiten erarbeiten → 2.2
Durch einen Referenzrahmen kollektive Orientierung vermitteln → 2.3

Ein Blick in die Praxis

Strukturierung und dynamische Weiterentwicklung organisationaler Wertschöpfung

„Tools" als Hilfsmittel zur Strukturierung organisationaler Wertschöpfung

In der Praxis werden verschiedene Instrumente als Strukturierungshilfen zur Gestaltung der arbeitsteiligen Wertschöpfung einer Organisation eingesetzt, z.B. Organigramme, Stellenbeschreibungen, Funktionendiagramme, Flow Charts oder Ablaufpläne. Einige ausgewählte werden im Folgenden vorgestellt. Die *erwarteten Wirkmöglichkeiten* dieser Gestaltungsinstrumente verändern sich allerdings grundlegend, sobald sie aus der Perspektive des SGMM betrachtet werden. Wenn man eine Organisation als Wertschöpfungssystem konsequent prozesshaft versteht, stellt sich die Frage, wie solche Hilfsmittel dazu beitragen, Prozesse des Organisierens zu strukturieren und weiterzuentwickeln.

Dazu reicht die Erarbeitung und Bekanntmachung eines neuen Organigramms nicht aus. Denn wenn Prozesse des Organisierens aus Kommunikationen, Entscheidungen und Handlungen bestehen, dann sind Gestaltungsinstrumente nicht einfach „Dinge", die per se Wirkung ausüben, sobald man sie erstellt, beschlossen und bekannt gegeben hat. Sie können ihre Wirkung erst dann entfalten, wenn sie *in die organisationale Kommunikation einfliessen,* wenn sie der *Strukturierung dieser Kommunikation* dienlich sind und wenn sie in diesen Prozessen *mit konkreter Bedeutung „aufgeladen"* werden. Erforderlich ist folglich ein sorgfältiges Sensemaking, damit sich gewachsene Prozesse und Routinen organisationaler Wertschöpfung weiterentwickeln können.

Dieser Aspekt kommt besonders gut beim *Arbeiten mit Prozesslandkarten* zum Tragen (siehe dazu Abbildungen 23 und 24), auf deren konkrete organisationale Wirkung am Ende dieser Anwendung in der Praxis nochmals ausführlich eingegangen wird. Prozesslandkarten sind aus der Perspektive des SGMM nicht da, um möglichst objektiv eine Ist- oder Soll-Prozesswelt abzubilden, als dokumentierten Standard vorzugeben und zu zertifizieren. Prozesslandkarten sind vielmehr eine grundlegende Voraussetzung dafür, dass die an der organisationalen Wertschöpfung beteiligten Individuen und Communities die komplexe Arbeitsteiligkeit und Verteiltheit der Wertschöpfungsaktivitäten in ihren wechselseitigen Abhängigkeiten und Wirkungszusammenhängen *reflektieren und diskutieren können.* Dies ist eine unabdingbare Voraussetzung für eine wirksame Optimierung von Wertschöpfungsprozessen (Bucher et al., 2009; Rüegg-Stürm et al., 2009).

Was zählt, sind nicht die „Tools“ als solche, sondern ihre *kommunikative Wirkung*. Und diese hängt weniger mit dem Inhalt eines „Tools“ als mit der *Praxis seiner kommunikativen Verwendung* zusammen. Entscheidend ist somit, in welcher Form „Tools“ zur Ermöglichung, Strukturierung und Inspiration einer förderlichen Kommunikation beitragen. Das SGMM versteht dies als *kommunikationszentrierte Praxis der Organisationsarbeit*.

Organigramme zur kommunikativen Klärung der Aufbaustruktur

Organigramme repräsentieren die formale Aufbaustruktur einer Organisation (siehe dazu Abbildung 20). Die hierarchische *Aufbaustruktur* einer Organisation bringt die arbeitsteilige Ausdifferenzierung der organisationalen Wertschöpfung und gewisse Aspekte der kommunikativen Verknüpfung der gebildeten Teilsysteme (Organisationseinheiten wie Abteilungen oder Bereiche) zum Ausdruck. Gleichzeitig lassen sich mit Hilfe eines Organigramms wesentliche Aspekte der integrativen Koordination von stellen- sowie gremienbezogenen Aufgaben- und Entscheidungsfeldern diskutieren.

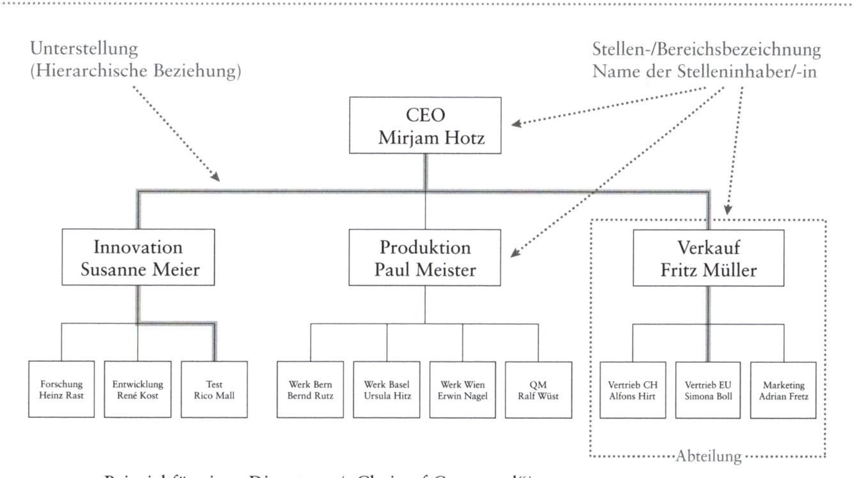

Abbildung 20 – Organigramm (eigene Darstellung)
In einem Organigramm wird der hierarchische Aufbau einer Organisation dargestellt. Ein Organigramm zeigt erstens die Aufteilung der zentralen Aktivitäten der organisationalen Wertschöpfung in ausgewählte Organisationsbereiche und ihre Bündelung. Zweitens zeigt ein Organigramm, wer für diese ausdifferenzierten Organisationsbereiche zuständig und verantwortlich ist. Drittens zeigt ein Organigramm anhand des sogenannten Dienstwegs die formalisierte „kommunikative Verdrahtung“ der Organisation, d.h. die spezifische Kanalisierung von organisationaler Kommunikation. Viertens symbolisiert ein Organigramm die formalisierten Unterstellungsverhältnisse, d.h. die machtbezogene Asymmetrisierung von Beziehungen. Eine höhergestellte Person kann einer unterstellten Person Aufträge erteilen oder kann diese auch entlassen. Umgekehrt ist die unterstellte Person der vorgesetzten Person berichts- und rechenschaftspflichtig.

In der Praxis finden sich im Wesentlichen drei idealtypische Gliederungsoptionen für die Aufbaustruktur einer Organisation: eine *funktionale*, eine *divisionale* und eine *Matrix-Struktur* (Daft, 2013; Kieser & Walgenbach, 2010; Nagel, 2014; Schreyögg, 2008). Diese Gliederungsoptionen beschreiben idealtypische Formen der Ausdifferenzierung und Integration der organisationalen Wertschöpfung. Allerdings darf die Einfachheit und Klarheit von Organigrammen zur Darstellung der Aufbaustruktur nicht darüber hinwegtäuschen, dass die Struktur einer Organisation weit mehr umfasst als das, was in einem Organigramm zur Darstellung gelangt. Mindestens so wichtig sind *strukturierende Kommunikationsplattformen*, auf denen wichtige Problemstellungen der Alltagskoordination und Zukunftssicherung wirkungsvoll bearbeitet und entschieden werden können. Hierzu bedarf es solider *Bearbeitungsformen* mit Regeln der Zusammenarbeit für gemeinsames, aufeinander bezogenes Entscheiden. Und schliesslich erfordert arbeitsteiliges und verteiltes Entscheiden auch ein gemeinsam geteiltes Hintergrundwissen mit orientierenden Bezugspunkten wie *Wertvorstellungen* und *Entscheidungskriterien* (siehe dazu Abbildung 21).

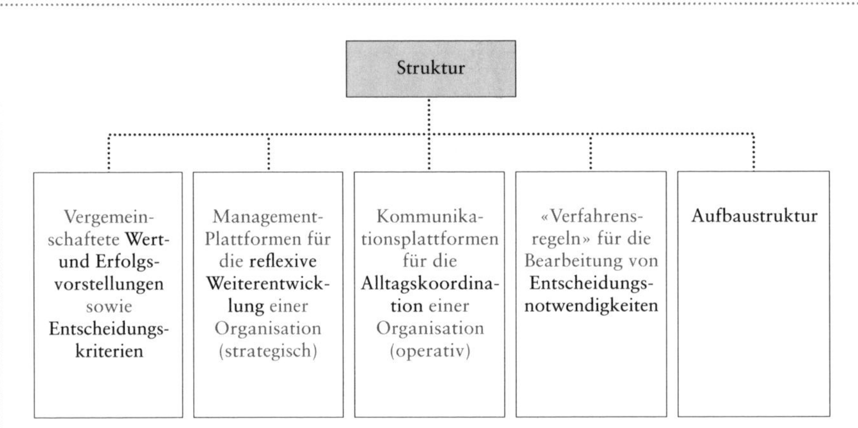

Abbildung 21 – Strukturierungsmomente einer Organisation (eigene Darstellung)
Die Klarheit und Einfachheit einer Aufbaustruktur täuscht darüber hinweg, dass die Struktur einer Organisation weit mehr ist als das, was in einem Organigramm zur Darstellung kommt. Ebenso wichtig wie die Aufbaustruktur sind erstens geeignete akzeptierte Regeln, die das Treffen von Entscheidungen vorstrukturieren, zweitens eine tragfähige Kommunikationsarchitektur mit vernetzten Kommunikationsplattformen sowohl zur Koordination vielfältiger alltäglicher Aktivitäten (operativ) wie drittens auch zur Bearbeitung wichtiger Problemstellungen der organisationalen Zukunftssicherung (strategisch). All dies erfordert viertens ein solides vergemeinschaftetes Hintergrundverständnis der grundlegenden Entwicklungsherausforderungen und Erfolgsvoraussetzungen der organisationalen Wertschöpfung.

Obwohl die *formale Organisation* mit schriftlich festgelegten und oft auch reglementarisch verankerten Organigrammen, Aufgaben, Kompetenzen, Verantwortlichkeiten, Richtlinien, Ablaufplänen und Compliance-Vorschriften eine wichtige Rolle spielt, darf ihre Wirkung folglich nicht überschätzt werden. Schon früh hat man in der Praxis die Bedeutung der sogenannten *informalen Organisation* erkannt (Barnard, 1938): des gelebten Kommunikationsverhaltens, der tatsächlich praktizierten Form der Berichterstattung, der täglichen Praxis der kommunikativen Aufbereitung von Beobachtungen und Geschäftsergebnissen, der realen Macht- und Abhängigkeitsverhältnisse, der konkreten Praxis der Entscheidungsfindung sowie der gelebten Formen der Zusammenarbeit und der dabei gepflegten und erlebten Beziehungsqualität. All dies wird mitunter auch als Ausdruck einer gewachsenen *Organisations- oder Unternehmenskultur* betrachtet (Schein, 1985).

Dabei verhält sich die informale Organisation nicht immer komplementär zur formalen Organisation, sondern sie kann dazu durchaus auch *im Widerspruch* stehen. Mit dem Ziel des Zeitgewinns für einen Kunden kann es in einer Unternehmung beispielsweise durchaus funktional sein, gewisse Abklärungen (allenfalls auch gegen formale Compliance-Vorschriften) nicht entlang des Dienstwegs durchzuführen, sondern im Rahmen von spontanen Klärungs- und Koordinationsgesprächen. Das Zusammenwirken von formaler und informaler Organisation, d.h. von der in schriftlichen Artefakten dargestellten Idealvorstellung und dem gelebten Organisationsalltag ist selber auch immer wieder Gegenstand kommunikativer Auseinandersetzungen und Klärungen.

Prozessorientierte Organisationskonfigurationen als Antwort auf wachsende Integrationserfordernisse

Im Gefolge der zunehmenden Ausdifferenzierung heutiger Organisationen wünschen sich deren Zielgruppen immer mehr eine Form von *integrierter organisationaler Wertschöpfung wie aus einer Hand* („one face to the customer“) – so, als ob die gesamte Organisation lediglich aus einer einzigen, umfassend informierten und kompetenten Person bestände, die jederzeit ansprechbar wäre und sich jeweils genau an der entsprechenden Bedürfniskonstellation orientieren würde.

Besonders deutlich wird dieser Wunsch in dienstleistungsintensiven Organisationen artikuliert, etwa in einer Bank oder in einem Krankenhaus. Gefragt ist *eine* bestimmte Vertrauensperson als Ansprechpartnerin, konkret ein Bankberater für alle Bankdienstleistungen oder eine Ärztin für einen kompletten Behandlungsprozess. Wie sich dabei eine Bank oder ein Krankenhaus im Innenverhältnis organisieren, ist für die Nutzniesser der organisationalen Wertschöpfung irrelevant, solange die Beziehung zur Organisation transparent geregelt ist und den Eindruck eines „one face to the customer“ erweckt.

Auf solche Erwartungen wird seit Beginn der neunziger Jahre unter Nutzung neuer Informations- und Kommunikationstechnologien vielfach mit prozessorientierten Organisationskonfigurationen geantwortet. Darunter fallen Begriffe und Konzepte wie *Business Process Redesign* (Davenport, 1990), *Business Process Reengineering* (Hammer & Champy, 1993; Hammer, 1996), *Prozessmanagement* (Osterloh & Frost, 1996) und *Prozessorganisation* (Gaitanides, 2007). Auch prozessorientierte Ansätze zur kontinuierlichen Verbesserung wie *Lean Production* (Ohno, 1988), *Kaizen* (Imai, 1996) oder *Total Quality Management* (Seghezzi, 1996) dienen diesem Zweck.

Diese Konzepte lenken die Aufmerksamkeit verstärkt auf die *prozessorientierte Vernetzung und Optimierung der organisationalen Wertschöpfungsaktivitäten* anstatt auf institutionelle Fragen der formalen, hierarchischen Struktur- und Bereichsbildung. Im Zentrum der Organisationsarbeit soll somit vor allem eine *kundenzentrierte Koordination* von Aktivitäten und weniger die Bildung optimaler Organisationseinheiten stehen (siehe dazu Abbildung 22).

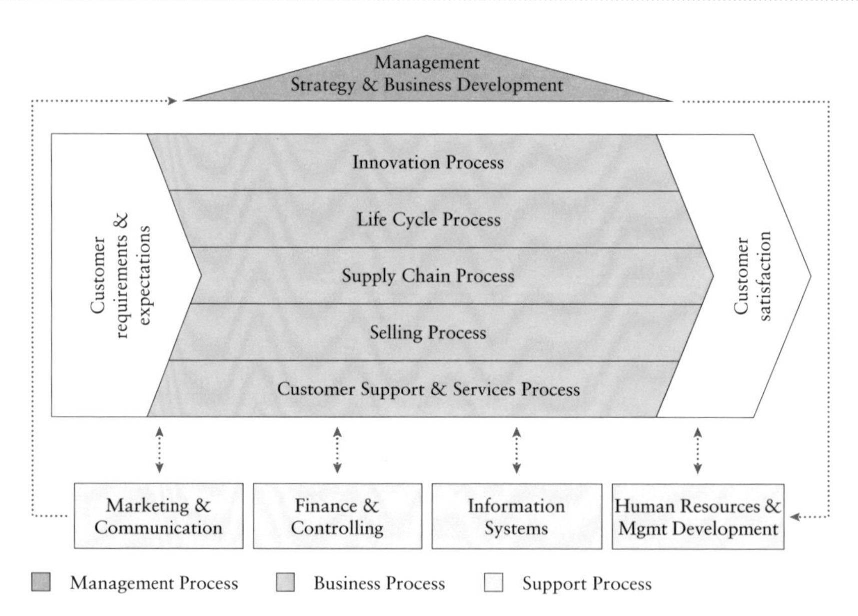

Abbildung 22 – Prozessorientierte Organisationskonfiguration (eigene Darstellung)
Diese Abbildung illustriert die Stossrichtung prozessorientierter Organisationskonfigurationen. Im Zentrum steht eine differenzierte Darstellung der Wertkette (siehe dazu Abbildung 17). Der Kunde taucht hier gleich zweimal prominent auf: Prozesse sind als strukturierte Interaktionen zu verstehen, die vom Kunden ausgehen und auf diesen Kunden und seine Erwartungen ausgerichtet werden müssen. Bei den Geschäftsprozessen lassen sich keine traditionellen Funktionsbereiche mehr erkennen, sondern ausschliesslich ergebniszentrierte Bündelungen bereichsübergreifender Aktivitäten wie Innovation, Auftragsabwicklung (Supply Chain) oder Verkauf. Managementprozesse müssen hierfür im Sinne einer rahmenden Entwicklungs- und Integrationsfunktion günstige Voraussetzungen schaffen.

Bei einer prozessorientierten Darstellung und Strukturierung der organisationalen Wertschöpfung (siehe dazu auch Abbildung 17) werden die bereichsübergreifenden Wertschöpfungsaktivitäten oftmals drei Prozesskategorien zugeordnet und im Fall von Unternehmungen als Management-, Geschäfts- und Unterstützungsprozesse (Rüegg-Stürm, 2003) bezeichnet.

Managementprozesse umfassen wiederholt zu bearbeitende Aufgabenkomplexe, die mit der *reflexiven Gestaltung und Weiterentwicklung der organisationalen Wertschöpfung* als Ganzes oder wesentlicher Teilsysteme einer Organisation zu tun haben (siehe Kapitel 3). Managementprozesse dienen somit der Ausdifferenzierung und Integration von *organisationaler Reflexivität.* Dabei geht es beispielsweise darum, Aktivitätsfelder wie die Budgetierung, die finanzielle Mehrjahresplanung, die Evaluation von Grossinvestitionen, das Multiprojekt-Management, die Strategieentwicklung, die Identitätsklärung (anhand einer Leitbildentwicklung) oder die Akquisition anderer Organisationen bereichsübergreifend zweckmässig zu strukturieren. Auf diese Weise sollen nicht-wertschöpfende Komplexität reduziert und das Zusammenspiel unterschiedlichster Management-Praktiken und Kommunikationsplattformen genauer verstanden und optimal aufeinander abgestimmt werden (siehe auch Kapitel 4).

Aus Sicht des SGMM ist es wichtig herauszustellen, dass mit diesem Zugang zu Managementprozessen ein Alltagsverständnis von „Management" einhergehen kann, das sich vom Management-Verständnis des SGMM unterscheidet (siehe Kapitel 3). Management – verstanden als reflexive Gestaltungspraxis – kommt aus Sicht des SGMM erst dann ins Spiel, wenn mit Bezug auf die Umwelt ein *distanzierter Blick* auf die organisationale Wertschöpfung erfolgt, d.h. wenn die Selbstverständlichkeit der nachfolgend beschriebenen Geschäfts- und Unterstützungsprozesse kritisch in den Blick genommen wird, um aus einer öffnenden Perspektive und reflexiven Haltung heraus Optimierungspotenziale aufzuspüren und innovative alternative Möglichkeiten zu erarbeiten.

Geschäftsprozesse (je nach Organisationstyp z.B. auch als Dienstleistungsprozesse oder als Patientenprozesse bezeichnet) umfassen die Primärwertschöpfung, d.h. die *zielgruppenorientierten Kernaktivitäten* einer Organisation, die unmittelbar zur Nutzenstiftung für die primären Wertschöpfungsadressaten (z.B. Kunden, Bürgerinnen, Studierende, Patientinnen) beitragen sollen.

Geschäftsprozesse lassen sich weiter untergliedern, z.B. im Falle einer Unternehmung wie folgt: Zu den *Kundenprozessen* zählen die beiden

Teilprozesse Kundenakquisition und Kundenbindung. Kundenprozesse münden letztlich in wiederholte Kaufentscheide (Vertragsabschlüsse) der Kundinnen und Kunden. Prozesse der *Leistungserstellung* umfassen alle Aktivitäten, die dazu führen, dass der Kunde die vereinbarte Leistung in der vereinbarten Qualität erhält. Dazu gehören beispielsweise Teilprozesse wie Auftragsabwicklung, Logistik und Produktion. Zu den Prozessen der *Leistungsinnovation* zählen schliesslich alle Teilprozesse, die zu einer systematischen Produktinnovation beitragen. Bei industriellen Gütern spielen dabei Aktivitäten in den Bereichen Forschung und Entwicklung eine zentrale Rolle (Bieger, 2015; Bieger et al., 2009).

Unterstützungsprozesse schliesslich dienen vor allem der Etablierung und Weiterentwicklung einer organisationsspezifischen *Ressourcenkonfiguration.* Dabei geht es um die Bereitstellung grundlegender und vielfach erfolgskritischer Infrastrukturen und Ressourcen, damit Management- und Geschäftsprozesse wirksam und effizient vollzogen werden können.

Diejenigen Geschäfts- oder Unterstützungsprozesse, die einer Organisation substanziell zur (strategischen) *Differenzierung* verhelfen, werden (in Anlehnung an den Begriff Kernkompetenzen, siehe Kapitel 1.0) häufig als *Kernprozesse* bezeichnet. Sie tragen etwa bei einer Unternehmung massgeblich zu einer von den Kunden im Vergleich zur Konkurrenz als überlegen wahrgenommenen Nutzenstiftung bei.

Prozesslandkarten als Visualisierungshilfsmittel für Prozessoptimierungen

In der Prozessmanagement-Praxis ist häufig der Gebrauch von Flow Charts und Prozesslandkarten zu beobachten. Darin kommt ein Verständnis von Gestaltungsinstrumenten zum Ausdruck, wie es in ähnlicher Weise vom SGMM vertreten wird: „Tools" sind Hilfsmittel zur *Strukturierung der Kommunikation* bei gemeinschaftlichen Anstrengungen zur Weiterentwicklung der organisationalen Wertschöpfung.

Prozesslandkarten („Process Maps") dienen somit dazu, routinisierte Interaktionen, die den betrieblichen Alltag strukturieren, in ihrer ganzen Vielschichtigkeit und Verwobenheit *visuell zu rekonstruieren und zur Sprache zu bringen* (siehe dazu Abbildung 23). Sie ermöglichen es somit, die flüchtigen, räumlich und zeitlich verteilten Kommunikations-, Entscheidungs- und Handlungsmuster, die das Alltagsgeschehen prägen, übersichtlich zur Darstellung zu bringen und gemeinsam diskutierbar zu machen.

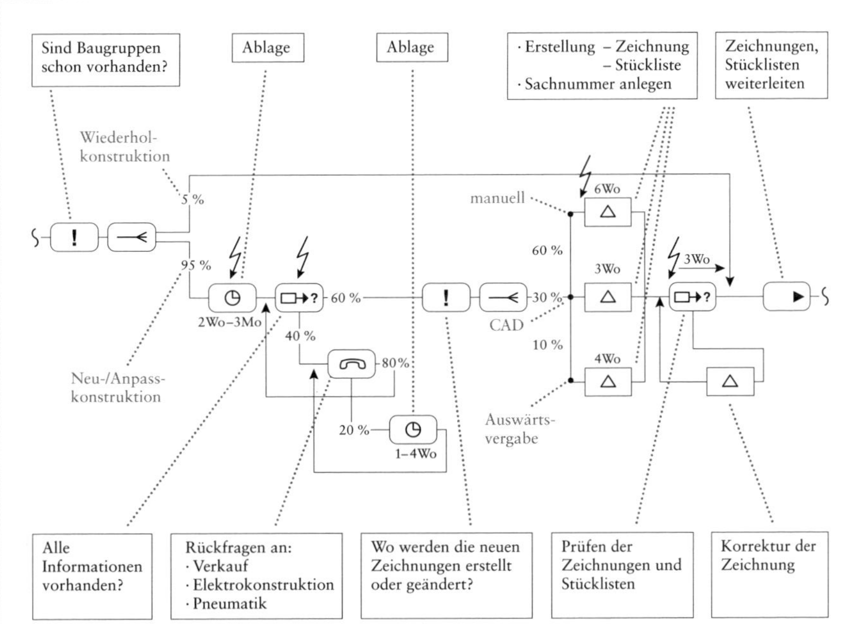

Abbildung 23 – Ausschnitt aus einer Prozesslandkarte (Projektdokumentation, ITEM-HSG)

Eine Prozesslandkarte ist das Ergebnis einer sorgfältigen Rekonstruktion der arbeitsteiligen Wertschöpfung einer Organisation (oder eines Ausschnitts dieser Wertschöpfung). Sie zeigt, wie grundlegende Aufgabenstellungen der organisationalen Wertschöpfung typischerweise abgearbeitet werden. Sie verkörpert sozusagen einen Spiegel der organisationalen Wertschöpfung und visualisiert die organisationalen Routinen (Feldman & Pentland, 2003). Aufgeführt sind die Aktivitäten (Kommunikationen, Entscheidungen, Handlungen), die routinebezogenen Verknüpfungen der Aktivitäten (Interaktionen), die Zeitdauer der Aktivitäten und (über entsprechende Einfärbungen) die beteiligten Organisationsbereiche. Prozesslandkarten dienen der Visualisierung der Zusammenhänge und Abhängigkeiten räumlich und zeitlich verteilter Wertschöpfungsaktivitäten. Prozesslandkarten können einerseits zur Ausbildung neuer Mitarbeitenden eingesetzt werden. Sie können aber andererseits auch genutzt werden, um die organisationale Wertschöpfung angesichts neuer Möglichkeiten, Herausforderungen oder Erwartungen gemeinsam kritisch zu hinterfragen, zu optimieren oder gar grundlegend in innovativer Weise weiterzuentwickeln.

Prozesslandkarten als Visualisierungshilfsmittel ermöglichen es folglich, nicht nur idealisierte Soll-Vorstellungen zu entwickeln, sondern auch *Auswirkungen* und *Erfolgsvoraussetzungen* von Prozessen der Ausdifferenzierung und Integration einer organisationalen Wertschöpfung einer kommunikativen Auseinandersetzung zugänglich zu machen. Mit anderen Worten dient diese Visualisierungsform der *Strukturierung von reflexiver Kommunikation,* die darauf abzielt, Optimierungs- und Innovationspotenziale gemeinschaftlich zu identifizieren und auszuschöpfen (siehe dazu Abbildung 24).

Prozesslandkarten unterstützen auf diese Weise eine *Öffnung* der organisationalen Entwicklungsdynamik. Eine solide *Vergemeinschaftung* des gewachsenen Status quo erweist sich als wichtige Voraussetzung für eine rasche und nachhaltige Veränderung eingespielter Kommunikations- und Handlungsmuster (Nagel & Wimmer, 2014). Die experimentelle Erprobung, Verankerung und fortlaufende Optimierung neuer Interaktionsmuster verkörpert demgegenüber ein Element der *Schliessung* der organisationalen Entwicklungsdynamik (siehe Kapitel 2.1.3).

Abbildung 24 – Gemeinschaftliche Reflexion gewachsener Bearbeitungsformen mit Hilfe einer Prozesslandkarte (Projektdokumentation, PRO4S & Partner GmbH)
Im Verständnis des SGMM verkörpert eine Prozesslandkarte die visuelle Rekonstruktion und Repräsentation der in einer Organisation praktizierten Kommunikations-, Entscheidungs- und Handlungsmuster. Prozesslandkarten bilden somit ein wichtiges Hilfsmittel zur gemeinschaftlichen Reflexion von routinisierten Bearbeitungsformen. Sie ermöglichen es, die flüchtige, arbeitsteilige und verteilte, routinisierte Alltagspraxis integrativ zur Darstellung und damit gemeinsam zur Sprache bringen. Mit Hilfe einer solchen Darstellung lassen sich beispielsweise systematische Doppelspurigkeiten, Medienbrüche, nicht-wertschöpfende Aktivitäten und dysfunktionale oder fehlende Kommunikationsplattformen identifizieren. Entscheidend ist dabei, dass dies in Form einer wertschätzenden gemeinschaftlichen Auseinandersetzung geschieht. Eine solide Vergemeinschaftung einer Problemlage erweist sich immer wieder als entscheidende Voraussetzung für das Ausschöpfen von Optimierungspotenzialen und für das Gelingen von Veränderungen (Nagel & Wimmer, 2014).

2.1 Organisationale Wertschöpfung unternehmerisch weiterentwickeln

2.1.0 Wertschöpfung erfordert dynamische Weiterentwicklung

Organisationen werden in Kommunikationsprozessen mit Stakeholdern, aber auch in der Auseinandersetzung mit konkreten Ereignissen und Situationen im Zusammenhang mit der organisationalen Wertschöpfung permanent mit *Irritationen* konfrontiert. Dazu gehören beispielsweise neue Ideen, überraschende Opportunitäten, Innovationsimpulse, Feedbacks, Kundenkritik, oder ganz generell *Erwartungsänderungen* und *Erwartungsenttäuschungen.* Das SGMM versteht unter *Irritationen* nicht etwas Negatives, sondern bezogen auf die etablierten Vorstellungen und Erwartungen alle *Unterschiede* (Soll-Ist-Diskrepanzen), die *zukünftig einen positiven oder negativen Unterschied machen könnten.* Irritationen bilden in diesem Sinne wichtiges Rohmaterial zur Identifikation von Ressourcen für die organisationale Wertschöpfung und deren Weiterentwicklung.

Daraus ergibt sich für jede Organisation die Kernaufgabe, immer wieder aufs Neue auszuloten, welche Bedeutungen und Auswirkungen Irritationen für die etablierte Wertschöpfung haben könnten und wie diese demzufolge weiterentwickelt werden sollte. Dabei gilt es zu bewerten, welche Irritationen *kommunikativ bearbeitungswürdig* sind und welche nicht. Aus dieser Auseinandersetzung mit Irritationen resultieren Prozesse einer dynamischen Weiterentwicklung und Innovation organisationaler Wertschöpfung – und damit auch einer Organisation selbst.

Was die organisationale Wertschöpfung ausmacht, bemisst sich immer an bestimmten bereits artikulierten oder zukünftig noch zu kreierenden Bedürfnissen (siehe Kapitel 1). Darauf bezogen, verkörpert organisationale Wertschöpfung eine Möglichkeit, d.h. eine Ressource, bei bestimmten Zielgruppen einen Nutzen zu stiften. Vor diesem Hintergrund sieht sich jede Organisation – insbesondere jede Unternehmung – mit einer paradoxen Herausforderung konfrontiert: Sie muss mit ihrer Wertschöpfung einerseits dazu beitragen, Bedürfnisse zu befriedigen und Knappheiten zu beseitigen. Andererseits muss sie aber immer wieder auch neue Bedürfnisse und Knappheiten schaffen und verbreiten. Sie muss Erwartungen erfüllen, zum anderen aber immer wieder neue Erwartungen generieren, die durch die organisationale Wertschöpfung besser erfüllt werden, als dies andere Organisationen tun können.

Diese paradoxe Dynamik zeigt sich exemplarisch im Gesundheitswesen oder bei politischen Parteien: Welche Auswirkungen sind für Gesundheitsorganisationen zu erwarten, wenn Menschen immer gesünder werden? Was können Gesundheitsorganisationen unternehmen, um ihre Existenz zu sichern? Neue Krankheiten „erfinden“, indem sie vieles, was heute als gesund gilt, über die Verschiebung entsprechender Normalwerte „pathologisieren"? Was passiert mit einer politischen Partei, wenn ihre Kernanliegen (z.B. ökologische Umweltpolitik) weitestgehend umgesetzt sind? Immer rigorosere Umweltnormen einfordern?

So ist die Zukunftssicherung jeder Organisation stets auf eine *dynamische Weiterentwicklung und Innovation* der organisationalen Wertschöpfung angewiesen. Dabei muss sich die organisationale Wertschöpfung im Vergleich zu anderen Organisationen je neu abheben und für die Stakeholder einen erkennbaren Unterschied machen können. Dies gilt insbesondere in einer kompetitiven Umwelt mit knappen Ressourcen. Aufgrund der Ungewissheit der Zukunft ist jede Weiterentwicklung und Innovation der organisationalen Wertschöpfung letztlich ein *unternehmerisches Experiment*. Experimente sind auf Schutz und Stabilität angewiesen, ansonsten können sie nicht sorgfältig beobachtet, ausgewertet und diszipliniert ausgeweitet (skaliert) werden.

Daraus ergibt sich eine weitere Paradoxie: Damit Organisationen sich selbst bleiben und ihre *Identität bewahren* können, müssen sie sich *fortlaufend verändern* und weiterentwickeln. Damit eine Organisation stabil bleiben kann, muss sie sich rechtzeitig um die Weiterentwicklung und Innovation ihrer organisationalen Wertschöpfung kümmern – und sich dabei selbst mitverändern. Organisationale Veränderung und Innovation sind umgekehrt auf ein Mindestmass an Stabilität angewiesen. Die Weiterentwicklung der Wertschöpfung einer Organisation lässt sich demzufolge als Prozess einer *dynamischen Stabilisierung* beschreiben (Wimmer, 2012). Nicht Veränderungen als solche sind folglich die zentrale Herausforderung der Weiterentwicklung einer Organisation, sondern eine sorgfältige *Stabilisierung der innovativen Entwicklungsdynamik* einer Organisation.

Genau dazu dient einerseits die *Ausdifferenzierung* einer Organisation über die Bildung von *Systemgrenzen*. Eine Organisation konstituiert und stabilisiert sich als prozesshaftes Wertschöpfungssystem (wie Organismen und andere komplexe Systeme) im Verhältnis zu ihrer Umwelt über die Verfertigung von Systemgrenzen nach aussen (siehe Kapitel 1.0). Systemgrenzen absorbieren dabei Komplexität, indem sie die *kommunikative Durchlässigkeit* für Irritationen *selektiv einschränken*. Mit Blick auf die Unterschiedlichkeit relevanter Umwelten und auf die Komplexität organisationaler Prozesse schützen sie vor Überforderung, d.h. vor einer Komplexität, die nicht mehr gehandhabt werden kann. Systemgrenzen dienen der *Komplexitätsbewältigung*.

Dasselbe gilt für die *Konstitution von Systemgrenzen im Inneren einer Organisation*. Damit wird die Bildung von Teilsystemen ermöglicht, als Voraussetzung für arbeitsteilige Spezialisierung organisationaler Wertschöpfung. Jede Bildung von Grenzen erfordert allerdings auch gezielte Anstrengungen der

Integration, weil Ergebnisse arbeitsteiliger Spezialisierung immer wieder zeitgerecht zusammengeführt werden müssen.

Vor diesem Hintergrund thematisiert das SGMM drei eng miteinander verwobene Aspekte einer dynamischen Weiterentwicklung organisationaler Wertschöpfung: Erstens erfordert eine Schärfung der Positionierung und Differenzierung organisationaler Wertschöpfung nach aussen vermehrte Spezialisierung – und damit auch *Ausdifferenzierung nach innen*. Jede Spezialisierung und Ausdifferenzierung nach innen erfordert zweitens gleichzeitig auch *Prozesse der Integration* nach innen wie nach aussen (Ulrich, 1984). Solche Prozesse der internen Ausdifferenzierung und Integration, des Trennens und Verbindens, gelangen drittens nie zu einem optimalen stabilen Endzustand. Vielmehr ist jede dynamische Weiterentwicklung organisationaler Wertschöpfung angewiesen auf fortlaufende – idealerweise revisionsfreundliche – *Prozesse des Öffnens und Schliessens* (Latour, 2005; Rüegg-Stürm & Grand, 2007).

2.1.1 Spezialisierung benötigt Ausdifferenzierung

Was einer Organisation ein unverwechselbares Gesicht und eine grundlegende Existenzberechtigung gibt, ist eine *spezifische Wertschöpfung*. Dazu muss sich eine Organisation eine spezifische Umwelt zu eigen machen, diese *erschliessen* und daraus eine organisationsspezifische Ressourcenkonfiguration verfertigen (siehe Kapitel 1). Die Wertschöpfung erlaubt es einer Organisation, sich in ihrer Umwelt zu *positionieren* und sich dadurch von vergleichbaren Organisationen zu *differenzieren*.

Eine Organisation als Wertschöpfungssystem zu gründen und zu entwickeln, bedeutet, eine *Einheit* zu formieren, die sich über die Zeit *differenziert,* indem sie *Systemgrenzen* ausbildet und diese immer wieder neu bestätigt oder verändert (Luhmann, 1984). Systemgrenzen sind dabei aus der kommunikationszentrierten Perspektive des SGMM als Grenzen der *kommunikativen Resonanz* und *Durchlässigkeit,* sowie als Grenzen des *Mitredens* und der *Mitwirkung* zu verstehen. Nicht jeder kann mitmachen, nicht alles kann getan werden, nicht jede Opportunität kann realisiert werden und nicht alles ist möglich. Vielmehr muss, *damit Weniges realisiert* werden kann, *Vieles ausgeschlossen* werden.

So werden im Gründungs- und Entstehungsprozess einer Organisation, wenn der Organisationszweck bestimmt wird, mit Bezug zur Welt meistens weitreichende Festlegungen zur *Identität* und *Wertschöpfung* vorgenommen. Daraus resultiert je nach Organisationstyp (siehe Kapitel 2.0.1) eine spezifische *Resonanz* auf bestimmte Umweltsphären (Luhmann, 1986), d.h. eine selektive Offenheit der Systemgrenzen. Auf diese Weise wird es z.B. für eine Unternehmung möglich, einen Ausschnitt der Welt, d.h. bestimmte Märkte, zur organisationsspezifischen Umwelt zu machen und für diese als Unternehmung einen spezifischen Fokus der Wertschöpfung zu bestimmen (Wimmer, 2012). Mit dem Aufbau einer Organisation geht somit stets eine Differenzierung nach aussen einher. Um eine wirksame Differenzierung nach aussen zu erreichen, ist es für jede Organisation entscheidend, eine *nicht austauschbare, möglichst einmalige* Wertschöpfung zu erbringen, die „einen Unterschied macht" (Barney, 1991; Rumelt et al., 1994).

Dies erfordert erstens eine systematische *Konzentration* der eigenen Entwicklungsanstrengungen auf all das, was eine Organisation jetzt und zukünftig einmalig leisten können muss. Dies kann im Verlaufe der Entwicklung einer Organisation immer wieder eine Bereitschaft zum Loslassen erfordern: Bei allen wertschöpfenden Aktivitäten, die andere Organisationen besser, schneller, wirksamer oder günstiger erbringen können, stellt sich die Frage, wie weit eine Organisation sich selber weiterhin engagieren will. Ein Auslagern *nicht differenzierender* Elemente der eigenen Wertschöpfung wird *Outsourcing* genannt. Umgekehrt gibt es Organisationen z.B. im IT-Bereich, die sich zunehmend auf die Übernahme und Eingliederung solcher ausgelagerter Wertschöpfungsaktivitäten, d.h. auf *Insourcing,* konzentrieren. Insgesamt führt dies zu immer differenzierteren Wertschöpfungskonstellationen (siehe dazu Abbildung 16).

Eine differenzierte, möglichst einmalige Wertschöpfung bedingt zweitens eine *Spezialisierung,* d.h. die Entwicklung und Ausschöpfung von spezialisiertem Wissen, Kompetenzen und Erfahrungen, und damit verbunden die Erschliessung spezifischer Ressourcen einschliesslich der Sicherung des Zugangs zu diesen Ressourcen durch die Gestaltung robuster Stakeholder-Beziehungen („Relational View": Dyer & Singh, 1998). Damit muss der Aufbau von *schwer imitierbaren Kompetenzen* zur Erbringung der organisationsspezifischen Wertschöpfung einhergehen (siehe dazu Abbildung 38). Dies impliziert die Entwicklung einmaliger Bearbeitungsformen und Infrastrukturen, was in der Management-Literatur diskutiert wird unter Begriffen wie *Kernkompetenzen* („Core Competencies": Hamel & Prahalad, 1994), *„Core Capabilities"* (Leonard-Barton, 1992), *„Dynamic Capabilities"* (Teece et al., 1997) oder als *strategisch relevante Prozeduren und Routinen* (Eisenhardt & Martin, 2000).

Spezialisierung im Dienste des Aufbaus von Kernkompetenzen erfordert drittens eine *Ausdifferenzierung nach innen* durch die *Bildung von Teilsystemen*

(Luhmann, 2002). Dabei werden in Prozessen des Organisierens ähnlich gelagerte Aufgaben, deren Bewältigung ausgewählte Formen von Spezialexpertise erfordert, von anderen Aufgaben getrennt und in einem eigens dafür formierten Organisationsbereich (Teilsystem, siehe dazu Abbildung 25) zusammengeführt. Dies passiert beispielsweise, wenn eine Unternehmung einen Bereich Controlling bildet.

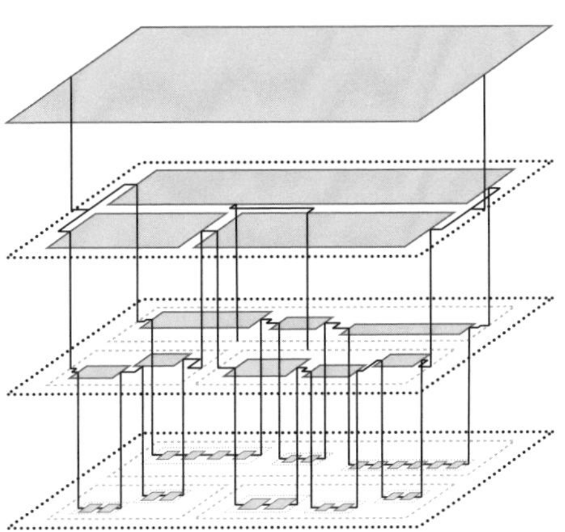

Abbildung 25 – Interne Ausdifferenzierung (Ulrich, 1984: 75)
Diese Abbildung zeigt schematisch, wie sich in einer Organisation verschiedene Teilsysteme herauskristallisieren können, die sich auf Erbringung spezialisierter Wertschöpfungsfunktionen fokussieren. Aus dieser Ausdifferenzierung resultiert die Notwendigkeit zur Integration, die immer eine doppelte ist: nach innen innerhalb des ausdifferenzierten Teilsystems und nach aussen zu anderen ausdifferenzierten Teilsystemen. Damit dies gelingt, bedarf es des Aufbaus einer geeigneten Kommunikationsarchitektur, welche die erforderliche Kommunikation zur Koordination und zur gemeinschaftlichen Bearbeitung von Entscheidungsnotwendigkeiten sicherzustellen vermag.

Die Herausbildung von Teilsystemen, beispielsweise von sogenannten *Funktionsbereichen* wie Forschung, Beschaffung, Produktion, Marketing oder Finanzen, zielt darauf ab, die *kommunikative Interaktion* zwischen Fachexpertinnen und -experten, ihren Erfahrungsaustausch, ihre Innovationskraft und ihre Professionalität zu stärken. Weiter dient eine Teilsystembildung dazu, diesen Experten eine gleichermassen zweckdienliche und kosteneffiziente technische und räumliche *Infrastruktur* zur Verfügung zu stellen, um ihre Arbeitsfähigkeit und Produktivität optimal zu fördern.

Die Bildung von Teilsystemen ermöglicht zudem, dass diese nach aussen *eigenständige, spezialisierte Beziehungen* zu spezifischen Umweltsphären und auf diese ausgerichteten Organisationen aufbauen können (Wimmer, 2012). So wird der Bereich Forschung einer Unternehmung versuchen, gute Beziehungen zu ähnlichen Forschungsbereichen von Universitäten zu entwickeln, und der Bereich Finanzen wird sich um tragfähige Beziehungen zu Eigentümern, Investoren, Finanzanalysten und Börsen bemühen.

Diese Beziehungen und die damit verbundenen Kommunikationsprozesse können sich durch unterschiedliche Fokusse, Prozeduren, Medien und Bewertungsmassstäbe sowie durch spezialisierte Fachsprachen auszeichnen. Diese *Ausdifferenzierung der Beziehungen einer Organisation nach aussen* ist spiegelbildlich eine funktionale Antwort einer Organisation auf die sich fortlaufend ausdifferenzierende Umwelt. So kann beispielsweise die interne Ausdifferenzierung eines Krankenhauses in eine wachsende Zahl von Kliniken als Antwort auf den Erkenntnisfortschritt der medizinischen und pflegerischen Forschung betrachtet werden.

Mit anderen Worten macht es die interne Ausdifferenzierung möglich, die stets vielfältiger werdende *Umwelt als Möglichkeits- und Erwartungsraum gezielter anzusprechen* und mit Blick auf die Weiterentwicklung der Ressourcenkonfiguration wirkungsvoller zu bearbeiten. Im Vollzug der sich dabei ausdifferenzierenden Beziehungsprozesse können sich spezifische „strukturelle Kopplungen" bilden (Maturana & Varela, 1987), das heisst, wechselseitige Erwartungen spezifiziert und stabilisiert werden (siehe Kapitel 1). Prozesse der Ausdifferenzierung über die Bildung von Teilsystemen führen überdies dazu, dass diese Teilsysteme auch *mit der internen Umwelt spezifische Beziehungen* aufbauen und pflegen, z.B. zwischen den Teilsystemen Verkauf und Produktion oder Forschung und Finanzen.

Schliesslich kann die Formierung eines spezialisierten Bereichs wie etwa Qualitätsmanagement für andere bedeuten, dass eine Aufgabe nicht länger von der Gesamtorganisation adressiert werden muss, sondern zur Angelegenheit des neu gebildeten, spezialisierten Teilsystems wird. Qualitätsaufgaben können dann *delegiert* und so die allgemeine Aufmerksamkeit entlastet werden. Durch Bildung von Teilsystemen und internen Systemgrenzen werden also nicht nur Aufgaben, Aufmerksamkeit, Zuständigkeiten und Verantwortlichkeiten neu verteilt, sondern es verändert sich auch das *Bewusstsein der Mitverantwortung* für bestimmte Aufgaben. Dies kann sich durchaus ambivalent auswirken, wenn etwa Qualität nicht mehr als Aufgabe aller Bereiche, sondern als ausdifferenzierte Spezialaufgabe angesehen wird.

Ähnlich ambivalent kann sich die Kommunikation entwickeln: Wenn sich die binnenorientierte Kommunikation innerhalb eines neu gebildeten Teilsystems verstärkt, kann dies *zulasten der Kommunikation mit anderen Teilsystemen* gehen und bisweilen zu Abschottungstendenzen zwischen Teilsystemen führen. Inklusion – durch die Bildung eines neuen Teilsystems – bedeutet also immer auch Exklusion: Mit der Ausdifferenzierung eines Bereichs erfolgt eine Zusammenführung von Aktivitäten und eine Kommunikationssteigerung nach innen (Inklusion), während diese Aktivitäten gleichzeitig anderen Bereichen bzw. der allgemeinen Kommunikation und Aufmerksamkeit entzogen werden (Exklusion).

2.1.2 Prozesse integrieren arbeitsteilige Wertschöpfung

Eine wachsende Spezialisierung über die Verfertigung von Teilsystemen mit Systemgrenzen im Innenverhältnis (interne Ausdifferenzierung) macht unausweichlich *Integrationsanstrengungen* erforderlich. Diese schliessen idealerweise immer auch die Stakeholder-Beziehungen ein, das heisst, sie tangieren genauso die externe Integration. Exemplarisch wird dies an Initiativen deutlich, die anstreben, eine Organisation prozessorientiert zu strukturieren (siehe dazu den Blick in die Praxis, Kapitel 2) und die organisationale Wertschöpfung systematischer auf die Zielgruppen auszurichten. Prozesse integrieren arbeitsteilige Wertschöpfung also immer zugleich innerhalb und zwischen Organisationen.

Solche Initiativen sind eine unternehmerische Antwort auf das Zusammentreffen von drei Entwicklungen: erstens der *ausufernden Spezialisierung* mit stark wachsenden Koordinationsnotwendigkeiten, zweitens dem *wachsenden Anspruch von Stakeholdern* (z.B. Kundinnen, Bürger, Patientinnen), klare Ansprechpersonen zu haben (Komplexitätsreduktion durch „one face to the customer“), und drittens *neuen Möglichkeiten der Informationstechnologie,* die es erlauben, die aktuelle Kapazitätsauslastung einer Organisation und den Fortschrittsstatus der Wertschöpfung jederzeit durch alle Beteiligten abzurufen.

Die Forderung nach Prozessorientierung entspricht also letztlich einem wachsenden Bedürfnis nach *besserer Integration der organisationalen Wertschöpfung.* Eine integrative Prozessorientierung lässt sich allerdings nicht – wie es Arbeiten des sogenannten Business Process Reengineering (Hammer & Champy, 1993) nahelegen wollten – mit analytischen Tools wie dem Entwerfen von Flow Charts oder mit dem Zeichnen neuer Organigramme auf dem Reissbrett bewerkstelligen. Vielmehr bedarf es hierzu einer grundlegenden, höchst anspruchsvollen Weiterentwicklung der *organisationalen Kommunikation und Zusammenarbeit* (Osterloh & Frost, 1996; Hammer & Stanton, 1999; Müller, 1999). Genau in diesem Sinne versteht das SGMM unter *Integration kommunikative Prozesse des Koordinierens von Aktivitäten*, der *Klärung* grundlegender Wert- und Erfolgsvorstellungen, der *Moderation* von Kontroversen, der *Stärkung von Beziehungen* wie auch der *Zugehörigkeit* zu einem übergeordneten Ganzen.

Integration weist somit drei zentrale Dimensionen auf: Erstens geht es *in inhaltlicher Hinsicht* je neu darum, ein vergemeinschaftetes Verständnis von Herausforderungen, Problemstellungen, Zukunftsperspektiven und Handlungsprioritäten zu entwickeln. Hierzu bedarf es zweitens *in prozessualer Hinsicht* der strukturierten Zusammenführung von Kommunikations- und Entscheidungsprozessen. Drittens gelingt Integration, z.B. über wechselseitige Perspektivenübernahmen zu bereichsübergreifenden Problemstellungen, nur dann, wenn durch die beteiligten Akteure in einer respektvollen Haltung tragfähige, möglichst vertrauensvolle Beziehungen aufgebaut und gepflegt werden – dies ist die Dimension der *Beziehungsgestaltung* von Integrationsanstrengungen.

Im Zentrum von Integrationsanstrengungen steht die Entwicklung von Kommunikationsformen, die allen drei genannten Dimensionen von Integration Rechnung tragen. Hierzu müssen thematisch fokussierte, kommunikativ strukturierte und menschlich verbindende *Kommunikationsplattformen* aufgebaut werden. Diese zeichnen sich je nach Integrationserfordernissen durch *eigene Sprach- und Visualisierungsformen* sowie durch geeignete räumliche und technische *Infrastrukturen* aus (siehe dazu Abbildung 35).

Aus Sicht einer Organisation als Ganzes kann das Zusammenspiel der verschiedenen Kommunikationsplattformen auch als *Kommunikationsarchitektur* bezeichnet werden. Eine Kommunikationsarchitektur ermöglicht und strukturiert die organisationale Kommunikation im Hinblick auf die Integration unterschiedlicher wertschöpfender Aktivitäten einer Organisation. Die Kommunikationsarchitektur bildet folglich das *integrierende Rückgrat* einer Organisation. Initiativen zur Stärkung der Prozessorientierung müssen deshalb an der Weiterentwicklung der gewachsenen Kommunikationsarchitektur ansetzen.

Kommunikationsplattformen sollten demzufolge strukturierte kommunikative Interaktionen ermöglichen, wechselseitige Perspektivenübernahmen fördern und zum Aufbau von „*Organisationsbewusstheit*" (Heintel & Krainz, 1994) beitragen. Damit ist ein breit abgestütztes, kollektiviertes Verständnis für die vielfältigen Abhängigkeiten und Gesamtzusammenhänge einer Organisation gemeint. Gleichzeitig muss – als zentrale Management-Aufgabe – die organisationsspezifische Kommunikationsarchitektur selbst fortlaufend weiterentwickelt werden, um je neu sicherzustellen, dass sich arbeitsteilige Wertschöpfungsaktivitäten, verteilte Entscheidungsprozesse und spezialisierte Teilsysteme sinnhaft aufeinander beziehen können.

Nur durch wiederholte Kommunikation im Rahmen einer adäquaten Kommunikationsarchitektur können sich *robuste, tragfähige Beziehungen* im Sinne einer „belastbaren Kollegialität" zwischen Akteuren (Individuen, Communities und (Teil-)Systemen) etablieren. Damit ist ein sich wechselseitig stützendes Zusammenspiel von Respekt, Wertschätzung und Vertrauen auf der einen Seite und der Bereitschaft, Konflikte offen und konstruktiv auszutragen, auf der anderen Seite gemeint. Eine solide Kommunikationsarchitektur spiegelt sich demzufolge auch in einer tragfähigen „*Beziehungsarchitektur*" wider. Vertrauensvolle Beziehungen bilden wiederum die Voraussetzung dafür, dass Wissen, Kompetenzen und Erfahrungen für die Beteiligten zugänglich sind und von ihnen zur Komplexitätshandhabung (Luhmann, 1989) genutzt werden können. Zudem ermöglichen robuste Beziehungen eine *Beschleunigung der Kommunikation.* Eine durchdachte, auf die Erfordernisse der organisationalen Entscheidungspraxis abgestimmte Kommunikationsarchitektur erweist sich als entscheidende Erfolgsvoraussetzung für wirksame Integration.

Wie bei der Differenzierung ist auch bei der Integration zwischen *interner* und *externer Integration* zu unterscheiden (Ulrich, 1984). Integration im *Aussenverhältnis* impliziert den Aufbau und die fortlaufende Weiterentwicklung kommunikativer Voraussetzungen, damit die Umwelt als existenzrelevanter Möglichkeits- und Erwartungsraum nachhaltig erschlossen werden kann. Im Zentrum steht die Strukturierung und Stärkung von Stakeholder-Beziehungen, um eine zweckmässige Ressourcenkonfiguration aufbauen und eine wirksame Nutzenstiftung sicherstellen zu können (etwa durch regelmässige Dialoge mit Schlüsselkunden oder Finanzinvestoren). Aktivitäten der externen Integration sind also äusserst wichtig, damit eine Organisation zur Stabilisierung ihrer Umwelt eine möglichst friktionsfreie und enttäuschungsarme Wertschöpfung erbringen kann. Die Qualität und Robustheit der hierzu erforderlichen Stakeholder-Beziehungen ist Ausdruck und Voraussetzung einer nachhaltigen Ko-Evolution von Umwelt und Organisation.

Im *Innenverhältnis* bedeutet Integration den Aufbau und die Weiterentwicklung von kommunikativen Voraussetzungen, damit aus der spezialisierten Wertschöpfung ausdifferenzierter Teilsysteme eine *kohärente Gesamtwertschöpfung* resultiert. Interne Integration bezieht sich somit auf die Strukturierung von Kommunikation und Interaktion zwischen Teilsystemen, um gemeinsam eine professionelle Wertschöpfung zu gewährleisten. Wirksame Integration kommt insbesondere in *teilsystem-übergreifend optimierten Geschäfts- und Unterstützungsprozessen* zum Ausdruck. Dies erfordert den Aufbau geeigneter Kommunikationsplattformen. Dazu kann die Etablierung eines Intranet-Systems, der Aufbau eines Management-Informationssystems (MIS), aber auch das Routinisieren regelmässiger Meetings, Workshops, Kurzabsprachen oder Eskalationspraktiken gehören.

Integration manifestiert sich aus Sicht des SGMM auch in Praktiken der *kommunikativen Vergemeinschaftung* – ein Aspekt, der sich besonders in tiefgreifenden Innovations- und Veränderungsprozessen als wichtig erweist (Nagel & Wimmer, 2014; Kanter, 1983; Pettigrew, 1987). In solchen Prozessen müssen Problemlagen, aber auch attraktive Zukunftsbilder immer wieder neu kommunikativ spezifiziert und vergemeinschaftet werden. Dabei erweist sich die Strukturierung von *Kommunikationsprozessen* als ebenso wichtig wie die Gestaltung der *thematischen Inhalte* (siehe dazu Abbildung 36) – weil gerade bei Veränderungsprozessen meist starke Emotionen mitschwingen (Fineman, 2000; Kiefer, 2002). Eine verlässliche bereichsübergreifende Zusammenarbeit erfordert wiederholt sorgfältige Erwartungsklärungen und Feedbacks im Bereich von Aufgaben, Kompetenzen und Verantwortlichkeiten. Das Ergebnis dieser Klärungen muss formalisiert werden z.B. in einem Organisationsreglement oder in einer Kompetenzordnung, oder visualisiert durch ein Organigramm.

2.1.3 Dynamische Stabilisierung realisiert sich in Prozessen des Öffnens und Schliessens

Die Weiterentwicklung organisationaler Wertschöpfung erfolgt in Prozessen des Öffnens und Schliessens. Diese dynamischen Prozesse müssen so ablaufen, dass sie die Stabilität der organisationalen Wertschöpfung nicht gefährden. Damit ist wiederum eine Paradoxie verbunden: Damit Organisationen längerfristig ihre Identität bewahren und ihre Wertschöpfung weiterentwickeln können, müssen sie *gleichermassen stabil und entwicklungsoffen* aufgebaut sein (Brown & Eisenhardt, 1997). Diese paradoxe *wechselseitige Bedingtheit von Stabilität und Veränderung* adressiert das SGMM unter dem Begriff der *dynamischen Stabilisierung*. Der Begriff „dynamische Stabilisierung" soll deutlich machen, dass sich Schliessen und Öffnen nicht ausschliessen, sondern vielmehr wechselseitig voraussetzen. In diesem Sinne steht der Begriff dynamische Stabilisierung gleichermassen sowohl für geordnete Entwicklung als auch für entwicklungsoffene Ordnung (Wimmer, 2012).

Aus einer prozessualen Sichtweise manifestiert sich die dynamische Stabilisierung einer Organisation in *Prozessen des Öffnens und Schliessens* (Latour, 2005):

- Unter *Öffnen* versteht das SGMM die Schaffung von Bedingungen, die selektiv spezifische Kontroversen zu bestimmten Aspekten der aktuellen organisationalen Wertschöpfung und ihrer Weiterentwicklung *zulassen, initiieren und fördern* (Latour, 2005; 2012). Kontroverse Aspekte der organisationalen Wertschöpfung sollen rechtzeitig hinterfragt, unhinterfragte Selbstverständlichkeiten thematisiert und auf breiter Basis kritisch-konstruktiv diskutiert werden dürfen, mit entsprechenden Implikationen für die Weiterentwicklung und Veränderung einer Organisation.

- Mit *Schliessen* ist demgegenüber genau das Umgekehrte gemeint: Kontroversen müssen abgeschlossen, kontroverse Aspekte geklärt und *ausser Frage gestellt werden können*. Es muss möglich sein, bestimmte Annahmen, Behauptungen und Setzungen ausser Streit zu stellen, sprich: in eine nicht weiter hinterfragte, als selbstverständlich akzeptierte Black Box einzupacken (Latour, 2005).

Dieses Öffnen und Schliessen lässt sich entlang von drei Dimensionen der Kommunikation fassbar machen, die untrennbar miteinander verbunden sind.

- Ein erster Bezugspunkt betrifft das *thematische* Öffnen und Schliessen organisationsspezifischer Kontroversen, d.h. die selektive Bearbeitung von Irritationen. Damit ist die *sachlich-thematische Gestaltungsdimension* angesprochen: Welche Aspekte der organisationalen Wertschöpfung und deren Weiterentwicklung sollen zu einer Kontroverse gemacht werden? In welcher thematischen Breite und Tiefe soll dies im Zeitablauf erfolgen? Wie viele solche Kontroversen sind verkraftbar? Wo sollen neue Kontroversen geöffnet, wo laufende geschlossen werden?

- Ein zweiter Bezugspunkt betrifft das Öffnen und Schliessen des *kommunikativen Zugangs* zu einer Kontroverse, d.h. die Breite der zugelassenen Beteiligung und des Engagements an dieser Kontroverse – eine Frage, die zweifellos eine mikropolitische Brisanz aufweist (Neuberger, 1995). Damit ist die *soziale Gestaltungsdimension* angesprochen: Wer soll überhaupt mitreden, und wer soll ausgeschlossen werden? Wie offen und breit soll eine Kontroverse geführt werden? Wie soll sich die Breite der Mitsprache im Verlaufe der Zeit verändern? Welche öffnenden und schliessenden Formen des kommunikativen Engagements (z.B. Projektarbeit, Grossgruppen-Konferenzen) sind im Zeitablauf angemessen?

- Ein dritter Bezugspunkt betrifft das Öffnen und Schliessen einer Kontroverse auf der *Zeitachse*. Damit ist die *zeitliche Gestaltungsdimension* angesprochen: Wann ist die Zeit reif, dass eine Kontroverse lanciert wird? Wie lange soll sie dauern? Wann sollen entsprechende Entscheidungen getroffen und die Diskussion wieder geschlossen werden?

Das dynamische Zusammenspiel von Öffnen und Schliessen weist dabei einen unmittelbaren Zusammenhang zur *kommunikativen Dimension der Systemgrenzen* einer Organisation auf (siehe Kapitel 1.2). Die Systemgrenzen einer Organisation sind der „Ort", an dem dieses Öffnen und Schliessen im Dienste der dynamischen Stabilisierung einer Organisation als Wertschöpfungssystem reguliert wird. So erfordert die Formierung einer Organisation mit Bezug zu ihrer Umwelt die Etablierung von Systemgrenzen, d.h. eine *selektive Schliessung* gegenüber vielen Umwelteinflüssen. Zugleich ermöglicht diese Schliessung eine *gesteigerte Offenheit* gegenüber spezifischen Umwelteinflüssen (Luhmann, 2002).

Genau dies passiert beispielsweise, wenn bei der Gründung einer Organisation wenige ausgewählte Bedürfnisse bestimmter weniger Zielgruppen als attraktive Möglichkeiten für vielversprechende Wertschöpfung und hierzu erforderliche Ressourcen identifiziert werden. Dabei werden gleichzeitig andere Bedürfnisse und Ressourcen ausgeschlossen, um sich umso konsequenter auf das konzentrieren zu können, was den Kern der angestrebten organisationalen Wertschöpfung und der hierzu erforderlichen Ressourcenkonfiguration ausmacht.

Gerade weil eine Systemgrenze vieles ausschliesst, kann ein System durch selektive Offenheit eine *systemspezifische Umweltresonanz* auf Umwelttrends und Trendbrüche entwickeln (Esposito, 2004). So reagieren Unternehmungen beispielsweise sensitiv auf Markt- und Konjunkturdaten, Zins- und Wechselkursentwicklungen. Politische Parteien interessieren sich für Wahlergebnisse und Wählertrends oder Kontroversen in dem von ihnen besetzten Themenspektrum. Universitäten orientieren sich an Abschlussquoten, Zitierhäufigkeiten und Rankings.

Diese selektive Umweltresonanz muss sich je nach Umweltdynamik ändern können, das heisst, die Systemgrenzen einer Organisation müssen sich durch Flexibilität auszeichnen, was ihre selektive Offenheit und Geschlossenheit betrifft. Flexibilität ist hinsichtlich aller drei skizzierten Dimensionen erforderlich – und eine Kernherausforderung im Change Management (Buschor 1996; Rüegg-Stürm, 2000; 2001; 2002). Es betrifft die Regulation der thematischen Breite und Tiefe einer Kontroverse, es betrifft die Exklusivität des kommunikativen Zugangs zu dieser Kontroverse, und es betrifft das Timing von Öffnen und Schliessen. Dieses Öffnen und Schliessen verkörpert im Hinblick auf die *Komplexitätsbewältigung* gewissermassen die Schlüsseloperation, welche eine Organisation mit Bezug auf eine sich weiterentwickelnde Umwelt leisten muss.

Auf jede Erwartungsenttäuschung zu reagieren, das heisst, eine Öffnung gegenüber zu vielen Umwelteinflüssen zuzulassen, würde die kohärente Weiterentwicklung organisationaler Wertschöpfung unmöglich machen. Eine Organisation würde mit Handlungsmöglichkeiten und Entscheidungsnotwendigkeiten überflutet.

Zusammenfassend ist die Stabilisierung organisationaler Wertschöpfungsprozesse, und mit einer damit verbundenen organisationalen Identität auf eine reflektierte Öffnung und Schliessung von Prozessen und damit auf eine *strukturierte Offenheit für Veränderung* angewiesen. Entscheidend ist ein konstruktives Oszillieren von Prozessen des Öffnens und Schliessens im Dienste einer dynamischen, d.h. entwicklungsoffenen Stabilisierung der organisationalen Wertschöpfung und ihrer Umwelt.

Gelingende Ko-Evolution einer Organisation mit ihrer Umwelt erfordert *permanent Veränderungen* im Bereich der selektiven Öffnung und Schliessung von organisationalen Prozessen und damit auch Veränderungen im Bereich der selektiven Resonanz auf Umwelteinflüsse. Solche Veränderungen sind indessen auf Stabilität und Legitimität angewiesen (Kanter, 1983; Pettigrew, 1987; Rüegg-Stürm, 2000). Der Aufbau von Legitimität für Wandelprozesse bemisst sich an einer klaren Ausrichtung auf *existenzrelevante Erwartungsenttäuschungen* und attraktive *unausgeschöpfte Ressourcen.* Dies bildet eine Voraussetzung dafür, dass sich das Zusammenspiel von organisationaler Wertschöpfung und Umwelt stabil weiterentwickeln kann.

Organisationale Wertschöpfung unternehmerisch weiterentwickeln – ein Beispiel

Am Beispiel der Entwicklung eines globalen Life-Science-Konzerns lässt sich idealtypisch zeigen, wie Veränderungen von Umwelt, organisationaler Wertschöpfung und Organisation über die Zeit hinweg zusammenspielen (Rüegg-Stürm, 2002). Dieses Beispiel illustriert, wie sich die Ausdifferenzierung der Umwelt als Möglichkeits- und Erwartungsraum in der internen Ausdifferenzierung der organisationalen Wertschöpfung widerspiegelt und welche Herausforderungen sich daraus für die externe Integration des Konzerns ergeben haben. Diese Entwicklung darf dabei nicht so interpretiert werden, als ob zwischen der Ausdifferenzierung der Umwelt und der Ausdifferenzierung der organisationalen Wertschöpfung ein klarer Kausalzusammenhang bestände. Vielmehr ist dieses Zusammenspiel als fragile Weiterentwicklung einer strukturellen Kopplung, als „structural drift" (Maturana & Varela, 1987) zu betrachten. Ein solcher „structural drift" hat sich im hier skizzierten Beispiel aus einem komplexen Zusammenspiel von wissenschaftlichen und unternehmerischen Potenzialen sowie ökonomischen Marktentwicklungen ergeben. Das Beispiel ist für eine Reihe von Unternehmungen in dieser Branche charakteristisch (Grand & Bartl, 2011).

Die Ursprünge einiger Konzerne in dieser Branche gehen bis in die Mitte des 18. Jahrhunderts zurück, als verschiedene Ursprungsunternehmungen „Drogenhandel" betrieben, das heisst, mit Heilpflanzen und sogenannten „Farbdrogen" (natürlichen Farbstoffen) handelten. Mitte des 19. Jahrhunderts begannen verschiedene Unternehmungen aufgrund des wissenschaftlichen Fortschritts in die Produktion synthetischer Farbstoffe für die rasch wachsende Textilindustrie zu investieren. Ende des 19. Jahrhunderts wurde mit den Gewinnen aus diesem Geschäft die Produktion von Medikamenten aufgebaut, in den dreissiger Jahren des 20. Jahrhunderts kamen die Produktion und der Vertrieb von Kunststoffen und Pflanzenschutzmitteln hinzu.

Bis in die achtziger Jahre hinein wurde die gesamte Wertschöpfung dieser Konzerne typischerweise formal nach Massgabe einer funktionalen Aufbaustruktur organisiert (siehe dazu den Blick in die Praxis, Kapitel 2), das heisst, die Prozesse des Organisierens orientierten sich an expertisezentrierten Überlegungen (Verkauf, Beschaffung, Produktion, Forschung und Entwicklung). Diese Aufbaustruktur spiegelte die damalige Form der Einbettung in die Umwelt wider. Im Zentrum stand dabei eine klare Ausrichtung der unternehmerischen Primärwertschöpfung auf den Fortschritt der Wissenschaft und auf dessen technologische Umsetzung vom Labor in die Massenproduktion.

Mitte der achtziger Jahre des 20. Jahrhunderts, als sich aufgrund des fortschreitenden Wachstums und der Globalisierung der Wirtschaft der Wettbewerb verstärkte, erfolgte bei einigen Unternehmungen in dieser Branche eine vorsichtige Transformation der funktionalen Aufbaustruktur in Richtung einer divisionalen Aufbaustruktur. Dies spiegelte die gestiegene Relevanz der ökonomischen Umwelt in Form einer Ausdifferenzierung der Märkte wider, die sich von Verkäufer- zu Käufermärkten wandelten. Es erfolgte eine Aufteilung aller forschungs- und marktbezogenen Aktivitäten der organisationalen Wertschöpfung in die drei zentralen Divisionen Pharma, Agrochemie und Industriechemikalien, während der grösste Teil der Produktion und entsprechend auch die Logistikaktivitäten aus Synergieüberlegungen zentralisiert weitergeführt wurden.

Der weiter zunehmende Wettbewerbsdruck führte Ende der achtziger Jahre im Fall der hier exemplarisch diskutierten Unternehmung dazu, dass diese drei Divisionen weiter ausdifferenziert wurden in Geschäftseinheiten wie z.B. Textilfarbstoffe, Textilchemikalien, Polymere, Additive und Pigmente. Aus dieser internen Ausdifferenzierung und weiteren Diversifikationsanstrengungen resultierte Anfang der neunziger Jahre ein breit und global aufgestellter Konzern mit etwa zwanzig Geschäftseinheiten, die von Pharma-Spezialitäten, Generika, Augenheilmitteln, Textilfarbstoffen, Polymeren, Composites, Additiven, Pflanzenschutzmitteln, Saatgut bis hin zu Laborsystemen reichten – alles Produkte, die mit wissenschaftlich fundierter Wertschöpfung im Bereich von Chemie und Pharma zu tun hatten. Diese Phase der siebziger und achtziger Jahre lässt sich somit als Phase der Öffnung beschreiben, was die Offenheit für wissenschaftliche Entwicklungen und deren kommerzielle Ausschöpfung betrifft.

Diese Entwicklung war allerdings mit grossen Herausforderungen verbunden: Erstens wuchs aufgrund von steigenden Flexibilitätsanforderungen der marktgetriebene Druck auf eine Aufspaltung der zentralen Produktions- und Logistikbereiche. Zweitens nahm der Aufwand für die interne Integration der organisationalen Wertschöpfung im Hinblick auf die Nutzung von Synergieeffekten explosionsartig zu. Drittens hatten viele Geschäftsfelder nicht die kritische Grösse, um im immer globaler werdenden Innovationswettbewerb bestehen zu können. Und viertens führten diese Breite an Geschäftsfeldern und die damit einhergehenden Integrationserfordernisse bei den verantwortlichen Manager-Communities zu Überforderungserscheinungen.

Vor diesem Hintergrund setzte Anfang der neunziger Jahre eine Phase der Schliessung ein, die im vorliegenden Fall Mitte der neunziger Jahre in eine grosse Fusion mit einem anderen, ähnlich konfigurierten Konzern mündete. Damit wurde angestrebt, wieder eine kritische Grösse im globalen Wettbewerb zu erreichen.

Doch schon kurz nach dieser Grossfusion erfolgte erneut eine Ausdifferenzierung der fusionierten Geschäftsfelder, um die nötige unternehmerische Flexibilität sicherzustellen und den Integrationsaufwand zu reduzieren – es folgte also nach der Integration durch Fusion sogleich wieder eine interne Differenzierung, die eine externe Differenzierung ermöglichte. Dabei wurde der Industriechemikalienbereich in eine eigenständige Gesellschaft umgewandelt, ausgelagert und an der Börse neuen Investoren verkauft. Das Agrogeschäft wurde mit dem Agrogeschäft eines anderen Konzerns fusioniert und ebenfalls an die Börse gebracht. Dadurch reduzierte sich der Integrationsaufwand, und andererseits konnte mit den erzielten Desinvestitionserlösen das Pharmageschäft gestärkt, weiter ausdifferenziert und die verbleibende Unternehmung zu einem Life-Science-Konzern ausgebaut werden.

Die gesamte Entwicklung dieses Konzerns, die sich ähnlich in verschiedenen Konzernen der Chemie- und Pharmaindustrie beobachten lässt, kann als Prozess einer fortschreitenden dynamischen Stabilisierung der organisationalen Wertschöpfung interpretiert werden, d.h. als dynamisches Oszillieren zwischen dem Realisieren von Vorteilen einer wachsenden Arbeitsteilung und Spezialisierung auf der einen Seite und dem systematischen Ausschöpfen von Synergien durch Integrationsanstrengungen auf der anderen Seite.

Organisationale Wertschöpfung unternehmerisch weiterentwickeln – Fragen zur unternehmerischen Reflexion

Nehmen Sie bitte die aktuelle Situation Ihrer Organisation und die Weiterentwicklung der organisationalen Wertschöpfung in den Blick, und zwar mit Bezug auf die Entwicklung der für Sie relevanten Umwelt. Versuchen Sie gemeinsam mit Ihren Kolleginnen und Kollegen, diese Ko-Evolution in ihrer zeitlichen Dynamik zu visualisieren. Identifizieren Sie so präzise wie möglich, welche Abhängigkeiten zwischen der Ausdifferenzierung der Umwelt und der Weiterentwicklung der Wertschöpfung Ihrer Organisation bestehen. Vertiefen Sie dabei insbesondere folgende Fragen:

- *Nach welchen Überlegungen sind in Ihrer Organisation zurzeit die zentralen Teilsysteme ausdifferenziert und wichtige Aktivitäten gebündelt (siehe dazu den Blick in die Praxis, Kapitel 2)? Wie hat sich diese Konstellation entwickelt, welche Vorteile und Nachteile sehen Sie darin?*

- *Was leistet diese Form der Ausdifferenzierung für die optimale Ausschöpfung der Umwelt als Möglichkeits- und Erwartungsraum? Welche Ressourcen können besonders gut mobilisiert werden, wie gut lassen sie sich zu einer robusten Ressourcenkonfiguration bündeln, und wo sehen Sie Verbesserungspotenziale?*

- *Worin bestehen aktuell die zentralen Integrationsaufgaben Ihrer Organisation? Auf welchen Kommunikationsplattformen werden diese bearbeitet?*

- *Wo zeichnet sich Ihre Organisation durch besonders viel Stabilität, wo durch Instabilität aus? Wie lässt sich dies erklären, und wie gehen Sie damit um? Wo ist eher Öffnen, wo eher Schliessen angesagt?*

- *Welche unternehmerischen Herausforderungen und Möglichkeiten ergeben sich daraus für eine förderliche Weiterentwicklung der Wertschöpfung Ihrer Organisation?*

2.2 **Durch tragfähige Entscheidungspraxis Gewissheiten erarbeiten**

2.2.0 Entscheidungen verkörpern kommunikative Errungenschaften

In Prozessen organisationaler Wertschöpfung ergibt sich – etwa als Folge spezieller Kundenwünsche, geforderter Produktanpassungen, attraktiver Innovationsimpulse, unerwarteter Kundenkritik, regulatorischer Auflagen, Fragen der Produktivität und Rentabilität oder überraschend auftretender Kapazitätsengpässe – fortlaufend die Notwendigkeit, Entscheidungen zu treffen. Unter Entscheidungspraxis versteht das SGMM *Kommunikationsprozesse, die Ungewissheit, Unsicherheit und Mehrdeutigkeit in kollektive Gewissheiten mit Selbstbindungswirkung transformieren.* Jede Entscheidung birgt allerdings das Risiko, dass sich später immer zeigen kann, dass es besser gewesen wäre, anders zu entscheiden (Baecker, 2003).

Entscheidungen einer Organisation sind auf *kollektive Akzeptanz* angewiesen, um *Verbindlichkeit* im Sinne von Selbstbindungswirkung zu entfalten. Aus Sicht des SGMM können Entscheidungen folglich nicht einfach von einzelnen Personen getroffen werden, sondern sie müssen in Kommunikationsprozessen verfertigt werden, wenn sie in der organisationalen Wertschöpfung und deren Weiterentwicklung Wirkung entfalten sollen. Organisationale Entscheidungen sind in diesem Sinne *kollektive kommunikative Errungenschaften.*

Kohärentes Entscheiden im Dienste arbeitsteiliger und verteilter Wertschöpfung und deren Weiterentwicklung bildet die Kernoperation einer Organisation. Folglich sind Organisationen nicht nur als Wertschöpfungssysteme zu sehen, sondern auch als *Entscheidungssysteme* (Luhmann, 1988; 2000; Simon, 2007), die aus vielen Irritationen und Optionen der Umwelt und aus der Vielfalt des organisationalen Geschehens bestimmte Möglichkeiten als unternehmerisch attraktiv auswählen und für die organisationale Wertschöpfung produktiv machen. In dieser *koordinierten Selektivität* kommt die spezifische Entscheidungs- und Handlungsfähigkeit einer Organisation zum Ausdruck.

Die organisationale Entscheidungspraxis weist aus der Sicht des SGMM drei Dimensionen auf: Erstens müssen *Irritationen* (Ideen, Möglichkeiten, Opportunitäten, Innovationsimpulse, Feedbacks, Kundenkritik, das heisst generell: vielfältige Erwartungsänderungen und Erwartungsenttäuschungen) in einer systematischen Form zu einem Thema gemacht und *als relevante Entscheidungsnotwendigkeiten auf die Agenda* geeigneter Kommunikationsplattformen gesetzt werden. Zweitens müssen diese Entscheidungsnotwendigkeiten in einer wirksamen und effizienten Art und Weise bearbeitet und *in kollektive Gewissheiten überführt* werden, um so die organisationale Wertschöpfung zu stabilisieren und deren Weiterentwicklung sicherzustellen. Dies geschieht durch die *Routinisierung von Bearbeitungsformen.* Drittens müssen fortlaufend Voraussetzungen geschaffen werden, dass je neu zeitgerecht tragfähige Entscheidungen getroffen werden können. Dies erfordert ein sorgfältiges Arbeiten an der *gemeinschaftlichen Entscheidungsfähigkeit.*

2.2.1 Entscheidungsnotwendigkeiten müssen systematisch zur Sprache gebracht werden

Eine Organisation wird in den Interaktionen mit ihrer Umwelt und bei der organisationalen Wertschöpfung fortlaufend mit unerwarteten Ereignissen, Kontroversen, Opportunitäten, überraschenden Erfolgen, aber auch Misserfolgen und Konflikten, mit sich ändernden Erwartungen und Herausforderungen, also mit einer grossen Vielfalt von Irritationen konfrontiert. Zugleich gibt es eine Reihe von wiederkehrenden Fragestellungen, die systematisch bearbeitet und entschieden werden müssen, z.B. das jährliche Budget, die finanzielle Mittelfristplanung, die jährliche Anpassung der Gehälter mit der Festlegung allfälliger Erfolgsbeteiligungen, die Planung des Firmenfests, oder Beförderungen qualifizierter Mitarbeitender.

Irritationen wie *systematische Fragestellungen* verkörpern *Entscheidungsnotwendigkeiten.* Über Entscheidungsnotwendigkeiten muss paradoxerweise deshalb entschieden werden, weil sie im Grunde genommen *unentscheidbar* sind. Unentscheidbar sind Entscheidungsnotwendigkeiten, weil es kein klares Entscheidungskalkül gibt (von Foerster, 1993). Ihre Bearbeitung ist mit einem hohen Mass an Ungewissheit und Unsicherheit sowie der Notwendigkeit kontroverser Bewertungen verbunden, sodass spezifische Expertise und Erfahrung mobilisiert werden müssen, um Irritationen mit Blick auf mögliche Entscheidungen zu interpretieren und zu beurteilen. Genau dies macht die Komplexität eines Systems oder einer Situation aus.

Komplex sind typischerweise (strategische) Fragestellungen und Festlegungen, die mit der unternehmerischen Weiterentwicklung und Zukunftssicherung einer Organisation im Zusammenhang stehen. Aus dieser Sicht muss eine Organisation immer wieder klären, welche Leistungen sie für ihre Umwelt erbringen will, auf welche Zielgruppen die Primärwertschöpfung ausgerichtet werden soll, welche Bedürfnisse und Erwartungen dieser Zielgruppen und weiterer Stakeholder adressiert werden sollen, wie hierzu die Wertschöpfungsprozesse ausgestaltet werden sollen, welche Anpassungen der Ressourcenkonfiguration hierzu erforderlich werden und in welcher Hinsicht Kooperationen aufgebaut bzw. weiterentwickelt werden sollen (siehe dazu Abbildung 26).

Irritationen sind keine problemlos greifbaren Aufgaben- und Problemstellungen. Sie müssen vielmehr erst einmal *zu sprachlich verständlichen, nachvollziehbaren Entscheidungsnotwendigkeiten („Issues") verfertigt* werden (Luhmann, 2000). Erst wenn Irritationen *kommunikativ in Erscheinung treten und auf Resonanz stossen*, werden sie als relevante Umweltereignisse und -entwicklungen in Form von organisationalen Issues bearbeitbar und können damit in einer gemeinsamen Auseinandersetzung auf ihre Bedeutung für die Wertschöpfung und deren Weiterentwicklung analysiert werden.

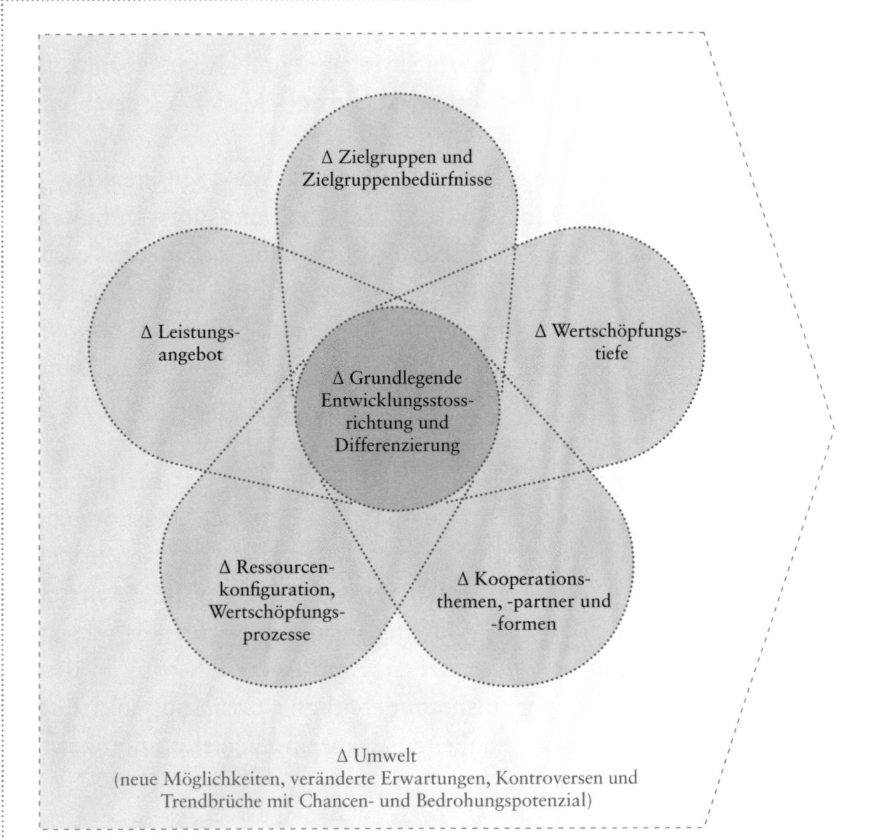

Abbildung 26 – Strategische Entscheidungsnotwendigkeiten (eigene Darstellung)
Aus der Weiterentwicklung der Umwelt als Möglichkeits- und Erwartungsraum können sich eine Reihe folgenreicher Entscheidungsnotwendigkeiten ergeben. Erstens muss entschieden werden, welche Entwicklungen der Umwelt überhaupt relevant sind. Dann müssen deren Auswirkungen bewertet werden, woraus sich Opportunitäten oder Bedrohungen ergeben können. Aus diesen Opportunitäten und Bedrohungen müssen Veränderungen der eigenen Wertschöpfung und der hierzu erforderlichen Ressourcenkonfiguration abgeleitet werden. Es ergeben sich somit Entscheidungsnotwendigkeiten bei der Bestimmung der zu adressierenden Zielgruppen und deren Bedürfnissen, bei der Gestaltung des Leistungsangebots (Primärwertschöpfung), bei der Bestimmung der Wertschöpfungstiefe (Insourcing oder Outsourcing), bei der Ressourcenkonfiguration und bei der Kooperationsgestaltung. Die Entscheidungsnotwendigkeiten werden durch ein Δ symbolisiert.

Irritationen müssen folglich *zu Entscheidungsnotwendigkeiten gemacht* und dabei in eine präzise Sprache übersetzt werden. Sie müssen als etwas qualifiziert werden, das aus Sicht einer Organisation als wichtig und dringend erachtet wird, *kollektive Aufmerksamkeit verdient* und entscheidungsreif aufgearbeitet werden muss, beispielsweise: In welcher Weise soll auf aggressive Preissenkungen der Konkurrenz reagiert werden? Wie kann eine neue Technologie in den etablierten Produkten nutzenstiftend integriert werden? Wie kann konstruktiv auf unerwartete Kundenkritik eingegangen werden? Wie wird mit substanziellen Lohnforderungen der Mitarbeitenden verfahren? Wie werden aus einem Produktionsunfall die richtigen Lehren gezogen?

Dabei ist es gleichermassen wesentlich und herausforderungsreich, dass Entscheidungsnotwendigkeiten (ob als situative Irritationen oder als systematische Fragestellungen), sobald sie als solche erkannt und artikuliert sind, kompetent an einem „geeigneten Ort" diskutiert und entschieden werden können.

Damit verbunden ist eine erste kommunikative Selektions-, Sensemaking- und Strukturierungsleistung. Dabei müssen Entscheidungsnotwendigkeiten, sobald sie als *relevante Themen anerkannt* werden und damit sozusagen ins Spektrum wichtiger Themen einer Organisation Eingang finden, auf geeigneten Kommunikationsplattformen *als Tagungspunkte bzw. Traktanden gesetzt* werden. Dies ist eine Frage des *„Agenda Settings"* (Dutton & Duncan, 1987; Dutton & Ashford, 1993): Wo, durch wen und wann, das heisst, auf welcher Kommunikationsplattform soll ein Thema auf die jeweilige Agenda gesetzt und diskutiert werden? Und wie soll insgesamt das sachliche und zeitliche Zusammenspiel der Thematisierung von Entscheidungsnotwendigkeiten aussehen, das heisst, welche Issues sollen wann und wo auf welche Agenda gesetzt werden? Unter *„Agenda Setting"* ist somit die Bewirtschaftung der *organisationalen Agenda,* d.h. des gesamten Spektrums relevanter Themen einer Organisation, zu verstehen. Zum Agenda Setting in diesem weiten Sinne verstanden gehört insbesondere die Priorisierung und Zuordnung von Entscheidungsnotwendigkeiten zu spezifischen Kommunikationsplattformen einer Organisation.

Damit eine Entscheidungsnotwendigkeit *am richtigen Ort* und *zu einem günstigen Zeitpunkt* auf die Agenda gelangt, braucht es für alle in einer Organisation tätigen Mitarbeitenden ein solides *Beurteilungsvermögen* („Judgment": Griesbach & Grand, 2013), wie überhaupt mit einer Entscheidungsnotwendigkeit zu verfahren ist. Dazu gehören Kenntnisse, wie die allgemeine Kommunikationsarchitektur mit informellen Klärungsplattformen und formellen Entscheidungsgremien für die Bearbeitung von Issues überhaupt ausgestaltet ist (siehe dazu Abbildung 35). Was die Identifikation formeller Entscheidungsgremien betrifft, enthalten das Organisationsreglement und die Kompetenzordnung einer Organisation erste hilfreiche Angaben.

Beim Aufspüren einer geeigneten Kommunikationsplattform muss geklärt werden, worin *das eigentliche Thema der Entscheidungsnotwendigkeit* besteht: Soll ein Issue wie beispielsweise steigender Kostendruck in wichtigen Zielmärkten zu einer unternehmerischen Opportunität gemacht werden oder zu einer Aufgabe für das Marketing oder gar zu einer Frage der gesellschaftlichen Verantwortung? Je nachdem, wie das eigentliche Thema formuliert wird, hat das Konsequenzen, wer bzw. welche Gremien hierzu einerseits fachliche Kompetenzen haben und andererseits auch die erforderlichen Ressourcen für die weitere Bearbeitung einer solchen Entscheidungsnotwendigkeit mobilisieren können.

Schliesslich reicht es je nach Bedeutung eines Themas nicht aus, dass eine Entscheidungsnotwendigkeit nur an einem Ort, auf einer Agenda auftaucht. Wenn die Weiterverfolgung und Realisierung einer Opportunität z.B. mit einem hohen Investitionsbedarf verbunden ist, kann es sein, dass sie einen ganzen Gremienweg bis zu einer Verwaltungsratssitzung durchlaufen muss oder dass ganz unterschiedliche Expertisen von Forschung über Verkauf bis Logistik mobilisiert werden müssen. Mit anderen Worten braucht es unter Umständen eine umfangreiche *Bearbeitungsform* zur Klärung einer Entscheidungsnotwendigkeit (siehe Kapitel 2.2.2).

Eine zweite kommunikative Selektions-, Sensemaking- und Strukturierungsleistung betrifft die Frage, *in welcher Form*, zu *welchem Zeitpunkt* und mit *welchem Zeitbudget* Themen, die als relevant erachtet werden, auf den entsprechenden Kommunikationsplattformen erscheinen, diskutiert und entschieden werden. Hier spielt wiederum der Begriff Agenda eine wichtige Rolle, dieses Mal aber enger verstanden als Tagungsordnung bzw. Traktandenliste einer bestimmten Sitzung oder eines Workshops. Dabei macht es einen grossen Unterschied, ob ein Thema, beispielsweise eine neuartige technologische Entwicklung, als ausgereifter Business Case oder als allgemeine Information am Schluss einer Geschäftsleitungssitzung auftaucht, ob als detailliert schriftlich ausgearbeitete Entscheidungsgrundlage oder als spontaner mündlicher Denkimpuls. Mit Hilfe einer Tagungsordnung wird kommunikativ strukturiert, wie relevante Themen vorgestellt, diskutiert und je nach Einschätzung schliesslich weiteren Klärungs- und Bearbeitungsschritten zugeführt werden.

Eine Tagungsordnung (Agenda in einem engeren Sinne) ist folglich ein äusserst wichtiges *Hilfsmittel zur Strukturierung von Kommunikations- und Entscheidungsprozessen*. Auf einer Agenda finden sich, in einer bestimmten Reihenfolge geordnet, die zu bearbeitenden Themenstellungen und Anträge (Tagungspunkte, Traktanden). Jeder Tagungspunkt wird idealerweise ergänzt mit einer Kurzumschreibung des erwarteten Ergebnisses (z.B. Information, Erwartungsklärung, Diskussion, Entscheidung), mit dem vorgesehenen Zeitbedarf, mit der verantwortlichen Person pro Themenstellung und allenfalls mit einer kurzen Umschreibung der Arbeitsform und hierzu erforderlicher Visualisierungshilfsmittel.

Beide skizzierten Formen des Agenda Settings, verstanden als kommunikative Selektions-, Sensemaking- und Strukturierungsleistung, müssen dazu beitragen, dass Entscheidungsnotwendigkeiten nicht unnötig wertvolle Kommunikationszeit absorbieren, sondern *so einfach und so rasch wie möglich auf der richtigen Kommunikationsplattform* adressiert und wenn möglich abschliessend einer wirkungsvollen Bearbeitung zugeführt werden können. Dabei unterscheidet das SGMM zwischen der Bearbeitung von Entscheidungsnotwendigkeiten in *Prozessen des Organisierens,* die immer wieder konsequent auf Schliessung, Realisierung und Stabilisierung hinwirkt, und der Bearbeitung in der *Management-Praxis,* die gewisse Ungewissheiten und Kontroversen auch einmal über längere Zeit aushalten muss (siehe Kapitel 3.2). Darüber hinaus gehört es zu den wichtigsten Management-Aufgaben, die Prozesse einer präzisen Artikulation von Entscheidungsnotwendigkeiten als relevante Issues der organisationalen Agenda angemessen zu strukturieren und deren Zuordnung zu geeigneten Kommunikationsplattformen zu routinisieren, um eine wirkungsvolle und effiziente Entscheidungspraxis sicherzustellen.

2.2.2 Effiziente Entscheidungspraxis bedarf routinisierter Bearbeitungsformen

Obwohl jede Entscheidungsnotwendigkeit als solche letztlich einmalig ist, treten bei der organisationalen Wertschöpfung viele ähnlich gelagerte Entscheidungsnotwendigkeiten *wiederholt* auf. Es wäre ineffizient und unzweckmässig, hierzu jedes Mal neu spezifizieren zu müssen, in welcher Form der Zusammenarbeit eine solche Entscheidungsnotwendigkeit zu bearbeiten ist. Deshalb müssen Organisationen *Entscheidungsnotwendigkeiten typisieren* und geeignete *routinisierte Bearbeitungsformen* entwickeln, um ähnlich gelagerte Entscheidungsnotwendigkeiten unter systematischer Nutzung von verteilter Expertise kompetent, rasch und effizient bearbeiten zu können. Typische Bearbeitungsformen sind beispielsweise Auswahlprozesse von Lieferanten oder neuen Mitarbeitenden, Prozesse der Patientenaufnahme und -entlassung in einem Krankenhaus, Prozesse der Priorisierung von Produktionskapazitäten oder des Umgangs mit Verbesserungsvorschlägen von Mitarbeitenden.

Das SGMM definiert Bearbeitungsformen als *arbeitsteilig strukturierte, kollektiv verankerte, routinisierte Kommunikations-, Entscheidungs- und Handlungsmuster* für den Umgang mit wiederholt auftretenden Entscheidungsnotwendigkeiten. Diese Muster unterscheiden sich dadurch, dass sie mehr oder weniger strukturiert, verbreitet, dokumentiert und formalisiert sein können (z.B. Anstellung von Mitarbeitenden, Priorisieren von Projekten, Aufnahme bzw. Entlassung von Patientinnen im Spital, Auswahl neuer Lieferanten, Bearbeitung grosser Investitionsvorhaben).

Bei der Spezifikation einer Bearbeitungsform muss erstens geklärt werden, durch wen, in welcher Abfolge, in welcher Zeit, *auf welcher Kommunikationsplattform und mit Hilfe welcher Tools* Entscheidungsnotwendigkeiten bearbeitet und entschieden werden sollen. Statt jede Entscheidung als völlig neuartig zu betrachten, wird auf diese Weise die Bearbeitung einer Entscheidungsnotwendigkeit nach Massgabe vergleichbarer, bereits durchlaufener Entscheidungen strukturiert und durch die Mobilisierung bereits bewährter Entscheidungsmuster vollzogen. Eine Häufung von Dauerkonflikten, die nicht entschieden werden, oder von systematischen Fehlentscheidungen, die wenig oder eine falsche Wirkung entfalten, deutet darauf hin, dass Defizite im Bereich der erforderlichen Bearbeitungsformen bestehen.

Bearbeitungsformen beziehen sich zweitens nicht nur auf einzelne Aktivitäten und Entscheidungen, sondern auf Netzwerke von *sich wechselseitig aufeinander beziehenden Entscheidungen*, die aneinander anschliessen, aufeinander aufbauen und sich gegenseitig beeinflussen (Luhmann, 1988). Sie sind oft auf bereichsübergreifende Kooperation unterschiedlicher Teilbereiche einer Organisation angewiesen, bei einem Produktinnovationsprozess beispielsweise auf Forschung und Entwicklung, Produktion, Logistik, Rechnungswesen und Marketing oder bei einem Auftragsabwicklungsprozess auf Verkauf, Konstruktion, Beschaffung, Produktion, Spedition, Rechnungswesen und Fakturierung.

Da in der organisationalen Wertschöpfung und deren Weiterentwicklung eine Vielzahl von Entscheidungsnotwendigkeiten zu bearbeiten und eine Vielzahl von Teilleistungen zu erbringen und zu integrieren sind, muss drittens ein gut aufeinander abgestimmtes *Repertoire von Bearbeitungsformen* entwickelt werden, das dem massgeschneiderten Umgang mit unterschiedlichsten Ereignissen, Aufgaben und Problemstellungen dienlich ist. Ein solches Repertoire muss, ähnlich dem Repertoire von Spielzügen eines Fussballteams, *situativ mobilisiert* und über unterschiedliche Situationen hinweg *stabilisiert und fortlaufend optimiert* werden.

Viertens unterscheiden sich Bearbeitungsformen im *Grad ihrer Skalierung:* Bearbeitungsformen lassen sich in unterschiedlichem Detaillierungsgrad beschreiben. Eingespielte Handlungsabläufe in der Produktion haben genauso die Qualität von Bearbeitungsformen wie strukturierte Personalgewinnungs- und Personalentwicklungsprozesse oder die zusammenhängende Strukturierung eines gesamten Auftragsabwicklungsprozesses.

Fünftens ist die Bearbeitung von Entscheidungsnotwendigkeiten *unmittelbar eingebettet in die alltägliche organisationale Wertschöpfung.* Sie geht oftmals nahezu unmerklich mit den Wertschöpfungsprozessen einher, weil es diese Wertschöpfung selbst ist, welche ständig Entscheidungsnotwendigkeiten verursacht. Dies wird etwa deutlich bei genauerem Betrachten einer Prozesslandkarte (siehe Blick in die Praxis, Kapitel 2). So ist im Auslieferungsprozess von Produkten bei den Speditionsarbeiten immer wieder zu entscheiden, welches aktuell der rascheste Weg zum Kunden ist, was bei einem Stau auf der Strasse oder bei einem Streik von Logistik-Partnern zu unternehmen ist.

So konstituieren sich Geschäfts- und Unterstützungsprozesse zum einen aus *unmittelbar wertschöpfenden Aktivitäten* für die Wertschöpfungsadressaten (z.B. Kunden, Bürgerinnen, Studierende, Patientinnen). Dazu kann die telefonische Erfassung eines Kundenbedürfnisses oder die Beantwortung einer Kundenanfrage gehören. Eingebettet in und untrennbar verbunden mit diesen Wertschöpfungsaktivitäten ist zum anderen aber auch die *Bearbeitung von Entscheidungsnotwendigkeiten:* Welche Patientinnen sollen auf dem Notfall eines Krankenhauses als erste behandelt werden? Welche Bewerber auf eine neue Stelle sollen als erste eingeladen werden? Welche Entwicklungsvorhaben sollen in einem Innovationsprozess prioritär verfolgt werden?

Gerade weil eine *gezielte Systematisierung und Optimierung* der Bearbeitung solcher direkt in die organisationale Wertschöpfung eingebetteten Entscheidungsnotwendigkeiten in der Hektik der Alltagsarbeit oftmals unterzugehen droht, ist sechstens eine *wiederholte sorgfältige Weiterentwicklung* routinisierter Bearbeitungsformen eine zentrale Management-Aufgabe. Solche *reflexiven Optimierungsanstrengungen* machen den Unterschied aus zwischen dem routinisierten Vollzug von Bearbeitungsformen und von Management als reflexiver Gestaltungspraxis (siehe Kapitel 3). Letztere ist durch ein distanziertes, kritisch-kreatives Verhältnis zur bewährten und stabilen Entscheidungspraxis gekennzeichnet.

Bearbeitungsformen etablieren sich siebtens durch *Routinisierung.* Eingespielte Bearbeitungsformen versteht das SGMM demzufolge als *organisationale Routinen* (Feldman, 2000; 2003). Mit dem Begriff Routinisierung wird deutlich, dass Bearbeitungsformen keine vorfindlichen Entitäten sind, die durch einen einmaligen Gestaltungsakt geschaffen und dann als selbstverständlich vorausgesetzt werden können. Die Etablierung und Anwendung von Routinen ist vielmehr ein *fortlaufender dynamischer Prozess* (Feldman & Orlikowski, 2011), das heisst, die Routinisierung von Kommunikations-, Entscheidungs- und Handlungsmustern wird durch deren „Selbstverständlichwerden“ im Alltagsgeschehen, durch stetige Sozialisation und durch fortlaufende situative Anwendungen dynamisch stabilisiert (Berger & Luckmann, 1966).

Dies erklärt, warum Routinen die effiziente und rasche Bearbeitung unterschiedlichster Aufgaben in einem nahezu automatisierten, selbstverständlichen Sinn ermöglichen und zugleich für immer wieder neue Situationen und Aufgaben produktiv gemacht werden können (Becker, 2004; 2008). Die Anwendung von Routinen impliziert somit *keine identische Reproduktion* von Handlungsabläufen und Entscheidungsprozessen (Feldman & Orlikowski, 2011; Salvato & Rerup, 2011). Sie umfasst vielmehr immer ein *kreatives Wirkmoment* der situativen, improvisierenden Einpassung und Anpassung (Salvato, 2009). Dies geschieht beispielsweise, wenn Kunden mit Sonderwünschen an eine Unternehmung herantreten, wenn neue Technologien für die bestehende Produktion fruchtbar gemacht oder wenn neue rechtliche Anforderungen in einen etablierten Kundengewinnungsprozess integriert werden müssen.

2.2.3 Wirksame Entscheidungspraxis erfordert Entscheidungsfähigkeit

Das Zustandekommen wirksamer Entscheidungen in Organisationen ist nicht selbstverständlich, sondern es setzt Entscheidungsfähigkeit voraus. Das SGMM versteht unter der Sicherstellung von Entscheidungsfähigkeit die in jedem Entscheidungsprozess *mitlaufende Verfertigung von Voraussetzungen,* die dazu beitragen, dass in einer Organisation *immer wieder wirksame Entscheidungen getroffen* werden können.

Entscheidungsfähigkeit impliziert somit die Schaffung von Voraussetzungen dafür, dass Entscheidungen, die bei der organisationalen Wertschöpfung und deren Weiterentwicklung getroffen werden müssen, auf der Grundlage von freiwilliger Loyalität tatsächlich *zu verbindlichen Bezugspunkten* weiterer Kommunikationen, Entscheidungen und Handlungen werden. Dies bedeutet, dass eine Entscheidung dadurch wirksam wird, dass sie in kommunikativen Auseinandersetzungen kraft kollektiver Akzeptanz immer wieder neu referenziert und bestätigt wird und so faktisch Wirkung entfaltet. Zugleich geht es in der täglichen Entscheidungspraxis um die Schaffung von Voraussetzungen dafür, dass auch morgen und übermorgen weitere Entscheidungen getroffen und wirksam werden können.

Das Zustandekommen wirksamer Entscheidungen ist nicht zuletzt deshalb anspruchsvoll, weil sie *oft mit Zumutungen verknüpft* sind, denn Entscheidungen „scheiden“, indem sie die Verwirklichung bestimmter Möglichkeiten zugunsten anderer Möglichkeiten zurückstellen oder gar ausschliessen (Gross, 1994). Dies trifft auch auf Entscheidungsprozesse selbst zu: Wenn z.B. aufgrund beschränkter Ressourcen bestimmte Entscheidungen zugunsten anderer Entscheidungen in die Zukunft verschoben werden, führt dies für die davon Betroffenen zu anhaltender Ungewissheit und Unsicherheit.

Entscheidungen sind somit immer auch von einem *mikropolitischen Wirkmoment* geprägt (Küpper & Felch, 2000; Neuberger, 1995; Pettigrew, 1973). Sie begünstigen oder behindern berufliche Entwicklungsmöglichkeiten, sie stärken oder mindern Einflussmöglichkeiten auf die Weiterentwicklung des eigenen Arbeitsbereichs, sie unterstützen die Verwirklichung bestimmter Lebensentwürfe und Projekte und lassen gleichzeitig die Realisation anderer eher unwahrscheinlicher werden.

Organisationale Entscheidungsfähigkeit findet ihren Ausdruck insbesondere in vier Voraussetzungen und Qualitäten wirksamer Entscheidungsprozesse, nämlich: kommunikative Anschlussfähigkeit, Legitimität, kommunikative Sorgfalt und Macht.

Damit Entscheidungen zustande kommen und Wirksamkeit entfalten können, müssen sie erstens *sinnhaft ins organisationale Alltags- und Entwicklungsgeschehen eingeordnet* werden können. Dies umschreibt die *kommunikative Anschlussfähigkeit* einer Entscheidung. Erleichtert wird dies, wenn der Gegenstand einer Entscheidung bereits Thema der organisationalen Kommunikation ist, auf verschiedenen Agenden auftaucht und im Fokus der allgemeinen Aufmerksamkeit steht. Dies kann der Fall sein, wenn beispielsweise seit Längerem diskutiert wird, das Leistungsangebot einer Unternehmung auszuweiten oder deren Filialnetz zu straffen. Wesentlich für die kommunikative Anschlussfähigkeit sind auch der kommunikative Kontext, in dem eine Entscheidung für die mittelbar Betroffenen (möglichst verständlich) mitgeteilt wird, und die kommunikative Form, die hierzu gewählt wird.

Entscheidungen haben zweitens dann eine bessere Chance auf Wirksamkeit und Umsetzung, wenn sie *als legitim anerkannt* werden. Dies ist der Fall, wenn sie sorgfältig begründet werden, wenn diese Begründungen nachvollzogen werden können und wenn die Verteilung der mit einer Entscheidung verbundenen Zumutungen als fair wahrgenommen wird. Dabei hängt Legitimität nicht nur von inhaltlichen Gesichtspunkten ab. Ebenso wichtig ist die wahrgenommene Legitimität des Entscheidungsprozesses selbst (Suchman, 1995): Sind die für eine bestimmte Entscheidung *vorgesehenen Kommunikationswege eingehalten* worden? Sind Akteure, die von der Entscheidung *betroffen* sind, *einbezogen* worden? Ist jenes Mindestmass an *Zeit* eingeräumt worden, das für eine sorgfältige Auseinandersetzung mit der fraglichen Entscheidungsnotwendigkeit als unerlässlich betrachtet wird? Schliesslich hängt die Legitimität einer Entscheidung wesentlich davon ab, inwiefern den verantwortlichen Beteiligten Integrität, Glaubwürdigkeit, Kompetenz und Reputation zugeschrieben wird.

Die Verbindlichkeit und Wirksamkeit von Entscheidungen hängt drittens von *kommunikativer Sorgfalt und sprachlicher Präzision* ab, also davon, inwiefern es gelingt, Entscheidungen in Kommunikationsprozessen erfolgreich mit möglichst klaren Entscheidungskriterien und homogenen Erwartungen „aufzuladen". Hierbei ist es von grundlegender Bedeutung, inwiefern in Entscheidungsprozessen wiederholt eine sorgfältige *Erwartungsklärung* und Erwartungssteuerung erbracht wird, was seinerseits von einer Kultur des *respektvollen Zuhörens* abhängt.

Organisationale Entscheidungsfähigkeit steht viertens in einem engen Zusammenhang mit *Macht, die bestimmte Möglichkeiten und Optionen mit Durchsetzbarkeit auflädt* (Crozier & Friedberg, 1977; Neuberger, 1995). Aus systemischer Sicht hängt Macht von der *wechselseitigen Einschätzung der Abhängigkeit und Austauschbarkeit* ab, welche die Beziehung zwischen Individuen, Organisation und deren Teilsysteme prägt. Macht ausüben kann immer derjenige, der sich in einer Beziehung als weniger austauschbar erlebt (Simon, 2007). Zudem hängt die Wirksamkeit der Ausübung von Macht wesentlich davon ab, inwiefern sie *als legitim und fair wahrgenommen* wird.

Dies ist etwa dann der Fall, wenn erkannt werden kann, dass eine Organisation von Praktiken der Machtausübung und den so erwirkten Entscheidungen profitieren kann. So ist es beispielsweise bei der Akquisition einer Unternehmung oder bei der Anstellung neuer Mitarbeitender aus Vertraulichkeitsgründen oftmals nicht möglich, all diejenigen in den Entscheidungsprozess einzubeziehen, die durchaus den berechtigten Anspruch hätten, einbezogen zu werden. Solange in einer solchen Situation erkannt werden kann, dass dies im Dienste der Gesamtorganisation und nicht zur Realisation persönlicher Vorteile erfolgt ist, wirken solche Praktiken nicht der organisationalen Entscheidungsfähigkeit abträglich.

Durch tragfähige Entscheidungspraxis Gewissheiten erarbeiten – ein Beispiel

In einer Zeit, in der als Folge der Ausdifferenzierung von Gesellschaft und Wirtschaft Kompetenz und Expertise gleichermassen knapper und wichtiger werden („Knowledge Society": Drucker, 1993), zählen Personalgewinnungsprozesse zu den existenzkritischen Aktivitäten vieler Organisationen.

In diesem Zusammenhang kann eine Reihe kritischer Entscheidungsnotwendigkeiten auftreten. So können sich als Folge der Entwicklung neuer Technologien oder der Verschärfung des Wettbewerbs die Fragen ergeben, ob die Kompetenzbasis der Mitarbeitenden immer noch den strategischen Entwicklungsherausforderungen einer Organisation zu genügen vermag, ob für neu auftauchende Aufgabenfelder neue Stellen geschaffen werden müssen, wie die neuartigen Anforderungsprofile in Stellenausschreibungen übersetzt werden sollen, in welchen Medien diese Stellenbeschreibungen platziert werden sollen, ob Personal für eine bestimmte Stelle eher intern oder extern gesucht werden soll, ob schliesslich der Person A oder der Person B der Vorrang gegeben und wie die ausgewählte Person möglichst wirkungsvoll in die organisationale Wertschöpfung integriert werden soll.

Für die wiederholte Identifikation und Bearbeitung solcher Fragestellungen müssen geeignete Bearbeitungsformen entwickelt und routinisiert werden, damit rechtzeitig die hierfür gewünschte Expertise mobilisiert und die hierzu erforderliche Kooperation erlernt und verankert werden kann. Konkret müssen in ähnlicher Form wie bei der Gestaltung von Prozessen (siehe dazu den Blick in die Praxis, Kapitel 2 und Kapitel 2.1.2) das Zusammenspiel aller Verantwortlichen im Zeitablauf, die Form der eingesetzten Strukturierungshilfsmittel, die allfällige Hinzuziehung externer Expertinnen oder die erwünschten Feedbackformen gemeinsam geklärt und spezifiziert werden.

In der Entscheidungspraxis selbst muss permanent die erforderliche Entscheidungsfähigkeit sichergestellt werden. Hierzu ist es wichtig, für bestimmte Entscheidungsnotwendigkeiten rechtzeitig ein breit abgestütztes Grundverständnis aufzubauen. Mit den betreffenden Gremien und Personen müssen im Sinne der Erwartungsklärung und Erwartungssteuerung Kompetenzen und Verantwortlichkeiten festgelegt werden. Gerade weil Personalgewinnungsprozesse ein gewisses Mass an Verschwiegenheit erfordern und oft mit starken (mikropolitischen) Interessen gekoppelt sind, müssen sie von den Beteiligten und Betroffenen als fair wahrgenommen werden. Dabei spielen ein geschickter kommunikativer Einbezug der Betroffenen und die Schaffung zweckmässiger Möglichkeiten der Mitwirkung eine zentrale Rolle.

Durch tragfähige Entscheidungspraxis Gewissheiten erarbeiten – Fragen zur unternehmerischen Reflexion

In Diskussionen mit Kolleginnen und Kollegen im Verwaltungsrat, in der Geschäftsleitung oder in Ihrer Manager-Community setzen Sie sich mit der aktuellen und zukünftigen Wertschöpfung Ihrer Organisation auseinander. Werfen Sie einen möglichst präzisen Blick auf die Art und Weise, wie dabei wichtige Problemstellungen bearbeitet und Entscheidungen getroffen werden. Identifizieren Sie drei Themenstellungen, die besonders oft zu Kontroversen, Friktionen und Konflikten führen. Diskutieren Sie dazu folgende Fragen:

- *Worin besteht die Primärwertschöpfung Ihrer Organisation? Was verhilft Ihrer Organisation im Vergleich zu anderen Organisationen zu einer besonderen Qualität und Robustheit über die Zeit und zu Einzigartigkeit im Wettbewerb?*

- *Wo sehen Sie die anspruchsvollsten Entscheidungsnotwendigkeiten, die mit Bezug zur Primärwertschöpfung wiederholt bearbeitet werden müssen? Wie ist sichergestellt, dass sich diejenigen einbringen können, die über relevante Expertise verfügen?*

- *Bei der Bearbeitung welcher Entscheidungsnotwendigkeiten erkennen Sie einen deutlichen Bedarf einer stärkeren Strukturierung, was das bereichsübergreifende Zusammenspiel von Entscheidungsprozessen, Gremien und Kommunikationsplattformen betrifft?*

- *Was müsste aus Ihrer Sicht einmal genauer reflektiert und weiterentwickelt werden, damit erarbeitete Entscheidungen rascher Wirkung entfalten und verbindlich (mit spürbarem Commitment) umgesetzt werden (können)?*

2.3 **Durch einen Referenzrahmen kollektive Orientierung vermitteln**

2.3.0 Kohärentes Entscheiden erfordert geklärte Wertvorstellungen

Bei der arbeitsteiligen Wertschöpfung einer Organisation werden parallel und verteilt eine Vielzahl von Kommunikationen, Entscheidungen und Handlungen vollzogen. Diese müssen sinnhaft aufeinander bezogen werden können, damit trotz der Flüchtigkeit, räumlichen und örtlichen Verteiltheit, Unberechenbarkeit und Ungewissheit des organisationalen Alltagsgeschehens eine *kohärente, verlässliche Wertschöpfung* für die existenzrelevante Umwelt erbracht werden kann.

Ermöglicht wird dies durch ein gemeinsames Referenzieren auf orientierende Bezugspunkte, Wert- und Erfolgsvorstellungen (z.B. Auslastungsgrad, Kundenzufriedenheit, Produktivität, Nachhaltigkeit, moralische Integrität). Als Referenzrahmen versteht das SGMM die *Gesamtheit an kollektivierten, selbstverständlich als relevant und gültig anerkannten, grundsätzlich ausser Frage gestellten Bezugspunkten und Wert- und Erfolgsvorstellungen,* die in der organisationalen Alltagspraxis referenziert und fortlaufend weiterentwickelt werden.

Der organisationsspezifische Referenzrahmen wirkt als kollektiv relevantes *Sinn- und Orientierungsgerüst.* Dieses dient dazu, im Kontext arbeitsteiligen und verteilten Zusammenwirkens dem flüchtigen Erlebens- und Geschehensstrom *Bedeutung und Sinn* abzugewinnen. Es trägt dazu bei, beobachtete Ereignisse und Entwicklungen zu interpretieren, in einen grösseren Zusammenhang einzuordnen und zu bewerten. Mit Hilfe des Referenzrahmens können auch zukünftige Ereignisse und Entwicklungen im Hinblick auf ihre Erwartbarkeit eingeschätzt werden. Der organisationale Referenzrahmen ist somit vergleichbar mit einer intellektuellen Ressourcenkonfiguration, d.h. dem spezifischen *Wissensvorrat* einer Organisation, der die Prozesse der alltäglichen Sinnkonstitution mit Sinnschemata versorgt (Berger & Luckmann, 1966; Eberle, 1984; 2000; Weick, 1995).

Zudem hat der Referenzrahmen eine wichtige Funktion für die *Legitimation* laufender Kommunikationen, Entscheidungen und Handlungen (Boltanski & Thévenot, 1991; Karpik, 2010). Diese Legitimation steht dabei in einem engen Zusammenhang mit den Umweltsphären und mit den Kontroversen, welche die Umwelt einer Organisation prägen (siehe Kapitel 1). In diesem Sinne lassen sich Wertvorstellungen aus den relevanten Umweltsphären mobilisieren, um eigene Anliegen und Interessen legitimieren zu können. Der Referenzrahmen spiegelt somit immer auch grundlegende Aspekte der für eine Organisation relevanten Umweltsphären wider (z.B. aus Wirtschaft, Politik, Recht, Ethik).

Umgekehrt verkörpert der Referenzrahmen gewissermassen das *Sediment vergangener Sinnkonstitutionsprozesse* (Sensemaking). Er wird im Prozess der organisationalen Wertschöpfung und deren Weiterentwicklung kontinuierlich verfertigt und fortlaufend ausdifferenziert. Seine Bezugspunkte sind also weder völlig eindeutig noch für immer relevant und gültig. Sie können auch hinterfragt, kontrovers diskutiert und neu kalibriert werden. So strukturiert und verdichtet sich der Referenzrahmen einer Organisation mit der Zeit zu einem Sediment von Erinnerungsspuren und Verankerungsmöglichkeiten (Giddens, 1984). Er gewinnt seine Relevanz im *fortgesetzten konkreten Gebrauch.*

Dabei kann ein Referenzrahmen einen unterschiedlichen *Grad an Explizitheit, Homogenität und Konkretheit* aufweisen (Latour, 2005; Thévenot, 2006). Dies hängt davon ab, inwieweit die Bezugspunkte als relevant anerkannt werden, formell kodifiziert sind und somit organisationsweit den Status fragloser Gültigkeit erlangen oder informell wirken und kontrovers diskutiert werden.

Die mit der organisationalen Wertschöpfung und Entscheidungspraxis einhergehenden Prozesse der Sinnkonstitution sind somit *rekursiv verknüpft* mit dem organisationsspezifischen Referenzrahmen. Sie werden vom Referenzrahmen *vorstrukturiert,* gleichzeitig wird dieser durch Sensemaking-Prozesse immer wieder neu konkretisiert und dynamisch weiterentwickelt.

Diese rekursiven Prozesse der Sinnkonstitution sind weder steuerbar noch kontrollierbar. Vielmehr kommt in diesen stets ergebnisoffenen, kreativen Prozessen die *Selbstorganisationsfähigkeit* sozialer Systeme zum Ausdruck. Aus einem solchen Blickwinkel betrachtet, erarbeiten sich Organisationen im Rahmen ihrer fortlaufenden kommunikativen Auseinandersetzung mit alltäglichen und zukunftsrelevanten Herausforderungen ihren eigenen, spezifischen Sinn. Eine Organisation versorgt sich über die Verfertigung von Sinnschemata mit *Eigensinn,* mit einer spezifischen Perspektive auf sich selbst im Verhältnis zur existenzrelevanten Umwelt.

Die Bezugspunkte eines Referenzrahmens können verschiedenen Sinn- oder Bedeutungshorizonten (Luhmann, 1984) zugeordnet werden. Ein Sinnhorizont wirkt wie eine *Sinnstruktur* („meaning structure", Hernes, 2014), d.h. eine *thematisch fokussierte Integrationsperspektive* zur sinnhaften Bündelung unterschiedlicher Bezugspunkte. Mit dem Wort Horizont (im Begriff Sinnhorizont) wird angedeutet, dass die Sinnhorizonte eines Referenzrahmens insgesamt keineswegs als etwas Abgeschlossenes, völlig Fassbares und Statisches betrachtet werden sollten. Wenn beim Handeln, Kommunizieren und Entscheiden Sensemaking (Weick, 1995) stattfindet, das heisst, auf einen Sinnhorizont Bezug genommen wird, entwickelt sich dieser weiter. Er kann sich verfestigen, weiter ausdifferenzieren, aber auch brüchig werden.

Im SGMM orientiert sich das Verständnis von Sinn an der Frage: Wie können wir das, was wir beobachten, vor dem Hintergrund unserer Erfahrungen angemessen nachvollziehen, sinnhaft einordnen und plausibel mit anderen Entwicklungen in Verbindung bringen? Wie können wir verstehen und Gründe dafür finden, weshalb sich etwas Bestimmtes gerade so entwickelt, wie es sich im Moment zeigt? Im Zentrum dieses Sinnbegriffs steht *ein gemeinsame Orientierung stiftendes, sinnhaftes Verstehen* (Sensemaking).

Aufgrund seiner Wirkung wird ein stimmiger und verbindlicher Referenzrahmen im SGMM als grundlegende Voraussetzung für eine kohärente Entscheidungspraxis im Dienste der Wertschöpfung einer Organisation betrachtet. Sinnhorizonte vermitteln Orientierung und schaffen die Voraussetzung für kohärentes Kommunizieren, Entscheiden und Handeln im Vollzug einer arbeitsteiligen, verteilten Wertschöpfung. Wichtig ist dabei die inhärente Oszillation der laufenden Referenzierungs- und Deutungsprozesse zwischen den verschiedenen, nachfolgend genauer umschriebenen Sinnhorizonten.

Das SGMM unterscheidet drei Sinnhorizonte: Der *normative Sinnhorizont* bietet Orientierung bei Fragen der *Identität* und der *gesellschaftlichen Verantwortung* einer Organisation (Ulrich, 1984; Ulrich & Fluri, 1995; Ulrich, 2008), durch die Schärfung grundlegender *Wertvorstellungen*. Beim *strategischen Sinnhorizont* geht es um Fragen der *Zukunftssicherung* einer Organisation und folglich um die Ableitung von organisationsspezifischen *Erfolgsvorstellungen*. Im Zentrum des *operativen Sinnhorizonts* stehen Aspekte der *effizienten Alltagsbewältigung und Ressourcenausschöpfung*. Beim Referenzieren werden diese Sinnhorizonte immer wieder neu konkretisiert und dynamisch weiterentwickelt. Deshalb sind sie in ihrer Wirkung nicht als klar getrennte, statische Entitäten, sondern als dynamische, offene Bedeutungshorizonte zu verstehen.

Am normativen Sinnhorizont klären sich Identität und Verantwortung → 2.3.1
Am strategischen Sinnhorizont orientiert sich die Zukunftssicherung → 2.3.2
Am operativen Sinnhorizont koordiniert sich die Alltagspraxis → 2.3.3

2.3.1 Am normativen Sinnhorizont klären sich Identität und Verantwortung

Der normative Sinnhorizont umfasst aus der Perspektive des SGMM die *fundamentalen, langfristig bindenden Festlegungen und Wertvorstellungen, die mit Grundfragen der Existenzberechtigung, der Definition, Gestaltung und Qualität der Wertschöpfung sowie der grundlegenden Beziehungsgestaltung* einer

Organisation zu ihrer Umwelt zu tun haben. Das heisst, der normative Sinnhorizont bezieht sich insbesondere auf *existenzielle Sinn- und Wertfragen* sowie auf Themen der *organisationalen Identität* und der *gesellschaftlichen Verantwortung* einer Organisation und ihrer Management-Praxis.

Dabei ist es im Unterschied zum weit verbreiteten Alltagsverständnis wesentlich, das Attribut „normativ" mit Begriffen wie „wertvoll" und „lebensdienlich" in engen Zusammenhang zu bringen und nicht auf „moralisch" zu verkürzen. Damit ist gemeint, dass es nicht ausreicht und gerade nicht darum geht, die organisationale Wertschöpfung einfach an situativ vorfindlichen moralischen Normen auszurichten. Das SGMM betont vielmehr die zentrale Bedeutung einer *sorgfältigen, grundlegenden und wiederholt zu praktizierenden Reflexion* der Frage, welchen Beitrag die organisationale Wertschöpfung zu einem *guten, gerechten und menschenwürdigen Zusammenleben* in seiner Gesamtheit leisten soll. Dabei spielen unter anderem grundlegende Unterscheidungen wie richtig/falsch, wertvoll/wertlos, gut/böse eine wichtige Rolle.

Die Klärung dieser Unterscheidungen ist Aufgabe von Management als reflexiver Gestaltungspraxis (siehe Kapitel 3). Dabei sind – bezogen auf sämtliche Wirkungen der organisationalen Wertschöpfung und deren Weiterentwicklung – beispielsweise Fragen des psychischen Wohlbefindens, des existenziellen Lebenssinns, der sozialen Einbettung und Mitverantwortung, der Leistungs- und Verteilungsgerechtigkeit, der kommunikativen Offenheit und der kulturellen Unvoreingenommenheit zu reflektieren (Bieri, 2013; Schmid, 1998; 2013; Thomä, 1996). Durch die konkretisierende Klärung eines spezifischen normativen Sinnhorizonts wird definiert, welcher Raum und welche Priorität einzelnen dieser Grundfragen menschlicher Existenz, sozialen Zusammenlebens und gemeinschaftlicher Solidarität zukommt, inwieweit eine Beschäftigung mit solchen Fragen überhaupt möglich und explizit gewünscht ist und wo die Grenzen dessen liegen, was nicht thematisiert oder gefordert werden kann (Booms, 2011).

Das SGMM geht davon aus, dass die Beantwortung dieser Grundfragen – weit über eine funktionalistisch verkürzende strategische Erfolgsperspektive hinausgehend – eine *zwingende und vorrangige Management-Aufgabe* ist (Cunliffe, 2014; Ulrich, 2008; Beschorner, 2007; Dubs, 2015; siehe auch Kapitel 3). Hierzu gehören die explizite Reflexion und kritische Auseinandersetzung mit der *Kontingenz* jeder Antwort auf diese Grundfragen. In diesem Sinne ist es eine zentrale Management-Aufgabe, Bedingungen zu schaffen für die respektvolle Auseinandersetzung mit Themen wie beispielsweise Sinnhaftigkeit, Verantwortbarkeit, Begründbarkeit und Legitimität der organisationalen Tätigkeit und Wertschöpfung. Eine zentrale Voraussetzung für einen solchen normativen Orientierungsprozess (Ulrich, 2009) und damit für die Konstitution eines normativen Sinnhorizonts ist die *Bereitschaft zu Reflexion und Selbstkritik,* die bis an die Wurzeln der organisationalen Existenz und ihrer aktuellen Wertschöpfung reichen kann.

Dies impliziert eine *hohe Sensibilität für unterschiedliche Wertorientierungen und Wertvorstellungen,* und zwar über die funktionalen Existenz- und Überlebensvoraussetzungen in der Umwelt einer Organisation hinaus (siehe Kapitel 1.0). Diese Sensibilität bringt es mit sich, dass Werte um ihrer selbst willen anerkannt werden, dass der Anspruch auf ihre Allgemeingültigkeit ernst genommen wird und dass zugleich mit Kontroversen um ihre Konkretisierung zu rechnen ist (Walzer, 1983; Boltanski & Thévenot, 1991; Boltanski, 2009). Vor diesem Hintergrund ist es äusserst wichtig und wörtlich gemeint, von „Wert-Schöpfung" zu sprechen. Deutlich wird aber auch, wie *voraussetzungsreich, vielschichtig, historisch bedingt und reflexionsbedürftig* die Wertschöpfung einer Organisation ist, weil dabei ganz unterschiedliche „Wert"-Verständnisse mitschwingen können.

Ein normativer Orientierungsprozess bezieht sich somit unausweichlich auf existenzielle Sinnfragen (Frankl, 1979), und er beinhaltet immer auch die sorgfältige Bezugnahme auf ethische und andere gesellschaftliche Diskurse, auf Kriterien der Legitimität in den entsprechenden Umweltsphären und auf akute Kontroversen, beispielsweise zu Bedrohungen des Klimawandels, zur Angemessenheit von „Manager-Löhnen" oder zur Verantwortbarkeit von Kinderarbeit. Darauf bezogen ist (selbst)kritisch zu reflektieren, worin die *gesellschaftliche Verantwortung* einer Organisation besteht und bestehen sollte (Wettstein, 2010). Dies erfordert eine sorgfältige Auseinandersetzung mit normativen Positionen aus der Perspektive *unterschiedlicher Umweltsphären* und *Stakeholder* einer Organisation, die in ethischen, rechtlichen, religiösen, politischen oder ökonomischen Diskursen artikuliert werden.

Ein eigenständiger normativer Sinnhorizont wird in einer Organisation auf der Grundlage verschiedenster Prozesse etabliert: durch Setzungen bei der Gründung der Organisation; durch die Handhabung normativ kritischer Herausforderungen bei der Entwicklung der organisationalen Wertschöpfung und durch die Begründung entsprechender Entscheidungen in der organisationalen Kommunikation; durch die Auswahl und die Form der Mobilisierung existenzrelevanter Ressourcen; durch ein glaubwürdiges Engagement in ethischen, politischen und rechtlichen Diskursen zur Wahrnehmung *ordnungspolitischer Mitverantwortung* (Ulrich, 2008) für die eigene Wertschöpfung und deren Weiterentwicklung.

Dabei geht es nie nur um inhaltliche Bestimmungen, sondern auch um die *Gestaltung der Prozeduren,* mittels deren normative Kontroversen im Rahmen der Management-Praxis geklärt und verbindlich entschieden werden sollen (siehe Kapitel 3.1). Es bedarf folglich auch einer Reflexion der Bearbeitungsformen, die *normative Orientierungs- und Klärungsprozesse* verkörpern (Ulrich, 2009). Inwieweit sollen etwa die Mitarbeitenden, strategische Partner, aber auch andere Stakeholder und direkt Betroffene bei unternehmerischen Entscheidungen einbezogen werden? Wie kommt „die" Gesellschaft konkret in den Bearbeitungsformen folgenreicher Entscheidungen vor? Welche Stakeholder werden warum wie gewichtet?

Ganz besonders beim normativen Sinnhorizont rückt der *historisch gewachsene Voraussetzungsreichtum* jeder organisationalen Wertschöpfung und deren Weiterentwicklung in den Blick – ein Aspekt, der heute auf vielfältigste Weise unter dem Stichwort „*Nachhaltigkeit*" thematisiert wird (siehe Kapitel 1). Glaubwürdige Nachhaltigkeit kommt in einer Haltung des Respekts vor dem und der Sorge um den gewachsenen Voraussetzungsreichtum zum Ausdruck – ob in sozialer, ökologischer oder ökonomischer Hinsicht. An der Art und Weise, *wie* konkreten Anliegen der Stakeholder und dem Voraussetzungsreichtum einer Organisation ganz allgemein *in konkreten Entscheidungen und Handlungen* begegnet wird – ob direktiv und instrumentalisierend oder mit Respekt, Sorge und im Bewusstsein wechselseitiger Angewiesenheit –, lässt sich von Dritten ablesen, was den normativen Sinnhorizont und das tatsächliche Nachhaltigkeitsverständnis einer Organisation ausmacht. Auf Basis dessen lässt sich beispielsweise auch ermitteln, welcher *Public Value* einer Organisation zugerechnet wird (Gomez & Meynhardt, 2014; Meynhardt, 2009; 2013).

Wenn sich durch Kritik, Kontroversen, Reflexion und Diskussionen zeigt, dass wichtige Aspekte der etablierten Wertschöpfung problematisch sind, bekommt Management eine entscheidende Aufgabe (siehe Kapitel 3): Management als reflexive Gestaltungspraxis muss dann durch *kritische Distanznahme* zur gewachsenen Situation *grundlegende Sinnfragen* stellen. Dazu gehört auch, die Beziehung zur Umwelt als existenzrelevantem Möglichkeits- und Erwartungsraum kritisch auszuleuchten, neue Möglichkeiten auszuloten und mit Bezug zu Kontroversen allenfalls sogar die verantwortete „Wert-Schöpfung" neu zu definieren. Damit berührt *Sinn im Management* im Kern stets Fragen einer reflexiven Gestaltung von *förderlichen Bedingungen und Haltungen für eine nachhaltige Ko-Evolution* heutiger Organisationen und ihrer Umwelt.

2.3.2 Am strategischen Sinnhorizont orientiert sich die Zukunftssicherung

Der strategische Sinnhorizont bezieht sich auf die *zukunftsbezogene, langfristig ausgerichtete Schaffung von existenzförderlichen Erfolgsvoraussetzungen für eine erfolgreiche Wertschöpfung und Weiterentwicklung einer Organisation mit Blick auf ihre Umwelt.* Zum strategischen Sinnhorizont gehören beispielsweise Festlegungen, die regeln, über welche Leistungsattribute und Stärken der eigenen Wertschöpfung eine solide Differenzierung gegenüber den wichtigsten Wettbewerbern erzielt werden soll („interne Analyse"). Dazu zählen aber auch Festlegungen, welche die Gewinnung und fokussierte Allokation zentraler Ressourcen sowie die dafür relevanten Diskurse, Kontroversen und Stakeholder-Beziehungen betreffen („externe Analyse"; siehe dazu Abbildung 27).

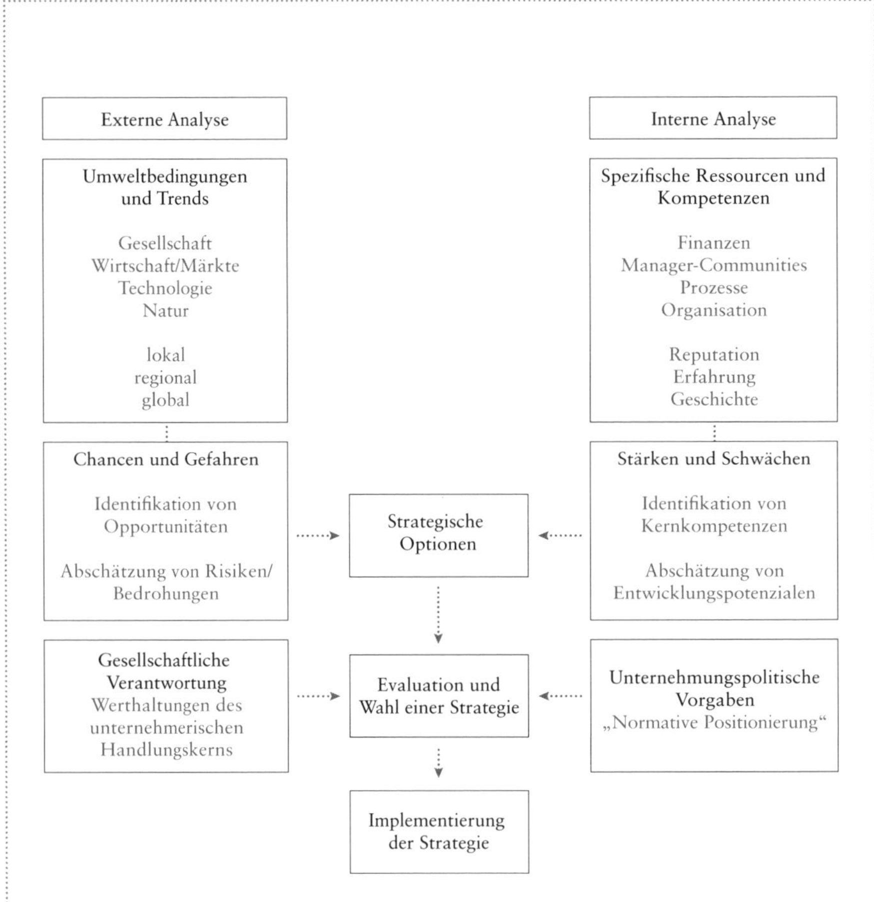

Abbildung 27 – SWOT-Analyse („Strengths-Weaknesses-Opportunities-Threats"-Analyse, in Anlehnung an Mintzberg et al., 1998: 26)

Die SWOT-Analyse dient einer Reflexion wesentlicher Erfolgsvoraussetzungen für die Zukunftssicherung einer Organisation und trägt auf diese Weise dazu bei, den strategischen Sinnhorizont zu klären. Im Zentrum steht dabei der Zusammenhang zwischen relevanten Umweltentwicklungen und der Qualität der organisationsspezifischen Ressourcenkonfiguration. Ausgehend von einer systematischen Auseinandersetzung mit Umweltveränderungen und ihrer Bewertung als Opportunitäten („Opportunities") oder als Bedrohungen („Threats") einerseits und mit den Stärken („Strengths") und Schwächen („Weaknesses") der aktuellen organisationalen Wertschöpfung andererseits lassen sich strategisch relevante Veränderungsnotwendigkeiten bzw. Entwicklungsfelder für die zukünftige Positionierung einer Organisation ableiten. Die Opportunitäten und Stärken bilden die Grundlage für die Ausschöpfung zukünftiger Wertschöpfungspotenziale und den Aufbau von Wettbewerbsvorteilen (Porter, 1985); den Bedrohungen und Schwächen muss mit der Entwicklung eigener Kompetenzen oder mit einer Abspaltung „bedrohter" Geschäftsaktivitäten begegnet werden (Christensen et al., 1982).

Besonders wichtig ist in diesem Zusammenhang die Frage nach relevanten *Erfolgsvorstellungen* und damit verbundenen *Erfolgsmassstäben* (Grand & Bartl, 2011; siehe Kapitel 3.2). Bei einer Unternehmung zählen hierzu beispielsweise die Wettbewerbsposition, der Marktanteil, die Entwicklung von Kunden- und Mitarbeiterzufriedenheit und -treue, das Wachstum des Neukundengeschäfts oder der Anteil neuer Produkte am Gesamtumsatz. Abhängig von der als existenzrelevant identifizierten Umwelt können sich die jeweiligen Erfolgsmassstäbe grundlegend unterscheiden. Während beispielsweise in einer Unternehmung die Profitabilität eine wichtige Rolle spielt, ist bei einer politischen Partei die Mobilisierungskraft für politische Mehrheiten oder bei einem Krankenhaus die Reputation in der Öffentlichkeit wesentlich. Bei der Reflexion und Weiterentwicklung des strategischen Sinnhorizonts besteht ein *wechselseitiger Zusammenhang* zwischen seiner *expliziten Konkretisierung* und seiner *impliziten Anwendung* in der Entscheidungspraxis (siehe dazu Abbildung 28).

Abbildung 28 – Verfertigung von Referenzrahmen und Sinnhorizonten als Strukturationsprozess (eigene Darstellung)
Entscheidungen und Handlungen werden im Alltagsgeschehen fortlaufend sinnhaft interpretiert durch Bezugnahme auf den gewachsenen Referenzrahmen und relevante Sinnhorizonte, die eine orientierende und strukturierende Wirkung haben. Umgekehrt wirken der Inhalt und die Form getroffener Entscheidungen auf den Referenzrahmen zurück, wodurch dieser bestätigt oder weiterentwickelt wird. Diese wechselseitige Dynamik und Bedingtheit von Referenzrahmen und Entscheidungspraxis kann als Strukturationsprozess (Giddens, 1984) interpretiert werden, der zugleich Wirkmomente der Stabilität, aber auch der Kreativität und Innovation entfalten kann (siehe dazu auch Abbildung 18).

Das macht es wichtig, systematisch zwischen inhaltlichen und prozessualen Aspekten zu unterscheiden. *Inhaltlich* geht es insbesondere um eine Beurteilung der *Attraktivität der organisationsspezifischen Umwelt sowie der organisationalen Wertschöpfung* mit Bezug zu dieser Umwelt: Dazu gehören beispielsweise die Analyse der Verfügbarkeit wichtiger Ressourcen oder die Einschätzung der Entwicklung aktueller Kontroversen mit Blick auf die Ausgestaltung der Primärwertschöpfung. Überdies geht es um die *Positionierung* und *Differenzierung* im Verhältnis zu Stakeholdern. Dazu gehören etwa der Austausch mit Kunden über die eigene Wertschöpfung oder die Einschätzung der eigenen Stärken im Verhältnis zu Wettbewerbern, Lieferanten und Kunden (siehe dazu Abbildung 13). Dabei ist immer auch eine Bewertung der Beziehungsdynamik zwischen Organisation und Umwelt wichtig. Analysieren lässt sich in diesem Zusammenhang beispielsweise, wie sich die gewachsenen Stakeholder-Beziehungen auf ihre langfristige Positionierung im Wettbewerb und auf ihre Entwicklungsmöglichkeiten auswirken und ob durch Veränderungen Optimierungspotenziale erschlossen werden können, etwa durch die Einbindung von Schlüsselkunden in die Innovation („Lead User Innovation": von Hippel, 1986) oder durch den Aufbau von Lieferanten-Netzwerken („Supply Chain Management": Chopra & Meindl, 2012).

Prozessual stellt sich die Frage, *wie* strategische Themen und Positionen *erarbeitet und umgesetzt* werden (Gioia & Chittipeddi, 1991). Dies kann zum einen im Rahmen eines strukturierten Strategieentwicklungsprozesses geschehen (siehe Blick in die Praxis, Kapitel 3). Zum anderen vollzieht sich die Spezifikation von Strategieinhalten oft implizit oder explizit bei jeder konkreten existenzrelevanten Entscheidung (Johnson et al., 2003). Für die Wirksamkeit der Strategieinhalte hat die prozessuale Form der Verfertigung eine grosse Bedeutung. Dabei erfordert eine sorgfältige Klärung und Weiterentwicklung des strategischen Sinnhorizonts immer wieder eine *strukturierte Selbstbeobachtung*, für die eine gezielte Distanzierung vom Alltag notwendig ist (siehe Kapitel 3.0). Um dies zu realisieren, müssen förderliche Bedingungen geschaffen und eigene Bearbeitungsformen (z.B. in Form von Workshops, Labs, Learning Journeys oder Grossgruppenveranstaltungen) entwickelt werden, die sich grundlegend vom alltäglichen Vollzug „operativer" Aufgaben unterscheiden.

2.3.3 Am operativen Sinnhorizont koordiniert sich die Alltagspraxis

Der operative Sinnhorizont formiert und verdichtet sich aus Bezugspunkten, Entscheidungskriterien und Leistungsindikatoren, die mit einer *effizienten Koordination des Alltagsgeschehens* und mit der *optimalen Ausschöpfung der aktuellen Ressourcenkonfiguration* für die organisationale Wertschöpfung zu tun haben. Dazu gehören beispielsweise Festlegungen darüber, mit welchen Zielgrössen und Leistungsindikatoren die Effizienz, Produktivität und Qualität der Wertschöpfung gemessen wird. Im Zentrum des operativen Sinnhorizonts stehen dabei die Koordination und Optimierung der Wertschöpfung *im Hier und Jetzt*. Zugleich wird in der Entscheidungspraxis meist auch das als operativ adressiert, was *nicht explizit als „strategisch" oder als „normativ"* bewertet wird.

Aufgrund der ausgeprägten Situationsbezogenheit, Heterogenität und Verteiltheit organisationaler Wertschöpfungsaktivitäten ist mit einer grossen Vielfalt operativ wirksamer Bezugspunkte zu rechnen. Dazu gehören beispielsweise Zielgrössen und Leistungsindikatoren („Key Performance Indicators“: KPIs) zur unmittelbaren Steuerung der Wertschöpfung, etwa finanzielle Zielgrössen wie Umsatz, Deckungsbeitrag, Marge, Kundenrentabilität, Zahlungseingang oder Liquiditätsbeanspruchung; Auslastungszielgrössen wie Anlagenbeanspruchung oder Bettenbelegung in einem Spital; Prozesskenngrössen wie Einrichte-, Durchlauf-, Bearbeitungs- und Stillstandzeiten; Qualitätszielgrössen zur Erfassung unnötiger Rückfragen bei Kunden und Lieferanten, zur Erfassung von Pünktlichkeit, Ausschuss, Nachbearbeitungen, Verzögerungen, intern und extern erkannten Fehlleistungen, Reklamationen und vieles mehr.

Diese Bezugspunkte sollen zur *Optimierung der Arbeitsgestaltung* und der Kooperationsbeziehungen, zur Elimination von Unzulänglichkeiten sowie zur effizienten Allokation und Ausschöpfung knapper Ressourcen und Kapazitäten beitragen – und im Rahmen von Prozessen der kontinuierlichen Verbesserung (KVP) auch den achtsamen Umgang mit wichtigen Erfahrungen, Kompetenzen und Wissensbeständen stärken. Eine grundlegende Voraussetzung dafür, dass diese vielfältigen Bezugspunkte des operativen Sinnhorizonts eine orientierende und koordinierende Wirkung entfalten können, besteht darin, dass sie im Verhältnis zueinander immer wieder *auf ihre innere Konsistenz überprüft* werden. Im Hinblick auf ihr *Zusammenspiel* mit dem *strategischen* und *normativen* Sinnhorizont gilt es, auch ihre logische Stimmigkeit mit diesen kategorial vorgelagerten Sinnhorizonten zu prüfen. Hierzu wird vielerorts eine massgeschneiderte Balanced Scorecard (Kaplan & Norton, 1996) eingesetzt (siehe dazu Abbildung 29).

Im Unterschied zum normativen und zum strategischen Sinnhorizont, deren Bezugspunkte oft kontrovers sind und durch die Management-Praxis immer wieder zu reflektieren und kritisch zu diskutieren sind, ist die Wirksamkeit des operativen Sinnhorizonts meistens durch ein hohes Mass an *Implizitheit* („Tacitness“: Polanyi, 1966) gekennzeichnet, das auch für das Alltagsgeschehen und für die alltägliche Erbringung der organisationalen Wertschöpfung charakteristisch ist.

Zudem bildet der operative Sinnhorizont in gewisser Hinsicht ein Sammelbecken für Bezugspunkte, die nicht als wichtig genug betrachtet werden, um als „strategisch“ oder „normativ“ eingeschätzt zu werden. Dabei ist zu bedenken, dass operative Bezugspunkte jederzeit auch als „strategisch“ oder „normativ“ relevant *re-interpretiert* werden können, etwa weil sie bei unerwarteten Ereignissen oder in Debatten zu strategischen Herausforderungen eine neue Bewertung erfahren: Was heute (noch) als operativ betrachtet wird, kann morgen eine strategische Bedeutung haben. Dies ernst zu nehmen, ist deshalb so wichtig, weil sich viele ins situative Alltagsgeschehen vor Ort eingebettete Ereignisse, Entscheidungen und Entwicklungen im Nachhinein als strategisch oder normativ bedeutsam erweisen können, was vorab meist nicht absehbar ist.

Vision	Wir sind die führende Schweizer Retailbank.			
Strategische Ziele	Ziel 1 Qualitatives Wachstum im Kerngeschäft	Ziel 2 Diversifizierung der Geschäftsfelder	Ziel 3 Steigerung der Produktivität	Ziel 4 Stärkung der Unternehmenskultur
Schlüsselaktivitäten	Beispiele: · Erschliessung wenig durchdrungener Märkte unter Berücksichtigung einer aktiven Risikosteuerung · Ausbau und Rentabilisierung der Kundenbeziehungen	Beispiele: · Stärkung des Anlagegeschäfts · Aktiver Ausbau des Firmenkundengeschäfts	Beispiele: · Hohe Kostendisziplin und Realisierung von Skaleneffekten · Optimierung der Wertschriftenverarbeitung	Beispiele: · Umsetzung einer qualitativen Personal- und Nachfolgeplanung · Unverwechselbare Führungskultur
Kennzahlen	· Entwicklung Kundengelder · Zinsmarge	· Entwicklung Depotvolumen · Deckungsbeitrag Firmenkunden	· Cost Income Ratio · Verarbeitungsqualität	· Fluktuationsrate Schlüsselpersonen · Mitarbeitendenzufriedenheit
	BSC-Dimension: Kunden	BSC-Dimension: Finanzen	BSC-Dimension: Prozesse	BSC-Dimension: Mitarbeitende

Abbildung 29 – Balanced Scorecard (BSC, vereinfachte Darstellung der BSC der Schweizer Raiffeisen Gruppe, Stand 2014)
Diese Balanced Scorecard einer Finanzdienstleistungsunternehmung illustriert exemplarisch, wie zentrale Entwicklungsstossrichtungen operationalisiert werden können. Hierzu müssen auf möglichst einfache Weise die wesentlichen Kennzahlen definiert, geplant und regelmässig deren Zielerreichungsgrad gemessen werden. Wichtig ist, dass dabei auch die Zusammenhänge zwischen den einzelnen Erfolgsvoraussetzungen und die damit verbundenen Verantwortlichkeiten verdeutlicht werden.

Durch einen Referenzrahmen kollektive Orientierung vermitteln – ein Beispiel

Life-Science- und Pharma-Unternehmungen haben eine grosse gesellschaftliche Bedeutung, was die Erforschung von Krankheiten und die Entwicklung neuer Diagnoseverfahren, Medikamente und Therapien betrifft. Zudem haben sie auch eine substanzielle wirtschaftliche Bedeutung, was die Bereitstellung attraktiver Arbeitsplätze anbelangt. Im Zusammenhang mit dem Innovationsprozess einer solchen Unternehmung sind anspruchsvolle Entscheidungen zu treffen: Wie soll die Innovationsarbeit ausgerichtet und gestaltet werden? Welche Krankheitstypen sollen durch die Forschung und Entwicklung vorrangig adressiert werden? Nach welchen Kriterien sollen Prioritäten gesetzt oder Ressourcen alloziert werden?

Erstens stellt sich die Frage, welche Krankheiten grundsätzlich im Fokus der Innovationsanstrengungen stehen sollen. Krankheiten wie Malaria betreffen das Leben von Hunderten Millionen Menschen tiefgreifend. Die Kaufkraft der betroffenen Bevölkerung für entsprechende Medikamente ist aber verhältnismässig gering und entsprechend auch die Ertragsaussichten für die Unternehmung. Dagegen birgt die erfolgreiche Behandlung von Krebs-, Herz-Kreislauf- oder Diabetes-Erkrankungen, die insbesondere für die Bevölkerung etablierter Industrieländer im Vordergrund stehen, ein ungleich grösseres Ertragspotenzial. Wenn sich eine Pharma-Unternehmung konstruktiv-kritisch mit dieser Problematik auseinandersetzt, werden Bezugspunkte des normativen Sinnhorizonts adressiert.

Zweitens stellt sich für eine Pharma-Unternehmung im Hinblick auf die aktuell verfügbaren Ressourcen die Frage, für welche Indikationsgebiete neuartige Medikamente und Behandlungsformen entwickelt werden und welche Technologien dabei zum Einsatz kommen sollen. Dabei muss entschieden werden, wie neue Krankheitsbilder, wissenschaftliche Erkenntnisse, innovative Technologien, strategische Kooperationen und zukünftige Investitionsbedürfnisse von Anlegern eingeschätzt und hinsichtlich ihres Ertrags- und Wertsteigerungspotenzials bewertet werden. Wenn sich eine Pharma-Unternehmung konstruktiv-kritisch mit solchen Fragen auseinandersetzt, werden Bezugspunkte des strategischen Sinnhorizonts adressiert.

Drittens stellt sich die Frage, mit Hilfe welcher Bearbeitungsformen und Kriterien knappe Ressourcen täglich den erforderlichen klinischen Studien zugeteilt werden sollen, damit die Entwicklungsprojekte, die sich in der Innovationspipeline befinden, zeitgerecht erfolgreich im Markt eingeführt werden können. Wenn sich eine Pharma-Unternehmung mit solchen Herausforderungen auseinandersetzt, werden Bezugspunkte des operativen Sinnhorizonts adressiert.

Aufgrund der hohen Kosten dieser klinischen Studien ergeben sich durchaus auch strategische Fragen, die sich auf die Priorisierung von Projekten in der Pipeline einer Unternehmung auswirken können. Und die aktuellen gesellschaftlichen Kontroversen zur Frage angemessener ethischer Standards und Publikationspflichten für diese Studien machen deutlich, dass als operativ qualifizierte Fragestellungen unvermittelt auch eine normative Dimension gewinnen können.

Durch einen Referenzrahmen kollektive Orientierung vermitteln – Fragen zur unternehmerischen Reflexion

Versuchen Sie, sich in eine neu in Ihre Organisation eintretende Mitarbeiterin zu versetzen, welche die Organisation noch nicht kennt. Sie möchte sich möglichst rasch in Ihrer Organisation zurechtzufinden. Hierzu muss sie sich mit dem Referenzrahmen und den einzelnen Sinnhorizonten (normativ, strategisch, operativ) Ihrer Organisation vertraut machen.

- *Durch welche grundlegenden Festlegungen ist der normative Sinnhorizont Ihrer Organisation gekennzeichnet? Was macht Ihre Organisation in der Gesellschaft einmalig? Was sind die prägenden Wertvorstellungen Ihrer Organisation?*

- *Welchem Stakeholder-Konzept (strategisch oder normativ-kritisch; siehe Kapitel 1) fühlt sich Ihre Organisation verpflichtet? Was bedeutet dies vor dem Hintergrund Ihrer zentralen Wertvorstellungen, und was müsste sich allenfalls ändern?*

- *Woran erkennen Sie bzw. wie bestimmen Sie, ob sich Ihre Organisation langfristig erfolgreich weiterentwickelt? Welche Erfolgsvorstellungen sind dabei auf Ihrer Management-Ebene unbestritten, welche sind kontrovers?*

- *Was muss aus Ihrer Sicht gegeben sein, damit Sie ein Ereignis, eine Entwicklung, einen Trend, eine Entscheidung, eine Opportunität als „strategisch" bezeichnen? Anhand welcher Merkmale wird in Ihrer Organisation etwas als „strategisch" qualifiziert?*

- *Mit Hilfe welcher Indikatoren ermitteln Sie, inwiefern Ihre Organisation im letzten Quartal erfolgreich gearbeitet hat? Welche Indikatoren werden dazu bewusst nicht verwendet, und warum nicht?*

3. Management als reflexive Gestaltungspraxis

Das St. Galler Management-Modell versteht Management als *reflexive Gestaltungspraxis*. Das bedeutet dreierlei: Organisationale Wertschöpfung und deren erfolgreiche Weiterentwicklung sind auf *Reflexivität als spezifische Funktion* angewiesen. Diese dient dazu, das Zusammenspiel von Wertschöpfung und Umwelt in jedem Arbeitskontext aus Distanz kritisch in den Blick zu nehmen. So schafft die Management-Praxis Voraussetzungen dafür, dass sich die organisationale Wertschöpfung unter Unsicherheit unternehmerisch erfolgversprechend weiterentwickeln kann. Die Management-Praxis mobilisiert dazu ein Repertoire von *Management-Praktiken*, die in *Manager-Communities* situativ angewandt und fortlaufend optimiert werden (Kapitel 3.0). Die Sicherstellung einer wirksamen *Management-Praxis* mit Bezug zu ganz unterschiedlichen Aufgaben und Herausforderungen ist eine Voraussetzung dafür, dass systematisch unternehmerische Möglichkeiten kreiert, reflektiert und auf breiter Basis ausgeschöpft werden können (Kapitel 3.1). *Corporate Governance* schafft die erforderlichen Voraussetzungen für eine wirksame Management-Praxis insgesamt: Sie definiert die Systemgrenzen, sie institutionalisiert Executive Management, und sie verankert eine tragfähige Management-Architektur (Kapitel 3.2). *Executive Management* konkretisiert die Erfolgsvorstellungen einer Organisation und ihrer Management-Praxis, mit Blick auf die organisationale Wertschöpfung und deren Weiterentwicklung als Ganzes. Zugleich differenziert Executive Management organisationsweit die Management-Praxis aus und stabilisiert wichtige Entwicklungsprozesse (Kapitel 3.3).

Management als reflexive Gestaltungspraxis
Auflösungsebene II

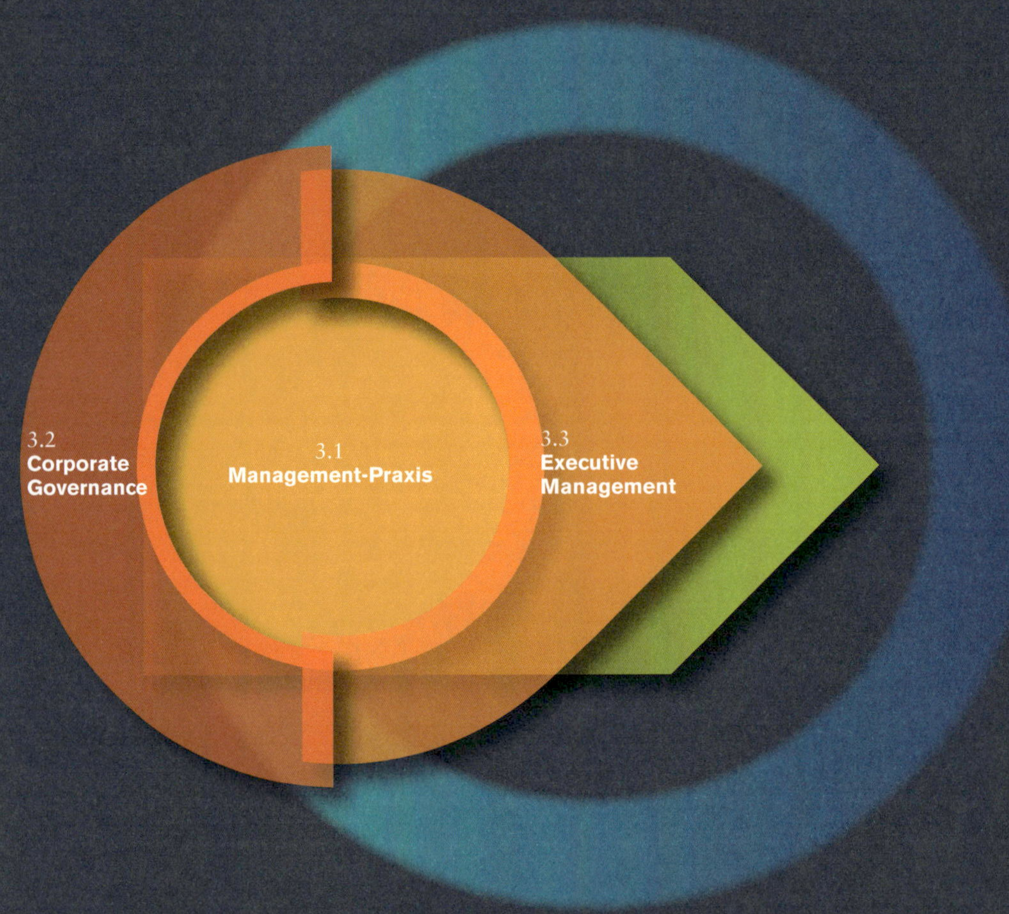

Management als reflexive Gestaltungspraxis
Auflösungsebene III

3.0 **Management als reflexive Gestaltungspraxis verstehen**

3.0.1 Reflexive Gestaltungspraxis ist Kommunikationspraxis

Das St. Galler Management-Modell versteht Management als reflexive Gestaltungspraxis und definiert diese als *Reflexion und Gestaltung der organisationalen Wertschöpfung und deren Weiterentwicklung – und damit der unternehmerischen Zukunft einer Organisation*. Das bedeutet, dass die Management-Praxis die eingespielten Selbstverständlichkeiten aktueller Wertschöpfung in den Blick nimmt: Schaffen die aktuellen Produkte und Dienstleistungen einer Unternehmung relevanten Wert für die Kunden? Ist die aktuelle Wertschöpfung gegenüber der Konkurrenz profiliert genug? Sind die organisationalen Wertschöpfungsprozesse richtig strukturiert, um die erwartete Wertschöpfung verlässlich zu erbringen? Werden die Erwartungen wichtiger Stakeholder angemessen adressiert? Besteht eine robuste vergemeinschaftete Vorstellung bezüglich der zukünftigen Entwicklung einer Organisation? Solche Fragen zu stellen, heisst, im alltäglichen Vollzug organisationaler Prozesse etablierte Aktivitäten kritisch zu reflektieren (Grand, 2016).

Damit nimmt die Management-Praxis systematisch die *Kontingenz organisationaler Wertschöpfung* in den Blick. Das ist Voraussetzung dafür, diese fundiert beurteilen und unternehmerisch mitgestalten zu können (Rüegg-Stürm & Grand, 2007; Grand & Bartl, 2011). Kontingenz bedeutet, dass die organisationale Wertschöpfung immer auch anders sein könnte (siehe Kapitel 1.0): Ein Geschäftsmodell beispielsweise, das sich bewährt hat, kann durch konkurrierende Modelle obsolet werden. Die Eigentümer einer Familienunternehmung stellen im Zuge eines Generationenwechsels die Identität ihrer Unternehmung in Frage. Unhinterfragtes kann äusserst kontrovers werden. In Prozessen des Organisierens geht es darum, trotz Kontingenz und der damit einhergehenden Unsicherheit eine stabilisierende Entwicklungsdynamik zu ermöglichen (siehe Kapitel 2.1); in der Management-Praxis geht es darum, diese Entwicklungsdynamik gemeinschaftlich zu reflektieren, um sie wirksam gestalten zu können (siehe Kapitel 3.1).

Management als reflexive Gestaltungspraxis sieht Kontingenz und Unsicherheit als Chance und Möglichkeit, die organisationale Wertschöpfung und deren Weiterentwicklung *kommunikativ zu hinterfragen und neu sehen zu lernen*, um sie *zu bestätigen oder zu verändern* (Baecker, 2009; Ortmann, 2009; Wimmer, 2011): Ein verunsichernder Produkte-Flop kann zum Beispiel dazu verwendet werden, die Voraussetzungen eines Geschäftsmodells aus einem neuen Blickwinkel zu beleuchten oder neben der kommerziellen Ausrichtung einer Organisation auch ihre gesellschaftliche Verantwortung zu schärfen. Dies ist nur möglich, wenn Management zu einer Organisation und ihrer Umwelt auf Distanz geht. Hierzu notwendig ist Reflexion, welche die eingespielte organisationale Wertschöpfung *in ihrem alltäglichen Vollzug unter-*

bricht, aus Distanz kollektiv hinterfragt und kommunikativ bearbeitet. Nur so kommen alternative unternehmerische Möglichkeiten und Opportunitäten in den Blick (Shane & Venkataraman, 2000; 2001; Grand & Bartl, 2011).

Dabei betreibt die Management-Praxis Reflexion nicht als Selbstzweck, sondern als *Voraussetzung für die tatsächliche Realisierung alternativer Potenziale*, attraktiver Initiativen, zukunftsrelevanter Innovationen und grundlegender Veränderungen. Es geht also beispielsweise nicht nur darum, ein alternatives Geschäftsmodell zu fordern, sondern dieses auch tatsächlich zu realisieren. Über die Bedeutung gesellschaftlicher Verantwortung kann man immer wieder debattieren oder tatkräftig in die Wege leiten, wie sich mit Blick darauf die Wertschöpfung einer Organisation und das Produktportfolio konkret verändern müssen. Das SGMM betrachtet es als unerlässlich, dass sich die Management-Praxis als *Reflexions-, Kommunikations- und Entscheidungspraxis* etabliert (Tengblad, 2012; Grand, 2016): Wie werden mögliche Geschäftsmodelle kreiert, diskutiert und bewertet? Wie wird die richtige Auswahl für die weitere Entwicklung getroffen? Wie werden daraus Initiativen, die tatsächlich wirksam werden können?

Management wird im SGMM nicht damit gleichgesetzt, was einzelne Managerinnen und Manager tun (Mintzberg, 1971; 2009). Ihr Denken, Handeln und Wirken kommt aus Sicht des SGMM immer erst dort zum Tragen, wo es *in der Management-Praxis kommunikativ wirksam* wird. Nur so kann es die Art und Weise mitprägen, wie gemeinschaftlich diskutiert und entschieden wird. Konkret unterscheidet das SGMM drei Dimensionen, die jede Management-Praxis als reflexive Gestaltungspraxis prägen: Erstens versteht das SGMM Management als *Reflexionsfunktion* einer Organisation. Jede Organisation differenziert ihre eigene Reflexivität aus, um zu ihrem selbstverständlichen Funktionieren kritische Distanz aufzubauen (Baecker, 2003; Wimmer, 2009; 2011). Zweitens entwickelt Management dafür spezifische *Management-Praktiken*, die reflexive Gestaltung kommunikativ ermöglichen. Und drittens ist Management verankert in *Manager-Communities:* Nicht Managerinnen und Manager als Individuen, sondern Manager-*Gemeinschaften* (als Communities-of-Practice: Wenger, 1998) kennzeichnen die Management-Praxis und machen ihre Wirksamkeit als reflexive Gestaltungspraxis aus (siehe dazu Abbildung 30).

Wichtig ist folglich, dass das SGMM *Management* von *Organisation unterscheidet* und nicht jede Entscheidung und jeden Entscheidungsprozess als Management qualifiziert (Wimmer, 2009). Was Management als Praxis vielmehr auszeichnet, ist ein *reflexives Moment* (Schön, 1983), d.h. eine *reflektierende Distanznahme* zur organisationalen Wertschöpfung und deren Weiterentwicklung. Was Chirurgen in einem Operationssaal, eine Forschungschefin im Rahmen eines Entwicklungsprojekts oder ein Verkaufsleiter im Aussen-

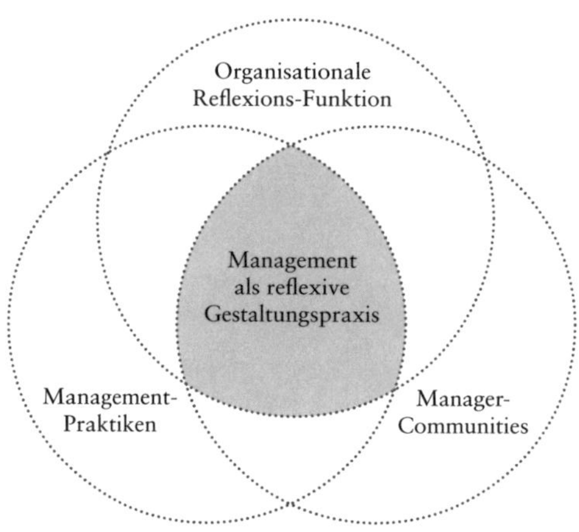

Abbildung 30 – Drei Dimensionen der Management-Praxis (eigene Darstellung)
Management-Praxis als reflexive Gestaltungspraxis ist durch das Zusammenspiel von drei Dimensionen gekennzeichnet: Management kann erstens als Reflexionsfunktion einer Organisation gesehen werden. Jede Organisation braucht diese Reflexivität, um sich selbst kritisch in den Blick zu nehmen. Dazu sind vielfältige Management-Plattformen erforderlich. Zweitens mobilisiert eine Management-Praxis spezifische Management-Praktiken, die diese Reflexion sowie deren gestaltende Einwirkung auf die organisationale Wertschöpfung kommunikativ ermöglichen. Management ist schliesslich drittens verankert in Manager-Communities. Reflexive Gestaltungspraxis erschöpft sich nicht im Agieren einzelner Managerinnen und Manager, sondern sie erfordert reflexions- und entscheidungsfähige Manager-Communities. Aus Sicht des SGMM ist Management weder über institutionelle Gremien, noch über individuelle Personen allein bestimmt, sondern vor allem durch seine Wirkung als gemeinschaftliche reflexive Gestaltungspraxis (siehe Kapitel 0.2).

dienst entscheiden, ist nicht a priori Management, sondern etwas, was als *Fachführung* bezeichnet werden könnte (Rüegg-Stürm, 2008).

Was Entscheidungen der Fachführung von Management unterscheiden, ist ihr *Wirkungshorizont.* Management als reflexive Gestaltungspraxis beschäftigt sich mit der Frage, wie eine Organisation (oder Organisationseinheit) *im Verhältnis zu ihrer existenzrelevanten, externen oder organisationsinternen Umwelt Wertschöpfung erbringt und wie diese durch unternehmerische Initiativen wirkungsvoll weiterentwickelt werden kann.*

Zusammenfassend sind aus Sicht des SGMM drei Elemente für das Verständnis von Management als reflexiver Gestaltungspraxis essenziell, die in den nächsten Abschnitten weiter vertieft werden: Management-Praxis ist als *Funktion* zur Reflexion organisationaler Wertschöpfung und deren Weiterentwicklung auszudifferenzieren und zu verankern, um auf diese Weise immer wieder Distanz zu eingespielten Selbstverständlichkeiten und Raum für Kreativität zu schaffen. Dabei bearbeitet die Management-Praxis durch die Mobilisierung *kommunikativer Management-Praktiken* unterschiedliche Formen von Unsicherheit. Schliesslich wirkt die Management-Praxis durch ein Engagement unterschiedlicher *Manager-Communities* (als Communities-of-Practice).

3.0.2 Reflexion der organisationalen Wertschöpfung und Weiterentwicklung

Eine vorausschauende Weiterentwicklung organisationaler Wertschöpfung setzt voraus, dass das Bestehende immer wieder kritisch in Frage gestellt und zugleich neue Möglichkeiten und Perspektiven als unternehmerische Gestaltungsmöglichkeiten kreiert und realisiert werden. Das bedeutet, dass die Management-Praxis aus Sicht der Organisation permanent die Kontingenz von Organisation und Umwelt reflektiert und einzelne Aktivitäten, Prozesse und Entscheidungen neu beurteilt – *nicht als das, „was sie sind", sondern als das, „was sie (auch noch) sein könnten"*, das heisst, sie transzendiert das Bestehende (Simon, 1996; Joas, 1992; 1997; Joas & Beckert, 2001; Tsoukas & Knudsen, 2002).

Demzufolge geht es beispielsweise nicht einfach darum, die Zwangsläufigkeit eines durch Wettbewerbsdruck verursachten Margenzerfalls hinzunehmen und sich entsprechend anzupassen. Vielmehr gilt es, nach alternativen Geschäftsfeldern zu suchen, in denen eine auch zukünftig erfolgversprechende Entwicklungsdynamik vorherrscht. Oder es bedeutet, die aktuelle Leistungsfähigkeit der Produktentwicklung nicht einfach zu akzeptieren, nur weil sie sich bewährt hat, sondern diese durch einen Vergleich mit erfolgreichen alternativen Entwicklungsprozessen in anderen Industrien herauszufordern. Das SGMM beschreibt diese *Distanznahme einer Organisation zu sich selbst als Ausdifferenzierung von Reflexivität* (Wimmer, 2009; 2011; siehe Blick in die Praxis, Kapitel 3).

Die Entwicklung unternehmerischer Alternativen kann sich auf Verschiedenes beziehen: Es kann um eine Organisation als Ganzes gehen, wenn die Unternehmensidentität neu verhandelt wird, wenn also beispielsweise ein Technologiekonzern neu auch Beratungslösungen anbietet. Es kann um einzelne Wertschöpfungsaktivitäten gehen, wenn der technologische Entwicklungsprozess neu strukturiert wird, um dabei auch diejenigen Tools entwickeln zu können, die neu für die Beratungslösungen erforderlich sind. Es kann um eingespielte Formen des Projektmanagements gehen, wenn durch die Formierung interdisziplinärer Teams oder durch die Etablierung eines Multi-Projektmanagements mehr Wirkung erzielt werden soll.

In all diesen Situationen entstehen unternehmerische Alternativen nicht ohne Weiteres. Sie müssen gestalterisch entwickelt werden. Hierzu sind Management-Plattformen erforderlich, die durch die Management-Praxis selbst etabliert werden müssen. *Management-Plattformen* sind aus Sicht des SGMM spezifische Kommunikationsplattformen, die auf eine reflexive Gestaltungspraxis ausgerichtet sind. Management-Plattformen sind *Kommunikationsräume, welche die alltäglichen Aktivitäten und Prozesse konsequent unter-*

brechen, um das Bestehende und geeignete Alternativen dazu aus einer förderlichen Distanz kommunikativ bearbeiten zu können (Grand & Ackeret, 2012; Vaara & Whittington, 2012). In ihrem möglichst kohärenten Zusammenwirken verkörpern sie die *Management-Architektur* einer Organisation.

Management-Praxis als organisationale Reflexionsfunktion wird nicht automatisch vollzogen, sondern muss immer wieder *vor dem Druck des Status quo geschützt, stabilisiert und sichergestellt werden.* Management-Plattformen sichern und schützen die Voraussetzungen für gemeinschaftliche Reflexivität, indem erstens das *inhaltliche Agenda Setting* unhinterfragte Selbstverständlichkeiten zum Thema macht und alternative Sichtweisen expliziert, etwa durch eine kritische Diskussion des aktuellen Produktportfolios oder eine Debatte zu aktuellen Systemgrenzen bei einer Akquisition. Zweitens müssen förderliche *Kommunikationsformen* entwickelt werden, um systematisch an dieser Agenda zu arbeiten, etwa mit Hilfe von Spielregeln der Diskussion oder von Visualisierungsmedien für die Darstellung von komplexen Zusammenhängen. Und drittens müssen die *Beziehungen zwischen den involvierten Akteuren* so weit stabilisiert werden, dass eine (selbst-)kritische und offen kontroverse Auseinandersetzung möglich wird, etwa durch professionelle Moderation oder persönliches Coaching im Vorfeld.

Nur durch die *konsequente institutionelle Einbettung von Reflexivität* wird es möglich, die organisationale Wertschöpfung und deren Weiterentwicklung insgesamt, ausgewählte Aspekte davon oder wichtige Entwicklungsdynamiken im Zusammenspiel mit der Umwelt wirklich konsequent in den Blick zu bekommen. Das setzt die Unterbrechung des alltäglichen Vollzugs von Prozessen und zugleich Distanz zu ihnen voraus. Auf diese Weise kann Bestehendes kritisch beurteilt und kontrovers verhandelt werden. Und nur so entsteht ein Möglichkeitsraum, um attraktive Alternativen zu entwerfen, die nicht gleich wieder vom Bewährten und Etablierten verdrängt werden. Denn es lässt sich immer wieder beobachten: Der Status quo, der Wunsch nach Stabilität und die Suche nach Bestätigung haben oft eine grosse Wirkmächtigkeit (Weick, 1995; Weick & Sutcliffe, 2001).

3.0.3 Mobilisierung von Management-Praktiken zur Bearbeitung von Unsicherheit

Management als reflexive Gestaltungspraxis bezieht sich auf Irritationen, d.h. Ereignisse, Herausforderungen und Opportunitäten, welche die organisationale Wertschöpfung bezogen auf Entwicklungen in der Umwelt in Frage stellen. Solche können sich ergeben, wenn beispielsweise ein wichtiges Produkt plötzlich nicht mehr verkauft werden kann; wenn ganz neue Konkurrenten unerwartet in den Markt eintreten; wenn wissenschaftliche Erkenntnisse neue Opportunitäten eröffnen; wenn kreative Intuitionen neue, unkonventionelle

Sichtweisen schaffen; wenn die Kundentreue drastisch abnimmt. Bei all diesen Beispielen richtet sich die Management-Praxis nicht nur auf die inhaltliche Bewältigung der aufgetretenen Irritationen, sondern zugleich auf eine geeignete Form der *kommunikativen Bearbeitung dieser fundamentalen Unsicherheiten* (Gomez & Jones, 2000; Grand, 2016). Das setzt die Mobilisierung von Management-Praktiken voraus, die reflexive Gestaltung kommunikativ ermöglichen.

Unter Unsicherheit versteht das SGMM *„die Unmöglichkeit oder Unvollständigkeit der Voraussage zukünftiger Konsequenzen und möglicher Wirkungen aktueller Ereignisse, Handlungen und Entwicklungen"* (March, 1994: 178). Die Management-Praxis adressiert Unsicherheit nicht als Bedrohung oder Problem, sondern als *Opportunität* und inhärentes Moment jeder Veränderung und Erneuerung – und zugleich als Voraussetzung dafür, dass Etabliertes in Frage gestellt, neu betrachtet und transzendiert werden kann (Garud et al., 1997). Aus enttäuschten Kundenerwartungen können sich neue Geschäftsopportunitäten ergeben; veränderte Spielregeln im Markt können neuartige Dienstleistungen attraktiver machen. Unsicherheiten werden von der Management-Praxis nicht einfach reduziert, sondern durch unkonventionelle Beschreibungen überhaupt erst greifbar gemacht, neu interpretiert und anders eingeordnet (Shapira, 1995; Grand et al., 1999).

Dabei lassen sich drei Formen von Unsicherheit unterscheiden (Gomez, 1996; Gomez & Jones, 2000; Karpik, 2010; Grand, 2016), die spezifische Implikationen für die Mobilisierung von Management-Praktiken haben, die zu ihrer Bearbeitung geeignet sind:

- Erstens besteht Unsicherheit bezüglich der *zukünftigen Entwicklung* von Organisationen und ihrer Umwelt, denn schliesslich kann die Management-Praxis deren Zukunft nicht kennen (Knight, 1921; Gomez & Jones, 2000). Das wird beispielsweise bei Investitionen in neue Wissensgebiete sichtbar. Erwartungen zu formulieren hinsichtlich der Risiken, die sich daraus für zukünftige Produkte, Dienstleistungen und das Geschäftsmodell einer Organisation ergeben könnten, ist nur in Ansätzen möglich. Risiken hängen von unvorhersehbaren Ereignissen und Entwicklungen ab, klären sich somit erst im Entwicklungsprozess selbst – und damit in der Zukunft. Für die Bearbeitung der Unsicherheit zukünftiger Entwicklungen sind folglich solche Management-Praktiken wichtig, die dazu beitragen, dass sich die Management-Praxis gemeinschaftlich-kollektiv, kreativ, experimentell und zugleich diszipliniert mit der Entwicklung, Bewertung und Realisierung alternativer Möglichkeiten auseinandersetzen kann.

- Zweitens besteht Unsicherheit bezüglich *vielfältiger, zeitlich parallel stattfindender Entwicklungen,* die auf Aktivitäten anderer Akteure, Communities und Organisationen zurückzuführen sind (Keynes, 1936; Gomez & Jones, 2000). Beispiele dafür sind strategische Initiativen von Konkurrenten, welche die eigene Positionierung im Markt in Frage stellen können. Solche Initiativen vollständig zu überblicken, sie in ihrem Zusammenspiel umfassend zu verstehen und in ihrer Wirkung einzuschätzen, ist kaum möglich. Für die Bearbeitung von Unsicherheit aufgrund verteilter Prozesse und Aktivitäten sind Management-Praktiken wesentlich, die eine selbstkritische gemeinschaftliche Auseinandersetzung mit wichtigen parallelen Entwicklungen der Umweltsphäre Wirtschaft möglich machen. Dazu können z.B. das periodische Zusammenführen und eine sorgfältige Diskussion von Markt-, Kunden- und Konkurrenzbeobachtungen dienlich sein.

- Drittens besteht Unsicherheit bezüglich der *Bewertung* spezifischer Irritationen, Ereignisse und Entwicklungen: Es gibt immer die Möglichkeit, etwas anders zu bewerten, andere Bewertungsinstrumente und Wertvorstellungen zu mobilisieren. Entsprechend ist es offen, ob und wie spezifische Bewertungen zustande kommen und mit welchen Auswirkungen das geschieht (Karpik, 2010). Zentrale Erfolgsmassstäbe für wichtige Entscheidungen einer Organisation wie beispielsweise „Ertragspotenzial", „Neuheit" oder „Qualität" können immer kontroverse Debatten auslösen: Wie etwa wird Qualität gemessen, wie viele Fehler sind mit dem Label „qualitativ hochstehend" vereinbar, wie wichtig sind ästhetische Qualitätskriterien nebst funktionalen. Die Management-Praxis muss sich mit solchen Bewertungsfragen auseinandersetzen und an der Reflexion von Bewertungsmassstäben mitwirken. Für die Bearbeitung von Unsicherheit aufgrund kontroverser Bewertungsmassstäbe sind Management-Praktiken wichtig, die eine Reflexion und Schärfung des Referenzrahmens (siehe Kapitel 2.3) einschliesslich der etablierten Wert- und Erfolgsvorstellungen unterstützen.

Die Unterscheidung dieser drei Formen von Unsicherheit ist analytisch möglich. In einzelnen Situationen und mit Blick auf spezifische Ereignisse ist es allerdings *oft sehr schwierig, eine klare Zuordnung vorzunehmen.* Dennoch muss die Management-Praxis dafür besorgt sein, dass geeignete Management-Praktiken mobilisierbar sind, um mit diesen unterschiedlichen Ausprägungen von Unsicherheit konstruktiv umgehen zu können.

Management-Praktiken sind durch einen dreifachen Reflexionsfokus gekennzeichnet. Sie beziehen sich auf *Inhalte*, beispielsweise auf die Ausschöpfung von Innovationspotenzialen oder auf die Entwicklung alternativer Finanzierungsmodelle. Sie beziehen sich auf *Prozesse*, das heisst auf die Art und Weise, wie diese Inhalte bearbeitet werden, etwa in Workshops, Projektsitzungen oder Grossgruppenveranstaltungen. Und sie setzen stabilisierte *Beziehungen* zwischen den involvierten Akteuren voraus. Unsicherheit, Kontroversen und Kritik zuzulassen, die sich immer auch auf die eigene unternehmerische Tätigkeit beziehen können, erfordert viel Vertrauen, Respekt und Wertschätzung. Das ist nicht selbstverständlich, sondern muss immer wieder neu gemeinschaftlich kultiviert und verankert werden.

3.0.4 Gemeinschaftliche Verankerung in vielfältigen Communities-of-Practice

Management als reflexive Gestaltungspraxis ist verankert in *Communities-of-Practice* (Wenger, 1998). Entscheidend ist aus Sicht des SGMM nicht die Reflexion einer einzelnen Managerin oder eines einzelnen Managers, sondern die Form, wie Manager-Communities durch die gemeinschaftliche Mobilisierung spezifischer Management-Praktiken Distanz aufbauen, Reflexion kommunikativ strukturieren und Wirkung sicherstellen (Brown & Duguid, 1991; 2001). Sie tun dies beispielsweise als Management-Teams, die in Beziehung zur organisationalen Wertschöpfung wirken, als Verkaufsteam oder Forschungsteam, als Bereichsleitung oder Divisionsleitung. Sie wirken aber mit vergleichbaren Aufgabenprofilen auch organisationsübergreifend als Communities von CEOs oder CTOs. Sie formieren sich als Manager-Communities, die an spezifischen Issues arbeiten, sich an gesellschaftlichen Kontroversen beteiligen oder als Stakeholder in eigener Sache Erwartungen an eine Organisation artikulieren. Oder sie organisieren sich als Alumni-Netzwerke einer Universität oder als Experten-Club.

Manager-Communities unterscheiden sich dabei einerseits durch ihren *Grad der Formalisierung:* Sie können sich beispielsweise als informelle Netzwerke konstituieren oder als Geschäftsleitungen, Qualitätszirkel oder Arbeitsgruppen institutionalisiert werden. Andererseits unterscheiden sie sich durch ihren *Grad der Stabilisierung:* Manche kommen nur vorübergehend zusammen, mit Blick auf eine bestimmte Herausforderung. Andere entwickeln sich zu einer stabilen Konstellation von Managerinnen und Managern, die sich über eine längere Zeit und mit unterschiedlichen Themen auseinandersetzen, sei es als Expertengruppe oder als Ausschuss eines Gremiums wie dem Verwaltungsrat oder der Geschäftsleitung.

Manager-Communities, die sich mit *fundamentalen Fragen* und *zeitüberdauernd kontroversen Problemstellungen* der organisationalen Wertschöpfung und deren Weiterentwicklung auseinandersetzen und sich dabei mit Blick auf die *organisationale Wertschöpfung und deren Weiterentwicklung als Ganzes* engagieren, bezeichnet das SGMM als *unternehmerischen Handlungskern* (Grand & Bartl, 2011). Ein unternehmerischer Handlungskern formiert sich über längere Zeit als Community-of-Practice. Dabei entwickeln die engagierten Managerinnen und Manager ein besonders geeignetes Repertoire von Reflexionspraktiken für die Bearbeitung fundamentaler Fragen der unternehmerischen Weiterentwicklung. Der unternehmerische Handlungskern einer

The Manager on Top (of a Hierarchy)

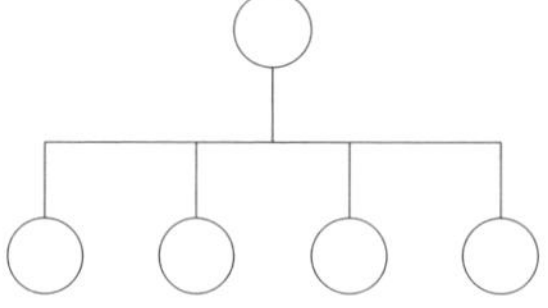

The Manager in the Center (of a Hub)

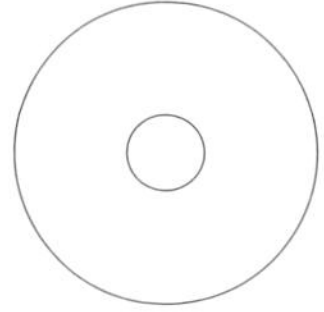

The Manager Throughout (a Web)

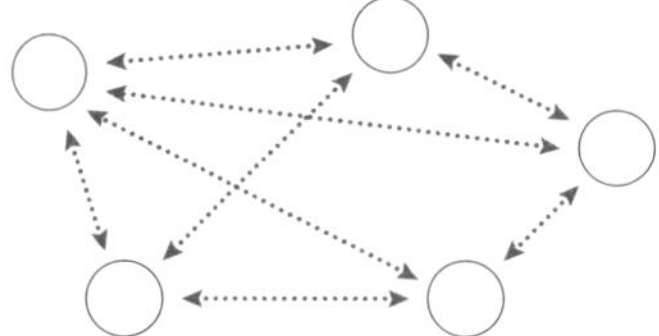

Abbildung 31 – Management-Vorstellungen (Mintzberg, 2009: 125)
Im Zentrum der Diskussion um Management steht immer wieder die Frage nach dem „Ort" von Management. Eine erste Vorstellung geht davon aus, dass Management durch definierte, einseitig beeinflussbare Steuerungsmechanismen „From Top of a Hierarchy" auf eine Organisation einwirken kann. Eine zweite Vorstellung verortet Management im Zentrum einer Organisation, im „Center of the Hub", an dem sich alle Aktivitäten, Entscheidungen und Entwicklungen ausrichten. Eine dritte Sicht, die vom SGMM mitgetragen wird, besagt, dass Management als autonome reflexive Gestaltungs- und Interventionspraxis „Throughout a Web" von Situationen, Aktivitäten, Entscheidungen und Interaktionen wirkt. Diese Praxis entfaltet sich in Communities-of-Practice. Sie erlangt ihre Eigenständigkeit und Wirksamkeit massgeblich auch durch kommunikative Zuschreibungen, wenn „vom" Management gesprochen wird.

Organisation ist dabei nicht zwingend deckungsgleich mit formalen Gremien wie einem Verwaltungsrat oder einer Geschäftsleitung, sondern er etabliert sich oft auch quer zu solchen Gremien entlang gemeinsamer Entwicklungsvorstellungen und unternehmerischer Überzeugungen.

Die Auseinandersetzung mit wichtigen Issues und Problemstellungen ist oft der *Kristallisationskeim* für die Herausbildung von Manager-Communities (Grand & Bartl, 2011). Zugleich stabilisieren etablierte Repertoires von Reflexionspraktiken die Manager-Communities, die sich jene zu eigen machen (Wenger, 1998). Durch ihr Engagement in Manager-Communities schärfen Managerinnen und Manager ihr Selbstverständnis, ihre Management-Vorstellungen oder ihr Repertoire von Management-Praktiken (Boland & Tenkasi,

1995). Über die Zeit entwickeln solche Communities mehr oder weniger kohärente Identitäten und Kommunikationskulturen. So können sie sich effizient auch mit überraschenden Ereignissen, neuen Opportunitäten und kontroversen Issues auseinandersetzen. Und sie können sich gleichzeitig über ihre spezifischen Praktiken, deren Funktionalität und Dysfunktionalität und die damit verbundenen Management-Vorstellungen austauschen (siehe dazu Abbildung 31).

Zusammenfassend ist Management als reflexive Gestaltungspraxis gekennzeichnet durch das Zusammenspiel spezifischer Repertoires von Management-Praktiken, institutionalisierter Formen der Reflexivität, insbesondere durch die Etablierung von Management-Plattformen, und des Engagements von Manager-Communities. Zugleich lässt sich die Management-Praxis differenzieren, und zwar bezüglich ihrer *Reichweite und damit ihres spezifischen Wirkungshorizontes*. Entsprechend vertiefen wir drei Aspekte von Management. Wir diskutieren erstens die *Management-Praxis allgemein*, mit Bezug zu unterschiedlichsten Aufgaben, Bezugspunkten und Wirkungsbereichen. Wir konzipieren zweitens *Corporate Governance* als diejenige Reflexions- und Gestaltungsfunktion der Management-Praxis, welche die existenziellen Prämissen organisationaler Wertschöpfung mit Bezug zur Umwelt festlegt und Executive Management als reflexive Gestaltungspraxis institutionalisiert. Und wir vertiefen drittens *Executive Management* als diejenige Reflexions- und Gestaltungsfunktion der Management-Praxis, die auf die Primärwertschöpfung und die dafür notwendige Gestaltung einer Organisation als Ganzes fokussiert.

Management-Praxis → 3.1
Corporate Governance → 3.2
Executive Management → 3.3

Ein Blick in die Praxis

Strategiearbeit und Management-Architektur

Wie voraussetzungsreich und vielschichtig sich die Management-Praxis zur Weiterentwicklung organisationaler Wertschöpfung aus Sicht des SGMM gestaltet, lässt sich am Beispiel der *Strategiearbeit* zeigen (Müller-Stewens & Lechner, 2011; Heracleous & Jacobs, 2008; Schmid, 2005). Reflexive Gestaltung ist erstens nur dann möglich, wenn der alltägliche Vollzug organisationaler Wertschöpfung unterbrochen und zugleich der Fluss strategisch relevanter Ereignisse, Entwicklungen und Veränderungen angemessen sichtbar gemacht, reflektiert und kommunikativ verhandelt werden kann, beispielsweise anhand von Wettbewerbsanalysen oder der Präsentation laufender Innovations-Initiativen. Diese betreffen die *Inhaltsdimension („Strategy Content“).*

Zugleich geht es zweitens darum, geeignete kommunikative Formen zu entwickeln, um sich kreativ mit zukünftigen Möglichkeiten, Opportunitäten und Entwicklungen gemeinschaftlich auseinanderzusetzen. Damit ist die *Prozessdimension („Strategy Process“*: Pettigrew, 1977; 1992) angesprochen. Und schliesslich geht es drittens darum, eine robuste „Beziehungsarchitektur“ unter den involvierten Akteuren zu etablieren, die eine kritische, kreative und kontroverse Auseinandersetzung mit der aktuellen Wertschöpfung fördert, und zugleich dem Entwurf alternativer Möglichkeiten dient. Damit wird die *Beziehungsdimension* adressiert.

Strategiearbeit ist aus Sicht des SGMM zentral, weil die drei Dimensionen von Management (als strategische *Reflexionsfunktion* einer Organisation, als *Repertoire von reflexiven Gestaltungspraktiken,* und als *Manager-Community*; siehe Kapitel 3.0) hier exemplarisch zusammentreffen und wirksam werden. Dabei sind die in einen Strategieprozess involvierten Manager-Communities aus Sicht des SGMM erstens *Akteure dieser Management-Praxis* (siehe Kapitel 3.1), zweitens werden sie als *Ressourcen* zur reflexiven Weiterentwicklung der organisationalen Wertschöpfung und für einen kritischen Blick auf den strategischen Sinnhorizont mobilisiert (siehe Kapitel 2.3), und drittens werden ihre Sichtweisen als *Stakeholder-Perspektive* repräsentiert (siehe Kapitel 1.3).

Dabei bleibt es grundsätzlich offen, inwieweit es in der Strategiearbeit gelingt, die organisationale Wertschöpfung gemeinsam kritisch zu reflektieren, dabei auch unternehmerische Möglichkeiten zu identifizieren, diese als attraktive Opportunitäten zu konkretisieren und mit Bezug zur Weiterentwicklung der organisationalen Wertschöpfung organisationsweit zu skalieren. Eine wichtige Rolle spielt dabei die Art und

Weise, wie die Strategiearbeit in der Management-Praxis kommunikativ gestaltet, routinisiert, und mit Blick auf konkrete Herausforderungen gemeinschaftlich realisiert wird. Aus Sicht des SGMM müssen dabei unterschiedliche Bausteine zusammenspielen.

Strategieverständnis klären

In der unternehmerischen Praxis, aber auch in der Management-Literatur lassen sich *unterschiedliche Vorstellungen* identifizieren, was unter „Strategie" zu verstehen ist. Zugleich werden ganz unterschiedliche Perspektiven, Initiativen oder Aktivitäten als „strategisch" relevant identifiziert. Das bedeutet, dass eine Auseinandersetzung mit Strategie immer schon gewisse Vorstellungen von „Strategie" voraussetzt (Grand & Bartl, 2011). Diese explizit zu machen, kollektiv zu klären und zu schärfen, ist aus der Sicht des SGMM eine wichtige Voraussetzung für wirksame Strategiearbeit. Zugleich fällt auf, dass genau dieser Voraussetzungsreichtum wirksamer Strategiearbeit oftmals nicht explizit bearbeitet wird oder implizit weitgehend fehlt.

In der Management-Praxis wird Strategie explizit oder implizit unter anderem mit einer attraktiven Positionierung einer Organisation im Wettbewerb in Verbindung gebracht. Dementsprechend spielen das Five-Forces-Framework (siehe dazu Abbildung 14), die SWOT-Analyse (siehe dazu Abbildung 27) oder Frameworks der „Resource-based View" (Penrose, 1959; Barney, 1991; siehe dazu Abbildung 38) eine zentrale Rolle; sie repräsentieren die Inhaltsdimension („Content") einer Strategie.

In anderen Konzeptionen steht die Sicherstellung der erfolgreichen Entwicklung einer Organisation im Zentrum. Hierbei spielen Ansätze der „Strategic Organization" eine wichtige Rolle; betont wird die Prozessdimension („Process": Bower, 1970; Burgelman, 2002; Schreyögg, 1999).

Richtet sich der Fokus demgegenüber auf die Identifikation, Bewertung und Entwicklung unternehmerischer Opportunitäten, dann drängen sich Corporate-Venturing-Ansätze auf, in denen beispielsweise untersucht wird, wie in etablierten Organisationen völlig neue Geschäftsmodelle etabliert werden. In anderen Konzeptionen wiederum dominiert die Vorstellung der Zukunftsfähigkeit einer Organisation. Dafür steht ein Verständnis von Strategie als Antwort auf die Frage, „how does an organization successfully move forward" (Rumelt, 2011: 6).

Das SGMM seinerseits schlägt vor, „Strategie" als die *zukunftsbezogene Schaffung von existenzrelevanten Erfolgsvoraussetzungen für die erfolgreiche organisationale Wertschöpfung und deren Weiterentwicklung mit Blick auf ihre Primärumwelt* zu verstehen. Mit diesem Verständnis lässt sich „Strategisches" inhaltlich trennscharf von „Normativem" und „Operativem" unterscheiden (siehe Kapitel 2.3), und mit einem Bezug zur organisationalen Wertschöpfung im Zusammenwirken mit ihrer Umwelt bestimmen (siehe Kapitel 1). Zugleich geht es um die Frage, auf welchen Management-Plattformen und mit welchen Management-Praktiken Strategiearbeit wirksam stattfinden kann. Und es ist zu klären, welche Manager-Communities in den Prozess eingebunden werden sollen und inwieweit dafür die notwendigen Beziehungsvoraussetzungen etabliert sind.

Ausgehend davon ist es für die Praxis der Strategieentwicklung fundamental zu klären, welches spezifische *Strategieverständnis* der Strategiearbeit zugrunde gelegt werden soll. Dazu ist es wichtig, mögliche *Strategiekonzeptionen* auseinanderzuhalten und in ihren Konsequenzen für die Strategiearbeit beurteilen zu können. Etabliert hat sich insbesondere

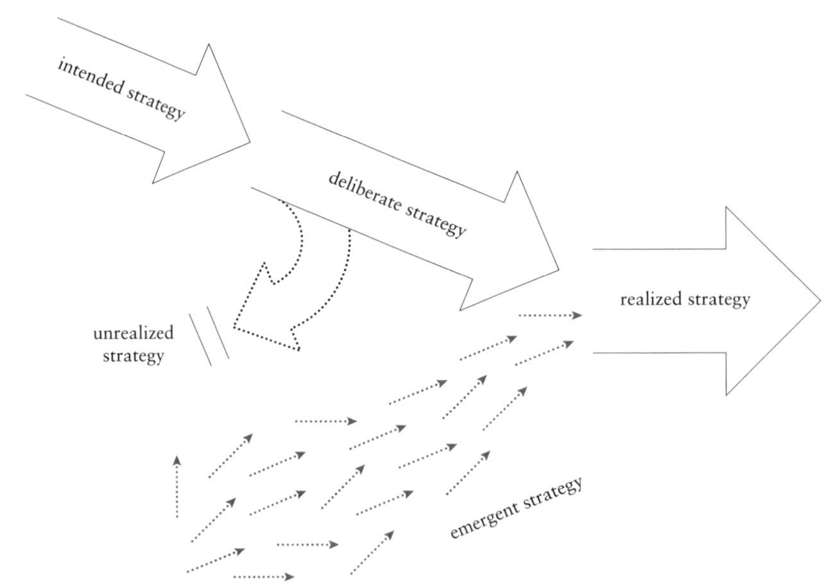

Abbildung 32 – Emergente Strategien (Mintzberg et al., 1998: 12)

Ein prominentes Framework für die Diskussion unterschiedlicher Strategieverständnisse ist das Framework der „Emergent Strategies" (Mintzberg & Waters, 1985). Der Ausgangspunkt des Frameworks ist die Beobachtung, dass sich die intendierte und postulierte Strategie („Intended Strategy") immer von der realisierten Strategie („Realized Strategy") – erkennbar an den dominierenden Entwicklungsmustern einer Organisation – unterscheidet. Durch diese Unterscheidung rückt das „Zwischenfeld" derjenigen Strategien in den Blick, die intendiert, aber nicht realisiert werden („Unrealized Strategies"). In diesem Zwischenfeld finden sich zudem Strategien, die sich erst aus der Entwicklungsdynamik einer Organisation herausbilden („Emergent Strategies"). Auf welche dieser Strategievorstellungen sich das etablierte Strategieverständnis bezieht, ist entscheidend für die Gestaltung der Strategiearbeit und damit für die Art und Weise, wie Strategien formuliert und realisiert werden.

die Unterscheidung von 5 Ps der Strategie, welche differenziert zwischen Strategie als *Plan* („Plan"), als *Muster* („Pattern"), als *Position* („Position"), als *Perspektive* („Perspective") und als *Taktik* („Ploy") (Mintzberg, 1987b).

Jedes Strategieverständnis impliziert spezifische Praktiken und Analyseframeworks: etwa den Ansatz der strategischen Planung (für ein Strategieverständnis als Plan), die Strategieprozessperspektive für die Beschreibung und Strukturierung von Entwicklungsmustern (für ein Strategieverständnis als Handlungs- und Entscheidungsmuster), das Five-Forces-Framework (für ein Strategieverständnis als Positionierung), unternehmerische Kreationsprozesse für den Entwurf attraktiver Opportunitäten und die Entwicklung von Kompetenzen (für ein Strategieverständnis als Perspektive) sowie spieltheoretisch fundierte Taktiken (für ein Strategieverständnis als Taktik).

Aus den jeweiligen Strategiekonzeptionen und ihrem Zusammenspiel erwachsen unterschiedliche Fokusse für Management als reflexive Gestaltungspraxis (Mintzberg & Waters, 1985), die sich jeweils unterschiedlich auf die etablierte Wertschöpfung, Entscheidungspraxis und Sinnhorizonte einer Organisation beziehen (siehe dazu Abbildung 32). Zugleich prägt die Strategiekonzeption wesentlich mit, welche Manager-Communities für die Strategiearbeit mobilisiert werden können und müssen.

Spielarten der Strategiearbeit festlegen

Jedes Strategieverständnis hat Konsequenzen für die Art und Weise, wie Manager-Communities in die Strategiearbeit eingebunden werden und wie sich dies auf diese Arbeit auswirkt. Dabei lassen sich *vier idealtypische Spielarten* unterscheiden, um die aktuelle und die wünschenswerte Form der Strategieentwicklung weiter zu differenzieren (siehe dazu Abbildung 33). Dabei verschiebt sich der Fokus von einer primär inhaltlichen Bestimmung auf eine Auseinandersetzung mit der Prozess- und Beziehungs-Dimension der Strategiearbeit (Schreyögg, 1999). Jede Spielart strukturiert Strategiearbeit als Reflexionsfunktion organisationaler Wertschöpfung und deren Weiterentwicklung anders (Nagel & Wimmer, 2014).

Sie ist oftmals das Ergebnis des Gründungs- und Entwicklungsprozesses einer Organisation und der dabei wirksamen Umwelt, die mitbestimmt, welche organisationalen Herausforderungen einer reflexiven Bearbeitung bedürfen. Geht es zum Beispiel darum, eine strategische Reflexion zu kollektivieren oder ist die Herausforderung eher, nicht endende kollektive Kontroversen zu beenden.

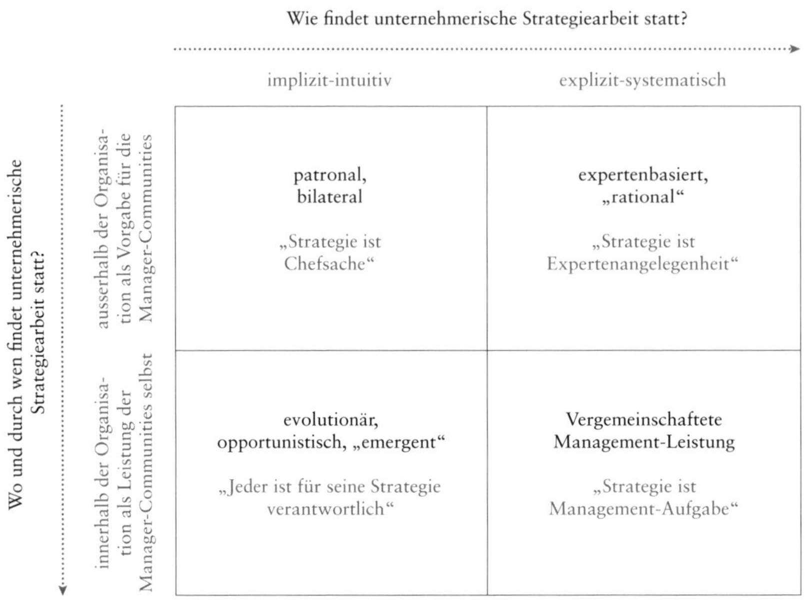

Abbildung 33 – Spielarten der Strategiearbeit (in Anlehnung an Nagel & Wimmer, 2014: 27)
Durch die idealtypische Unterscheidung von zwei Arbeitsformen (als Antwort auf die Frage „wie") und zwei Gestaltungszentren (als Antwort auf die Fragen „wo und durch wen") lassen sich insgesamt vier Spielarten von Strategiearbeit differenzieren. Diese Spielarten sind vergleichbar mit idealtypischen Bearbeitungsformen von (strategischer) Unsicherheit und Ungewissheit. Bei den einzelnen Spielarten ist jeweils ein Treiber im Sinne des unternehmerischen Handlungskerns einer Organisation für die Strategieentwicklung wesentlich: der Patron als Chef, die Berater als externe Experten, einzelne Management-Verantwortliche oder die Management-Praxis selbst.
Dieses Framework unterstützt in mehrfacher Hinsicht die Reflexion von Strategiearbeit. Es kann erstens dazu dienen, die Voraussetzungen, Vorteile und Nachteile der einzelnen Spielarten zu reflektieren. Es kann zweitens dazu genutzt werden, die bis anhin etablierte Strategiearbeit kritisch zu reflektieren und durch die Entwicklung geeigneter Management-Praktiken zu stärken. Es kann drittens deutlich machen, inwieweit angesichts von Umweltveränderungen die bisher praktizierte Form der Strategiearbeit weiterentwickelt werden muss. Und es kann viertens verdeutlichen, dass wirksame Strategiearbeit auch auf einer geschickten, der Kombination der mit den unterschiedlichen Spielarten verbundenen Qualitäten beruhen kann. Zusammenfassend verweist das SGMM mit diesem Framework auf die Wichtigkeit, diese unterschiedlichen Spielarten der Strategiearbeit nicht einfach als gegeben hinzunehmen, sondern sie in ihrem Voraussetzungsreichtum, in ihrer Wirkung und ihrem möglichen Zusammenspiel zu reflektieren.

Dabei spielt es auf der einen Seite eine wesentliche Rolle, wie Strategieentwicklung stattfindet: eher implizit, intuitiv und informell, in Form unterschiedlichster Auseinandersetzungen, die durch patronale Setzungen entschieden werden. Oder eher explizit und systematisch, in Form von mehr oder weniger zielgerichtet gestalteten Strategieprozessen, die Strategiearbeit unter anderem zeitlich strukturieren.

Das SGMM betont das dynamische *Zusammenspiel dieser Formen der Strategiearbeit*. Die Stärkung von Vorstellungskraft, Kreativität und Experimentierbereitschaft benötigt beispielsweise sehr viel Intuition und Offenheit. Nachvollziehbare Begründungen verlangen dagegen nach einer strukturierten Auseinandersetzung, nicht zuletzt als Grundlage für erfolgreiche Skalierung und Kollektivierung.

Auf der anderen Seite spielt es eine Rolle, wie stark Strategiearbeit als Reflexion gesehen wird, die in Zusammenarbeit mit Akteuren „von aussen" stattfindet, oder eher als Prozess, der auf der etablierten Entscheidungspraxis von innen aufbaut und hierfür entsprechend (mehr) Raum und Zeit für selbstkritische Distanznahme und gemeinschaftliche Reflexion bereitstellt.

Durch die analytische Unterscheidung von Organisation und Management und durch die Betonung des dynamischen Zusammenspiels von Organisation und Management verbindet das SGMM zwei zentrale aufeinander bezogene Reflexionsmomente von wirksamer Strategiearbeit: Sie erfordert gleichzeitig eine deutliche Distanznahme zum Bestehenden und muss dennoch an die gewachsene organisationale Wertschöpfung anschlussfähig sein, wenn sie für diese Wirkung entfalten möchte.

Strategieprozess präzisieren

Ausgehend vom Strategieverständnis und einer Gewichtung der Spielarten der Strategiearbeit, muss aus Sicht des SGMM präzisiert werden, wie die aktuelle organisationale Wertschöpfung rekonstruiert und wie alternative Perspektiven und unternehmerische Initiativen entworfen, konkretisiert und bewertet werden können.

Dabei geht es um die Gestaltung des gesamten Entwicklungsprozesses von der Ideengenerierung (Kreation neuer Möglichkeiten) bis zur Etablierung neuer organisationaler Routinen und Fähigkeiten (Wirkung in der Wertschöpfung). Dabei ist immer wieder neu zu klären, inwieweit Issues, Möglichkeiten und Initiativen durch etablierte Prozeduren bearbeitet werden können oder als Herausforderungen, die etablierte Prozeduren herausfordern und eine reflexive Bearbeitung durch die Management-Praxis erfordern (Grand, 2016).

Zur Beschreibung von *Strategieprozessen* lässt sich ein Framework nutzen, das vier zentrale Entwicklungsmomente unterscheidet (Floyd & Wooldridge, 2000; Lechner, 2006; Müller-Stewens & Lechner, 2011):

- Erstens die *Interpretation neuer Ideen:* Wie übersetzt eine Management-Praxis in ihrem Strategieprozess spezifische Möglichkeiten der Umwelt in Potenziale zur Weiterentwicklung ihrer Wertschöpfung (siehe Kapitel 1)? Dabei ist wichtig, dass Irritationen, Ereignisse und Überraschungen, beispielsweise durch Verschiebungen im Wettbewerb, aufgrund neu verfügbarer Wissensbestände oder wegen Schwierigkeiten mit dem bestehenden Produktportfolio mit der Generierung neuer Opportunitäten zusammengeführt werden.

- Zweitens die *Artikulation neuer Themen und Issues:* Wie bringt eine Management-Praxis die neuen Potenziale zur Sprache, sodass sie kommuniziert und bearbeitet werden können? Dabei ist aus kommunikativer Perspektive zentral, dass es alles andere als selbstverständlich ist, dass Ideen und Opportunitäten als strategisch relevant erkannt und für die Weiterentwicklung der Wertschöpfung attraktiv präsentiert, präzise artikuliert und vergemeinschaftet werden können.

- Drittens die *Erarbeitung neuer Initiativen:* Wie werden die neuen Möglichkeiten und Potenziale in konkrete Projekte überführt, in die eine Organisation relevante Ressourcen investieren kann? Weiter ist es wesentlich, Ideen und Opportunitäten zu strategischen Initiativen zu verdichten, für die relevante Ressourcen mobilisiert werden können: finanzielle Mittel und Aufmerksamkeit, relevante Kompetenzen und unternehmerische Erfahrungen, Kunden als Lead Users und vielleicht sogar Konkurrenten als Strategiepartner.

- Viertens die *Durchsetzung neuer Prozesse:* Wie werden die Voraussetzungen dafür geschaffen, dass strategische Initiativen in Prozessen des Organisierens Wirkung entfalten und einen Unterschied machen (siehe Kapitel 2)? Es ist zentral, diejenigen Bearbeitungsformen zu identifizieren und zu mobilisieren, die für die Transformation einer spannenden Opportunität in eine relevante Wertschöpfung wesentlich sind. Aus Ideen und Perspektiven müssen greifbare Produkte, effiziente Prozesse und organisationale Routinen werden.

Strategiearbeit auf einer Management-Architektur verankern

Der Prozess der Strategieentwicklung und die dafür notwendigen Management-Plattformen müssen *in die Management-Architektur einer Organisation eingebettet* sein. Dabei geht es beispielsweise um die Frage, wie Geschäftsleitungsmitglieder und Verwaltungsräte, aber auch unterschiedliche Manager-Communities und ihre Management-Praktiken als Ressourcen für die Entwicklung einer Strategie mobilisiert werden können. Auch muss geklärt werden, wie dieses Zusammenwirken *zeitlich* (als routinisierter Prozess), *räumlich* (aufgrund der Verteiltheit organisationaler Wertschöpfung) und *sozial* (mit Blick auf die Unterschiedlichkeit engagierter Akteure und die Repräsentation wichtiger Stakeholder-Perspektiven) strukturiert werden soll. Genau das macht die sorgfältige Differenzierung unterschiedlicher Funktionen von Corporate Governance und Executive Management wichtig (siehe Kapitel 3.2 und 3.3; siehe dazu Abbildung 34).

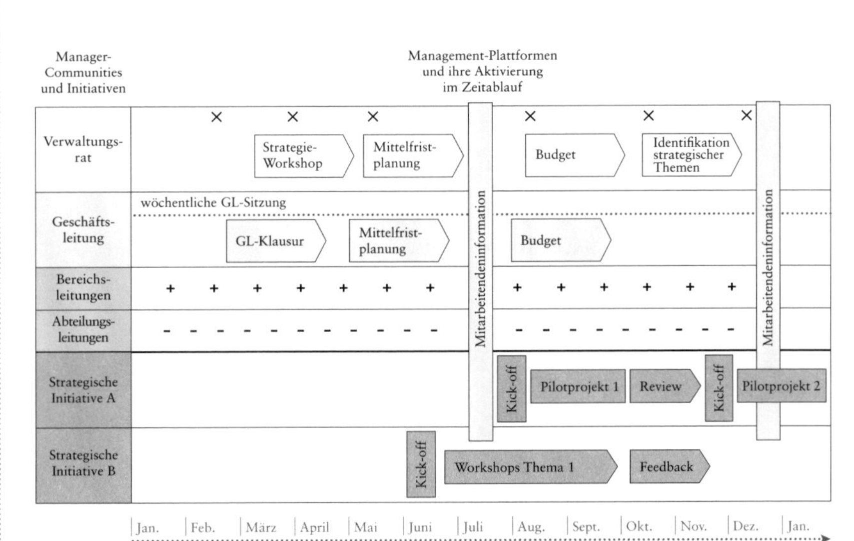

Abbildung 34 - Zusammenspiel von Management-Plattformen in einer Management-Architektur (Rüegg-Stürm & Bachmann, 2012: 134)

Der Strategieprozess einer Organisation hängt eng mit der Management-Architektur zusammen. Dass kontroverse Issues wirkungsvoll thematisiert und bearbeitet, unternehmerische Initiativen präzise formuliert und bewertet, wichtige Entscheidungen nachvollziehbar getroffen oder strategische Ressourcen begründet investiert werden können, setzt Management-Plattformen voraus. Diese Management-Plattformen werden durch eine Management-Architektur zusammengehalten. Dadurch wird vorstrukturiert, ob und wie offene Debatten, strukturierte Analyseprozeduren durchgeführt und formale Entscheidungen getroffen werden sollen. Zudem wird bestimmt, wie sich unterschiedliche Akteure wie Verwaltungsrätinnen, Geschäftsleitungsmitglieder, spezialisierte Manager-Communities und Experten in der Strategiearbeit engagieren können. Aus Sicht des SGMM wird wirksame Strategiearbeit mithin nicht durch einzelne Gremien, Sitzungen, Manager-Communities oder Executives, sondern durch ihr ***kohärentes Zusammenwirken*** *über unterschiedliche Management-Plattformen hinweg möglich gemacht.*

Die meisten Frameworks differenzieren dabei mindestens drei Management-Ebenen, die sich durch einen unterschiedlichen Zugriff auf die Strategieentwicklung voneinander abgrenzen lassen: die *Corporate-Ebene* (Müller-Stewens & Brauer, 2009), die formal oft der Geschäftsleitung, der Konzernleitung oder einer anderen „exekutiven" Gesamtführung entspricht; die *Ebene des mittleren „Managements"*, die mit der Zuständigkeit für einzelne Geschäftsbereiche, Funktionen oder Wertschöpfungsbeiträge einer Organisation zusammengeht; und schliesslich die *Ebene des operativen Managements* (siehe dazu Abbildung 10). Dabei zeigt die Erfahrung, dass dem mittleren Management bei der Entwicklung und Realisierung neuer strategischer Initiativen an der Grenze etablierter und neuer Vorstellungen, Prozeduren und Praktiken oder an der Grenze von Organisation und Umwelt eine zentrale, oft unterschätzte Bedeutung zukommt (Wooldridge et al., 2008).

In rechtlichen und unternehmerischen Kontexten, in denen der Verwaltungsrat eine strategische Gesamtverantwortung trägt, muss zusätzlich das *Zusammenspiel zwischen Verwaltungsrat und Geschäftsleitung* beachtet werden (Hilb, 2009). Dabei lassen sich mehrere Praktiken der Strategiearbeit unterscheiden, die auf unterschiedliche Weise von Gremien und Manager-Communities verantwortet und mobilisiert werden (siehe dazu Abbildung 34): die Formulierung von Vorgaben; die Erarbeitung einer Strategie (verstanden als formalisiertes Dokument mit Aussagen, Analysen, Argumentationen); die Autorisierung strategisch wichtiger Themen, Issues und Fragen; die Realisierung und Verankerung der Strategie in Prozessen des Organisierens; die Beobachtung und Kontrolle der Realisierung (Grand et al., 2011; Müller-Stewens & Lechner, 2011).

Bezüglich des Zusammenspiels unterschiedlicher Ebenen und Gremien lassen sich auf Basis des SGMM verschiedene *Typen von Management-Plattformen* unterscheiden, auf denen die Strategiearbeit durch die Management-Praxis mitgeprägt wird, und die sich im *Grad ihrer Institutionalisierung* unterscheiden. Für die Corporate-Governance-Praxis ist es entscheidend, die für die Strategiearbeit erforderlichen formellen Management-Plattformen reglementarisch zu definieren, in ihrem Zusammenwirken zu einer Management-Architektur zu verknüpfen und im Hinblick auf eine wirkungsvolle Strategie-Arbeit aktiv mitzugestalten (siehe dazu Abbildung 35).

Praktiken der Strategieentwicklung routinisieren

Schliesslich muss sich ein *Repertoire von Management-Praktiken* einspielen, das auf die konkrete Strategieentwicklung zielt (siehe Kapitel 3.1). Die Etablierung solcher Praktiken wird dabei wesentlich von den *Manager-Communities* mitgeprägt, die in der Strategiearbeit mitwirken. Praktiken der Strategieentwicklung adressieren unterschiedlichste Fragen, die für die Management-Praxis wichtig sind: Wie werden grundlegende Rahmenbedingungen des Strategieprozesses (Ownership, grober Ablauf, verfügbare Zeit, Prozessunterstützung, Kommunikationsgrundsätze) geklärt? Wie gelangen im Strategieprozess wichtige Umweltentwicklungen, Kontroversen und Trendbrüche kommunikativ zur Darstellung? Wie können Stärken, Schwächen und unausgeschöpfte Potenziale der etablierten Wertschöpfung eruiert und in unternehmerische Opportunitäten übersetzt werden? Wie sollen attraktive Zukunftsoptionen entworfen und bewertet werden? Inwieweit müssen die etablierten Erfolgsvorstellungen und Bewertungsmassstäbe des Referenzrahmens kritisch überprüft werden? Wie sollen attraktive Opportunitäten in realisierbare Initiativen übersetzt werden? Wie autonom (auf grüner Wiese) oder nahe an der aktuellen Wertschöpfung sollen neuartige Optionen realisiert werden? Wie werden dabei Skalierungsmöglichkeiten geschaffen und getestet?

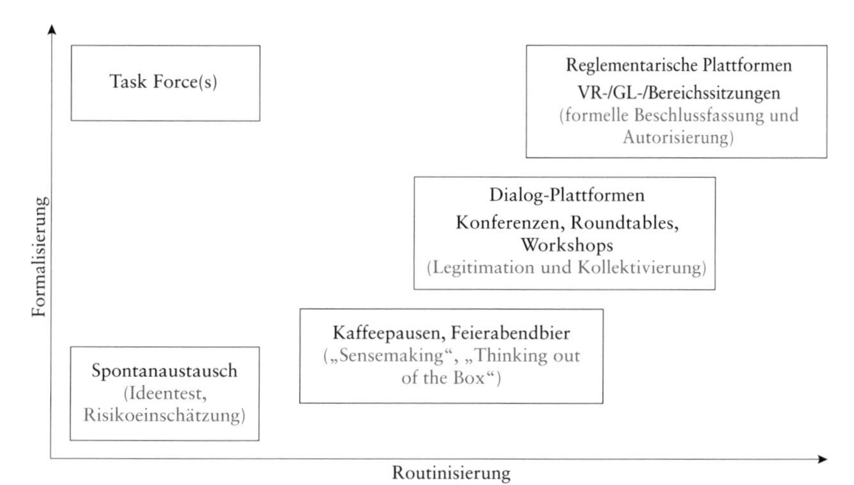

Abbildung 35 – Institutionalisierungsarten von Management-Plattformen (eigene Darstellung)

Ein Strategieprozess profitiert von Management-Plattformen, die sich in der Art ihrer Institutionalisierung unterscheiden. Dabei lassen sich zwei Qualitäten von Institutionalisierung unterscheiden: Grad der Formalisierung und Grad der Routinisierung. Entsprechend unterscheidet das SGMM vier Typen, die für die Strategiearbeit wesentlich sind. Erstens sind persönliche Interaktionen zwischen engagierten Akteuren wichtig, die auf der Möglichkeit eines spontanen Austauschs beruhen. Zweitens spielt das routinisierte Zusammentreffen etwa in Kaffeepausen eine wichtige Rolle. Drittens braucht es institutionalisierte, aber nicht für Entscheidungen autorisierte Dialog-Plattformen wie Roundtables, Sounding Boards oder Grossgruppenveranstaltungen. Viertens sind die eigentlichen Autorisierungsplattformen in Form formaler Sitzungen zentral.

3.1 **Management-Praxis**

3.1.0 Management realisiert sich in reflexiver Gestaltung

Wie am Anfang des Kapitels diskutiert, zeichnet sich Management als reflexive Gestaltungspraxis durch das Zusammenspiel eines spezifischen Repertoires von Management-Praktiken, ihrer Mobilisierung im Rahmen von Management-Plattformen, und ihrer Entwicklung durch Manager-Communities aus (siehe Kapitel 3.0). Praktiken sind im Verständnis des SGMM *kollektiv stabilisierte, kommunikativ wirksame Reflexions-, Entscheidungs- und Handlungsmuster*. Management-Praktiken erlauben die Bearbeitung ganz unterschiedlicher Fragen: Wie etwa wird die Qualität der Wertschöpfung gemessen und damit einer Reflexion durch die Management-Praxis zugänglich gemacht? Wie werden Kontroversen zu einer attraktiven Zusammensetzung des Produktportfolios initiiert und moderiert? Wie werden die aktuell wirksamen Sinnhorizonte expliziert, kritisch weiterentwickelt und aufeinander abgestimmt? Wie kommen Stakeholder-Erwartungen in Grundsatzdebatten zur gesellschaftlichen Verantwortung einer Organisation zur Sprache?

Management-Praktiken sind inhaltlich als diejenigen Praktiken bestimmt, die für die *reflexive Gestaltung der organisationalen Wertschöpfung und der damit verbundenen unternehmerischen Herausforderungen und Möglichkeiten* geeignet sind (Barnard, 1938; Drucker, 1985). Dazu gehören beispielsweise Praktiken des Technology Roadmappings, durch die gemeinsame Vorstellungen bezüglich der Entwicklung relevanter Zukunftstechnologien entwickelt werden (Howard-Grenville, 2007); Praktiken des Knowledge Brokerage, die relevante Wissensressourcen für die Bearbeitung neuer Herausforderungen mobilisieren (Hargadon & Sutton, 1997); Praktiken der strategischen Investition in neue Geschäftsfelder, Wissensgebiete oder Technologien und Ventures (Burgelman, 2002; Bower & Gilbert, 2005).

Aus Sicht des SGMM hat jede inhaltliche Bearbeitung einer unternehmerischen Herausforderung eine *prozessuale Dimension*. Die *Art und Weise* der Bearbeitung technologischer Entwicklungen durch Technology Roadmapping kann auf unterschiedliche Weise geschehen, in kontroversen Debatten, Experten-Hearings, Arbeitsworkshops, digital unterstützten Jam Sessions oder Grossgruppenveranstaltungen. Zugleich sind für jede Arbeitsform die *Beziehungs-Voraussetzungen* wichtig, die das Zusammenwirken von Manager-Communities prägen. Ein gemeinschaftliches Arbeiten in einem Workshop etwa setzt wechselseitiges *Vertrauen* und *Offenheit*, die Bereitschaft zu kontroversen Debatten und *Respekt* gegenüber anderen Perspektiven und Positionen voraus.

Dabei bezieht sich Management-Praxis auf verschiedenste Reflexions-Gegenstände und ist dementsprechend immer kontextabhängig definiert. Zugleich verbinden sich damit unterschiedliche Erwartungen bezüglich der *Wirksamkeit und Reichweite* der Management-Praxis. Management-Praxis kann sich z.B. auf Projekte (Projektmanagement) mit beschränkter Zeitdauer, auf Geschäftsbereiche (Business Unit Management) mit globaler Bedeutung, auf Technologien (Technologiemanagement) oder auf die Produktentwicklung (Innovation Management) mit grundlegenden Veränderungswirkungen für die organisationale Wertschöpfung beziehen. Dabei können Fragen der Gewinnung von Ressourcen (je nachdem als Supply Chain Management, Financial Management oder Human Resource Management ausgestaltet) oder solche der Bestätigung und Weiterentwicklung relevanter Beziehungen zu bestimmten Stakeholdern in den Fokus rücken (als Relationship Management oder Key Account Management).

Aus Sicht des SGMM ermöglicht diese Konzeption von Management als reflexive Gestaltungspraxis – ganz in der Tradition der 1. Generation des SGMM (Ulrich, 1984) – Management und Leadership analytisch präzise zu unterscheiden: *Leadership* als Menschen- und Mitarbeiterführung hat einen anderen Wirkungshorizont als Management. Leadership bezieht sich aus Sicht des SGMM primär auf die reflexive Gestaltung des unmittelbaren Arbeitskontexts, sozusagen auf den *„Mikrokosmos" der eigenen Wirksamkeit.* Im Zentrum von Leadership steht folglich die Entwicklung und Pflege *tragfähiger Arbeits- und Kommunikationsbeziehungen* mit Praktiken einer sorgfältigen Erwartungssteuerung und Erwartungsklärung, was erwartete Leistungen und Ergebnisse betrifft. Authentisches Feedback, Praktiken einer lösungsorientierten Konflikthandhabung, eine Haltung des Respekts und der Wertschätzung für Gelungenes sind Schlüsselingredienzen von wirksamer Leadership. Leadership im Sinne von Menschen- und Mitarbeiterführung ist durch eine direkte kommunikative Einwirkung auf das Denken und Handeln einzelner Akteure, Teams und Kollektive definiert (Bass, 2008; Bennis, 1989; Kotter, 1982; Kouzes & Posner, 2010; Tichy & Devanna, 1986).

Sowohl bei Leadership als auch bei Management ist es wichtig, entsprechende Kommunikationsepisoden wie Sitzungen oder Workshops *gleichermassen reflexiv und effizient* zu gestalten. Dies wiederum bedeutet, sorgfältig drei unterschiedliche Gestaltungsebenen von reflexiver Kommunikation zu differenzieren und diese gezielt zu strukturieren (siehe dazu Abbildung 36):

Auf einer *Beziehungsebene* geht es darum, auf achtsame und respektvolle Weise an der Tragfähigkeit der fraglichen Arbeitsbeziehungen zu arbeiten. Ohne geklärte Beziehungsebene ist es schwierig, sachliche Diskussionen zu führen, weil der Beziehungskontext einen zentralen Einfluss darauf hat, wie Botschaften auf der Inhaltsebene interpretiert werden (Watzlawick et al., 1967).

Die *Prozessebene* adressiert förderliche Rahmenbedingungen wie z.B. eine sorgfältige Erwartungsklärung und Erwartungssteuerung, die Vereinbarung von Spielregeln der Kommunikation und Zusammenarbeit, den Umgang mit knapper Zeit, Sorgfalt im Sprachgebrauch, systematisches Bemühen um präzise Artikulation von Argumenten oder den Einsatz von Visualisierungshilfsmitteln (z.B. Flipcharts, Pinnwänden).

Eine dynamische Stabilisierung auf der Beziehungs- und Prozessebene bildet eine unabdingbare Voraussetzung, dass auf der *Inhaltsebene* hoch kontroverse und möglicherweise auch emotional aufgeladene Themen mit entsprechendem Konfliktpotenzial auf konstruktive Weise bearbeitet werden können.

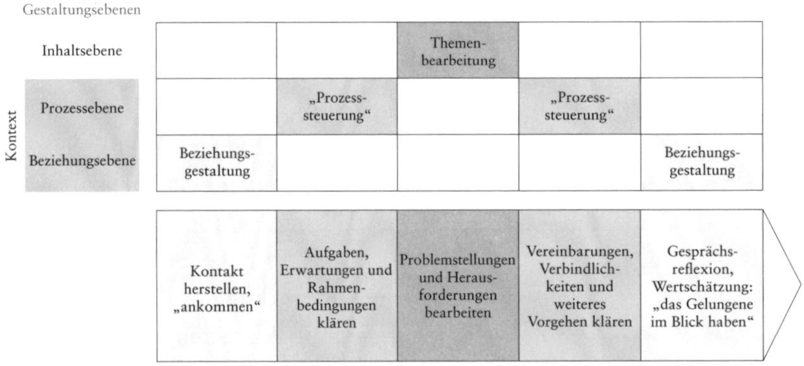

Abbildung 36 – Strukturierung von reflexiver Kommunikation (eigene Darstellung)
Diese Abbildung zeigt in vereinfachender und idealtypischer Weise, wie im Verlauf einer Kommunikationsepisode systematisch verschiedene Kommunikationsebenen in Blick genommen und sorgfältig strukturiert werden sollten. Zu Beginn einer Kommunikationsepisode geht es insbesondere um die Klärung der Arbeitsbeziehungen, um die Schaffung einer konzentrierten und achtsamen Arbeitssphäre. In einer zweiten Phase geht es darum, die vorgesehene Kommunikationsepisode in prozessualer, d.h. sachlicher und zeitlicher Hinsicht transparent zu strukturieren und hierzu die erforderlichen Erwartungsklärungen vorzunehmen. Diesbezüglich spielt auch eine vorbereitend erstellte Agenda (siehe Kapitel 2.2.1) eine zentrale Rolle. Damit sind die Voraussetzungen geschaffen, um in einer dritten Phase auf der Grundlage eines robust geklärten Kontexts die eigentliche Themenbearbeitung anzugehen. An diese wiederum muss eine Klärungsphase anschliessen, was die Spezifikation getroffener Entscheidungen und daraus folgender Aufgaben und Pflichten („Commitments") betrifft. Schliesslich geht es darum, in einer positiven und wertschätzenden Form wieder auseinanderzugehen.

Diese Praktiken der Strukturierung von reflexiver Kommunikation, die für wirkungsvolle Leadership von grundlegender Bedeutung sind, bilden genauso auch essenzielle Bausteine eines ausgereiften Repertoires von Management-Praktiken. Wenig hilfreich ist aber aus Sicht des SGMM eine Verkürzung von Management auf Leadership (Ulrich, 1984). Denn Leadership mit einer Fokussierung auf den Mikrokosmos achtsamer Menschen- und Mitarbeiterführung reicht nicht aus, um die Weiterentwicklung organisationaler Wertschöpfung wirksam gestalten zu können. Aus guter Leadership folgt somit nicht automatisch unternehmerischer Erfolg – im Sinne von „when people grow, profits grow".

Auf die Weiterentwicklung organisationaler Wertschöpfung wirkungsvoll Einfluss zu nehmen, erfordert vielmehr einen ungleich *breiteren Reflexionsfokus und Wirkungshorizont:* Dieser umfasst die organisationale Wertschöpfung selbst mit Bezug zur existenzrelevanten Umweltdynamik, ihre historisch gewachsenen Erfolgsvoraussetzungen, die sich im komplexen Zusammenwirken von Entscheidungspraxis und Referenzrahmen über die Zeit hinweg sedimentiert haben, sowie das dynamische Zusammenspiel von Differenzierung und Integration durch Kommunikationsplattformen. Mit anderen Worten geht es in der Management-Praxis um eine *wertschöpfungsbezogene Orchestrierung von Praktiken der Strukturierung von reflexiver Kommunikation,* um deren Abstimmung und Verankerung auf unterschiedlichen Management-Plattformen und um deren Integration in einer tragfähigen Management-Architektur (siehe dazu Abbildung 35). Dies ist deshalb von herausragender Bedeutung, weil die Bearbeitung grundlegender Management-Herausforderungen die Mobilisierung verschiedenster Management-Praktiken und Management-Plattformen erfordert (siehe dazu Abbildung 37).

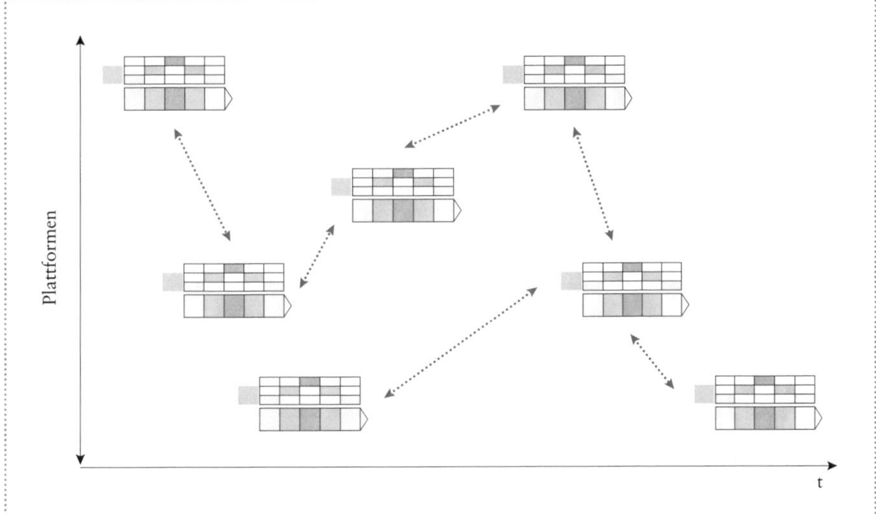

Abbildung 37 – Bearbeitungsformen als Strukturierung vernetzter Kommunikation (eigene Darstellung)
Diese Abbildung zeigt schematisch, wie die Bearbeitung grundlegender Management-Herausforderungen des Zusammenspiels verschiedener Kommunikationsepisoden bedarf, die teils sequenziell aufeinander aufbauen, teils parallel ablaufen können. Die wirksame Bearbeitung von Management-Herausforderungen erfordert somit eine Orchestrierung der Kommunikation durch Mobilisierung förderlicher Management-Praktiken und geeigneter Management-Plattformen.

Nur wenn neuartige Perspektiven und Initiativen in der Management-Praxis *kommunikativ relevant und anschlussfähig an die gewachsene Wertschöpfung* gemacht werden können, haben sie eine Chance, wirksam zu werden. Dies erklärt, warum die in vielen Leadership-Konzepten als selbstverständlich vorausgesetzte Wirksamkeit von überragenden Führungspersönlichkeiten kritisch bedacht und der Vorstellung einer linearen Steuerbarkeit einer Organisation eine Absage erteilt werden muss.

Zugleich wird so Wirkung differenziert diskutierbar: Die Reichweite der aktuellen oder intendierten Wirkung der Management-Praxis kann *unterschiedlich* sein und muss entsprechend immer wieder neu eingeschätzt werden: Sie kann von der Qualitätskontrolle über die Gestaltung von Geschäftsbereichen bis zur Transformation einer Organisation als Ganzes reichen (siehe Kapitel 2.1). Zugleich können sich Reichweite und Wirkungshorizont der Management-Praxis im *Zeitverlauf* ändern: So können beispielsweise Qualitätsprobleme zu einer Frage des Überlebens der Gesamtorganisation werden, Geschäftsmodelle lassen sich nur in einzelnen Geschäftsbereichen realisieren und nicht wie geplant organisationsübergreifend. Die Mobilisierung von Management-Praktiken und deren Wirksamkeit werden von vielen verschiedenen Mechanismen mitbeeinflusst.

Immer aber sind Management-Praktiken situationsspezifisch und *mit Bezug zu lokal relevanten Themen, Ereignissen und Herausforderungen* zu mobilisieren (Suchman, 1987). Viele Manager-Communities formieren sich um die Bearbeitung spezifischer Issues und Herausforderungen. Diese wiederum beeinflussen wesentlich mit, wie sich Management-Praktiken weiterentwickeln. Wenn sich Formate des Technology Roadmappings bei der Bewertung gewisser technologischer Opportunitäten bewähren, werden sie bestätigt, bei radikal neuen Technologien gelangen sie bisweilen an ihre Grenzen. Durch die Mobilisierung alternativer Praktiken kann ein Wechsel in der Bearbeitung erreicht werden: durch das Einführen neuer Methoden oder die Nutzung alternativer Management-Plattformen. Fragen technologischer Entwicklungshorizonte aus einem Expertenkreis in eine offene Debatte einzubringen, verändert die Diskussionsdynamik möglicherweise grundlegend.

Dabei spielt es eine grosse Rolle, *welche Managerinnen, Manager und Manager-Communities* in welcher Form in die reflexive Bearbeitung grundlegender Fragestellungen involviert und welche Interessen, Intentionen und Vorstellungen dabei wirksam sind (Joas, 1992). Sind beispielsweise die Verkaufsabteilung und die Markenkommunikation in die Definition neuer Produkte bereits in den Entwicklungsprozess involviert? Je nachdem, welche Manager-Communities beteiligt sind, werden unterschiedliche Erfahrungshintergründe, Perspektiven und Anliegen im Reflexions- und Gestaltungsprozess artikuliert. Zugleich formieren sich viele Manager-Communities bisweilen erst im Rahmen einer vertieften Auseinandersetzung mit bestimmten Themen und Issues, welche die Weiterführung der etablierten Wertschöpfung in Frage stellen.

Schliesslich werden Management-Praktiken in ihrer Ausgestaltung und Wirksamkeit von den *Tools und Artefakten* mitgeprägt, die bei ihrer Anwendung genutzt werden (Knoblauch, 2014; Orlikowski & Yates, 1994; Orlikowski & Scott, 2008). Tools, die beispielsweise bei der Strategiearbeit verwendet werden, beeinflussen mit, wie reflexiv absehbare Herausforderungen tatsächlich analysiert und geklärt werden können. Bekannt ist etwa der Einfluss von PowerPoint-Präsentationen, SWOT-Analysen, Balanced Scorecards, Bilanzierungsschemata oder Analyse-Frameworks wie Porter's Five-Forces-Framework (siehe dazu Abbildung 14) nicht nur auf das „Was", sondern auch auf das „Wie" einer Debatte zu strategischen Themenstellungen (Johnson et al., 2007).

Management-Praxis reflektiert und gestaltet organisationale Wertschöpfung und deren Weiterentwicklung hinsichtlich dreier Aspekte. Die organisationale Wertschöpfung muss erstens kritisch in den Blick genommen und *in ihrer Relevanz und Sinnhaftigkeit reflektiert* werden. Zweitens müssen *neue Möglichkeiten als Alternativen kreiert* und *als realisierbare Initiativen konkretisiert* werden. Drittens wird die Wirkung der Management-Praxis dadurch bestimmt, inwieweit spezifische Interventionen und Initiativen zur Weiterentwicklung der organisationalen Wertschöpfung die dafür relevanten Prozesse des Organisierens zu ändern vermögen und *in welchem Wirkungshorizont sie skalieren.* Wie „klein" und lokal oder umfassend und „gross" (Boltanski & Thévenot, 1991) die Wirkung von Issues und Initiativen ist und wie gut die für ihre Bearbeitung relevanten Praktiken und Communities skalieren, hängt davon ab, ob eine bestimmte Initiative einen Teilaspekt des Wertschöpfungsprozesses, die Definition des zukünftigen Geschäftsmodells eines Geschäftsbereichs oder gar Fragen des Überlebens der Gesamtorganisation betreffen soll und auch tatsächlich betrifft.

Management ermöglicht Reflexivität → 3.1.1
Management kreiert Möglichkeiten → 3.1.2
Management skaliert Wirkungen → 3.1.3

3.1.1 Management ermöglicht Reflexivität

Organisationale Wertschöpfung und deren Weiterentwicklung zu reflektieren, setzt voraus, dass die Management-Praxis die *Management-Praktiken und Management-Plattformen schafft und verankert, die für diese reflexive Auseinandersetzung erforderlich* sind. Dabei geht es gleichermassen um die Bearbeitung vieler Einzelereignisse und Planung spezifischer Interventionen und um die grundlegenderen Fragen, wann, wieweit und wo die organisationale Wertschöpfung beibehalten oder weiterentwickelt werden soll. Eine Management-Praxis muss sich folglich permanent darum kümmern, wie einschneidende Ereignisse, z.B. eine massive Veränderung der Kundenerwartungen, unbefriedigende finanzielle Ergebnisse, das Verpassen geforderter Qualitätsstandards in der Produkteherstellung oder neue technologische Möglichkeiten im Bereich der Social Media in ihren Konsequenzen für eine Organisation zu interpretieren und zu beurteilen sind.

Management reflektiert organisationale Wertschöpfung immer zugleich als *etabliertes Wertschöpfungssystem, das es zu stabilisieren* gilt und *als kontingenten, veränderbaren Prozess*, der neue Entwicklungen und entsprechende Veränderungen möglich oder sogar notwendig macht. Die Management-Praxis mobilisiert dazu ein Repertoire von Reflexionspraktiken und etabliert die dazu nötigen Management-Plattformen als *Reflexionsräume*. Dies soll es ermöglichen, kontroverse, unkonventionelle und radikale Perspektiven in geschütztem Rahmen zu verhandeln. Das kann zum Beispiel in Form eigener Workshop-Formate geschehen, durch die Installierung einer Task Force, die das Bestehende aus der Distanz reflektiert und mit Bezug zu neuen Erfolgsdefinitionen bewertet, oder durch die Ausdifferenzierung organisationaler Aktivitäten als Forschungs- und Entwicklungseinheit.

Dabei ist es aus Sicht des SGMM erstens wesentlich, wie die aktuelle Wertschöpfung *überhaupt einer kritischen Reflexion zugänglich gemacht* werden kann. Mit welchen Instrumenten werden die Wertschöpfung insgesamt, spezifische Teilaspekte davon, oder ihr aktueller oder gewünschter Impact in der relevanten Umwelt sichtbar gemacht (beispielsweise durch ein „Process Mapping"; siehe Kapitel 2), bewertet (durch ein quantifiziertes Messsystem) und diskutiert (unter Einbezug von unmittelbarem Kundenfeedback). Wesentlich ist dabei aus einer kommunikationszentrierten Perspektive, dass organisationale Wertschöpfung nur reflexiv bearbeitet werden kann, wenn sie *kommunikativ wirkungsvoll zur Darstellung gebracht und beschrieben* werden kann. Dies wird beispielsweise ermöglicht durch die Mobilisierung einer geeigneten Sprache für eine differenzierte Auseinandersetzung mit Qualitätsthemen, oder durch Visualisierungspraktiken, die ein gemeinschaftliches, selbstkritisches Mapping der Ist-Situation der organisationalen Wertschöpfung jenseits von eingeschliffenen Diskussionsformen erlauben.

Zweitens sind *systematische Perspektivenwechsel* wichtig. Ein Perspektivenwechsel wird möglich durch den Einbezug neuer Sichtweisen, beispielsweise durch eine Auseinandersetzung mit branchenfremden Experten, durch unkonventionelle Zugänge jüngerer Manager-Communities, die als selbstverständlich Etabliertes neu gewichten und fehlende Blickwinkel ins Spiel bringen. Wichtig für Perspektivenwechsel sind auch konkrete Einblicke in vergleichbare Organisationen, z.B. im Rahmen der Besichtigung von Fabriken auf anderen Kontinenten.

Es ist aber auch die Kommunikationsform selbst, die einen Einfluss hat, ob ein Perspektivenwechsel zustande kommt. Förderlich sind dabei sogenannte „Reflective Teams" (Andersen, 2011), d.h. bewährte Praktiken eines reflektierenden Gesprächs. Mit anderen Worten ermöglichen es Reflexionsräume durch ein *Zooming-out* und kluge kommunikative Arrangements, etablierte Perspektiven mit andersartigen Perspektiven zu kontrastieren. Dabei ist auszuloten, wie sich diese neuartigen Sichtweisen in der Weiterentwicklung der organisationalen Wertschöpfung auswirken würden (Thévenot, 2006). Dies setzt aber voraus, dass überhaupt Reflexionsräume geschaffen werden, in denen die Infragestellung des Bestehenden vor dem vereinnahmenden Zugriff des Etablierten und Selbstverständlichen geschützt wird.

Drittens erlauben es kommunikative Praktiken der gemeinschaftlichen Reflexion zu klären, *wie neue Möglichkeiten organisationaler Wertschöpfung experimentell exploriert* und entsprechende Erfahrungen diszipliniert aufgearbeitet und bewertet werden sollen. Dabei ist beispielsweise die Frage zu beantworten, ob und in welcher Form wichtige Zukunftsthemen wirkungsvoll lanciert werden können, ob relevante Manager-Communities einer Organisation in der Lage sind und den Freiraum bekommen, in ausgewählte Zukunftsthemen zu investieren, und inwieweit unerwartete Ereignisse und neuartige Situationen unvoreingenommen auf ihr Potenzial hin ausgelotet gesehen werden oder eben nicht. Dies beeinflusst, ob beispielsweise auf unerwartete Marktverschiebungen defensiv reagiert wird oder mit gesteigerten Innovationsanstrengungen, ob dies zu Abbaumassnahmen oder zu einer Umschichtung und Neukonfiguration des Produktportfolios führt – und inwieweit dies ganz generell die Wertschöpfung einer Organisation als Ganzes bestätigen oder in Frage stellen kann.

3.1.2 Management kreiert Möglichkeiten

Aus Sicht des SGMM setzt eine kritische Reflexion der aktuellen organisationalen Wertschöpfung immer die Möglichkeit voraus, alternative Zukunftsentwürfe zu kreieren und damit neue Handlungsspielräume zu eröffnen (siehe Kapitel 2.1). Nur so entsteht ein unternehmerischer Entscheidungs- und Handlungsraum, der wirksam über das Bekannte und Etablierte hinausgeht. Es ist Kernaufgabe von Management als reflexiver Gestaltungspraxis, *neue Wertschöpfungsmöglichkeiten zu kreieren, als Opportunitäten zu konkretisieren und als unternehmerische Initiativen zu realisieren* (Shane, 2003; Shane & Venkataraman, 2000). Das geschieht in unterschiedlicher Form, zum Beispiel, wenn die Auswirkungen einer neuen Technologie und der damit verknüpften wissenschaftlichen Erkenntnisse auf das zukünftige Produktportfolio einer Business Unit mittels Gesprächen mit Experten und Lead Users ausgelotet werden, als dialogische Experimentierplattform für Innovation, wenn mittels spielerischer Simulationen das zukünftige Potenzial der Digitalisierung für die Wertschöpfungsprozesse exploriert wird.

Dabei lassen sich verschiedene Management-Praktiken unterscheiden, die alle eine Distanzierung vom Etablierten und Bekannten ermöglichen und gleichzeitig an dieses anschlussfähig bleiben, um ein Potenzial für tatsächliche Veränderungen aufzubauen (Spinosa et al., 1997; Ortmann, 2004). Differenziert werden können in diesem Zusammenhang insbesondere Praktiken des *Entwerfens*, des *Experimentierens* und des *Improvisierens* (Boutinet, 1990). Im Unterschied zum Alltagsverständnis dieser Aktivitäten betont das SGMM, dass diese Prozesse *nicht eine Angelegenheit des individuellen Handelns kreativer Akteure sind, sondern als arbeitsteilig verteilte kommunikative Praxis* zu verstehen sind, die zugleich eine Reflexionsfunktion für eine Organisation erfüllt. Dazu müssen Voraussetzungen und Handlungsmöglichkeiten in Form von gemeinschaftlich geteilten und kommunikativ verankerten Management-Praktiken geschaffen werden, die Entwurf, Kreation und Improvisation ermöglichen.

- Besonders wichtig sind aus dieser Perspektive erstens *Praktiken des Entwerfens*, d.h. der proaktiv-spielerischen Imagination und Projektion neuer Möglichkeiten und zugleich der Kritik und Infragestellung des Bestehenden. Sie können sich beispielsweise in folgenden Fragestellungen äussern: Was wäre, wenn („What if": Lukic & Katz, 2010; Auger, 2010; Grand & Jonas, 2012; Grand, 2016) wir unser Kernprodukt in einem Jahr vom Markt nehmen müssten? Was wäre, wenn wir uns an komplett neuen Kunden orientieren müssten (Christensen & Bower, 1996)? Was wäre, wenn wichtige technologische Module plötzlich um ein Vielfaches günstiger wären? Die Erfahrung zeigt, dass für die Beantwortung dieser Fragen traditionelle Sitzungsformate nicht unbedingt geeignet sind, es braucht unkonventionelle kommunikative Arrangements, neuartige Methoden und inspirierende Orte (etwa „Vernetztes Denken": Gomez & Probst, 2007; „Speculative Design": Dunne & Raby, 2013; „Creability": Eppler et al., 2014; „Design Thinking": Uebernickel et al., 2015; Grand & Jonas, 2012).

- Wichtig sind zweitens *Praktiken des Experimentierens*, d.h. der Formulierung von Fragen und Hypothesen, die durch spezifische unternehmerische Initiativen getestet werden können. Sie äussern sich zum Beispiel in der Überprüfung der Behauptung, dass ein neues und noch wenig verstandenes wissenschaftliches Forschungsfeld den bewährten Forschungs- und Entwicklungsprozess der Industrie grundlegend transformieren wird. Oder es wird ein radikal neues Geschäftsmodell für einen Geschäftsbereich pilotiert und konkret mit den engagierten Manager-Communities durchgespielt (Hargadon, 2003). Nur durch eigene Experimente, oder durch eine vertiefte Auseinandersetzung mit Experimenten anderer, wird es sinnvoll möglich, die mit solchen neuartigen Entwicklungen verbundenen Opportunitäten genau zu verstehen und zu bewerten.

- Prominent sind drittens auch *Praktiken des Improvisierens*, d.h. Praktiken, die auf die Entwicklung neuer Möglichkeiten durch die Variation bekannter Muster und Möglichkeiten zielen (Weick, 1998). Sie führen beispielsweise zur Entwicklung von Prototypen, die zeigen, was sich aus einem erfolgreichen Produktdesign machen lässt. Eng damit verwandt ist *Bricolage* (Garud & Karnøe, 2003; Bürgi et al., 2005). Dabei handelt es sich um ein situatives, iteratives Problemlösungsverfahren, das nahe an aktuellen Herausforderungen und mit vorhandenen Kompetenzen, Erfahrungen, Artefakten und Konzepten arbeitet und diese situativ immer wieder neu interpretiert und weiterentwickelt (Garud & Karnøe, 2003; Baker & Nelson, 2005). Dabei ist es wesentlich, durch ein geeignetes Prozessdesign eine produktive Dynamik zwischen dem praktischen Durchspielen verschiedenster Möglichkeiten und der laufenden kommunikativen Aufarbeitung gemachter Beobachtungen zu etablieren (Verganti, 2009; Brown, 2009). Die *Agilität* des Improvisierens liegt im schnellen *Wechsel von Realisierung und Reflexion* (Weick, 1998).

3.1.3 Management skaliert Wirkungen

Management findet in spezifischen Situationen und kommunikativen Arrangements statt, wirkt aber immer auch über diese hinaus. Unter Skalierung versteht das SGMM die *Veränderung des räumlichen und zeitlichen Wirkungshorizontes einzelner Opportunitäten, Interventionen und Initiativen, aber auch der Management-Praxis selbst.* Bleibt deren Wirkung auf wenige Situationen, Interaktionen und kurze Zeiträume im organisationalen Geschehen beschränkt, handelt es sich um eine geringe Reichweite. Gelingt es hingegen, einzelne Opportunitäten und Initiativen, aber auch Management-Praktiken über viele Situationen, Interaktionen und einen längeren Zeitraum hinweg prominent im Prozess des Organisierens zu verankern, handelt es sich um eine hohe Reichweite (Giddens, 1984; Thévenot, 2001; Latour, 2012; Grand, 2016).

Der *Wirkungshorizont* qualifiziert dabei die *realisierte oder intendierte Reichweite* einer Management-Praxis: Ein neues Geschäftsmodell kann die Kommerzialisierung einer neuen Produktelinie prägen oder die gesamte Wertschöpfung einer Organisation. Mit Skalierung bezeichnet das SGMM diejenigen *Management-Praktiken, die für die Realisierung einer bestimmten Wirkung mobilisiert* werden. Dabei ist es wichtig, Skalierung nicht automatisch mit grosser Wirkung in Verbindung zu bringen: Durch Scaling-up kann tatsächlich die Wirkung einer strategischen Initiative oder der Investition in ein neues Forschungsfeld ausgeweitet werden; durch Scaling-down kann es aber auch gezielt darum gehen, die Wirkung auf einen bestimmten Bereich oder Prozess-Schritt zu limitieren.

Aus Sicht des SGMM ist es daher wesentlich, dass die Management-Praxis ihre Wirkung bezüglich der *gewünschten Reichweite immer wieder neu justiert.* Nicht jede technologische Entwicklungsinitiative muss beispielsweise gleich schnell und global lanciert werden, manchmal ist ein sequenzielles Vorgehen sinnvoll. Oder eine neue Idee muss zuerst lokal durchgespielt und unter geschützten Bedingungen getestet werden, damit sie zu einem späteren Zeitpunkt auf bewährte Weise umfassend in die organisationale Wertschöpfung integriert werden kann. Das bedeutet, dass im einen Fall die Lancierung eines organisationsweiten Veränderungsprogramms sinnvoll ist, im anderen Fall das fokussierte Pilotieren erster Anwendungen mit Bezug zu spezifischen Themen und Initiativen.

Dabei muss eine Management-Praxis immer auch mit *nicht-intendierten Konsequenzen* rechnen: Skalierung ist *kein linearer und berechenbarer Prozess*, sondern es können unerwartete Dynamiken entstehen, die gute Ideen frühzeitig blockieren oder unerwünschte Nebeneffekte zum Hauptgegenstand von Debatten machen (Buschor, 1996). Bei der Realisierung einer neuen, attraktiven Technologie wird unerwartet klar, dass ganz andere Kompetenzen und Erfahrungen benötigt werden – nicht nur um sie zu verstehen, sondern sie auch in die eigenen Geräte oder Lösungen zu integrieren. Daraus kann die Notwendigkeit entstehen, die eigene Forschungsabteilung umzubauen oder auf externe Partner zuzugreifen.

Für den Umgang mit der Unsicherheit und Offenheit bezüglich der Wirkung einer Management-Praxis mobilisiert sie Skalierungs-Praktiken:

- Zentraler Ausgangspunkt jeder Skalierung sind dabei erstens *Praktiken des Sensemaking* (Weick, 1995; Weick et al., 2005). Sensemaking sieht das SGMM als kommunikative Verfertigung („Enactment") von Sinn und Bedeutung. Um Wirkung zu entfalten, muss es der Management-Praxis gelingen, in relevanten Communities ein gemeinsames Verständnis, *geteilte Interpretationen und überzeugende Geschichten* zu etablieren: Wie wird aus einer wissenschaftlichen Erkenntnis eine spannende neue Technologie? Wie gelingt es, ein unkonventionelles Geschäftsmodell als Zukunft einer Organisation zu erzählen? Wie wird aus einem unerwarteten Schritt der Konkurrenz eine überzeugende eigene Strategie? Durch den Einbezug heterogener Sichtweisen, durch die Verbindung von Neuem und Bewährtem, durch eine geeignete Inszenierungsform usw. steigt die Chance, dass eine Initiative tatsächlich so weit kommunikativ präzisiert und legitimiert wird, dass sie eine Chance hat, die Wertschöpfung einer Organisation wirksam zu verändern.

- Ideen und Opportunitäten, die attraktiv erscheinen, führen nicht automatisch zu wirkungsvollen Veränderungen der organisationalen Wertschöpfung oder überzeugenden Perspektiven in der organisationalen Entwicklungsdynamik. Dazu braucht es zweitens die Mobilisierung von *Praktiken des Kollektivierens* (Callon, 1986; Latour, 2005). Darunter versteht das SGMM die *kommunikative Diffusion* und Verankerung neuartiger Perspektiven, Initiativen und Lösungen, durch die sie für unterschiedliche

Manager-Communities zu relevanten, attraktiven und überzeugenden Möglichkeiten werden. Ein aus Sicht der Produktentwicklung spannendes neues Produkt ist kollektiviert, wenn auch der Verkauf das Potenzial erkennt und das Produkt in seine Angebotspalette einbaut. Ein neuer Qualitätsstandard ist kollektiv verankert, wenn er sich über den Kreis der Qualitätsspezialisten hinaus als eine wichtige Referenz in der Entwicklung, in der Herstellung oder im Verkauf etabliert und zu einer Qualitätsvorstellung führt, die von unterschiedlichen Manager-Communities referenziert wird (Gomez, 1994).

- Drittens impliziert Skalierung *Kontextualisierung, d.h. Anschlussfähigkeit an spezifische organisationale Prozesse*. Es muss gelingen, Veränderungen, Initiativen oder bestimmte Management-Praktiken selbst so zu differenzieren, dass sie für unterschiedliche Manager-Communities nachvollziehbar, attraktiv und wirksam werden können. Dies erfordert vor allem auch eine optimale kommunikative Vereinfachung, damit Neues auf positive Resonanz stösst. Dafür sind unter anderem auch *Praktiken des Symbolisierens* wesentlich (Gomez & Jones, 2000; Grand & Bartl, 2011). Darunter versteht das SGMM die Verdichtung komplexer Zusammenhänge und Aussagen zu einfachen Zeichen in Form von Erfolgsgeschichten, Modellen, Metaphern, Stories oder Standards (Bruner, 1990). Solche Symbolisierungen müssen in gleichem Mass vertraut und neuartig sein (von Weizsäcker, 1986), damit sie eine optimale Wirkung erzeugen, insbesondere in eingespielten Prozessen des Organisierens.

Das SGMM versteht die Wirkung von Management-Praktiken und der durch sie eröffneten Opportunitäten und Initiativen ausdrücklich als Ergebnis eines *offenen, unsicheren und dynamischen kommunikativen Prozesses* (Carlile, 2004). Dieser kann weder als selbstverständlich vorausgesetzt noch in seinem Ergebnis vorab definiert werden. Das Organisations- und Umweltverständnis des SGMM macht vielmehr deutlich, wie voraussetzungsreich und unsicher die Skalierung der Management-Praxis allgemein und einzelner unternehmerischer Initiativen, organisationaler Veränderungen oder spezifischer Management-Praktiken ist.

Dabei kann es eine wichtige Rolle spielen, von welchen Managerinnen, Managern oder Manager-Communities bestimmte Initiativen, aber auch Praktiken *symbolisiert und repräsentiert* werden: Wo exponiert sich ein CEO, wo stehen einzelne Bereichsverantwortliche für eine Intervention persönlich ein, wo tritt der Verwaltungsrat als Gremium auf (Grand & Bartl, 2011). Hier werden einzelne Managerinnen, Manager oder bestimmte Manager-Communities als Stakeholder einer Organisation zu wirksamen Überzeugungs- und Legitimierungsressourcen, die auf die organisationale Wertschöpfung einwirken beziehungsweise für diese als relevante Ressourcen mobilisiert werden.

Heutige Industrieunternehmungen sind aufgrund der Globalisierung der Wirtschaft einem enormen Wettbewerbsdruck ausgesetzt. Dies bedingt zum einen permanente Innovation und zum anderen regelmässige und substanzielle Produktivitätssteigerungen. Diese anspruchsvolle Dynamik erfordert periodisch kritische Reviews aus der Helikopterperspektive einer Geschäftsleitung. Zudem erfordert sie eine Form von Management als reflexiver Gestaltungspraxis, die in einer Organisation breit abgestützt ist. Sie muss in der Lage sein, Erfahrungen, die in der unmittelbaren Erbringung von organisationaler Wertschöpfung gemacht werden, systematisch für die Optimierung und Weiterentwicklung der organisationalen Wertschöpfung zu nutzen.

Hierzu arbeiten Industrieunternehmungen bereits seit Längerem und neuerdings auch Krankenhäuser mit den Prinzipien von **Lean Production** *oder* **Lean Management** *(Ohno, 1988; Womack et al., 1990; siehe auch Kapitel 2). Vordergründig ist dieses Konzept auf die Elimination von nichtwertschöpfenden oder gar wertvernichtenden Aktivitäten ausgerichtet, aber auch auf pingelige Ordnung, Sauberkeit, Übersichtlichkeit, Transparenz und optimale Vereinfachung. Dies kann eine Vielzahl räumlicher, technischer und produktdesignbezogener Veränderungen nach sich ziehen.*

Aus einer Management-Perspektive betrachtet, kann Lean Production aber auch als grundlegende Stärkung der Management-Praxis im Sinne des SGMM verstanden werden, indem Management-Praktiken und Management-Plattformen etabliert werden, die es den unmittelbar beteiligten Mitarbeitenden an der Basis auf breiter Front erlauben, aus hilfreicher Distanz einen kritischen Blick auf die routinisierte organisationale Wertschöpfung zu werfen, für die sie sich täglich engagieren.

Um dies zu ermöglichen und sicherzustellen, wird beispielsweise in einer sehr innovativen Industrieunternehmung viel Wert auf ein engagiert praktiziertes **Vorschlagswesen** *gelegt. Dieses Vorschlagswesen ist als eine Management-Praktik im Kontext dieser Unternehmung zu interpretieren. Sie verkörpert ein wichtiges Element einer reflexiven Gestaltungspraxis im Bereich des Leistungserstellungsprozesses. Damit dieses Vorschlagswesen als Management-Praktik über die Zeit hinweg nicht erlahmt, sondern fortgesetzt eine positive Wirkung erzeugt, sind eine Reihe wichtiger Voraussetzungen zu erfüllen:*

- *Beobachtungen, Impulse und Vorschläge werden unbürokratisch in einem Briefkasten gesammelt. Mitarbeitende, die eine Fremdsprache sprechen oder Schwierigkeiten im schriftlichen Ausdruck haben, werden tatkräftig unterstützt.*

- *Alle zwei Wochen erfolgt durch ein firmenübergreifendes Team von ca. acht Personen eine Beurteilung der Vorschläge. Diese werden drei Kategorien zugeteilt: umsetzen, zurückstellen, ablehnen.*

- *Alle zwei Monate findet ein zweitägiger Workshop statt, an dem ca. 30 bis 40 Vorschläge umgesetzt werden. An diesem Workshop sind ca. zehn Personen beteiligt, dabei sind die Vorschlagenden und die betroffenen Abteilungsleiter.*

Es werden also zum einen die Kreativität und das Engagement der Vorschlagenden ernst genommen, und zum anderen wird nicht einfach über den Kopf der Managementverantwortlichen hinweg Neues umgesetzt. Zudem arbeitet in jedem Workshop auch ein Mitglied der Geschäftsleitung mit, um so der Form von systematischer Optimierung auch eine gesamtunternehmerische Aufmerksamkeit zu geben.

Dieser Workshop kann als ***Management-Plattform*** *zur reflexiven Auseinandersetzung mit bereichsübergreifenden Wertschöpfungsprozessen betrachtet werden. Sie dient nicht nur der raschen und konkreten Realisation von Verbesserungen, sondern sie stärkt ganz allgemein die* ***Organisationsbewusstheit*** *(Heintel & Krainz, 1994) und damit die* ***Reflexivität*** *aller beteiligten Mitarbeitenden im Hinblick auf unternehmerische Erfolgsvoraussetzungen.*

Diese Form von reflexiver Gestaltungspraxis führt bei der fraglichen Industrieunternehmung dazu, dass 75 % der eingegangenen Vorschläge zeitnahe umgesetzt werden können. Diese hohe Umsetzungsrate und die Schnelligkeit der Beantwortung und Umsetzung von Vorschlägen erweist sich als Treibstoff für das Vorschlagswesen. Prämien als Anerkennung und Wertschätzung für die geleistete Arbeit kommen allen Mitarbeitenden zugute. Damit wird symbolisiert, dass es um einen Beitrag zum gemeinsamen unternehmerischen Erfolg und nicht um eine persönliche Einkommensoptimierung geht.

Eine weitere Management-Praktik als wichtiges Element einer breit abgestützten reflexiven Gestaltungspraxis besteht in der fraglichen Industrieunternehmung aus einer umfassenden ***Visualisierung*** *von wertschöpfungsbezogenen Planungs- und Kapazitätsdaten sowie Leistungsindikatoren (Key Performance Indicators, KPIs).*

Diese betreffen nicht nur Grossaufträge, Kapazitätsbeanspruchung und potenzielle Kapazitätsengpässe, die erbrachte Qualität der Leistung und die erzielte Produktivität, sondern auch mitarbeiterbezogene Grössen wie Absenzenrate, Krankheits- und Unfallhäufigkeit sowie die Mitarbeitenden-

zufriedenheit. Zudem werden die Wirkungen der Reflexionsanstrengungen selbst evaluiert, indem z.B. die Anzahl von Optimierungsimpulsen und Änderungsvorschlägen sowie deren Auswirkung auf die anderen Leistungsindikatoren einschliesslich finanzieller Erfolgsgrössen gemessen und dargestellt werden.

Was diese Mess- und Visualisierungsaktivitäten zu einer wirksamen Management-Praktik macht, ist eine ***strukturierte kommunikative Auseinandersetzung*** *mit den erhobenen Daten durch die dafür verantwortlichen Mitarbeitenden. Es zählen also nicht nur die Erhebung und übersichtliche visuelle Darstellung dieser Indikatoren mit Hilfe von Cockpit-Charts. Entscheidend ist eine* ***systematische gemeinschaftliche Reflexion*** *der Entwicklungstrends dieser Indikatoren, die zum Teil täglich ganz kurz, zum Teil wöchentlich, zum Teil vertiefend jeden Monat in* ***Qualitätszirkeln*** *geleistet wird und oftmals von heftigen Diskussionen begleitet wird.*

Diese Qualitätszirkel bieten zudem gezielt Raum für das Entwerfen, Experimentieren und Improvisieren mit Veränderungen der etablierten Wertschöpfungsaktivitäten. Diese können den Produktdesign-Prozess, die etablierten Produkt-Designs, das Layout der Beschaffungs-, Logistik- und Produktionsprozesse oder die unmittelbare räumliche und technische Arbeitsgestaltung der engagierten Mitarbeitenden betreffen. In diesem Sinne können ***Qualitätszirkel auch als Management-Plattformen*** *verstanden werden.*

Lean Management besteht aus Sicht des SGMM aus einem Repertoire ausgewählter Management-Praktiken, das einer ***systematischen organisationalen Selbstbeobachtung*** *besonders durch diejenigen dient, die selber in die unmittelbare Erbringung der organisationalen Wertschöpfung eingebunden sind. Diese Form der Management-Praxis nimmt die Erfahrung ernst, dass heutige Wertschöpfung auf der Grundlage einer äusserst breit verteilten Wissens- und Erfahrungsbasis erbracht wird. Diese reflexiv zu erschliessen und auszuschöpfen, ist eine Kernaufgabe von Management als reflexiver Gestaltungspraxis.*

Management-Praxis – Fragen zur unternehmerischen Reflexion

In Ihrer Management-Praxis sind Sie immer wieder mit unerwarteten Ereignissen, unkonventionellen Projektvorstössen und unternehmerischen Opportunitäten konfrontiert. Versuchen Sie, die Praktiken und Plattformen zu beschreiben, die Sie und Ihre Kolleginnen und Kollegen im Verwaltungsrat, in der Geschäftsleitung oder in Ihrem Management-Team zu deren Bearbeitung mobilisieren:

- *Worin sehen Sie die wichtigste unternehmerische Herausforderung, mit der Sie sich im Moment auseinandersetzen? Wo sehen Sie Möglichkeiten, daraus Opportunitäten zu entwickeln, die für Ihre Organisation attraktiv und zukunftsweisend sind? Und wer ist wie in dieser Auseinandersetzung engagiert?*

- *Welche Art von Opportunitäten haben im Allgemeinen gute Chancen und welche praktisch keine? Welche Gründe, Bewertungs- und Ausschlusskriterien werden typischerweise ins Feld geführt? Auf welchen Management-Plattformen finden die Auseinandersetzungen dazu statt? Welche alternativen Plattformen könnten Sie weiterbringen?*

- *Wie erfolgreich sind Sie und Ihre Organisation, unkonventionelle Ideen selber zu kreieren, als Opportunitäten anzuerkennen und wirksam in Initiativen und unternehmerische Experimente zu übersetzen? Wie oft zeigen Letztere Wirkung in der Wertschöpfung? Wann ist es das letzte Mal erfolgreich gelungen?*

- *Wie schaffen Sie mit Ihrer Management-Praxis Möglichkeiten, um unternehmerische Initiativen erfolgreich wirksam zu machen? Was sind gute Beispiele dafür? Wo sind Initiativen gescheitert und weshalb? Wie liesse sich die reflexive Gestaltung von unternehmerischen Initiativen weiter optimieren (z.B. durch neue Management-Praktiken und neue Management-Plattformen)?*

3.2 Corporate Governance

3.2.0 Corporate Governance prägt die Beziehungen zur Umwelt

Corporate Governance prägt die *Grundausrichtung und den Kern der organisationalen Wertschöpfung und deren Weiterentwicklung* und definiert darauf bezogen die *existenzrelevante Umwelt* einer Organisation. Zugleich schafft Corporate Governance die Grundvoraussetzungen für Management als reflexive Gestaltungspraxis (Hilb, 2009; Grand et al., 2011). Corporate Governance ist folglich jene Ausprägung der Management-Praxis, die sich mit den *existenziellen Voraussetzungen* einer Organisation als Wertschöpfungssystem, ihrer Wertschöpfung mit Bezug zur Umwelt als Möglichkeitsraum und der Wirksamkeit von Management als reflexiver Gestaltungspraxis insgesamt auseinandersetzt. Dies geschieht mit Blick auf aktuelle Entwicklungen und absehbare zukünftige Herausforderungen. Somit beschäftigt sich Corporate Governance mit dem *umfassendsten Wirkungshorizont* von Management als reflexiver Gestaltungspraxis: mit Fragen der *Existenz und Identität* einer Organisation.

Exemplarisch für das Wirken von Corporate Governance ist die reflexive Gestaltung der Beziehungen einer Organisation zu ihren Eigentümern. Diese engagieren sich einerseits bei der Mobilisierung wichtiger Ressourcen für die Weiterentwicklung der organisationalen Wertschöpfung – etwa durch die Bereitstellung finanzieller Mittel. Andererseits nehmen sie als Stakeholder Einfluss auf die Identität und Wertschöpfung einer Organisation. Sie prägen die Erwartungen an die Management-Praxis und wichtige Management-Praktiken. Zugleich adressiert Corporate Governance die Beziehungen zu Stakeholdern, die jenseits der Primärwertschöpfung (etwa als Kunden oder Lieferanten) oder jenseits der Bereitstellung wertschöpfender Ressourcen (wie Finanzen oder Wissen) eine prägende Wirkung auf die gesellschaftliche Wahrnehmung und die öffentliche Reputation einer Organisation haben (Gomez, 2001). Inwieweit soll z.B. eine Unternehmung in ihrer Wertschöpfung auch gesellschaftliche, politische und ethische Anliegen adressieren? Welche zentralen Wertvorstellungen legitimieren ein solches Engagement? Wie kommerziell soll eine öffentliche Unternehmung agieren (siehe Kapitel 2.0)?

Corporate Governance setzt dabei spezifische Management-Praktiken voraus, die es den involvierten Manager-Communities ermöglichen, so weit auf Distanz zur aktuellen organisationalen Wertschöpfung und deren Weiterentwicklung zu gehen, dass die *Beziehungen von Organisation und Umwelt auf einer fundamentalen Ebene ins Blickfeld rücken*. Nur so können die Systemgrenzen einer Organisation in ihrer dynamischen Entwicklung reflektiert werden – beispielsweise um zu entscheiden, was zukünftig zum Wirkungsbereich und zur Primärwertschöpfung einer Organisation gehören soll und was nicht, und was daraus für die Definition der relevanten Umwelt und für die Mobilisierung wesentlicher Ressourcen resultiert. Das schliesst auch die Beantwortung der Frage ein, ob z.B. eine Organisation als Unternehmung oder als pluralistische Organisation zu verstehen ist (siehe Kapitel 2.0).

Corporate Governance schafft damit die *grundlegenden Voraussetzungen für das Wirken der Management-Praxis* insgesamt, und *insbesondere von Executive Management* (siehe Kapitel 3.3). Sie stellt die Legitimationsbasis sicher, die eine wirksame Management-Praxis im Auftrag der Eigentümer ermöglicht. Sie beobachtet und stärkt die Arbeits- und Entscheidungsfähigkeit von Executive Management. Sie überwacht die Funktionalität und Wirksamkeit der Management-Architektur, um Management als *ausdifferenzierte Reflexionsfunktion* einer Organisation sicherzustellen. Corporate Governance kümmert sich darum, handlungsfähige Manager-Communities zu etablieren und den unternehmerischen Handlungskern einer Organisation zu stabilisieren (Grand & Bartl, 2011), etwa durch die Wahl des CEOs und weiterer Geschäftsleitungsmitglieder. Dabei wirkt Corporate Governance meist nicht direkt auf die Management-Praxis ein, sondern prägt die Vorstellungen, Erwartungen und Vorgaben für die organisationale Wertschöpfung und deren Weiterentwicklung, an denen sich Management als reflexive Gestaltungspraxis orientiert.

Zugleich *repräsentiert Corporate Governance organisationsspezifische Initiativen*, Entwicklungs- und Veränderungsanstrengungen *nach aussen*, gegenüber relevanten Stakeholdern in spezifischen Umweltsphären und in wichtigen Kontroversen. Das schliesst beispielsweise die Frage ein, wie attraktiv eine Organisation als Arbeitgeberin für die Mitarbeitenden, als strategische Partnerin für andere Organisationen, als kompetente Gesprächspartnerin für öffentliche Medien oder als Vorzeigebeispiel für spezifische Communities sein soll. Damit ist auch die Frage verbunden, ob Beziehungen zu wichtigen Stakeholdern über Formen der Eigentümerschaft oder über andere Formen der Zusammenarbeit institutionalisiert werden sollen und wie die Anliegen wichtiger Stakeholder *nach innen* in der routinisierten organisationalen Entscheidungspraxis (siehe Kapitel 2.2) und in der Management-Praxis repräsentiert werden sollen.

Corporate Governance zielt im Verständnis des SGMM nicht unmittelbar auf die Gestaltung unternehmerischer Initiativen und organisationaler Wertschöpfung, sondern *wirkt meist indirekt* (Jullien, 2005), z.B. durch die Strukturierung der Strategiearbeit, durch die Formulierung strategischer Stossrichtungen und Zielgrössen, durch die Festlegung der formalen Aufbauorganisation, durch die Definition von Entscheidungsverfahren für folgenreiche Investitionsentscheidungen oder durch die Festlegung von Aufgaben, Kompetenzen und Verantwortlichkeiten von Manager-Communities. So strukturiert und gestaltet Corporate Governance den *Gestaltungsraum* von Executive Management (siehe Kapitel 3.3), während Executive Management die Management-Praxis im Allgemeinen ausdifferenziert. Das schliesst auf den unterschiedlichen Zooming-Ebenen einer Organisation eine *Klärung der Rechte und Pflichten* ein, die mit der Repräsentation und Mitwirkung externer Stakeholder verbunden sind.

Corporate Governance prägt das Zusammenspiel von Organisation und Umwelt aus Sicht des SGMM entlang von drei wesentlichen Aspekten. Erstens geht es darum, über die *Definition von Systemgrenzen* zwischen Organisation und Umwelt den Rahmen für die aktuelle und zukünftige Wertschöpfung zu setzen und damit zugleich festzulegen, worin die existenzrelevante Umwelt einer Organisation bestehen soll. Zweitens institutionalisiert Corporate Governance eine *wirksame reflexive Gestaltungspraxis von Executive Management* mit Blick auf die organisationale Wertschöpfung und deren Weiterentwicklung *als Ganzes*. Drittens sorgt Corporate Governance für eine *Management-Architektur*, die es auf der Grundlage eines stimmigen Zusammenspiels von unterschiedlichsten Management-Plattformen erlaubt, die grundlegenden unternehmerischen Entwicklungsfragen einer Organisation sorgfältig zu reflektieren und zu entscheiden. Auf diese Weise soll eine wirksame Management-Praxis sichergestellt werden.

3.2.1 Systemgrenzen definieren

Organisationen entstehen und entwickeln sich, indem sie sich von ihrer Umwelt differenzieren und für diese eine Wertschöpfung erbringen, die nicht schon anderswo erbracht wird (siehe Kapitel 2.0). Corporate Governance *definiert die Systemgrenzen, anhand deren es einer Organisation möglich wird, eine spezifische Wertschöpfung für eine ebenso spezifische Umwelt zu erbringen.* Die Systemgrenzen legen fest, wie Welt zur relevanten Umwelt verfertigt wird. Sie prägen den Kern der organisationalen Wertschöpfung – beispielsweise durch die Festlegung der Grenzen des Leistungsspektrums oder des Anspruchs bezüglich der gesellschaftlichen Reputation einer Organisation – und die dafür notwendige Ressourcenkonfiguration. Sie strukturieren im Sinne einer spezifischen kommunikativen Durchlässigkeit die Beziehungen zu wichtigen Stakeholdern und bestimmen damit die Identität einer Organisation (siehe Kapitel 1.0).

Dadurch schärft Corporate Governance die spezifische Differenzierung einer Organisation im Verhältnis zu anderen Organisationen und verantwortet ihre Einmaligkeit – sei es gegenüber dem Wettbewerb oder mit Bezug zur Attraktivität für strategische Partnerschaften. Inwieweit initial gesetzte Systemgrenzen im Prozess des Organisierens immer wieder reproduziert und bestätigt werden, ist offen und Gegenstand fortlaufender Klärungen, weil sich die organisationale Wertschöpfung und die relevante Umwelt immer weiterentwickeln. Das geschieht beispielsweise, wenn sich zwei Wettbewerber zusammenschliessen und so die Konkurrenzsituation grundlegend verändern, oder wenn in einer strategischen Partnerschaft deutlich wird, dass die angestrebten Synergien nicht realisiert werden können. Dabei müssen mehrere Dimensionen der Unterscheidung von Organisation und Umwelt berücksichtigt werden.

Eine erste Dimension der Unterscheidung von Organisation und Umwelt bezieht sich auf die *Festlegung der Primärwertschöpfung,* auf welche Zielgruppen und Zielgruppenbedürfnisse diese Bezug nehmen soll und welche Wert- und Erfolgsvorstellungen hierzu handlungsleitend sein sollen. Corporate Governance legt auf diese Weise den *Organisationstyp* fest (siehe Kapitel 2.0). Dabei stellt sich aus Sicht der Corporate Governance zum Beispiel die Frage, inwiefern der Fokus der organisationalen Wertschöpfung auf die Entwicklung kommerzialisierbarer Produkte und damit auf die Positionierung einer Organisation als Unternehmung gerichtet werden soll. Dies würde bedeuten, die Umweltsphäre Wirtschaft und daraus spezifische Zielmärkte als Primärumwelt zu definieren. Oder soll die organisationale Wertschöpfung als gesellschaftliche Dienstleistung definiert werden, die sich an einem symbolischen, kulturellen oder intellektuellen Mehrwert für die Gesellschaft orientiert (siehe Kapitel 1.0)? Dies würde bedeuten, dass sich eine Organisation als Non-Profit-Organisation versteht, deren Primärumwelt sich aus bestimmten Stakeholdern der Gesellschaft insgesamt konstituiert.

Eine zweite Dimension der Unterscheidung bezieht sich auf die Frage, wodurch sich die Primärwertschöpfung *im Vergleich zu vergleichbaren Organisationen* auszeichnen soll (siehe dazu Abbildung 38). Corporate Governance kümmert sich etwa um die Grundsatzfrage, wie sich die Wertschöpfung einer Unternehmung von derjenigen vergleichbarer Konkurrenten im Kern unterscheiden soll – oder wie sich bestimmte hoheitliche Dienstleistungen einer öffentlichen Organisation (z.B. der Armee) von vergleichbaren Dienstleistungen einer anderen öffentlichen Organisation (z.B. der Polizei) unterscheiden sollen.

Bei der dritten Dimension geht es darum, die gegenwärtig realisierte Wertschöpfung *mit alternativen Möglichkeiten zu vergleichen*: Welche Konsequenzen ergeben sich für die Weiterentwicklung (und vielleicht sogar Neupositionierung) der organisationalen Wertschöpfung, wenn beispielsweise politische Kontroversen, gesellschaftliche Entwicklungstendenzen oder neue Wissensdomänen ernster genommen werden als bis anhin? Weil sich die Stakeholder einer Organisation selbst permanent weiterentwickeln, ist eine fortlaufende

Bearbeitung dieser grundlegenden Fragen unerlässlich. Es ist dabei je neu zu klären, ob und wie eine Organisation tatsächlich einen Unterschied für ihre Stakeholder macht und worin ihre Identität besteht.

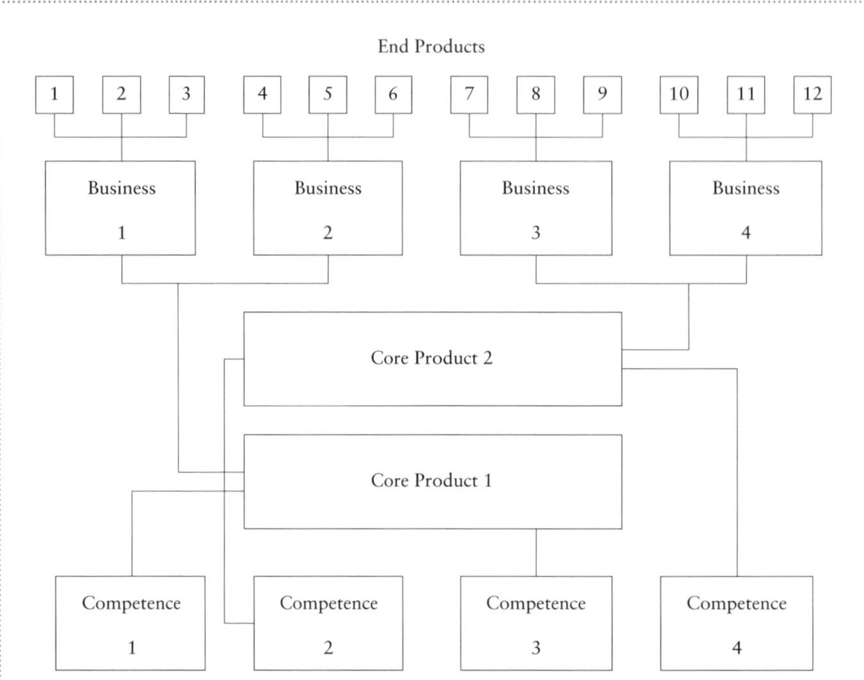

Abbildung 38 – Produktfokus versus Kompetenzfokus (Prahalad & Hamel, 1990: 5)
Aus strategischer Sicht ist es eine zentrale Frage, ob sich die Definition der Systemgrenzen am Ergebnis der Wertschöpfung in Form von Produkten oder am Prozess der Wertschöpfung in Form der dafür zentralen Kompetenzen orientiert. So muss sich beispielsweise ein Automobilhersteller darüber klar werden, ob seine Stärke in der Herstellung unterschiedlicher Fahrzeuge, in der Entwicklung effizienter Motoren oder im Design leistungsfähiger Technologieplattformen liegt. Welche Konsequenzen die Beantwortung dieser Frage haben kann, lässt sich mit Blick auf eine Diskussion der „Resource-based View" verdeutlichen (Barney, 1991; Peteraf, 1993; Eisenhardt & Martin, 2000). Durch den Wechsel von einem Produktfokus (wie er für traditionelle Strategiediskussionen kennzeichnend ist) auf einen Kompetenzfokus (wie er in der jüngeren Strategiediskussion gefordert wird) verschiebt sich der Fokus von Corporate Governance. Die Systemgrenzen definieren sich nicht mehr über die für die Entwicklung von Endprodukten wesentlichen Aktivitäten, sondern über attraktive Opportunitäten und Geschäftsfelder, die auf Basis zentraler Kompetenzen adressiert werden können.

Eine vierte Dimension der Unterscheidung betrifft die Art und Weise, wie die Wertschöpfung strukturiert wird, das heisst, wie sich eine *Organisation als Wertschöpfungssystem weiter ausdifferenziert* (siehe Kapitel 2.1). Corporate Governance muss mit Blick auf Wertschöpfung, Entscheidungspraxis und Referenzrahmen einer Organisation eine Antwort auf die Frage finden, welche Merkmale *identitätsstiftend* sein sollen. Das impliziert, dass Systemgrenzen nicht einmalig gesetzt werden, sondern in Prozessen des Organisierens fortwährend neu geschärft, konkretisiert oder verändert werden können. So kann bei der Gründung einer Organisation eine hoch spezialisierte Wertschöpfung wichtig sein, um überhaupt in einen Markt einsteigen zu können. In einer

Wachstumsphase stellt sich die Frage, ob die organisationale Wertschöpfung in die Breite (Verbreiterung des Leistungsspektrums) oder die Tiefe (Fokussierung des Leistungsspektrums mit allfälliger Rückwärts- oder Vorwärtsintegration) gehen soll. Bei grundlegenden Veränderungen der Marktdynamik können folglich eine Spezialisierung, Neupositionierung oder der Aufbau von Partnerschaften wichtig werden.

Die Klärung der Systemgrenzen einer Organisation muss auf diese vier Dimensionen ausgerichtet werden. Wird diese Aufgabe nur teilweise erfüllt, sind die Systemgrenzen einer Organisation und damit auch deren Wertschöpfung und Weiterentwicklung auf die Dauer gefährdet. Dies kommt insbesondere darin zum Ausdruck, dass die Ressourcenkonfiguration nicht mehr in der Lage ist, die Erbringung einer differenzierenden Wertschöpfung zielgruppengerecht und effizient zu ermöglichen, weil immer unklarer wird, worin überhaupt die erforderlichen Ressourcen bestehen. Entsprechend verliert eine Organisation ihre Attraktivität für aktuelle und potenzielle Eigentümer oder ihre Position im Wettbewerb.

Solche Klärungsprozesse der Systemgrenzen lassen sich aus Sicht der Corporate Governance als *Identitätsvergewisserung* interpretieren. Corporate Governance bestimmt und durchformt durch die Reflexion, Formulierung und Verankerung wichtiger *Wertvorstellungen eine Organisation als Ganzes* (Czarniawska, 1997). Dies prägt ihre *Identität als Wertschöpfungssystem*, beispielsweise bezüglich der Frage, ob eine Organisation als Marktführerin die Weiterentwicklung einer Branche grundlegend prägen soll, oder mit Blick auf die Frage, wie medial wirksam eine Unternehmung als besonders attraktive Arbeitgeberin öffentliche Aufmerksamkeit gewinnen kann.

Zugleich erklärt dies, warum einzelne Managerinnen und Manager wie etwa die Verwaltungsratspräsidentin oder der CEO einer Unternehmung, die Gründerin einer Stiftung oder der Vorsteher einer wichtigen Einheit der öffentlichen Verwaltung als *personifizierte Symbolisierungen* einer Organisation derart wichtig sein können beziehungsweise als wichtig wahrgenommen und entsprechend inszeniert werden: Personifizierungen einer Organisation lassen die immense Komplexität und den undurchschaubaren Voraussetzungsreichtum organisationaler Identität vergessen, der beim Zusammenspiel von Organisation, Umwelt und Management immer präsent ist. Diese Form der Komplexitätsreduktion wirkt bei vielen Fragestellungen vereinfachend und dadurch entlastend.

3.2.2 Executive Management institutionalisieren

Corporate Governance institutionalisiert *Executive Management als reflexive Gestaltungspraxis mit Bezug zur organisationalen Wertschöpfung und Weiterentwicklung als Ganzes* (siehe Kapitel 3.3). Dies dient dazu, Voraussetzungen dafür zu schaffen, dass im Rahmen der Executive-Management-Praxis eingespielte Selbstverständlichkeiten der organisationalen Wertschöpfung kritisch hinterfragt sowie interne und externe Kontroversen produktiv gemacht werden können. Dabei kann es z.B. darum gehen, eine Debatte bezüglich der zukünftigen Wettbewerbsposition aktiv anzustossen oder gesellschaftliche Kontroversen bezüglich der Qualitätsvorstellungen von Produkten sichtbar zu machen, ihre Bearbeitung zu moderieren und so in ihrer Wirkung auf die organisationale Wertschöpfung und deren Weiterentwicklung reflexiv mitzugestalten. Dabei können ganz unterschiedliche Dinge wie unerwartete Ereignisse, neue Entwicklungen oder der Entwurf unkonventioneller Perspektiven zur Distanzierung vom selbstverständlich Etablierten und zu Kontroversen führen.

Unerwartete Ereignisse und kontroverse Issues *treten situativ auf* und können wieder verschwinden, sie können aber auch über die Zeit an Bedeutung gewinnen (siehe Kapitel 1.2). Wichtig ist, dass sie in ihrer Entwicklung und Bedeutung für die organisationale Wertschöpfung weder genau berechenbar noch ohne Weiteres verständlich sind und genau deshalb einer *systematischen Bearbeitung* durch die Executive-Management-Praxis bedürfen. Das heisst zum Beispiel, dass Corporate Governance die Entwicklung alternativer Geschäftsmodelle im Strategieprozess, Investitionen in die Grundlagenforschung durch eine zentrale Forschungseinheit (Corporate Research) oder die Beteiligung einer Organisation oder der Executive-Management-Praxis an einer kontroversen Auseinandersetzung hinsichtlich der Umweltverträglichkeit einer etablierten Technologie systematisch fördern und vor dem Druck des Status quo schützen muss.

Corporate Governance institutionalisiert die dafür notwendigen Reflexionsprozesse, die einerseits eine kontroverse Beschäftigung mit dem Bestehenden und andererseits den Entwurf alternativer Möglichkeiten umfassen, durch die Mobilisierung von Praktiken der Mikro- und Makro-Strukturierung von Kommunikation (siehe Kapitel 0.7):

- Mit *Praktiken der Makro-Strukturierung von Kommunikation* ist die Schaffung und Weiterentwicklung von *Management-Plattformen* für eine reflektierte Auseinandersetzung mit unerwarteten Ereignissen und kontroversen Issues gemeint, ohne dass deren Ergebnis bereits vorweggenommen wird. Wichtige Kontroversen brauchen einen Ort der förderlichen Auseinandersetzung in der Executive-Management-Praxis. Dazu gehört auch die *Vernetzung* unterschiedlicher formeller und informeller Plattformen zu einer *zusammenhängenden Management-Architektur,* die sich für die systematische Bearbeitung kontroverser Issues und Opportunitäten eignet.

- Im Unterschied dazu geht es bei *Praktiken der Mikro-Strukturierung von Kommunikation* um die *kommunikative Strukturierung* der Reflexionsprozesse auf diesen Plattformen zur wirksamen Bearbeitung konkreter Ereignisse, Kontroversen und Herausforderungen. Im Zentrum steht also die Strukturierung eines Kommunikationsanlasses, d.h. einer Kommunikationsepisode wie einer Sitzung oder eines Workshops.

Über unterschiedlichste Management-Plattformen (beispielsweise einen runden Tisch, den regelmässigen Erfahrungsaustausch mit wichtigen Stakeholdern oder ein öffentliches Engagement in gesellschaftlichen Tätigkeitsfeldern) wird ein ergebnisoffener Austausch über wichtige, auch kontroverse Perspektiven, Positionen und Begründungen ermöglicht. Durch die aktuelle Entwicklungsdynamik sozialer Medien werden die Möglichkeiten, aber auch die Herausforderungen solcher Auseinandersetzungen noch erweitert und digital sichtbar gemacht. Dabei geht es nie nur um eine inhaltliche Bearbeitung, sondern zugleich auch um die *Möglichkeit zur Repräsentation* und Verknüpfung unterschiedlicher Issues, Positionen und Perspektiven. So wird die reflexive Auseinandersetzung der Management-Praxis mit einer Organisation und deren Wertschöpfung und Weiterentwicklung als Ganzes konsequent institutionalisiert und als wichtige Funktion sichergestellt.

Erst dadurch wird es systematisch möglich, alternative Perspektiven und spezifische Kontroversen zu erkennen und ihnen in der Executive-Management-Praxis die nötige *Sichtbarkeit und Aufmerksamkeit* zu schenken, ohne dass von vornherein geklärt sein muss, ob und wie einzelne Aspekte für die organisationale Wertschöpfung und deren Weiterentwicklung relevant werden könnten. Nur durch eine engagierte Schaffung und Nutzung von Management-Plattformen erlangen Organisationen die Fähigkeit, unerwartete Dynamiken, offene Debatten und überraschende Konstellationen von Positionen zu erkennen und aktiv mitzubeeinflussen. Das setzt *Praktiken der Mikro-Strukturierung von Kommunikation* voraus, die es ermöglichen, dass unterschiedliche Issues, Fragen, Behauptungen und Argumente tatsächlich authentisch und präzise artikuliert werden.

Dabei ist wichtig, dass sich die involvierten Manager-Communities stets bewusst sind, dass die Wirkmöglichkeiten von Corporate Governance begrenzt sind: Neue Perspektiven, alternative Zukunftsentwürfe und der Verlauf von Kontroversen lassen sich *weder autonom definieren noch direktiv steuern,* die Bewertung einzelner Issues und die Akzeptanz gewisser Positionen weder festlegen noch kontrollieren. Die Dynamik einer reflexiven Auseinandersetzung mit gesellschaftlichen Issues und organisationalen Problemstellungen bringt es mit sich, dass mitunter Positionen, die als unbedeutend eingeschätzt worden sind, plötzlich an Gewicht gewinnen, und dass Positionen verschwinden, die einst als zentral beurteilt worden sind. In Praktiken der Makro- und Mikrostrukturierung von Kommunikation kommt die Fähigkeit von Corporate Governance zum Ausdruck, durch die Mobilisierung geeigneter Praktiken und Plattformen mit dieser Eigendynamik umgehen und sie mitprägen zu können. Dies impliziert, dass Corporate Governance in der Lage sein muss, mit Unsicherheit und Ungewissheit konstruktiv umzugehen, kontroverse Auseinandersetzungen auszuhalten oder sogar zu fördern, ohne sie allzu schnell zu schliessen, aber auch unvollständige Einschätzungen und einseitige Interpretationen zu korrigieren.

3.2.3 Management-Architektur strukturieren

Corporate Governance legt die *zentralen Rahmenbedingungen für die Wirksamkeit von Executive Management* fest. Das bedeutet insbesondere, dass Corporate Governance die unternehmerische Entscheidungsfähigkeit mitgestaltet (siehe Kapitel 2.2.3), indem sie die Management-Plattformen für kommunikative Auseinandersetzungen und gemeinschaftliche Entscheidungen etabliert und zu Management-Architekturen vernetzt, dank denen die Executive-Management-Praxis die organisationale Wertschöpfung hinterfragen und unternehmerisch weiterentwickeln kann und muss. Dabei impliziert Entscheidungsfähigkeit die *Möglichkeit, neue Definitionen und Perspektiven in einzelnen Situationen oder mit Blick auf eine Organisation als Ganzes etablieren und auf breiter Basis verankern* zu können (Weber, 1921; Crozier & Friedberg, 1977).

Wesentlich ist dabei, dass Corporate Governance Entscheidungsfähigkeit nicht direkt, etwa durch eine Mitwirkung in organisationalen Wertschöpfungsprozessen oder in der Executive-Management-Praxis, strukturieren oder sicherstellen kann. Was die Rolle eines Verwaltungsrats als exemplarischer Institutionalisierung von Corporate Governance betrifft, wäre eine unmittelbare Mitwirkung zum Beispiel im schweizerischen Bankensektor sogar verboten. Corporate Governance wirkt vielmehr durch die *Etablierung, Sicherstellung und Weiterentwicklung notwendiger Voraussetzungen*, wie die Prägung von Sinnhorizonten (siehe Kapitel 2.3) oder die Mitgestaltung von Management-Plattformen. Sie strukturiert dadurch Kommunikations- und Entscheidungsräume für eine wirksame Executive-Management-Praxis.

Entscheidungsfähigkeit dank der Strukturierung von Management-Architekturen ist *nicht automatisch garantiert, sondern muss immer wieder geschaffen* und stabilisiert werden. Dies geschieht beispielsweise durch die Festlegung und zeitgerechte Aktualisierung formalisierter Strukturen, Geschäfts- und Organisationsreglemente sowie Kompetenzordnungen mit Aufgaben, Kompetenzen und Verantwortlichkeiten von Verwaltungsrat und Geschäftsleitung.

Des Weiteren geht es um die Mobilisierung von spezifischen Erfahrungen, Fähigkeiten und Perspektiven durch den aktiven Einbezug von Executives und Executive-Communities (Bower, 2007). Zugleich spielt dabei immer die Beziehungsdimension eine zentrale Rolle: Wie können wechselseitiges Vertrauen und gegenseitiger Respekt aktiv gestärkt werden, die Voraussetzung jeder produktiven Reflexivität sind?

Schliesslich geht es bei der Strukturierung von Entscheidungsfähigkeit immer auch um die Mitwirkung bei der Entwicklung von Kommunikationspraktiken, die *prägen, was in der Executive-Management-Praxis in welcher Form wirksam zur Sprache gebracht* und verhandelt werden kann. Dies kann z.B. über etablierte Management-Plattformen wie Verwaltungsratssitzungen und Geschäftsleitungsworkshops geschehen, indem die Art und Weise neu festgelegt wird, wie unternehmerische Issues formuliert werden und auf die Executive-Management-Agenda kommen. Dies erfordert immer wieder Distanz von der gelebten Zusammenarbeit auf solchen Plattformen, um selbstkritisch Optimierungspotenziale in den Blick zu bekommen und auch tatsächlich ausschöpfen zu können. Die Mobilisierung eines gelegentlichen Blicks von aussen, aber auch das konsequente Experimentieren mit Alternativen zur eingespielten Praxis können diesbezüglich sehr wertvoll sein (siehe Kapitel 4).

Konkret erkennbar wird die Qualität unternehmerischer Entscheidungsfähigkeit und die Wirksamkeit eingespielter Management-Architekturen in *Situationen, die von fundamentaler Unsicherheit* geprägt sind, weil beispielsweise unerwartete Ereignisse, kontroverse Ansprüche oder konkurrierende Opportunitäten rasch bewertet und entschieden werden müssen (siehe Kapitel 3.0). Solche Herausforderungen sind typischerweise von starken mikropolitischen Auseinandersetzungen geprägt (Crozier & Friedberg, 1977), welche die Entscheidungsfähigkeit gefährden können. Macht selbst ist aber auch eine wichtige Voraussetzung für Entscheidungsfähigkeit. Ihre Wirksamkeit ist zum einen an ihre wahrgenommene Legitimität gekoppelt (siehe Kapitel 2.2.3) und zum anderen an die Mobilisierbarkeit relevanter Ressourcen und die Handhabung von damit zusammenhängenden Abhängigkeiten (Bower, 1970; Bower & Gilbert, 2005).

Corporate Governance prägt und strukturiert die Handhabung von Macht, indem sie zum einen immer wieder grundlegende Rechte und Pflichten im Bereich von Aufgaben, Kompetenzen und Verantwortlichkeiten klärt – insbesondere, was den unternehmerischen Handlungskern betrifft – und zum anderen mit einer tragfähigen Management-Architektur Voraussetzungen schafft, dass Kontroversen in geeigneten Kommunikationsräumen möglichst transparent und konstruktiv geklärt werden können. Zugleich kann die Etablierung neuer Management-Plattformen für die Bearbeitung neuer Themen und Issues wesentlich sein: Statt unternehmerische Initiativen immer in den eingespielten Gremien zu verhandeln, die etablierte Machtkonstellationen bestätigen, kann die Einführung von Task Forces, von Ausschüssen oder von unkonventionell zusammengesetzten Arbeitsgruppen helfen, diese Themen und Issues anders zur Sprache zu bringen, zu schärfen und zu bewerten, bevor sie in die vorgegebenen Gremien kommen.

Corporate Governance – ein Beispiel

Die Klärung der Eigentümerschaft einer Organisation ist eine fundamentale Funktion von Corporate Governance. Eigentum kann sich dabei auf ***Mitwirkungsrechte*** *und auf* ***finanzielle Rechte*** *(z.B. das Recht an einem Gewinnanteil) beziehen. Meist wird Eigentum („Ownership") mit der finanziellen Beteiligung an einer Organisation gleichgesetzt. Eine Organisation gehört den Stakeholdern, die diese Organisation besitzen, sei es in Form von Aktien oder durch andere Formen der Beteiligung wie Genossenschaftsanteile oder Verträge über eine Gewinnbeteiligung. Dabei kann die Corporate-Governance-Praxis mit der Herausforderung konfrontiert werden, dass eine Organisation eine Vielzahl von unterschiedlichen Eigentümern haben und so die Frage aufkommen kann, wie diese ihre Besitzansprüche einer Organisation gegenüber überhaupt geltend machen können. Die Klärung dieser Frage erfolgt dabei nicht nur durch direkte Interaktionen, sondern auch indirekt über Stellvertreter oder Rechtsvertreter, die im Namen der jeweiligen Eigentümer auftreten.*

*Eine weitere Herausforderung besteht darin, dass Stakeholder auch dann ein Miteigentum geltend machen, wenn sie gar nicht finanziell an einer Organisation beteiligt sind (siehe Kapitel 1.3). Das können Mitarbeitende (z.B. Chefärzte) sein, die sich stark mit einer Organisation identifizieren und daraus den Anspruch ableiten, über die Rahmenbedingungen der Entwicklung mitbestimmen zu können („****Emotional Ownership****") (Zellweger & Astrachan, 2008). Das können politische Akteure sein, welche die Rahmenbedingungen setzen, die diese Organisation erfolgreich machen („****Political Ownership****"). Das können aber auch Akteure gesellschaftlicher Diskurse sein, die Betroffene des Wirkens einer Organisation sind („****Social Ownership****").*

Bei der Gründung einer Organisation steht Corporate Governance folglich vor der Aufgabe, möglichst vorausschauend zweckmässige Formen der Eigentümerschaft zu bestimmen, womit gleichzeitig zentrale ***Wertvorstellungen*** *und die* ***Systemgrenzen*** *einer Organisation geprägt werden. Wird z.B. eine Organisation bei ihrer Gründung als Unternehmung definiert, so positioniert sie sich massgeblich in der Umweltsphäre „Wirtschaft", und zwar sowohl hinsichtlich der Eigentümerschaft als auch bezüglich ihrer Primärwertschöpfung (siehe Kapitel 2.0). Attraktive Perspektiven kann diese Unternehmung ihren Eigentümern aber nur dann eröffnen,* wenn sich die organisationale Wertschöpfung und deren Weiterentwicklung in relevanter Art und Weise von der Konkurrenz unterscheidet. Um dies zu erreichen, muss Corporate Governance sicherstellen, dass alle mit der Zukunftsentwicklung verknüpften Erwartungen rechtzeitig durch die Beteiligten geklärt werden.

Dabei sind Setzungen zur Identität einer Organisation, zur Bestimmung der existenzrelevanten Umwelt, zur Spezifikation der Primärwertschöpfung und zur Zusammensetzung der relevanten Ressourcenkonfiguration **kontingent – und damit (potenziell) kontrovers**, bei der Gründung genauso wie im Verlauf der Weiterentwicklung einer Organisation. Das heisst, dass sie immer wieder in Frage gestellt werden können: Warum wird einseitig auf kommerziellen Erfolg gesetzt und diesem die gesellschaftliche Verantwortung untergeordnet? Führt das nicht mittelfristig zu Reputations-Issues, die unternehmerische Potenziale vernichten? Warum werden die Mitarbeitenden nicht an der Unternehmung beteiligt, wenn ihre Erfahrungen, ihre Expertise und ihr Wissen die strategisch wichtigsten Ressourcen sind? Warum wird nur dann in die Entwicklung eines neuen Produkts oder einer neuen Technologie investiert, wenn von Anfang an der kommerzielle Erfolg erkennbar ist? Werden nicht genau dadurch langfristig wichtige Entwicklungen verpasst und radikale Neuerungen verhindert? Corporate Governance adressiert solche Fragen, moderiert Kontroversen dazu und schafft die Voraussetzungen dafür, dass solche Kontroversen die **Executive-Management-Praxis stärken**.

Welche Stakeholder in welcher Form in die Executive-Management-Praxis, aber auch in die organisationale Entscheidungspraxis eingebunden werden, hat einen Einfluss darauf, wie spezifische Umweltsphären und Kontroversen überhaupt kommunikativ zur Darstellung gelangen und entsprechend Wirkung entfalten können. Inwiefern sollen gesellschaftliche Akteure bei wichtigen Weichenstellungen der Weiterentwicklung der organisationalen Wertschöpfung in irgendeiner Form mitentscheiden können? Welchen Einfluss sollen Kunden auf die Produktentwicklung haben? Sollen Kunden überhaupt einbezogen werden, sind ausgewählte Kunden als Lead Users ausreichend, werden Beta-Versionen neuer Produkte mit Kunden-Communities experimentell getestet?

Durch die **Etablierung geeigneter Management-Plattformen** und deren **Vernetzung zu Management-Architekturen** beeinflusst Corporate Governance, welche Positionen und Perspektiven, Erwartungen und Vorstellungen wie repräsentiert werden, zur Sprache kommen und die Management-Praxis prägen können. Damit gestaltet Corporate Governance die **Entscheidungsfähigkeit** von Organisationen und deren relevanten Manager-Communities wesentlich mit.

Corporate Governance – Fragen zur unternehmerischen Reflexion

Jede Organisation hat Eigentümer. Ein Anspruch auf Eigentümerschaft lässt sich dabei an unterschiedlichen Dingen festmachen: finanziell am Besitz („Shareholder“), strategisch am Zugang zu und der Abhängigkeit von wichtigen Ressourcen („Resource Dependence“), moralisch am langjährigen Engagement (von Mitarbeitenden), gesellschaftlich an der Bedeutung einer Organisation (z.B. in Form ihrer „Systemrelevanz“ im Finanzdienstleistungssektor) für die Entwicklung von Gesellschaft und Wirtschaft.

Diskutieren Sie mit den wichtigsten Gesprächspartnern in Ihrer Organisation, wer als Eigentümer relevant ist, wer relevant sein sollte, wie entsprechende Ansprüche auf Eigentümerschaft legitimiert werden und wie sich Ansprüche auf Eigentümerschaft zukünftig verschieben könnten. Orientieren Sie sich in der Diskussion an folgenden Fragen:

- *Wem „gehört“ Ihre Organisation, was erwarten die Eigentümer, und wie lässt sich der unternehmerische Auftrag beschreiben? Was tragen die aktuellen Eigentümer zur erfolgreichen Entwicklung Ihrer Organisation bei? Wie könnten andere Stakeholder aufgrund ihrer Bedeutung als Eigentümerinnen zweckmässig in die Management-Praxis einbezogen werden?*

- *Welche Perspektiven, Fragen und Kontroversen prägt Ihr Nachdenken über die Weiterentwicklung der organisationalen Wertschöpfung am meisten? Wo ist der Ort (Management-Plattformen) für eine gemeinsame Reflexion dieser Fragen?*

- *Wie setzen Sie sich konkret mit diesen Fragen auseinander, und wer ist beteiligt? Wie wird eine strukturierte, konstruktive kommunikative Auseinandersetzung mit diesen Fragen durch Praktiken der Makro- und Mikro-Strukturierung von Kommunikation unterstützt?*

- *Wie würden Sie die Arbeits- und Entscheidungsfähigkeit der Executive-Management-Praxis einschätzen? Wie liesse sich diese wirkungsvoll weiterentwickeln und stärken (siehe Kapitel 4)?*

- *Wie würden Sie die Funktionalität und Wirksamkeit etablierter Management-Plattformen und der Management-Architektur insgesamt einschätzen? Wo sehen Sie mit Blick auf absehbare Zukunftsherausforderungen Optimierungspotenziale?*

3.3 **Executive Management**

3.3.0 Executive Management wirkt mit Blick auf eine Organisation als Ganzes

Das SGMM definiert Executive Management als spezielle Ausprägung der Management-Praxis. Darunter gefasst werden diejenigen *Management-Praktiken, Management-Plattformen und Manager-Communities,* die sich durch eine Perspektive auf eine *Organisation als Ganzes* auszeichnen, mit einem Fokus auf die *reflexive Gestaltung der Primärwertschöpfung* einer Organisation in ihrer Umwelt (Grand & Bartl, 2011). Im Unterschied zur Corporate Governance, bei der die Einbettung einer Organisation in ihre vielfältige Umwelt im Zentrum steht, fokussiert Executive Management auf die Primärumwelt und die Primärwertschöpfung.

Executive Management setzt sich dabei mit den Voraussetzungen auseinander, die gegeben sein müssen, damit durch geeignete Management-Praktiken und qualifizierte Manager-Communities Opportunitäten identifiziert, Initiativen zur Weiterentwicklung der organisationalen Wertschöpfung überführt und erfolgreich realisiert werden können. In Executive-Management-Praktiken werden durch ein *Zooming-out* die komplexen Prozesse des Organisierens so weit abstrahiert, dass nur noch von „der" Organisation als „gegebener Entität" die Rede ist. Zugleich wird durch ein *Zooming-in* der Rahmen konkretisiert und ausdifferenziert, den Corporate Governance hinsichtlich der organisationalen Wertschöpfung und ihrer Weiterentwicklung vorgibt.

Demzufolge zielt der Begriff des Executive Managements auf eine spezifische Art der Management-Praxis: die *Wirkung bezüglich der organisationalen Primärwertschöpfung und deren Weiterentwicklung insgesamt.* Zugleich impliziert Executive Management einen spezifischen *Wirkungshorizont* der Management-Praxis (Grand & Bartl, 2011; Thévenot, 2006). Dabei kann jede Situation, jedes Ereignis, jede Fragestellung und jede Irritation aus Sicht der Executive-Management-Praxis als Opportunität gesehen werden, um die organisationale Wertschöpfung mit Blick auf eine Organisation als Ganzes erfolgreich weiterzuentwickeln (siehe Kapitel 2.1). Eine technologische Innovation etwa kann als Opportunität für die Weiterentwicklung der bestehenden Produkte gesehen und von der Entwicklungsabteilung einer Organisation konkret weiterbearbeitet werden. Sie kann aber auch als Indiz für Veränderungen bezüglich der technologischen Plattformen gesehen werden, mit denen eine Organisation operiert. Entsprechend müssen sich dann einerseits unterschiedliche organisationale Sub-Systeme damit auseinandersetzen, andererseits wird das Ganze zum Thema der Executive-Management-Praxis.

Executive-Management-Praxis schliesst weiter ein, dass in der Auseinandersetzung mit einer bestimmten Aufgabe der Referenzrahmen hinterfragt und die Relevanz der jeweiligen Sinnhorizonte in ihrem Zusammenspiel neu zueinander in Bezug gesetzt werden können (siehe Kapitel 2.3). Qualitätsprobleme in der Fertigung beispielsweise können als operative Herausforderung gesehen werden, die möglichst schnell gelöst werden müssen, oder sie werden darüber hinaus als Chance gesehen, um das Qualitätsverständnis der Organisation als Ganzes zu thematisieren und allenfalls neu zu bestimmen, was Konsequenzen für die Gesamtorganisation nach sich ziehen kann.

Jedes Ereignis und jede Opportunität haben das Potenzial, die Systemgrenzen im Innen- und Aussenverhältnis einer Organisation als Ganzes zu verändern (Drucker, 2004). Der Austausch mit Lead Usern bezüglich deren Erwartungen an neue Produkte kann zu einem grösseren Issue werden, wenn andere Kunden oder gar neue Kunden-Communities ebenfalls ihr Interesse anmelden an der Entwicklung neuer, beispielsweise energieeffizienterer Geräte. Je nach Situation können weitere Stakeholder ins Spiel kommen: etwa die Investoren, weil sie Wachstumschancen in neuen Entwicklungen sehen, oder die Mitarbeitenden, weil sie sich über die zukünftige Positionierung einer Organisation im Wettbewerb Sorgen machen.

Die Executive-Management-Praxis konkretisiert und realisiert die von der Corporate Governance vorgegebenen Rahmenbedingungen entlang von drei Dimensionen: Erstens geht es um die Definition der *fundamentalen Erfolgsvorstellungen* einer Organisation als Ganzes, die bezogen auf die angestrebte organisationale Wertschöpfung (und die damit implizierten Systemgrenzen) ein organisationsspezifisches Erfolgsmodell bilden (Grand & Bartl, 2011). Zweitens *differenziert Executive Management die Management-Praxis aus*, mit Bezug zu einzelnen Manager-Communities, kontroversen Issues, unternehmerischen Initiativen, aber auch organisationalen Sub-Systemen und Teil-Prozessen organisationaler Wertschöpfung. Drittens schärft die Executive-Management-Praxis den Blick für Möglichkeiten und Opportunitäten, die es erlauben, grundlegend *neue Ressourcen für die organisationale Wertschöpfung und deren Weiterentwicklung* zu erschliessen (Baecker, 2003). Gleichzeitig orchestriert und stabilisiert die Executive-Management-Praxis die vielfältigen Initiativen zur Weiterentwicklung der organisationalen Wertschöpfung im Sinne einer dynamischen Stabilisierung.

Erfolgsvorstellungen konkretisieren → 3.3.1
Management-Praxis ausdifferenzieren → 3.3.2
Entwicklungsprozesse stabilisieren → 3.3.3

3.3.1 Erfolgsvorstellungen konkretisieren

Die Executive-Management-Praxis muss die für eine Organisation relevanten Erfolgsvorstellungen konkretisieren und verankern. Den Ausgangspunkt bilden hierzu die grundlegenden identitätsstiftenden Wertvorstellungen einer Organisation. Diese müssen mit Blick auf eine *langfristig erfolgreiche Weiterentwicklung der organisationalen Wertschöpfung* für die *Primärumwelt* in möglichst spezifische Erfolgsvorstellungen übersetzt und konkret greifbar gemacht werden. Erfolgsvorstellungen bestehen dabei aus zwei Elementen, die beide konstitutiv sind: aus der Bestimmung von *Bewertungsmassstäben*, das heisst der Bestimmung der Dimensionen, die eine Erfolgsvorstellung bestimmen (z.B. Eigenkapitalrentabilität), und der Festlegung eines *Ambitionslevels*, das heisst einer quantitativen oder qualitativen Bestimmung der Dimension (z.B. 8 %). Dabei können Erfolgsvorstellungen sehr konkret sein oder auch viel abstrakter und zugleich pointierter definiert werden, wie „erstklassige Qualität". Schliesslich können Erfolgsvorstellungen *absolut bestimmt sein oder relativ,* z.B. „besser als die globale Konkurrenz".

Was genau „Erfolg" ausmacht, wird oft als selbstverständlich vorausgesetzt (March & Sutton, 1997). Als Folge davon dominiert häufig eine nicht weiter hinterfragte Übernahme von Erfolgsvorstellungen aus bestimmten Umweltsphären (siehe Kapitel 1.1) und Zuordnung zum normativen, strategischen oder operativen Sinnhorizont (siehe Kapitel 2.3). Erfolg bestimmt sich dann beispielsweise primär ökonomisch durch Umsatz und Rendite, und dabei wird automatisch die Perspektive der Investoren als wichtigen Stakeholdern favorisiert oder die Primärwertschöpfung betont. Oder es werden aktuelle Trends wie „Beschleunigung" der technologischen Innovation oder das Betonen von Modethemen wie „Nachhaltigkeit" übernommen, ohne genau zu bestimmen, wie diese zu den bestehenden Erfolgsvorstellungen passen oder diese auf ganz bestimmte Art und Weise verändern, und was das wiederum für die Bewertungsmassstäbe und Ambitionslevels konkret bedeutet.

Zwar kann es durchaus zweckmässig sein, dass eine Organisation z.B. „Qualität" operativ im Sinne der Überprüfung einer reibungslosen und fehlerfreien Leistungserstellung auffasst, weil das alle anderen Konkurrenten auch tun. Aber Qualität hat – und hier kommt Executive Management als Reflexion organisationaler Erfolgsvorstellungen ins Spiel – immer auch das Potenzial, strategisch im Wettbewerb einen Unterschied zu machen und substanziell zur erforderlichen Differenzierung einer Organisation beizutragen: z.B. durch die Verwendung hochwertiger Rohstoffe, durch eine besondere Sorgfalt in der Verarbeitung oder durch hochkarätige Kommunikation. Vor diesem Hintergrund wird es möglich, eine Organisation und ihre Wertschöpfung zu einer „Qualitätsmarke" weiterzuentwickeln, mit Konsequenzen für die Primärwertschöpfung, den relevanten Markt und für die Wachstums- und Gewinnmöglichkeiten.

Qualität (z.B. in einem Krankenhaus) kann darüber hinaus sogar zu einer fundamentalen Referenz und zu einem sinn- und identitätsstiftenden Anspruch werden, der den operativen, strategischen und teilweise sogar den normativen Sinnhorizont durchformt. In einer solchen Konstellation ist Qualität nicht nur eine zentrale Erfolgsvorstellung, sondern eine grundlegende Wertvorstellung einer Organisation, die sich nicht nur auf die Primärwertschöpfung bezieht, sondern eine Organisation insgesamt prägt, einschliesslich des Umgangs mit Kundinnen, Kunden und Mitarbeitenden sowie weiteren Stakeholdern. Daraus resultieren auch Konsequenzen für die Corporate-Governance-Praxis, die sich mit möglichen Auswirkungen auf die Systemgrenzen einer Organisation auseinandersetzen muss (siehe Kapitel 3.2).

Die Executive-Management-Praxis hat also immer wieder die Aufgabe, den *etablierten Referenzrahmen in seiner Kontingenz zu reflektieren* und bei Bedarf neue Erfolgsvorstellungen für eine Organisation zu spezifizieren. Dabei geht es insbesondere darum, unterschiedlichste Vorstellungen von Erfolg zu bündeln und zueinander in ein stimmiges Verhältnis zu setzen. Aus Sicht der Eigentümer kann Erfolg z.B. mit einer positiven Aktienkursentwicklung verbunden sein. Die Mitarbeitenden können Erfolg an einer attraktiven Arbeitsgestaltung einschliesslich vielfältiger Weiterbildungsmöglichkeiten festmachen. Die Kunden erwarten hervorragende Produkte zu fairen Preisen. Das SGMM versteht unter der Konkretisierung von Erfolgsvorstellungen durch die Executive-Management-Praxis *die Erarbeitung von spezifischen, und für sämtliche Manager-Communities verbindlichen Definitionen und Konzeptionen von Erfolg*, die mit Bezug zur organisationalen Wertschöpfung und deren Weiterentwicklung in Form klarer und verständlicher *Bewertungsmassstäbe operationalisiert* werden müssen.

Diese Erfolgsvorstellungen sind dann weiter zu konkretisieren und so zu verankern, dass sie als Bewertungsmassstäbe und damit verbundene Ambitionslevels Eingang in die organisationsspezifischen Sinnhorizonte finden. Nur auf diese Weise können sie als fraglos gültige Bezugspunkte für die Bewertung von Initiativen, Massnahmen und Aktivitäten und konkret als KPIs („Key Performance Indicators“; siehe Kapitel 2.3 und Abbildung 29) Wirksamkeit in der organisationalen Wertschöpfung und deren Weiterentwicklung entfalten.

Dabei muss die Executive-Management-Praxis immer wieder kritisch reflektieren und für eine Organisation als Ganzes klären, welche Erfolgsvorstellungen sich für die Bewertung der Weiterentwicklung der organisationalen Wertschöpfung eignen und welche nicht. Sie muss zugleich prüfen, inwieweit die als geeignet erachteten Erfolgsvorstellungen bereits im etablierten Referenzrahmen verankert sind oder ob der bestehende Referenzrahmen eventuell sogar im Widerspruch zu diesen Erfolgsvorstellungen steht und verändert werden muss.

Die Executive-Management-Praxis muss im Hinblick auf die Reflexion, Entwicklung und Durchsetzung von Erfolgsvorstellungen fünf Fragen beantworten (Grand & Bartl, 2011; siehe dazu Abbildung 39):

- Erstens muss die *Erfolgsdefinition* geklärt werden: Wie wird Erfolg definiert? – beispielsweise als überdurchschnittliche finanzielle Performance, als Überleben in turbulenten Zeiten, als möglichst schnelle Globalisierung, als exponentieller Zuwachs an Usern oder als Verbleib einer Unternehmung in Familienbesitz über mehrere Generationen.

- Zweitens müssen die Voraussetzungen geklärt werden, die vorliegen müssen, damit eine Organisation im Sinne dieser Definition auch tatsächlich erfolgreich sein kann. Aus dieser Klärung resultiert ein *Erfolgskonzept*, das aufzeigt, wie die definierte Erfolgsdefinition tatsächlich realisiert werden kann bzw. inwieweit sie vor dem Hintergrund unerwarteter Ereignisse allenfalls angepasst werden muss (Prahalad & Bettis, 1986; Bettis & Prahalad, 1995; Spender, 1989).

- Drittens ist zu klären, welche Ressourcen für die organisationale Wertschöpfung und deren Weiterentwicklung mobilisiert werden müssen, um gemäss dem eruierten Erfolgskonzept erfolgreich zu sein und zu bleiben. Diese Klärung sollte zudem aufzeigen, was für die Gewinnung dieser *Erfolgsressourcen* unternommen werden muss und wie deren Verfertigung als organisationsspezifische Ressourcenkonfiguration immer wieder neu sichergestellt werden kann.

- Viertens ist in Bezug auf die Erfolgsvorstellungen die Frage wichtig, welche *Executive-Management-Praktiken* spezifisch zum definierten Erfolg und zur Realisierung des Erfolgskonzepts beitragen können. Mit anderen Worten ist die *Wertschöpfung von Executive Management selbst* zu klären. Dabei ist zu reflektieren, in welcher Form Executive Management als reflexive Gestaltungspraxis auf die Weiterentwicklung der organisationalen Entwicklungsdynamik einwirken kann und auch tatsächlich einwirkt und wie diese Wirkung im positiven Sinne gestärkt werden kann (Rüegg-Stürm & Grand, 2007).

- Und es stellt sich fünftens die Frage, wer zum *unternehmerischen Handlungskern* gehört und wie sich diese Community-of-Practice an der Konkretisierung und Verankerung der Erfolgsvorstellungen einer Organisation als Ganzes in relevanter Weise engagiert. Die entsprechende Antwort macht deutlich, ob und wie relevante Executives als Ressource mobilisiert werden können, um Erfolgsvorstellungen zu konkretisieren und zu verankern.

Erfolgsvorstellungen unterliegen kontroversen Weiterentwicklungen. Finanzielle Erfolgsvorstellungen beispielsweise können aufgrund eines stabilen

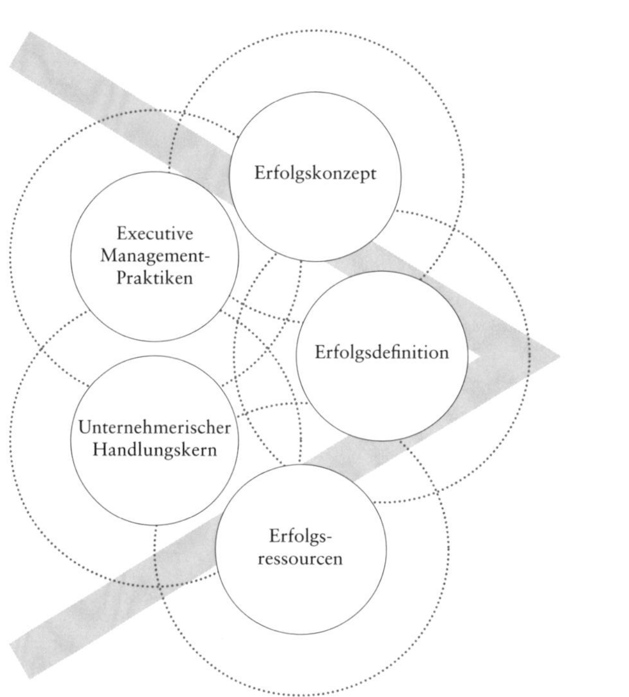

Abbildung 39 – Erfolgsmodell des Executive Managements (Grand & Bartl, 2011: 31)
Die Gestaltungsdimensionen eines Erfolgsmodells sind kontrovers und müssen immer wieder reflektiert, hinterfragt, weiterentwickelt und neu begründet werden. Dabei unterscheiden sich Executive-Management-Praktiken von allgemeinen Management-Praktiken dadurch, dass sie immer auf eine Organisation als Ganzes, mit Bezug auf ihre gesamte existenzrelevante Umwelt zielen. Entsprechende Erkenntnisse, Perspektiven, Behauptungen und Begründungen müssen sich in einer Vielfalt unterschiedlichster Situationen bei ganz unterschiedlichen Begebenheiten durchsetzen, um die organisationale Wertschöpfung und deren Weiterentwicklung umfassend beeinflussen zu können.

Aktionariates sehr stabil sein, während andere, die z.B. mit der Innovationskraft zusammenhängen, permanent Gegenstand von Kontroversen sind und sich immer wieder verändern. Erfolgsvorstellungen unterscheiden sich zudem im Hinblick auf ihren Gültigkeitsanspruch. Ob die Realisierung eines finanziellen Gewinns eher als Erfolgsvoraussetzung im Sinne einer Nebenbedingung oder als das zentrale Erfolgsziel per se betrachtet wird, prägt die Erfolgsvorstellungen.

Dabei unterscheiden sich Erfolgsvorstellungen bezüglich ihres *Wirkungshorizontes:* Gewisse Erfolgsvorstellungen wie beispielsweise eine überdurchschnittliche finanzielle Performance oder eine hohe Mitarbeitendenzufriedenheit können für eine Organisation als Ganzes gelten, während in Teilsystemen sehr spezifische Erfolgsvorstellungen relevant sein können. So kann für den Verkauf die langjährige Kundentreue ein zentrales Erfolgskriterium sein, während der Massstab für die Produktion eine tiefe Fehlerquote und für die Forschung eine hohe Zahl neuer Patente ist.

3.3.2 Management-Praxis ausdifferenzieren

Aus Sicht von Executive Management kann nicht vorausgesetzt werden, dass sich in einer Organisation von selbst eine hilfreiche Management-Praxis als wirkungsvolle Reflexionsfunktion ausdifferenziert. Vielmehr muss diese Reflexionsfunktion immer wieder in ihrer reflexiven Kraft und gestalterischen Wirksamkeit hinterfragt, gestützt und verstärkt werden. Dabei geht es aus Sicht der Executive-Management-Praxis einerseits darum, die Management-Praxis so weit auszudifferenzieren, dass insbesondere die *existenzrelevanten Herausforderungen, Problemstellungen und Aufgaben wirkungsvoll durch unterschiedliche Manager-Communities bearbeitet*, das heisst, durch Mobilisierung geeigneter Management-Praktiken auf definierten Management-Plattformen reflektiert und entschieden werden können. Andererseits geht es darum, die Management-Praxis immer wieder auf organisationale Wertschöpfung und deren Weiterentwicklung auszurichten.

Die Executive-Management-Praxis mobilisiert dabei eine Reihe von Praktiken und Plattformen, um im Austausch mit unterschiedlichsten Manager-Communities die organisationale Management-Praxis möglichst wirksam auszudifferenzieren. Diese muss einerseits befähigt werden, auf verteilter Basis und mit Bezug zu Teilsystemen einer Organisation lokal relevante Problemstellungen wirkungsvoll aufzugreifen, etwa die Beschleunigung des Produktentwicklungsprozesses oder ein verbessertes Kundenverständnis im Beratungsprozess. Andererseits ist ein möglichst hohes Mass an Reflexivität sicherzustellen für Herausforderungen, die aus Sicht der Gesamtorganisation eine hohe Relevanz haben oder haben könnten: durch die kommunikative Schärfung eines profunden Verständnisses unterschiedlichster Manager-Communities für Herausforderungen und Entwicklungsstossrichtung einer Organisation als Ganzes.

Besonders wichtig sind aus dieser Perspektive Executive-Management-Praktiken des *kommunikativen Referenzierens*, d.h. beispielsweise durch eine Bezugnahme auf spezifische Sinnhorizonte oder Positionen in Kontroversen (Latour, 2005; Thévenot, 2006), und zugleich auf die Erfolgsvorstellungen einer Organisation als Ganzes. Dieses Referenzieren durch unterschiedliche Manager-Communities muss in der kommunikativen Auseinandersetzung der Management-Praxis immer wieder neu kalibriert und in seiner Bedeutung geschärft werden. Wie genau lassen sich z.B. die Konsequenzen von Wachstumsvorstellungen für die Forschung interpretieren? Dies ist zentral, damit in der Forschung unkonventionelle Ideen kohärent geprüft und – wenn für gut befunden – verbindlich als originell und umsetzungswürdig verankert werden können.

Auf diese Weise kann die Aktivierung von spezifischen *Referenzierungs-Praktiken* zur Schärfung und Stabilisierung unternehmerischer Initiativen und Management-Praktiken beitragen. Das bedeutet beispielsweise, dass die Executive-Management-Praxis die Qualitätsvorstellungen einer Organisation *mit Bezug zu spezifischen Manager-Communities unterschiedlich konkretisieren* muss: für die Forschung oder einen Qualitätszirkel oder die Qualitätskontrolle in der Herstellung oder für die Kommunikation von Qualität als Produkteigenschaft. Durch laufende Veränderungen, etwa der Kundenerwartungen, bezüglich technologischer Möglichkeiten oder in den Wertschöpfungsprozessen einer Organisation selber sind permanente kommunikative Abstimmungen erforderlich.

Weiter sind *Praktiken des Bewertens und Messens* wichtig. Die Management-Praxis ist durch vielfältige Bewertungsprozeduren und entsprechende Messinstrumente („Tools") gekennzeichnet (siehe dazu Abbildung 29). Besonders wichtig sind beispielsweise finanzielle Kennzahlen und Zielgrössen (Knorr Cetina & Preda, 2006; Callon et al., 2007; MacKenzie, 2008) für die Messung der Wirksamkeit von Management-Initiativen, für die Beurteilung wichtiger Investitionen oder für die Ermittlung des Unternehmenswerts. Dabei werden durch die *Ausdifferenzierung spezifischer Messpraktiken* aus allgemeinen Erfolgsvorstellungen mit der Zeit gewisse Kriterien favorisiert. Inwieweit eine solche Engführung beispielsweise auf Rentabilitätskennzahlen für die organisationale Entwicklung förderlich ist, muss durch die Executive-Management-Praxis im Austausch mit den involvierten Manager-Communities immer wieder neu beurteilt werden.

Das kommunikative Arrangement, in dem sich die Executive-Management-Praxis mit bestimmten Referenzen, Bewertungen und Messungen auseinandersetzt und zugleich sich selbst beurteilt und reflektiert, spielt dabei eine wesentliche Rolle. Dazu werden *Praktiken des Argumentierens und Begründens* mobilisiert (Thévenot, 2006). Dabei geht es beispielsweise um die Beantwortung folgender Fragen: Wieweit hat eine Behauptung ohne Begründung oder eine selbstverständlich bestätigte Praktik Bestand in einer Management-Debatte? Wieweit hängt die Antwort auf diese Frage davon ab, von wem eine Begründung überhaupt kommt? Wieweit müssen Aussagen und Interventionen argumentativ hergeleitet und visualisiert werden, wenn sie in der weiteren Auseinandersetzung bedeutsam werden sollen? Unter Unsicherheit und in kontroversen Situationen reflexions-, entscheidungs- und handlungsfähig zu sein, heisst für Manager-Communities, dass sie spezifische Repertoires von Argumenten und Begründungen mobilisieren können, *die nicht selber in Frage gestellt werden*. Diese Repertoires zu reflektieren, weiterzuentwickeln und zu stabilisieren, ist eine wesentliche Herausforderung der Executive-Management-Praxis.

Dabei leben Argumentationen und Begründungen davon, dass sie sich *kommunikativ durchsetzen und dadurch die erforderliche Wirkung* erzielen können. Das bedeutet, dass die Executive-Management-Praxis immer wieder die Gültigkeit der aktivierten Argumente, Referenzen und Messsysteme reflektieren muss: Wenn ein neues Geschäftsmodell in Widerspruch zum aktuellen Referenzrahmen gerät, weil es z.B. den Grundsatz der unternehmerischen Autonomie in Frage stellt, geht es darum, durch gemeinschaftliches Sensemaking mit unterschiedlichen Manager-Communities entweder dieses neue Geschäftsmodell anzupassen oder den strategischen Sinnhorizont neu zu interpretieren (Griesbach & Grand, 2013), indem etablierte Bewertungsmassstäbe so verschoben werden, dass das Wertschöpfungspotenzial überhaupt richtig zur Geltung kommt. Oder es müssen Management-Plattformen wie Dialog-Plattformen aktiviert werden, um wichtige Aspekte des neuen Geschäftsmodells überhaupt sprachfähig zu machen.

3.3.3 Entwicklungsprozesse stabilisieren

Reflexion schafft ein Bewusstsein für die Kontingenz des selbstverständlich Gegebenen und schärft das Verständnis für das Potenzial alternativer Möglichkeiten. Dass sich daraus tatsächlich erfolgversprechende Entwicklungspotenziale ergeben, die erfolgreich in organisationale Wertschöpfung umgesetzt werden können (siehe Kapitel 2.1), ist nicht selbstverständlich (Chia & Holt, 2009). Vielmehr muss die Executive-Management-Praxis Möglichkeiten dafür schaffen, dass diese Potenziale mit Blick auf die Organisation experimentell überprüft und getestet werden können. Es gilt, *unternehmerische Experimente zur Überprüfung grundlegender Veränderungen und zentraler Erfolgsvorstellungen* aufzusetzen, das heisst, die bestehende organisationale Wertschöpfung in ihrer Kontingenz nicht nur zu reflektieren, sondern *durch konkrete Initiativen herauszufordern und gegebenenfalls abzulösen*. Dies erfordert anspruchsvolle Veränderungsprozesse, die im Zusammenspiel, aber auch einzeln zu orchestrieren und zu stabilisieren sind.

Die Kreation neuer unternehmerischer Möglichkeiten und die Realisierung dieser Potenziale in wirkungsvollen Veränderungsprozessen impliziert dabei *Behauptungen*, die durch Unsicherheit gekennzeichnet sind (siehe Kapitel 3.0). Dementsprechend unabdingbar ist es, diese Behauptungen trotz Unsicherheit in robuste Initiativen zu übersetzen, zu bewerten und zu begründen. Bewertungen und Begründungen setzen den Bezug zu anerkannten Referenzen voraus, die dazu beitragen, dass eine Möglichkeit, Initiative oder Intervention als erfolgversprechend, rational oder legitim anerkannt werden kann (Boltanski & Thévenot, 1991). Das kann beispielsweise heissen, dass eine neue technologische Entwicklung in Form eines Corporate Venture getestet wird, bevor sie für die Weiterentwicklung der technologischen Plattform einer Organisation zum Einsatz kommt.

Die Referenzen, auf die sich die Management-Praxis bezieht, können unterschiedlich sein. Einerseits können sie dem Referenzrahmen entnommen werden, sich also auf etablierte normative, strategische und operative Setzungen einer Organisation beziehen (siehe Kapitel 2.3). Andererseits kann die Management-Praxis diskursiv etablierte Unterscheidungen und Bewertungen oder auch Positionen und Perspektiven in Kontroversen als legitimierende Bezugspunkte mobilisieren (siehe Kapitel 1.2). Die Bewertung neuer Möglichkeiten, Opportunitäten und Initiativen kann beispielsweise als ökonomisch notwendig, als technologisch attraktiv, als politisch zwingend oder als ethisch geboten begründet werden. Wie dies geschieht hat einen wesentlichen Einfluss darauf, ob vorhandene Möglichkeiten für eine Organisation und ihre Management-Praxis überhaupt zum Thema werden, in Opportunitäten und Initiativen übersetzt, als solche fair geprüft und potenziell realisiert werden können.

Es lassen sich dabei mehrere grundlegend verschiedene Ansätze unterscheiden, wie die Executive-Management-Praxis zur experimentellen Kreation, Erweiterung und Stabilisierung unternehmerischer Entwicklungspotenziale beitragen kann.

Executive Management kann erstens Experimente, alternative Ansätze und neue Entwicklungen *ausserhalb der bestehenden Systemgrenzen* fördern und dadurch vor der Mächtigkeit des Status quo schützen, etwa durch den Aufbau von Ventures oder den Kauf einer Unternehmung. Neue Initiativen werden so einerseits vor der Konfrontation mit etablierten Bewertungsmassstäben und Prozeduren geschützt, andererseits wird verhindert, dass etablierte Positionen in Frage gestellt werden, bevor belegt ist, dass das Neue wirklich Aussicht auf Erfolg hat. Organisationseigene Inkubatoren, Investitionen in Technologie-Ventures, das Aufsetzen von „Geheim"-Projekten sind Beispiele für dieses Vorgehen.

Eine andere Möglichkeit ist zweitens, dass Communities von Executives an der *„Peripherie" der etablierten Wertschöpfung* Experimente initiieren und fördern, etwa in spezifischen geografischen Regionen, in ganz bestimmten Geschäftsfeldern oder durch Etablierung neuartiger Partnerschaften (Beritelli et al., 2013). Solche Experimente müssen allerdings so konfiguriert werden, dass die entsprechenden *Anwendungskontexte nicht allzu peripher und marginal* gewählt werden, denn sie müssen für eine Organisation Erfahrungen generieren, die auch für „zentralere" Entwicklungen von Bedeutung sind. Das kann beispielsweise dadurch geschehen, dass externe Initiativen in Konkurrenz zu Eigenentwicklungen aufgesetzt werden oder dass an definierten Meilensteinen ein Austausch zwischen Exponenten der etablierten Organisation und des Experimentalsettings stattfindet.

Drittens kann es wesentlich sein, Experimente *mehrfach durchzuführen* und so eine *Experimentserie* entlang neuer Erfolgsvorstellungen, Opportunitäten und Perspektiven zu realisieren. Das kann etwa durch parallele Investitionen in unterschiedliche Ventures geschehen, um mittels eines systematischen Vergleichs verschiedener Erfahrungen Fehleinschätzungen vermeiden zu können. Zudem können frühere Versuche und daraus gewonnene Erfahrungen im Nachhinein als unternehmerische Experimente re-interpretiert werden. Oder es können Erfahrungen anderer Organisationen als Referenzbeispiele ins Spiel gebracht werden, die aufzeigen, was in der eigenen Organisation noch getestet werden müsste. Das bedeutet, dass die Executive-Management-Praxis unternehmerische Experimente *in ihrem Zusammenspiel im Blick* haben und für eine systematische Reflexion der spezifischen Entwicklungen, Erfahrungen und Opportunitäten *eigene Plattformen* etablieren muss.

Executive Management – ein Beispiel

Exemplarisch für die eminente eigenständige Bedeutung einer wirkungsvollen Executive-Management-Praxis ist die Gestaltung einer Fusion von zwei Organisationen. Dabei treffen meist unterschiedliche Erfolgsvorstellungen aufeinander, nicht nur bezüglich der Definition von Erfolg (Was wird unter Erfolg verstanden?), sondern auch bezüglich des Erfolgskonzepts (Worauf beruht der Erfolg einer Organisation?) und des Verständnisses wesentlicher Erfolgsressourcen (Welche Ressourcenkonfiguration braucht es dazu?). Während sich etwa die Management-Praxis der einen beteiligten Organisation an Profitabilitätszielen orientiert, können für die andere Organisation Wachstumsziele wesentlich sein. Genauso können kommerziell-strategische Zielsetzungen der einen Organisation voll mit den normativ-gesellschaftlichen Wertvorstellungen der anderen Organisation zusammenprallen.

Folglich unterscheiden sich auch die entsprechenden Erfolgskonzepte in grundlegender Weise. Profitabilität etwa erreicht man durch den Fokus auf das Kerngeschäft und durch systematische Effizienzsteigerungen. Wachstum dagegen erfordert den Aufbau neuer Aktivitäten und Kompetenzen, was Ressourcen beansprucht. Dies kann die Profitabilität mittelfristig beeinträchtigen. Das hat Konsequenzen auf die Art und Weise, wie im Rahmen der Fusion Management-Praktiken ein- und wertgeschätzt, Prioritäten gesetzt und knappe Ressourcen eingesetzt werden. Die Executive-Management-Praxis im Kontext einer Fusion und einer Akquisition muss zusammenkommende Erfolgsvorstellungen kritisch reflektieren, in ihrer Bedeutung für die Zukunft neu einordnen und schliesslich Voraussetzungen schaffen und Perspektiven entwickeln, aufgrund deren sich ein neues, gemeinsam geteiltes und motivierendes Erfolgsmodell für die neue Unternehmung entwickeln kann. Das Gelingen eines solchen Prozesses mit tiefgreifenden Auswirkungen ist von vielen Voraussetzungen abhängig.

Die unternehmerischen Handlungskerne der beiden beteiligten Organisationen brauchen – jenseits von Arbeitsgruppen, die sich um operative Fragen des Unternehmenszusammenschlusses kümmern – spezifische neue Management-Plattformen, auf denen sie sich sorgfältig mit den bestehenden Erfolgsvorstellungen auseinandersetzen können. Nur so lässt sich gemeinsam ein Erfolgsmodell erarbeiten, das robust konsolidiert und fundiert begründet ist.

Als Management-Plattform kann dabei eine eigene Task Force dienen, bestehend aus den verantwortlichen Executives, die zukünftig im unternehmerischen Handlungskern mitwirken. Oder es werden für eine breit verankerte Reflexion spezifische Workshop-Serien lanciert, die es unab-

hängig von operativen Zwängen und basierend auf kreativ-unternehmerisch orientierten Methoden und Vorgehensweisen erlauben, Varianten von neuen Erfolgsmodellen zu entwickeln und dabei gleichzeitig Vorstellungen und Erfahrungen vermitteln, wie die neue Executive-Management-Praxis aussehen könnte.

Demzufolge ist es wesentlich, Erfolgsmodelle und Vorstellungen einer zukünftig tragfähigen Executive-Management-Praxis nicht nur abstrakt zu entwickeln, sondern diese konkret anhand attraktiver Initiativen und unternehmerischer Opportunitäten auszutesten. Dazu gehören Experimente, in denen neue unternehmerische Perspektiven schon einmal durchgespielt und geprüft werden können, oder neue Projekte, die im Hinblick auf innovative Produkte oder Lösungen die Fähigkeiten und Stärken der beiden beteiligten Organisationen verbinden und dabei den Beweis antreten, dass die Fusion Potenzial hat. Möglich sind auch neuartige Ventures, die Opportunitäten angehen, welche aufgrund fehlender finanzieller Ressourcen keine der beiden involvierten Organisationen allein hätte in Angriff nehmen können.

Besonders wichtig ist es, die gemeinsamen Anstrengungen eines neuen Erfolgsmodells nicht mit einem Blick nach innen, sondern mit einem Blick nach aussen auf die jeweils existenzrelevanten Organisationen voranzutreiben. Dies bedeutet, einen klaren Fokus darauf zu legen, wie mittels einer gemeinschaftlichen Weiterentwicklung der organisationalen Wertschöpfung ganz neue Formen der Nutzenstiftung bei den Zielgruppen ermöglicht werden. Entsprechend ist das Zusammenspiel von Executive-Management-Praxis und Corporate-Governance-Praxis in diesen Entwicklungsprozessen fundamental.

Für die Durchsetzung eines neuen gemeinsamen Erfolgsmodells ist es folglich entscheidend, frühzeitig gemeinsame Experimente an der Peripherie, Investitionen in gemeinsame Ventures durchzuführen und aus erfolgreichen Experimenten Erfolgsgeschichten (Mythen und „Success Stories") zu kreieren. Dies schafft die Glaubwürdigkeit und Legitimität, früher oder später sogar radikale Weiterentwicklungen der zusammengeführten organisationalen Kernwertschöpfung zu realisieren. Zugleich impliziert diese Entwicklungsdynamik meist auch die Notwendigkeit von Management-Innovation (siehe Kapitel 4), d.h. die Weiterentwicklung der (Executive) Management-Praxis selbst, und damit erstens die Art und Weise, wie und auf welchen Plattformen Reflexion stattfindet, zweitens welche Management-Praktiken wie mobilisiert werden und drittens wie sich relevante Manager-Communities formieren.

Executive Management – Fragen zur unternehmerischen Reflexion

Erfolg ist auch in Ihrer Organisation eine wichtige Referenz. Dabei existieren oft unterschiedliche Erfolgsvorstellungen nebeneinander, ohne dass explizit geklärt ist, wie diese aus Sicht der Executive-Management-Praxis eigentlich zueinander stehen. Diskutieren Sie mit den wichtigsten Gesprächspartnern in Ihrer Organisation die Kriterien, anhand deren Sie und Ihre Gesprächspartner Erfolg definieren. Halten Sie dabei zutage tretende Gemeinsamkeiten und Unterschiede sorgfältig fest. Orientieren Sie sich dazu an folgenden Fragen:

- *In Bezug auf welche Erfolgsdefinitionen (und zwar sowohl bezüglich der Bewertungsmassstäbe als auch der Ambitionslevels) ist Ihre Organisation zurzeit erfolgreich unterwegs, und in Bezug auf welche Erfolgsdefinitionen ist sie erfolgreicher als vergleichbare Organisationen?*

- *Wie sieht Ihr zurzeit praktiziertes Erfolgskonzept aus? Wie unterscheidet sich dieses vom Erfolgskonzept derjenigen Organisationen, mit denen Sie um knappe Ressourcen unterschiedlichster Art im Wettbewerb stehen? In welche Richtung entwickeln sich Ihr eigenes Erfolgskonzept und diejenigen Ihrer Konkurrenten?*

- *Welche Erfolgsvorstellungen werden in Ihrer Executive-Management-Praxis kontrovers diskutiert? Wie werden diese kontroversen Erfolgsvorstellungen begründet? Wie schaffen Sie Bedingungen, dass eine sorgfältige Reflexion und Diskussion der Unterschiedlichkeit dieser Erfolgsvorstellungen und daraus resultierender Folgewirkungen möglich ist?*

- *Auf welchen Management-Plattformen reflektieren Sie die Erfolgsvorstellungen und das Erfolgsmodell Ihrer Organisation? Wie regelmässig findet diese Reflexion statt, wie wird sie moderiert, und was kommt dabei heraus? Wie werden wesentliche Gemeinsamkeiten oder Divergenzen identifiziert und konstruktiv weiterverarbeitet?*

- *In welcher Form tragen aktuell laufende Experimente dazu bei, die etablierten Erfolgsvorstellungen und Ihr Erfolgsmodell kritisch zu hinterfragen?*

4. Management-Innovation – die Zukunft von Management reflektieren und gestalten

Nicht nur die Wertschöpfung und Entwicklung heutiger Organisationen unterliegt vielfältigen Innovationserfordernissen, sondern auch die Management-Praxis selbst (Kapitel 4.1). Management-Innovation ist äusserst voraussetzungsreich und kontrovers, und sie ist auf unterschiedlichste Innovationsressourcen angewiesen (Kapitel 4.2). Mit Hilfe von Reflexions- und Innovationspartnerschaften lassen sich solche Ressourcen effizient erschliessen und gezielt bündeln (Kapitel 4.3). Management-Innovation bedarf der Erarbeitung, Verankerung und Weiterentwicklung einer gemeinsamen Management-Sprache, die eine systematische Reflexion und gemeinschaftliche Gestaltung der Management-Praxis ermöglicht. Das St. Galler Management-Modell versteht sich selbst als Reflexions-Sprache, die als diskursive Ressource die Arbeit an einer gemeinsamen Management-Sprache wirksam unterstützen kann (Kapitel 4.4). Erfolgreiche Reflexions- und Innovationspartnerschaften, aber auch gesellschaftliche Kontroversen sind umgekehrt wichtige Ressourcen für die Weiterentwicklung von Management-Modellen: Das SGMM durchläuft seit gut vierzig Jahren selbst einen Prozess der wiederholten Weiterentwicklung, Erneuerung und Innovation (Kapitel 4.5).

4.1 Management-Innovation ist kontrovers und notwendig

Innovation spielt heute in allen Sphären der gesellschaftlichen Entwicklung eine zentrale Rolle. Es ist unbestritten, dass die organisationale Wertschöpfung und die Weiterentwicklung heutiger Organisationen vielfältigen Innovationserfordernissen ausgesetzt sind. Entsprechend findet sich in der Management-Forschung, Management-Literatur und Management-Praxis ein grosses Spektrum an Vorstellungen, Ansätzen und Methoden, wie Innovation ermöglicht und wirksam gemacht werden kann. Dabei bezieht sich Innovation auf unterschiedliche Tätigkeitsfelder wie Produktinnovation, Dienstleistungsinnovation, Prozessinnovation, technologische Innovation, Innovationsmanagement, organisationale Innovation oder Geschäftsmodellinnovation (Mol & Birkinshaw, 2009; Gassmann & Granig, 2013; Gassmann et al., 2013; Van de Ven, 1993).

Aus Sicht des SGMM fällt dabei erstens auf, dass Innovation in diesen Tätigkeitsfeldern und den dazugehörigen Forschungsdebatten *meist unkritisch positiv bewertet wird* und dass die inhärente Ambivalenz von Innovation im Sinne einer *schöpferischen Zerstörung* („Creative Destruction“: Schumpeter, 1942) kaum in den Blick genommen wird. Das ist umso erstaunlicher, als die Idee von Innovation als schöpferischer Zerstörung eigentlich weit verbreitet ist und oft zitiert wird. Dabei weist schöpferische Zerstörung als Vorstellung darauf hin, dass jede innovative Entwicklung nicht nur neue Möglichkeiten schafft, sondern zugleich auch Bestehendes in Frage stellen oder sogar eliminieren kann. Innovation impliziert also stets Unsicherheit, Risiken und damit verbunden Gefahren und unterschiedliche gesellschaftliche Betroffenheiten, welche im Rahmen einer reflektierten Auseinandersetzung mit Innovation adressiert werden sollten (Luhmann, 1990; Spinosa et al., 1997; Boltanski & Chiapello, 1999; Reckwitz, 2012).

Zweitens fällt aus Sicht des SGMM auf, dass Innovation zwar als zentraler Bezugspunkt von Management gesehen wird, aber *nicht* als etwas, was die *Management-Praxis selbst zu einem Innovationsthema macht* (Birkinshaw et al., 2008; Birkinshaw, 2010; Hamel, 2006; siehe dazu Abbildung 40). Dies erstaunt insbesondere, da Management und die damit verbundenen Vorstellungen und Erwartungen selbst durchaus kontrovers diskutiert werden (siehe Kapitel 0). Dies würde es eigentlich nahelegen, dass sich auch die Management-Praxis fortlaufend weiterentwickeln und gewissermassen immer wieder neu erfinden müsste, ganz im Sinne von Karl Weick: „Probleme, die nie gelöst werden, werden deshalb nie gelöst, weil die Manager fortwährend mit allem herumexperimentieren, *ausser* mit dem, was sie selbst tun. ... Wenn die Leute ihre Umgebung verändern wollen, müssen sie sich selbst und ihr Handeln ändern – nicht jemand anderen“ (Weick, 1985: 219).

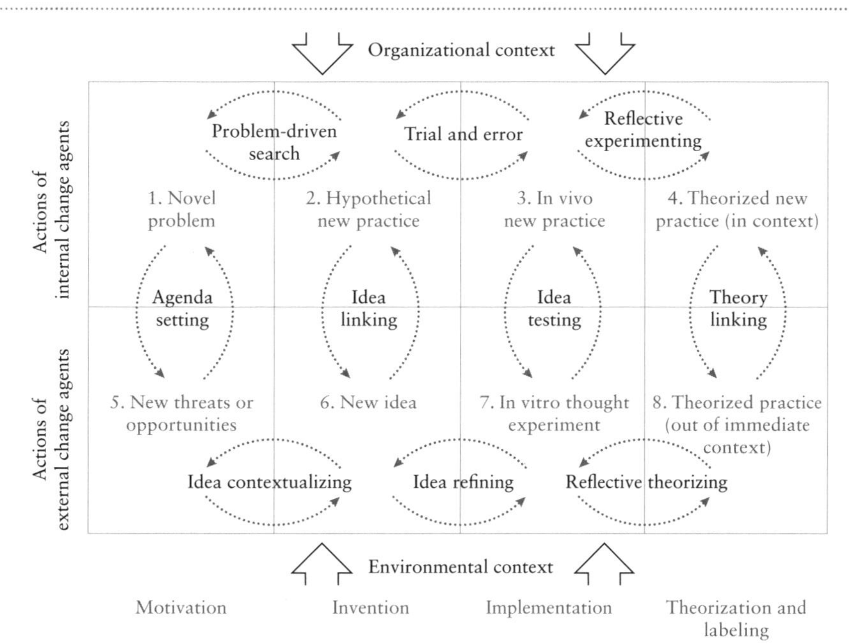

Abbildung 40 – Management Innovation Process Framework (Birkinshaw et al., 2008: 832)
Diese Abbildung zeigt schematisch, welche Dynamiken für den Prozess der Management-Innovation als wesentlich erachtet werden. Demgemäss entstehen Management-Innovation typischerweise aus dem Zusammenspiel von organisationsspezifischen Interventionen („organizational context") und externen Entwicklungen und Debatten („environmental context"). Zugleich wird deutlich, dass sich Management-Innovation aus unterschiedlichsten Praktiken konstituiert, vom Agenda Setting über die Verknüpfung von Ideen und die Überprüfung von Ideen durch Management-Experimente bis zur Skalierung bewährter Praktiken innerhalb und ausserhalb einer Organisation.
Im Unterschied zu diesem generischen Framework stellt das SGMM folgende Aspekte von Management-Innovation in den Mittelpunkt: Management-Innovation ist erstens das Ergebnis kommunikativer Auseinandersetzungen in Manager-Communities. Zweitens geht es dabei darum, immer wieder einen kritischen reflexiven Blick auf die etablierte Management-Praxis einzunehmen und mit Blick auf absehbare Umweltentwicklungen attraktive Optionen für ihre Weiterentwicklung zu erarbeiten. Drittens gibt es keine klare Kausalitäten im Prozess der Management-Innovation, entscheidend ist vielmehr das verteilte Zusammenwirken unterschiedlichster Praktiken und Prozesse. Viertens kann der Wirkungshorizont einzelner Management-Innovationen sehr unterschiedlich sein.

Gerade weil Innovation nie einen Selbstzweck darstellt, sind auch Innovationen im Bereich der Management-Praxis kontrovers. Dies ist umso verständlicher, als Management heute als allgegenwärtige gesellschaftliche Praxis in unterschiedlichsten organisationalen Kontexten mit unterschiedlichsten Wirkungen und Betroffenheiten erfahren wird.

Vor dem Hintergrund dieser Beobachtungen versteht das SGMM unter Management-Innovation *systematische Anstrengungen einer konstruktiv-kritischen Reflexion und Weiterentwicklung der gewachsenen Management-Praxis selbst.*

Nachdem in Kapitel 3 Management als reflexive Gestaltungspraxis definiert worden ist, welche auf die Schaffung förderlicher Bedingungen für eine tragfähige Ko-Evolution von Umwelt und Organisation fokussiert, steht bei Management-Innovation ein konstruktiv-kritisches Reflektieren über die *Management-Praxis selbst* im Zentrum. Grundlegend ist dabei die Frage, inwieweit die etablierte *Management-Praxis als ausdifferenzierte Reflexionsfunktion* einer Organisation wirklich das zu leisten vermag, was im Hinblick auf grundlegende Herausforderungen einer förderlichen Ko-Evolution von Umwelt und Organisation zu leisten wäre.

Mit anderen Worten nimmt Management-Innovation die *Wertschöpfung der Management-Praxis selbst* auf den Prüfstand mit Fragen wie z.B.: Inwieweit kann die etablierte Management-Praxis (als ausdifferenzierte Funktion in einer Organisation als Wertschöpfungssystem) den aktuellen und absehbaren Herausforderungen gerecht werden, die sich aus der Ko-Evolution von Umwelt und Organisation ergeben? Wo liegen unausgeschöpfte Potenziale und Bedarf für eine gezielte Weiterentwicklung der Management-Praxis? Wie zweckmässig ist die gewachsene Management-Architektur?

Letztlich könnte man auch sagen: Management-Innovation beruht auf praktischer *Management-Philosophie*, verstanden als spezifische *epistemische Praxis*. Philosophie als epistemische Praxis zu verstehen, impliziert, dass ein Grundverständnis über Management nicht primär durch ein distanziertes Nachdenken Einzelner entsteht, sondern durch ein reflektiertes Engagement in der Management-Praxis, und durch immer wieder neue gemeinschaftliche und kontroverse Auseinandersetzungen zum Verständnis von wirksamer und verantwortungsbewusster Management-Praxis (Elkana, 1986; Knorr Cetina, 1999; Bourdieu, 2001; Latour, 1999; 2003). Im Zentrum steht dabei ein diszipliniertes Erkunden, Reflektieren und Erschliessen der komplexen Voraussetzungen und Folgen der gelebten Management-Praxis, innerhalb und zwischen Manager-Communities (Tsoukas, 1994; Czarniawska, 1999; Christensen & Raynor, 2003; Grand, 2003; Mintzberg, 2005; Van de Ven, 2007), aber auch im Austausch mit unterschiedlichsten Akteuren beispielsweise aus der Wissenschaft, der Beratung oder dem Journalismus.

In diesem Sinne erfordert Management-Innovation die Entwicklung von *Kontingenzbewusstsein* für die etablierte Management-Praxis. Damit ist das kommunikativ erarbeitete, gemeinsam geteilte Bewusstsein der Möglichkeit gemeint, dass es *zukünftig mit guten Gründen auch anders sein könnte, als es jetzt ist* – ein Denken und Experimentieren in Möglichkeiten und Alternativen. Hierzu ist es unabdingbar, die etablierte Management-Praxis selbst – in ihrer räumlichen und zeitlichen Verteiltheit, in ihren vielfältigen Voraussetzungen, Wechselwirkungen und gesellschaftlichen Konsequenzen, in ihrer Kontingenz – mit Hilfe einer sorgfältigen Selbstbeobachtung zu dekonstruieren und zu rekonstruieren (Tsoukas, 1994; Rüegg-Stürm & Grand, 2007).

Eine solche Selbstbeobachtung im Sinne einer konstruktiv-kritischen, gemeinsamen Selbstreflexion ist kein Selbstzweck und schon gar keine intellektuelle Spielerei. Im Zentrum steht vielmehr eine wechselseitig förderliche Ko-Evolution von erschlossener Umwelt, verantworteter Organisation und etablierter Management-Praxis. Dies erfordert eine möglichst vorausschauende Identifikation, Reflexion und Bearbeitung von *Veränderungsnotwendigkeiten* und *Entwicklungsmöglichkeiten* der gewachsenen Management-Praxis sowie sich daraus ergebender Kontroversen und Umwertungen. Beispielhaft kann dies an der Entwicklung heutiger Krankenhäuser gezeigt werden. Das Zusammenspiel von sich rasant entwickelnden medizinischen Fortschritten und des damit verbundenen Ressourcenbedarfs, von steigenden Ansprüchen seitens Patientinnen und Patienten und von begrenzten Ressourcen (staatliche Beiträge, regulierte Krankenkassenprämien) führt zu einer Vielzahl neuartiger Entscheidungsnotwendigkeiten, für welche die etablierte Management-Praxis in Krankenhäusern nur unzureichend vorbereitet ist (Rüegg-Stürm & Bachmann, 2012). Mit anderen Worten ist Management-Innovation gefragt, die konstruktiv mit den gewachsenen Bedingungen und Befindlichkeiten in Krankenhäusern umzugehen weiss.

Während Management-Innovation in der Management-Literatur lediglich als Spezialfall eines Veränderungsprozesses einzelner Management-Praktiken beschrieben wird (Birkinshaw, 2010), ist die Konzeption von *Management-Innovation als Management-Philosophie* im SGMM ungleich voraussetzungsreicher. Sie bedarf spezifischer Ressourcen (siehe Kapitel 1.0), insbesondere vielfältiger Möglichkeiten für ein gemeinschaftliches Reflektieren und für ein sorgfältiges experimentelles Weiterentwickeln der etablierten Management-Praxis (Weick, 1979; siehe Kapitel 0).

4.2 Management-Innovation benötigt Innovationsressourcen

Wenn sich die Praxis mit Management-Innovation auseinandersetzt, geschieht das in der Regel in Form von Ausbildungs- und Weiterbildungsanstrengungen. Als zentrale Ressource für Management-Innovation werden dabei einzelne Individuen („High Potentials") betrachtet, die als talentiert identifiziert und dann gezielt gefördert werden. Durch den Besuch von MBA-Programmen oder anderen Management-Aus- und -Weiterbildungen sollen sie sich mit dem State-of-the-Art „des Managements" auseinandersetzen – in der Hoffnung, dass sich durch neues Wissen Einzelner die Management-Praxis professionalisieren und weiterentwickeln lässt. Dies erklärt, warum solche Kursangebote der Business Schools boomen, obwohl ihre Wirksamkeit aus mehreren Gründen seit Längerem kritisch gesehen wird (Mintzberg, 2004).

Dabei wird argumentiert, dass solchen Lehrgängen ein *kognitivistisch verkürztes Verständnis von Wissen* zugrunde liegt, das sich vereinfachend wie folgt umschreiben lässt: Wissen ist etwas, was man sich aneignen kann und dann im Kopf hat. Wissen ist weiter etwas, was man in der Alltagspraxis direkt und problemlos anwenden und im Sinne eines „Knowledge Transfers" auch weitergeben kann. Zudem greifen diese Ausbildungsanstrengungen in vielen Fällen auf ein *individualistisches Organisations- und Management-Verständnis* zurück, dem die implizite Annahme zugrunde liegt, dass eine Organisation lernt und erfolgreicher wird, wenn *einzelne „Leaders"* lernen und etwas verändern wollen („When people grow, profits grow"; Koestenbaum, 1991). Nach diesem Management-Verständnis hängt Management-Innovation von lernfähigen, innovationswilligen „Leaders" ab – je mehr „Leaders" verfügbar sind, desto besser für eine Organisation und letztlich für die Gesellschaft insgesamt. Schliesslich liegt diesen Programmen meist ein *instrumentalistisches Steuerungsverständnis* zugrunde. Es dominiert die Vorstellung, dass die Management-Praxis durch die Aneignung, Entwicklung und Anwendung einzelner „Tools" und Instrumente wirksam weiterentwickelt oder gar neu gestaltet werden kann.

Das SGMM teilt die kritische Sicht auf ein solches Management- und damit auch Ausbildungsverständnis (Mintzberg, 2004; Tsoukas, 2005). Es will mit alternativen Perspektiven auf die Management-Praxis und die Etablierung eines Management-Modells als Reflexions-Sprache innovative Impulse für eine zukunftsfähige Weiterentwicklung der Aus- und Weiterbildung im Bereich der Management-Praxis leisten. Aus verschiedenen Überlegungen, die dem SGMM zugrunde liegen, folgt, dass *organisationsspezifisch relevantes Wissen* und die damit verbundenen Management-Praktiken *immer eingebettet* sind in eine arbeitsteilige, verteilte Praxis – als etwas, was diese Praxis gleichermassen verkörpert und vorstrukturiert (Nonaka, 1994; Cook & Brown, 1999; Tsoukas, 2005; Van de Ven & Johnson, 2006).

Deshalb kann Management-Innovation – bei einem Verständnis von Management als reflexiver Gestaltungspraxis – gerade nicht von einzelnen „Leaders" erbracht werden. Vielmehr ist hierzu ein *gemeinschaftlicher kommunikativer Effort* unterschiedlichster Manager-Communities erforderlich, bei dem die gewachsene Management-Praxis präzise in den Blick genommen wird, einschliesslich Beziehungsdynamiken zwischen und innerhalb solcher Communities (siehe dazu Abbildung 41).

Das SGMM betrachtet demzufolge nicht Individuen als kritische Ressource für Management-Innovation, sondern *Reflexionspraktiken* und *tragfähige, vertrauensvolle Beziehungen* zwischen und innerhalb von Manager-Communities, die das Gelingen von Management-Innovation wahrscheinlicher machen. Solche Beziehungen gewinnen insbesondere dann ein gutes Mass an hilfreicher, belastbarer Kollegialität, wenn bei der Reflexion der etablierten Management-Praxis nicht nur Sonnenseiten, „Best Practices" und „Success

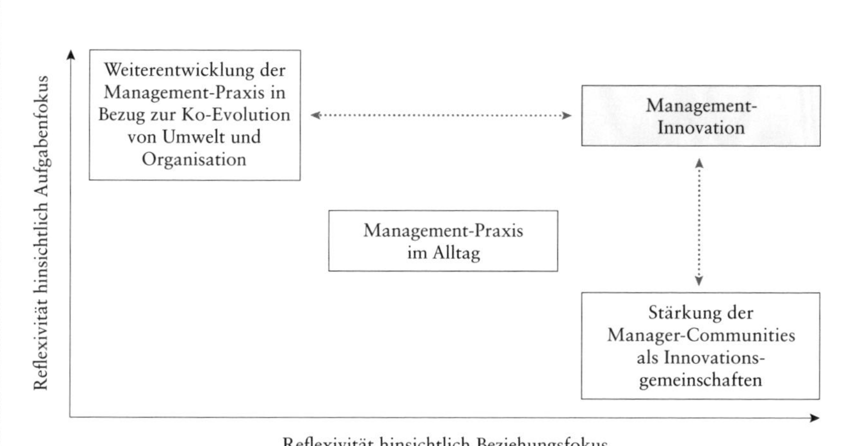

Abbildung 41 – Fokus und Intensität der Reflexivität von Management-Innovation (eigene Darstellung)
Anstrengungen der Management-Innovation fokussieren zum einen auf Kernaufgaben der Management-Praxis, d.h. auf die Reflexion und Gestaltung organisationaler Wertschöpfung und deren Weiterentwicklung. Bezugspunkt bilden dabei aktuelle und zukünftig absehbare unternehmerische Herausforderungen, die sich aus der Ko-Evolution von Umwelt und Organisation ergeben. Zum anderen geht es darum, dass sich Manager-Communities einer Organisation immer wieder neu zu produktiven Innovationsgemeinschaften zusammenfinden, die in der Lage sind, ihre eigene Reflexions- und Gestaltungsfähigkeit sicherzustellen, zu stärken und weiterzuentwickeln. Dabei spielt – bezogen auf eine spezifische Organisation – der Aufbau von Vertrauen und von geschützten Räumen für gemeinsames Reflektieren, Entwerfen und Experimentieren eine zentrale Rolle. Aus Sicht des SGMM müssen diese beiden Ausrichtungen von Reflexivität zwingend miteinander verbunden werden, wenn die Innovation der Management-Praxis tatsächlich gelingen und wirksam realisiert werden soll.

Cases“ diskutiert werden können. Viel wirkungsvoller ist es, wenn in einem geschützten Rahmen mit klaren Spielregeln der Kommunikation auch unerfreuliche Erfahrungen, problematische Entwicklungen und ärgerliche Dysfunktionalitäten benannt und hinterfragt werden.

Wenn das SGMM Management-Innovation als eine systematische Form von kreativer Selbstbeobachtung definiert, dann ist dies eine Aufgabe, welche die an dieser Praxis *Beteiligten selber* in einem gemeinschaftlichen Kommunikationsprozess leisten müssen. Ein solcher muss sorgfältig vorbereitet und strukturiert werden. Weil in jeder Management-Praxis das eine oder andere mit der Zeit routinisiert, zu einer Selbstverständlichkeit und damit zu einem blinden Fleck wird, ist eine *respektvolle Auseinandersetzung mit Neuem, Fremdem und Unkonventionellem* entscheidend, denn nur so lassen sich blinde Flecken entdecken und als wertvolle Inspirationsquelle nutzen (Weick, 1979; Christensen & Raynor, 2003). Deshalb ist es weiter wichtig, dass in den Kommunikationsprozess auch Fremdbeobachtungen einfliessen können, die nicht unmittelbar aus der etablierten Management-Praxis gewonnen worden sind. Dadurch kann das Selbstverständliche in seinem Voraussetzungsreichtum erkannt und benannt werden (Mintzberg, 2004).

Aus Sicht des SGMM lassen sich folglich verschiedene Innovationsressourcen identifizieren, die für wirksame Management-Innovation wesentlich sind:

- Eine erste Ressource für Management-Innovation sind Praktiken der Ermöglichung eines konstruktiven Zusammenspiels von *kreativer Fremdbeobachtung* und *kritischer Selbstbeobachtung*. Dieses Zusammenspiel steht im Dienste einer Dekonstruktion vorherrschender „Glaubensüberzeugungen" in der gewachsenen Management-Praxis (Hamel, 2006; 2007) und soll die experimentelle Verfertigung neuartiger Management-Praktiken unterstützen. Praktiken einer *kreativen Fremdbeobachtung* dienen dazu, die eigenen Erfahrungen sozusagen aus dem Blickwinkel anderer auf eine neue Weise zu sehen. Dies ermöglicht kreative Perspektivenwechsel und *kritische Selbstbeobachtungen,* aus denen ungewohnte Handlungsmöglichkeiten und neuartige Entwicklungsoptionen gewonnen werden können. Hierzu dient etwa der Erfahrungsaustausch mit anderen Manager-Communities.

  Besonders wertvoll ist es, wenn sich Manager-Communities aus unterschiedlichen Organisationen zu verbindlichen Innovationsgemeinschaften zusammenschliessen und sozusagen als Forschende in eigener Sache über Interviews, Beobachtungen oder Learning Journeys (forschungsmethodisch angeleitete Besuche spannender Organisationen durch Manager-Communities; Schumacher, 2015) die etablierte Management-Praxis der jeweils anderen Organisationen erkunden, in ihrem Zusammenwirken rekonstruieren und kritisch hinterfragen. Weitere Möglichkeiten sind eine Zusammenarbeit mit externen Experten oder Forschungspartnerschaften mit einer Wissenschaftsorganisation.

- Für all diese Aktivitäten ist als zweite Ressource eine *gemeinsame Reflexions-Sprache* erforderlich. Wenn Management-Innovation einer Reflexion der etablierten Management-Praxis dient, dann muss dabei auch die Frage gestellt werden, inwieweit die etablierte Management-Sprache im Vollzug der Management-Praxis ausreichend kohärent und differenziert ist. Mit anderen Worten muss die *Sprachfähigkeit der Management-Praxis* auf den Prüfstand gestellt werden. Demzufolge bilden nicht nur Management-Praktiken (Birkinshaw, 2010; Mol & Birkinshaw, 2009) einen wichtigen Bezugspunkt von Management-Innovation, sondern genauso die sorgfältige Weiterentwicklung einer gemeinsamen Management-Sprache (Czarniawska, 1999; Christensen & Raynor, 2003). Paradoxerweise erfordert genau dies selbst angemessene Sprach- und Kommunikationsformen. Hierzu muss ein Modell wie das SGMM einen Beitrag leisten: als Reflexions-Sprache.

- Diese Reflexions-Sprache kann auch wesentlich dazu beitragen, dass eine dritte Ressource differenziert erschlossen werden kann: die vielfältigen *Erfahrungen* der verantwortlichen Manager-Communities, also das Wissen, das von Communities-of-Practice kreiert, entwickelt und angewendet wird. Diese Erfahrungen können indessen nur dann als Ressourcen aktiviert werden, wenn sie *sprachfähig* und *explizit gemacht,* das heisst, in eine kommunikative Auseinandersetzung einfliessen können (Nonaka, 1994; Tsoukas, 2005). Genau hierzu ist eine Reflexions-Sprache erforderlich.

- Jede etablierte Management-Praxis ist dabei offen oder verdeckt mit Gestaltungs- und Machtansprüchen verbunden. Weil Management-Innovation über die offene Thematisierung spezifischer Sonnen- und Schattenseiten der gewachsenen Management-Praxis zu Veränderungen in den Gestaltungsmöglichkeiten und damit zu *Einflussverschiebungen* führen kann, weist sie ein hohes Destabilisierungspotenzial auf. Dieses kann für die organisationale Entwicklungsdynamik eine Opportunität und zugleich eine Gefahr sein. Umso wichtiger werden dann als vierte Ressource *stabilisierende Rahmenbedingungen* (klare Ownership, sorgfältige Erwartungsklärung und Erwartungssteuerung) und *geschützte Kontexte* zum Austesten neuartiger Management-Praktiken.

- *Massgeschneiderte Bildungsprogramme* können als fünfte Ressource dazu dienen, kreative Formen des Zusammenspiels von Selbst- und Fremdbeobachtung in einer Organisation *breiter abzustützen* und zu *skalieren.* Aus Sicht des SGMM sind Bildungsprogramme durch eine *systematische Verknüpfung* von Management-Innovation, Management als reflexiver Gestaltungspraxis, organisationaler Entwicklung und Persönlichkeitsentwicklung gekennzeichnet. Bildung ist also nicht individuumszentriert zu verstehen, sondern im Zentrum von Bildungsprogrammen steht die gemeinschaftliche Rekonstruktion und Weiterentwicklung eines förderlichen Zusammenspiels der *eigenen* Umwelt, der *eigenen* Organisation und der *eigenen* Management-Praxis.

  Das SGMM versteht dabei *Bildung als partnerschaftliche Reflexion,* die von Akteuren geleistet wird, die zwar unterschiedliche, aber gleichwertige Bildungs- und Erfahrungshintergründe einbringen. Ein geklärtes Verständnis von Bildung als partnerschaftlich-symmetrischer Reflexion und Inspiration verkörpert – gerade wenn Unternehmerinnen, Unternehmer und Fakultätsmitglieder aus Universitäten daran beteiligt sind – eine wichtige Voraussetzung für die *Formierung von tragfähigen Innovationsgemeinschaften* (im Sinne von „Communities-of-Practice“: Wenger, 1998).

- Im Hinblick auf die Eingebettetheit in die Gesellschaft und auf die Betroffenheit gesellschaftlicher Akteure, Communities und Organisationen durch unterschiedliche Formen der Management-Praxis ist es schliesslich wesentlich, als sechste Ressource *gesellschaftliche Kontroversen* zur Management-Praxis für Anstrengungen der Management-Innovation fruchtbar zu machen. Dies kann z.B. erreicht werden über ein systematisches Visualisieren gesellschaftsrelevanter Kontroversen (Latour, 2005), durch den dialogischen Einbezug wichtiger Individuen, Communities und Organisationen in die Reflexion oder durch den Entwurf und das experimentelle Austesten neuer Formen der Management-Praxis (siehe Kapitel 1).

4.3 Management-Innovation erfordert Reflexions- und Innovationspartnerschaften

Angesichts der skizzierten Vielfalt an Ressourcen, die für wirkungsvolle Management-Innovation wichtig sind, stellt sich die Frage nach effizienten Bündelungsmöglichkeiten. Diese Bündelungen müssen eine Organisation in die Lage versetzen, unterschiedliche Innovationsressourcen in ihrem Zusammenspiel optimal für die Reflexion und Weiterentwicklung der eigenen Management-Praxis einsetzen zu können. Dabei spielen zwei Elemente von Management-Innovation zusammen: zum einen *sorgfältig konzipierte Kommunikationsplattformen* für die erforderlichen Reflexionsanstrengungen und zum anderen *langfristig angelegte Reflexions- und Innovationspartnerschaften* zwischen unterschiedlichen Organisationen, unter Einbezug von Forschungspartnern aus der Wissenschaft (Rüegg-Stürm & Grand, 2007). Diese Partnerschaften leisten oft einen wesentlichen Beitrag für den Einbezug wichtiger kontroverser Perspektiven und Positionen.

Daraus eröffnen sich spannende Herausforderungen und Möglichkeiten für die Management-Forschung (Grand, 2003). Das SGMM versteht Reflexions- und Innovationspartnerschaften im Sinne des Konzepts der „Mode II Research“ (Gibbons et. al., 1994), d.h. als *Ko-Produktion von Wissen, Handlungsoptionen und Entwicklungsperspektiven* durch wissenschaftliche und unternehmerische Akteure und Organisationen. Wesentlich sind dabei eine *symmetrische, Gleichwertigkeit anerkennende Beziehung* zwischen allen Partnern und die *wechselseitige Bereitschaft, sich auf ungewohnte Perspektiven und Sprachformen einzulassen.* In einer solchen Partnerschaft ist beispielsweise deutlich geworden, dass die Management-Sprache in Krankenhäusern grundlegend weiterzuentwickeln ist. Beispielhaft zeigt sich dies am Begriff der Führung, der je nach Wirkungshorizont, Themenstellungen und hierzu geeigneten Bearbeitungsformen viel stärker differenziert werden muss (Rüegg-Stürm, 2008; Rüegg-Stürm & Bachmann, 2012). In einer anderen Partnerschaft wurde die Frage vertieft bearbeitet, wie im Übergang von der ersten zur zweiten Manager-Generation das eingespielte Repertoire von Management-Praktiken in Bezug zu einem neuen unternehmerischen Handlungskern verändert werden muss.

Für Management-Innovation – im Zusammenspiel von Management-Modellen und Management-Praxis – ist es in diesem Zusammenhang wichtig, Wissenschaft und Praxis, Theorie und Anwendung, „Rigor" (verstanden als diszipliniertes Beobachten und Denken) und „Relevance" nicht dichotom zu sehen, sondern durch dialogische Kooperationsformen in ein konstruktives Verhältnis zu setzen (Christensen & Raynor, 2003). Auch wenn diesbezüglich besonders die Managementwissenschaft vor grossen Herausforderungen steht (Kieser & Leiner, 2009), zeigt gerade die neuere Wissenschaftsforschung (Gibbons et al., 1994; Knorr Cetina, 1999; Latour, 1999; 2003; Grand, 2003) überzeugend, dass die Entstehung von neuartigem Wissen, von Innovationen und damit auch von Management-Innovation dort wahrscheinlicher wird, wo es gelingt, unterschiedliche Diskurse, heterogene Perspektiven und verschiedenartige Methoden in konstruktiven Auseinandersetzungen zusammenzuführen. Dies erfordert einen sorgfältigen Aufbau von wechselseitigem Verständnis und Vertrauen, was eher *in verbindlichen Kommunikationsgemeinschaften* gelingt. Sie sind die Voraussetzung für konstruktive gemeinschaftliche Reflexion und Innovation, gerade wenn eine wirksame und attraktive Management-Praxis selbst im Zentrum dieser Reflexion steht.

An einer Reflexions- und Innovationspartnerschaft, die zu dieser Art der Ko-Produktion von Wissen beiträgt, sind idealerweise mehrere Organisationen aus Praxis und Wissenschaft beteiligt. Im Zentrum steht dabei zum einen die wissenschaftliche Forschung, verstanden als *methodologisch disziplinierte Fremdbeobachtung* (etwa im Sinne eines „Grounded Theory Building": Glaser & Strauss, 1967; Strauss, 1987). Diese dient dazu, präzise und fundierte Beschreibungen, Interpretationen und Erklärungen der beobachteten Management-Praxis zu erarbeiten, um auf diese Weise ein neues Verständnis für diese Management-Praxis zu entwickeln. Zum anderen vermittelt die disziplinierte Auseinandersetzung mit Fremdbeobachtungen („mit einem Blick von aussen") auch im Erfahrungsaustausch zwischen unterschiedlichen Manager-Communities neue Erkenntnisse.

Dabei sind verschiedene Aspekte wichtig, die aus Sicht des SGMM diese Partnerschaften charakterisieren:

- Erstens ist Fremdbeobachtung als *wechselseitige, symmetrische Interaktion* zu verstehen (Latour, 2005; Tuckermann, 2013). Es interessiert nicht nur, wie sich aus dem Blick der Wissenschaft die beobachtete Management-Praxis beschreiben, interpretieren und erklären lässt, sondern umgekehrt genauso, wie sich aus dem Blick der Partner aus der Praxis wissenschaftliche Debatten interpretieren und weiterentwickeln lassen (Grand, 2003). Wesentlich für eine erfolgreiche Reflexions- und Innovationspartnerschaft ist demzufolge, dass immer wieder neue und heterogene Perspektiven, Erfahrungen und Wissensformen aufeinandertreffen, mit dem Potenzial, selbstverständlich Etabliertes kritisch zu hinterfragen und neue Möglichkeiten zu kreieren.

- Zweitens ist diese Beobachtung nicht als etwas Punktuelles zu verstehen, als einmalige fragebogengestützte Abfrage von Wahrnehmungen und Einschätzungen zur Entdeckung vorfindlicher Korrelationen und Kausalitäten, sondern als *gemeinsame Prozessforschung* (Langley, 1999; 2009; Pettigrew, 1990; siehe Kapitel 0). Prozessforschung zeichnet sich dadurch aus, dass sie den *Voraussetzungsreichtum,* die *Vernetztheit* und *Kontextabhängigkeit* unternehmerischer Ereignisse und Entwicklungen, die Bedeutung unterschiedlicher Kontexte und deren dynamische Wirkung im Zeitverlauf systematisch ernst nimmt. Dementsprechend ist Prozessforschung auf die Anwendung *kontextsensitiver, d.h. feldnaher und interaktiver Methoden* wie teilnehmender Beobachtungen oder qualitativer, oft auch narrativer Interviews und auf detaillierte Prozess-Rekonstruktionen und -Visualisierungen (siehe Kapitel 2) angewiesen. Was daraus resultiert, sind weder „gesicherte" Erkenntnisse (in Form zwingender „Kausalbeziehungen") noch Patentrezepte (in Form eines allgemeingültigen „how to fix the problem"), sondern *kreative Perspektiven, neue Grundverständnisse und Sprachformen* sowie generische Muster, wie sich komplexe organisationale Entwicklungen im Zusammenspiel von Umwelt, Organisation und Management über die Zeit entfalten können.

- Forschungsorientierte Reflexions- und Innovationspartnerschaften bedürfen drittens eines *Schutzraums für Experimente* und eines *grossen wechselseitigen Vertrauens,* das nur über längere Zeiträume hinweg aufgebaut werden kann. Nur so lassen sich in unvoreingenommenen, respektvollen Kommunikations- und Explorationsprozessen wichtige Ereignisse, Entwicklungen, Erfahrungen und deren Zustandekommen erkunden. Ein vertrauensfördernder Schutzraum für Experimente kann etwa durch Feedback-Workshops mit Praxis- und Wissenschaftsorganisationen, durch gemeinsam reflektierende Projektarbeit an unternehmerischen Aufgabenstellungen oder durch Learning Journeys in inspirative Praxiskontexte hergestellt werden.

- Die bei solchen Forschungsaktivitäten gewonnenen Erkenntnisse können viertens über *Bildungsprogramme* für Manager-Communities und Mitarbeitende skaliert und weiterentwickelt werden (Euler, 2009). Dabei ist Bildung nicht mit Ausbildung zu verwechseln (Bieri, 2007). Im Unterschied zu Ausbildung wird Bildung im Verständnis des SGMM nicht von Autoritäten „vermittelt", die über unhinterfragtes Wissen verfügen, sondern sie muss im *gemeinschaftlichen Austausch auf gleicher Augenhöhe kreiert und angeeignet* werden. Bildungsprogramme repräsentieren gedanklich offene und sozial geschützte *Reflexions- und Experimentierräume* (Rüegg-Stürm, 2011), in denen sich Innovationsgemeinschaften formieren können. So findet auch in Bildungsprogrammen Forschung als Ko-Produktion statt, im Zusammenspiel von Selbst- und Fremdbeobachtung, von Selbstexploration und Erfahrungsaustausch. Im Zentrum stehen dabei die etablierte Management-Praxis einerseits und die experimentelle Entwicklung neuer Management-Praktiken andererseits (siehe dazu Abbildung 42). Genau dies ist mit Bildung für „gesteigerte Reflexivität" gemeint: Sie macht eine kreative und konstruktiv-kritische Nutzung von Fremd- und Selbstbeobachtungen möglich.

Abbildung 42 – Wirkungen unterschiedlicher Bildungs- und Partnerschaftsformen (eigene Darstellung)

Reflexions- und Innovationspartnerschaften sind dadurch gekennzeichnet, dass sie versuchen, durch eine geschickte Integration von Selbst- und Fremdbeobachtung, Bildung und Forschung dazu beizutragen, die gewachsene Management-Praxis einer Organisation fundiert zu reflektieren, kreativ alternative Möglichkeiten zu entwerfen und möglichst anwendungsorientiert auszutesten. Auf diese Weise wird es möglich, die eingespielte Management-Praxis substanziell weiterzuentwickeln – und damit einen förderlichen Beitrag zur Ko-Evolution von Umwelt, Organisation und Management-Praxis zu leisten.

4.4 Das St. Galler Management-Modell ist eine Reflexions-Sprache für Management-Innovation

Management-Innovation ist einerseits organisationsspezifisch. Dazu können die beschriebenen Reflexions- und Innovationspartnerschaften beitragen. Andererseits ist es wesentlich, dass auch eine *gesellschaftliche Auseinandersetzung* mit aktuellen Formen der Management-Praxis stattfinden kann. Dies erfordert geeignete *öffentliche Kommunikationsplattformen,* die ein Mitwirken unterschiedlicher Individuen, Communities und Organisationen bei der Bearbeitung von Fragen der Management-Innovation zulassen. Wenn wir davon ausgehen, dass die aktuellen Debatten über „gutes" und „richtiges" Management auch als gesellschaftlich relevante Kontroversen zu interpretieren sind, dann stellt sich die Frage, in welcher geeigneten Form organisationsübergreifend umstrittene Aspekte und Wirkungen einer gesellschaftlich kontroversen Management-Praxis überhaupt konstruktiv reflektiert und diskutiert werden können (siehe Kapitel 0). Gefragt wären hierzu Dialogräume, die in kommunikativer Hinsicht reflexionsfreundlich gestaltet sind. Sie müssten den legitimen Schutzbedürfnissen der Dialog-Partner genauso gerecht werden wie ihrem Wunsch nach grundlegenden Innovationsimpulsen.

Aus der Perspektive des SGMM besteht diesbezüglich ein gewisses Vakuum. Denn ein Blick auf die grossen etablierten Wirtschaftssymposien zeigt, dass dort primär einzelne Individuen und ihre Eigenschaften, Fähigkeiten und Werthaltungen (z.B. die „Leaders of tomorrow") und spezifische Management-Herausforderungen (z.B. Globalisierung, Klimawandel, Ressourcenknappheit, Wirtschaftswachstum, Digitalisierung, Nachhaltigkeit, Risiko, Finanzsysteme, Generationenkonflikt, Gerechtigkeit und Macht) die Agenda dominieren. Demgegenüber sind die Management-Praxis selbst, d.h. die *Form der gemeinsamen Reflexion und konkreten Bearbeitung* dieser Herausforderungen durch Manager-Communities heutiger Organisationen und die daraus resultierenden Wirkungen auf die Gesellschaft, weitestgehend im blinden Fleck. Wichtige Voraussetzungen wären aus der Sicht des SGMM folglich geeignete Dialogformate und eine gemeinsame Sprache, damit *wichtige gesellschaftliche Voraussetzungen* und *Wirkungen* der Management-Praxis präzise artikuliert und sorgfältig reflektiert werden könnten – dies als Grundlage für deren gesellschaftlich erwünschte Weiterentwicklung.

Das SGMM leistet hierzu einen Beitrag, indem es eine Reflexions-Sprache für die Weiterentwicklung organisationsspezifisch etablierter Management-Sprachen bereitstellt. Eine solche muss dabei im Reflexions- und Gestaltungsprozess gemeinschaftlich weiterentwickelt, eingespielt und immer wieder neu geschärft werden. Das SGMM verkörpert in diesem Sinne eine *sprachgenerierende Ressource,* verstanden als Möglichkeit, einen *differenzierteren Zugang zur eigenen Management-Praxis und deren gesellschaftlichen Wirkungen* zu gewinnen. Zugleich ist eine Reflexions-Sprache auch wesentlich, um kritische Perspektiven und gesellschaftliche Kontroversen zur etablierten Management-Praxis sprachlich und bildlich darstellen und kollektiv bearbeiten zu können. Der Vorschlag des SGMM beispielsweise, Management nicht an dem festzumachen, was „Manager" tun, und damit einer Debatte zu entziehen, sondern Management als reflexive Gestaltungspraxis zu verstehen und damit die Distanznahme zur gelebten Praxis selbst in den Fokus zu nehmen, eröffnet neue Möglichkeiten für eine kritische und zugleich reflektierte Auseinandersetzung mit der Management-Praxis.

Aus der Perspektive des SGMM bilden *Sprache und Kommunikation selbst eine, wenn nicht die zentrale Voraussetzung für Innovation*, denn sie strukturieren und begrenzen das, was reflektiert und kritisiert, kommuniziert und realisiert werden kann (Anderegg, 1986). In Anlehnung an Wittgenstein (Wittgenstein, 1984; siehe Anleitung für einen guten Umgang mit dem Text) lässt sich formulieren, dass die Grenzen unserer Sprache nicht nur die Grenzen unserer Möglichkeiten im Umgang mit Welt und Wirklichkeit, sondern auch der Möglichkeiten von Management-Innovation verkörpern. In diesem Sinne beruht Management-Innovation auf *Sprachinnovation*. Eine ausreichend differenzierte gemeinsame Management-Sprache ist demzufolge als eine zentrale unternehmerische Ressource zu verstehen. Sie bildet die Voraussetzung für das experimentelle Entwerfen und Ausloten *wirksamer und wünschenswerter neuer Entwicklungsalternativen*, und dies immer mit gleichzeitigem Blick auf Management, Organisation und Umwelt.

Sprache allein reicht nicht aus, um die etablierte Management-Praxis möglichst differenziert rekonstruieren und weiterentwickeln zu können. Notwendig sind auch *förderliche Kommunikationskontexte*. Für Organisationen sind dies geeignete Kommunikationsplattformen, z.B. für die Strategiearbeit (siehe Kapitel 3). Für die Gesellschaft könnten *Universitäten als Orte des Wissens, der Aufklärung und Innovation als Kommunikationsplattformen dienen*. Wirtschaftsuniversitäten und Business Schools können diese Aufgabe allerdings nur wahrnehmen und dadurch zu einer gesellschaftlichen Auseinandersetzung mit der Management-Praxis beitragen, wenn sie sich nicht über den Transfer von unhinterfragtem oder gar unhinterfragbarem Wissen, über die Vermittlung vorgegebener Management-Vorstellungen, über die Fokussierung auf ein instrumentelles Management-Verständnis oder über das Erbringen von festgefügten Dienstleistungen definieren (Mintzberg, 2004).

Ausgangspunkt muss vielmehr die Vorstellung sein, dass *unser Management-Wissen* genauso wie die Management-Praxis *selbst kritisierbar, revidierbar und zudem kontextabhängig* sind, was seinerseits der Generalisierung (und Kommerzialisierung) von Erkenntnissen Grenzen setzt. Immer wenn Wissen und Praxis neu interpretiert werden, schwingen Wertvorstellungen und spezifische Kontextbedingungen mit (Elkana, 1986; Elkana & Klöpper, 2012). Diese explizit zur Sprache zu bringen, zu reflektieren und offen zu diskutieren, ist Voraussetzung für eine Management-Innovation, die sich auch an gesellschaftlichen Entwicklungsanliegen orientiert.

Dabei geht es nicht nur darum, sich mit Umwelt, Organisation und Management auseinanderzusetzen, „wie sie sind", sondern Alternativen zu erarbeiten und wünschenswerte Entwürfe mitzugestalten, *„wie sie sein könnten"*. Mit einem solchen Selbstverständnis könnten Universitäten und Business Schools eine glaubwürdige Antwort auf die Kritik geben, mit der sie sich im Gefolge unterschiedlicher Wirtschafts-, Finanz- und Management-Krisen konfrontiert sahen und auch zukünftig sehen könnten. Auf den Punkt gebracht, meint dies: „Die Universität müsste also auch der Ort sein, an dem nichts ausser Frage steht" (Derrida, 2001) – weder in der Forschung noch in der Lehre oder in der Weiterbildung.

4.5 Das St. Galler Management-Modell durchläuft selbst eine wiederholte Innovation

Das SGMM dient seit gut vierzig Jahren als Reflexions-Sprache für die Auseinandersetzung mit der Management-Praxis. Das ist nur möglich, weil das SGMM fortlaufend weiterentwickelt worden ist: im Gespräch mit der unternehmerischen Praxis, mit der Scientific Community und mit vielen Studierenden. Aufgrund seines Fokus auf grundlegende Dimensionen der Management-Praxis im Sinne eines „Leerstellengerüsts für Sinnvolles" (siehe Kapitel 0) ist das SGMM einerseits durch wesentliche Eigenschaften und Prinzipien gekennzeichnet, die sich für die Bearbeitung von Management-Herausforderungen über Jahrzehnte als hilfreich erweisen. Seit der 1. Generation des SGMM sind ein präzises Verständnis des Zusammenspiels von Umwelt und Organisation, eine fundierte Auseinandersetzung mit organisationaler Wertschöpfung oder ein differenzierter Bezug zu einem normativen Sinnhorizont aktuell und zentral.

Andererseits haben sich die Management-Herausforderungen, aber auch die sprachlichen Möglichkeiten zu deren Bearbeitung weiterentwickelt. Dank der Weiterentwicklung der neueren Systemtheorie, dank dem „Practice Turn" und dem „Process Turn" in der Management- und Organisationsforschung verfügen wir heute über eine differenziertere Sprache, um organisationale Entwicklungsdynamiken oder Management als reflexive Gestaltungspraxis präzis beschreiben zu können. Zudem führt jede anwendungsbezogene Kontextualisierung des SGMM zu Erkenntnissen, die idealerweise auch als Impulse für die Weiterentwicklung des Modells selbst dienen.

In diesem Sinne hat sich das SGMM, bezogen auf Erfahrungen aus der Praxis, gesellschaftliche Kontroversen und Erkenntnisse aus der Forschung sukzessive weiterentwickelt.

So hat die 1. Generation des SGMM (Ulrich & Krieg, 1972; Ulrich, 1978; Malik, 1981, 2013b; Ulrich, 1984) vor allem Erfahrungen der vielfältigen *Eingebettetheit einer Organisation in unterschiedliche Umweltsphären* verdeutlicht, die in der Gestaltungspraxis und Wertschöpfung einer Organisation sorgfältig adressiert werden müssen. Auf diese Weise wurde ab Anfang der siebziger Jahre ein Verständnis von Management entwickelt, das nicht einfach im Dienste der ökonomischen Gewinnsteigerung einer Unternehmung steht, sondern das *Organisationen als vielfältigen Zwecken verpflichtete soziale Systeme* und *Management als gesellschaftliche Funktion* interpretiert.

Besonders innovativ war die Entwicklung eines Verständnisses von Organisation und Management als *Komplexitätsbewältigung* (Gomez, 1981; Ulrich, 1984). Eine solche Perspektive ist verbunden mit einer Anerkennung der

Unmöglichkeit einer technikähnlichen Gestaltung und Steuerung einer Organisation (Malik & Probst, 1981; Malik, 1984), mit einer Konzeptionalisierung von Organisationen als selbstorganisierenden Systemen (Probst, 1987) und mit der Aufforderung zur aktiven Auseinandersetzung mit Fragen der gesellschaftlichen Verantwortung (Dyllick, 1989).

Die 2. Generation des SGMM, das sogenannte St. Galler Management-Konzept (Bleicher, 1991; Pümpin & Prange, 1991; Gomez & Zimmermann, 1992; Schwaninger, 1994; Seghezzi, 1996), ist in einer Zeit entwickelt worden, in der Aspekte wie *Unternehmenskultur* und Unternehmensdynamik sowie Fragen der *Sinnstiftung* und *Ethik,* aber auch der *Corporate Governance* zunehmend in den Vordergrund rückten.

In der 3. Generation des SGMM (Rüegg-Stürm, 2003; Bieger, 2015; Bieker & Dyllick, 2006; Capaul & Steingruber, 2016; Dubs et al., 2009; Dubs, 2012; Füglistaller et al., 2012; Seghezzi et al., 2013) ist diese *kulturzentrierte Perspektive* auf Organisation und Management weiter ausdifferenziert und erweitert worden angesichts der wachsenden Bedeutung *prozessorientierter Organisationsformen* und der Notwendigkeit der Bewältigung von – inkrementellem oder gar radikalem – Wandel (Rüegg-Stürm, 2001); dies ist im Zusammenhang mit steigendem Wettbewerbsdruck und neuen Möglichkeiten der Informations- und Kommunikationstechnologie zu sehen.

Alle Entwicklungsschritte des SGMM bis zur vorliegenden 4. Generation wurden stets im Dialog mit der Praxis und vor dem Hintergrund gesellschaftlicher Herausforderungen erarbeitet. Ein Management-Modell ist aus dieser Perspektive also nie nur etwas *für* die Praxis, sondern immer auch etwas *aus* der Praxis.

Management-Innovation – Fragen zur unternehmerischen Reflexion

Die Management-Praxis kann für eine förderliche Weiterentwicklung Ihrer Organisation existenzrelevant sein. Dementsprechend wichtig ist es, für die Reflexion und Weiterentwicklung Ihrer etablierten Management-Praxis systematisch Raum und Zeit zu schaffen. Daraus ergeben sich aus Sicht des SGMM Fragen wie beispielsweise die folgenden:

- *Wo genau schaffen Sie den erforderlichen Raum und die Zeit, um Ihre eigene Management-Praxis und die damit verbundenen Erfahrungen konstruktiv-kritisch in den Blick zu bekommen und miteinander zu reflektieren?*

- *In welcher kommunikativen und prozessualen Form (z.B. Sprache, Medien, Plattformen) geschieht dies? Wer ist beteiligt, wer ist nicht beteiligt, wer sollte beteiligt sein?*

- *Was passiert mit den im Rahmen dieser Reflexion gewonnenen Einsichten? Wie werden diese Einsichten vertieft, experimentell durchgespielt und umgesetzt?*

- *In welcher Hinsicht und bei welchen Themenstellungen haben Sie den Eindruck, dass Sie mit der Ihnen vertrauten und in Ihrer Organisation gebräuchlichen Sprache immer wieder an Grenzen stossen?*

- *In welcher Form setzen Sie sich (im Sinne entsprechender Reflexions- und Innovationspartnerschaften) mit Organisationen aus vergleichbaren Tätigkeitsfeldern oder aus ganz anderen Kontexten auseinander?*

- *In welcher Form arbeiten Sie mit Partnern aus der Wissenschaft zusammen?*

Abbildungsverzeichnis

Literaturverzeichnis

Akrich, M., Callon, M., & Latour, B. (2006): *Sociologie de la traduction: Textes fondateurs*. Paris: Presses de l'École des Mines

Anderegg, J. (1986): „Bestimmt das Unbestimmte, schränkt es ein, benennt es treffend!" *Aulavortrag Nr. 38*. St. Gallen: Universität St. Gallen

Andersen, T. (Hrsg.): (2011): *Das reflektierende Team: Dialoge und Dialoge über die Dialoge*. Dortmund: modernes lernen

Apelt, M., & Tacke, V. (2012): *Handbuch Organisationstypen*. Wiesbaden: VS Verlag für Sozialwissenschaften

Auger, J. (2010): Alternative presents and speculative futures. In: Wiedmer, M. (Ed.): *Negotiating futures – design fiction: 6th Swiss Design Network Conference 2010*. Basel: Swiss Design Network, 42 – 57

Baecker, D. (1994): *Postheroisches Management: ein Vademecum*. Berlin: Merve Verlag

Baecker, D. (1999): *Organisation als System: Aufsätze*. Frankfurt a. M.: Suhrkamp

Baecker, D. (2003): *Organisation und Management: Aufsätze*. Frankfurt a. M.: Suhrkamp

Baecker, D. (2005): *Form und Formen der Kommunikation*. Frankfurt a. M.: Suhrkamp

Baecker, D. (2007): *Kommunikation*. Ditzingen: Reclam

Baecker, D. (2009): *Die Sache mit der Führung*. Wien: Picus

Baitsch, C. (1993): *Was bewegt Organisationen? Selbstorganisation aus psychologischer Perspektive*. Frankfurt a. M.: Campus

Baker, T., & Nelson, R. E. (2005): Creating something from nothing: Resource construction through entrepreneurial bricolage. *Administrative Science Quarterly, 50*, No. 2, 329 – 366

Barley, S. R., & Tolbert, P. S. (1997): Institutionalization and structuration: Studying the links between action and institution. *Organization Studies, 18*, No. 1, 93 –117

Barnard, C. (1938): *The functions of the executive*. Cambridge, MA: Harvard University Press

Barney, J. B. (1991): Firm resources and sustained competitive advantage. *Journal of Management, 17*, No. 1, 99 – 120

Bass, B. (2008): *The Bass handbook of leadership: Theory, research, and managerial applications*. 5th edition, New York, NY: Free Press

Bateson, G. (1985): *Ökologie des Geistes: Anthropologische, psychologische, biologische und epistemologische Perspektiven*. Frankfurt a. M.: Suhrkamp

Becker, M. C. (2004): Organizational routines: A review of the literature. *Industrial and Corporate Change, 13*, No. 4, 643 – 677

Becker, M. C. (Ed.). (2008): *Handbook of organizational routines.* Cheltenham: Edward Elgar

Belz, C., & Bieger, T. (2006): *Customer-Value. Kundenvorteile schaffen Unternehmensvorteile.* 2. Auflage, Landsberg am Lech: mi-Fachverlag

Bennis, W. G. (1989): *On becoming a leader.* Boston, MA: Addison-Wesley

Berger, P. L., & Luckmann, T. (1966): *The social construction of reality: A treatise in the sociology of knowledge.* Garden City, NY: Anchor

Beritelli, P., Laesser, C., Reinhold, S., & Kappler, A. (2013): *Das St. Galler Modell für Destinationsmanagement: Geschäftsfeldinnovation in Netzwerken.* St. Gallen: IMP-HSG

Beschorner, T. (2007): Unternehmensethik: Theoretische Perspektiven für eine proaktive Rolle von Unternehmen. In: Hoffmann, E., Siebenhüner, B., Beschoner, T., Arnold, M., Behrens, T. , Barth V. & Vogelpohl, K. (Hrsg.): *Gesellschaftliches Lernen und Nachhaltigkeit.* Marburg: Metropolis, 73 – 96

Bettis, R. A., & Prahalad, C. K. (1995): The dominant logic: Retrospective and extension. *Strategic Management Journal, 16*, No. 1, 5 – 15

Bieger, T. (2015): *Das Marketingkonzept im St. Galler Management-Modell.* 2. Auflage, Bern: Haupt

Bieger, T., Tomczak, T., & Reinecke, S., (2009): Normative Orientierungsprozesse. In: Dubs, R. Euler, D., Rüegg-Stürm, J. & Wyss, C. E. (Hrsg.): *Einführung in die Managementlehre.* 2. Auflage, Bern: Haupt, 115 – 167

Bieker, T., & Dyllick, T. (2006): Nachhaltiges Wirtschaften aus management-orientierter Sicht. In: Tiemeyer, E. & Wilbers, K. (Hrsg.): *Berufliche Bildung für nachhaltiges Wirtschaften.* Bielefeld: Bertelsmann, 87 – 106

Bieri, P. (2007): *Wie wäre es, gebildet zu sein?* Grünwald: Komplett-Media

Bieri, P. (2013): *Eine Art zu leben. Über die Vielfalt menschlicher Würde.* München: Hanser

Bijker, W. E. (1995): *Of bicycles, bakelites, and bulbs. Toward a theory of sociotechnical change.* Cambridge, MA: MIT Press

Bijker, W. E., Hughes, T. P., & Pinch, T. (1987): *The social construction of technological systems.* Cambridge, MA: MIT Press

Bijker, W. E., & Law, J. (Eds.). (1992): *Shaping technology/building society: Studies in sociotechnical change.* Cambridge, MA: MIT Press

Birkinshaw, J. (2010): *Reinventing management: Smarter choices for getting work done.* San Francisco, CA: Jossey-Bass

Birkinshaw, J., Hamel, G., & Mol, M. J. (2008): Management innovation. *Academy of Management Review, 33*, No. 4, 825 – 845

Bleicher, K. (1991): *Das Konzept integriertes Management.* Frankfurt a. M.: Campus

Boje, D. M. (2008): *Storytelling organizations.* London: Sage

Boland, R. J., & Tenkasi, R. V. (1995): Perspective making and perspective taking in communities of knowing. *Organization Science,* 6, No. 4, 350 – 372

Boltanski, L. (2009): *De la critique: Précis de sociologie de l'émancipation.* Paris: Gallimard

Boltanski, L., & Chiapello, È. (1999): *Le nouvel ésprit du capitalisme.* Paris: Gallimard

Boltanski, L., & Thévenot, L. (1991): *De la justification. Les économies de la grandeur.* Paris: Gallimard

Booms, M. (2011): Verantwortung, Macht und Führung. Ansätze einer ethisch-dialogischen Neubestimmung. In: Schmidt, M., Schank, C. & Vorbohle, K. (Hrsg.): *Führung und Verantwortung.* München: Rainer Hampp, 47 – 54

Bourdieu, P. (1977): *Outline of a theory of practice.* Cambridge: Cambridge University Press

Bourdieu, P. (2001): *Science de la science et réflexivité.* Paris: Raisons d'Agir Editions

Boutinet, J. P. (1990): *Anthropologie du projet.* Paris: Presses Universitaires de France

Bower, J. L. (1970): Planning within the firm. *The American Economic Review, 60,* No. 2, 186 – 194

Bower, J. L. (2007): *The CEO within: Why inside outsiders are the key to succession planning.* Boston, MA: Harvard Business School Press

Bower, J. L., & Gilbert, C. G. (Eds.). (2005): *From resource allocation to strategy.* New York, NY: Oxford University Press

Brown, J. S., & Duguid, P. (1991): Organizational learning and communities-of-practice: Toward a unified view of working, learning, and innovation. *Organization Science,* 2, No. 1, 40 – 57

Brown, J. S., & Duguid, P. (2001): Knowledge and organization: A social-practice perspective. *Organization Science, 12,* No. 2, 198 – 213

Brown, S. L., & Eisenhardt, K. M. (1997): The art of continuous change: Linking complexity theory and time-paced evolution in relentlessly shifting organizations. *Administrative Science Quarterly,* 42, No. 1, 1 – 34

Brown, T. (2009): *Change by design: How design thinking transforms organizations and inspires innovation.* New York, NY: HarperBusiness

Bruch, H., & Ghoshal, S. (2006): *Entschlossen führen und handeln. Wie erfolgreiche Manager ihre Willenskraft nutzen und Dinge bewegen.* Wiesbaden: GWV Fachverlage

Bruner, J. (1990): *Acts of meaning.* Cambridge, MA: Harvard University Press

Bucher, S., Merz, J., & Rüegg-Stürm, J. (2009): Evolutionäre Prozessoptimierung – nachhaltige Wirkungen durch kontextsensitives Vorgehen. *Schweizerische Ärztezeitung, 90* (36), 1391 – 1394

Burgelman, R. A. (2002): *Strategy is destiny: How strategy-making shapes a company's future.* New York, NY: Free Press

Bürgi, P. T., Jacobs, C. D., & Roos, J. (2005): From metaphor to practice in the crafting of strategy. *Journal of Management Inquiry, 14*, No. 1, 78 – 94

Buschor, F. (1996): *Baustellen in einer Unternehmung: Das Problem des unternehmerischen Wandels jenseits von Restrukturierungen. Resultate einer empirischen Untersuchung*. Bern: Haupt

Callon, M. (1986): Some elements of a sociology of translation: Domestication of the scallops and the fishermen of St Brieux Bay. In: Law, J. (Ed.): *Power, action and belief. A new sociology of knowledge?* London: Routledge, 196 – 229

Callon, M. (1998): *The laws of the market*. Oxford: Blackwell

Callon, M., Lascoumes, P., & Barthe, Y. (2001): *Agir dans un monde incertain. Essai sur la démocratie technique*. Paris: Seuil

Callon, M., Millo, Y., & Muniesa, F. (2007): *Market devices*. Hoboken, NJ: Wiley-Blackwell

Capaul, R., & Steingruber, D. (2016): *Betriebswirtschaft verstehen: Das St. Galler Management-Modell*. 3. Auflage, Berlin: Cornelsen

Carlile, P. R. (2004): Transferring, translating, and transforming: An integrative framework for managing knowledge across boundaries. *Organization Science, 15*, No. 5, 555 – 568

Cassirer, E. (2010): *Philosophie der symbolischen Formen*. 4 Bände. Hamburg: Felix Meiner Verlag

Chia, R., & Holt, R. (2009): *Strategy without design. The silent efficacy of indirect action*. Cambridge: Cambridge University Press

Choo, C. W., & Bontis, N. (2002): *The strategic management of intellectual capital and organizational knowledge*. New York, NY: Oxford University Press

Chopra, S., & Meindl, P. (2012): *Supply chain management: Strategy, planning and operation*. 5th Edition, Upper Saddle River, NJ: Prentice

Christensen, C. M. (1997): *The innovator's dilemma. When new technologies cause great firms to fail*. Boston, MA: Harvard Business School Press

Christensen, C. M., & Bower, J. L. (1996): Customer power, strategic investment, and the failure of leading firms. *Strategic Management Journal, 17*, No. 3, 197 – 218

Christensen, C. M., & Raynor, M. E. (2003): Why hard-nosed executives should care about management theory. *Harvard Business Review, 81*, No. 9, 67 – 74

Christensen, C. R., Andrews, K. R., Bower, J. L., Hamermesh, G., & Porter, M. E. (1982): *Business policy: Text and cases*. 5th edition, Homewood, IL: Irwin

Clarke, A. E. (2005): *Situational analysis: Grounded theory after the postmodern turn*. London: Sage

Cohen, M. D., March, J., & Olsen, J. P. (1972): A garbage can model of organizational change. *Administrative Science Quarterly, 17*, No. 1, 1 – 25

Conner, K. R., & Prahalad, C. K. (1996): A resource-based theory of the firm: Knowledge versus opportunism. *Organization Science, 7*, No. 5, 477 – 501

Cook, S. D. N., & Brown, J. S. (1999): Bridging epistemologies: The generative dance between organizational knowledge and organizational knowing. *Organization Science, 10*, No. 4, 381 – 400

Cooren, F., Kuhn, T., Cornelissen, J. P., & Clark, T. (2011): Communication, organizing and organization: An overview and introduction to the special issue. *Organization Studies, 32*, No. 9, 1149 – 1170

Crozier, M., & Friedberg, E. (1977): *L'acteur et le système*. Paris: Seuil

Cunliffe, A. L. (2014): *A very short, fairly interesting and reasonably cheap book about management*. 2nd edition, London: Sage

Czarniawska, B. (1997): *Narrating the organization: Dramas of institutional identity*. Chicago, IL: University of Chicago Press

Czarniawska, B. (1999): *Writing management*. New York, NY: Oxford University Press

Czarniawska, B. (2009): *A theory of organizing*. Cheltenham: Edward Elgar

Dachler, H.P. (1985): Allgemeine Betriebswirtschafts- und Managementlehre im Kreuzfeuer verschiedener sozialwissenschaftlicher Perspektiven. In: Wunderer, R. (Hrsg.): *Betriebswirtschaftslehre als Management- und Führungslehre*. Stuttgart: C. E. Poeschel, 203 – 235

Dachler, H. P. (1992): Management and leadership as relational phenomena. In: von Cranach, M., Doise, W. & Mugny, G. (Eds.): *Social representations and the social basis of knowledge*. Lewiston, NY: Hogrefe & Huber, 169 – 178

Dachler, H. P., & Hosking, D. (1995): The primacy of relations in socially constructing organizational realities. In: Hosking, D., Dachler, H. P. & Gergen, K. J. (Eds.): *Management and organization: Relational alternatives to individualism*. Aldershot: Avebury, 1 – 28

Daft, R. L. (2013): *Organization theory and design*. 11th edition, Mason, OH: South-Western Cengage Learning

Daft, R. L., & Weick, K. E. (1984): Towards a model of organizations as interpretation systems. *Academy of Management Review, 9*, No. 2, 284 – 295

Dalucas, E. (2015): *Organisation und Fiktion: zur sinnstiftenden Gestaltung unternehmerischer Realitäten* (Dissertation). St. Gallen: Universität St. Gallen

Davenport, T. H. (1990): The new industrial engineering: Information technology and business process redesign. *Sloan Management Review, 31*, No. 4, 11 – 27

De Certeau, M. (1984): *The practice of everyday life*. Berkeley, CA: University of California Press

Derrida, J. (2001): *Die unbedingte Universität*. Frankfurt a. M.: Suhrkamp

Dosi, G. (1982): Technological paradigms and technological trajectories. A suggested interpretation of the determinants and directions of technical change. *Research Policy, 11*, No. 3, 147 – 162

Drucker, P. F. (1954): *The practice of management.* New York, NY: Harper & Row

Drucker, P. F. (1967): *The effective executive.* New York, NY: Harper & Row

Drucker, P. F. (1985): *Innovation and entrepreneurship.* New York, NY: HarperCollins

Drucker, P. F. (1993): *Post-capitalist society.* New York, NY: HarperCollins

Drucker, P. F. (2004): What makes an effective executive. *Harvard Business Review, 82*, No. 6, 58 – 63

Dubs, R. (2012): *Das St. Galler Management-Modell: Ganzheitliches unternehmerisches Denken.* Linz: Trauner

Dubs, R. (2015): *Normatives Management. Ein Beitrag zu einer nachhaltigen Unternehmensführung und -aufsicht.* 3. umfassend überarbeitete Auflage, Bern: Haupt

Dubs, R., Euler, D., Rüegg-Stürm, J., & Wyss, C. E. (Hrsg.). (2009): *Einführung in die Managementlehre.* 2. Auflage, Bern: Haupt

Dunne, A., & Raby, F. (2013): *Speculative everything: Design, fiction, and social dreaming.* Cambridge, MA: MIT Press

Dutton, J. E., & Ashford, S. J. (1993): Selling issues to top management. *Academy of Management Review, 18*, No. 3, 397 – 428

Dutton, J. E., & Dukerich, J. (1991): Keeping an eye on the mirror: The role of image and identity in organizational adaptation. *Academy of Management Journal, 34*, No. 3, 517 – 554

Dutton, J. E., & Duncan, R. B. (1987): The creation of momentum for change through the process of strategic issue diagnosis. *Strategic Management Journal, 8*, No. 3, 279 – 295

Dyer, J. H., & Singh, H. (1998): The relational view: Cooperative strategy and sources of interorganizational competitive advantage. *Academy of Management Review, 23*, No. 4, 660 – 679

Dyllick, T. (1989): *Management der Umweltbeziehungen.* Wiesbaden: Gabler

Dyllick, T. (2003): Konzeptionelle Grundlagen unternehmerischer Nachhaltigkeit. In: Linne, G. & Schwarz, M. (Hrsg.): *Handbuch Nachhaltige Entwicklung.* Opladen: Leske und Budrich, 235 – 243

Eberle, T. S. (1984): *Sinnkonstitution in Alltag und Wissenschaft: der Beitrag der Phänomenologie an die Methodologie der Sozialwissenschaften.* Bern: Haupt

Eberle, T. S. (2000): *Lebensweltanalyse und Handlungstheorie: Beiträge zur Verstehenden Soziologie.* Konstanz: UVK

Eisenhardt, K. M., & Martin, J. (2000): Dynamic capabilities: What are they? *Strategic Management Journal, 21*(10 – 11), 1105 – 1121

Elkana, Y. (1986): *Anthropologie der Erkenntnis. Die Entwicklung des Wissens als episches Theater einer listigen Wissenschaft.* Frankfurt a. M.: Suhrkamp

Elkana, Y., & Klöpper, H. (2012): *Die Universität im 21. Jahrhundert.* Hamburg: Edition Körber-Stiftung

Eppler, M. J., Hoffmann, F., & Pfister, R. A. (2014): *Creability: Gemeinsam kreativ – innovative Methoden für die Ideenentwicklung in Teams.* Stuttgart: Schäffer-Poeschel

Erk, Ch. (2016): *Was ist ein System? Einführung in den klassischen Systembegriff.* Wien: LIT Verlag

Esposito, E. (2004): *Die Verbindlichkeit des Vorübergehenden: Paradoxien der Mode.* Berlin: Suhrkamp

Esposito, E. (2010): *Die Zukunft der Futures. Die Zeit des Geldes in Finanzwelt und Gesellschaft.* Heidelberg: Carl-Auer

Euler, D. (2009): Bildungsmanagement. In: Dubs, R., Euler, D., Rüegg-Stürm, J. & Wyss, C. E. (Hrsg.): *Einführung in die Managementlehre.* Bern: Haupt, 31 – 57

Feldman, M. S. (2000): Organizational routines as a source of continuous change. *Organization Science, 11,* No. 6, 611 – 629

Feldman, M. S. (2003): A performative perspective on stability and change in organizational routines. *Industrial and Corporate Change, 12,* No. 4, 727 – 752

Feldman, M. S., & Orlikowski, W. J. (2011): Theorizing practice and practicing theory. *Organization Science, 22,* No. 5, 1240 – 1253

Feldman, M. S., & Pentland, B. T. (2003): Reconceptualizing organizational routines as a source of flexibility and change. *Administrative Science Quarterly, 48,* No. 1, 94 – 118

Fineman, S. (Ed.) (2000): *Emotion in organizations.* 2nd edition, London: Sage

Fleisch, E. (2001): *Das Netzwerkunternehmen: Strategien und Prozesse zur Steigerung der Wettbewerbsfähigkeit in der Networked Economy.* Berlin: Springer

Floyd, S. W., & Wooldridge, B. (2000): *Building strategy from the middle.* London: Sage

Follett, M. (1995): *Prophet of management. A Celebration of Writings from the 1920s.* Boston, MA: Harvard Business School

Foucault, M. (1971): *L'ordre du discours.* Paris: Gallimard

Franck, G. (1998): *Ökonomie der Aufmerksamkeit: Ein Entwurf.* München: Hanser

Franck, G. (2005): *Mentaler Kapitalismus: Eine politische Ökonomie des Geistes.* München: Hanser

Frankl, V. E. (1979): *Der Mensch vor der Frage nach dem Sinn.* München: Piper

Freeman, R. E. (1984): *Strategic management: A stakeholder approach.* Boston, MA: Pitman

Friedli, T., Thomas, S., & Mundt, A. (2013): *Management globaler Produktionsnetzwerke: Strategie – Konfiguration – Koordination.* München: Carl Hanser

Füglistaller, U., Müller, C., Müller, S., & Volery, T. (2012): *Entrepreneur-ship: Modelle – Umsetzung – Perspektiven. Mit Fallbeispielen aus Deutschland, Österreich und der Schweiz.* 3. Auflage, Wiesbaden: Gabler

Gaitanides, M. (2007): *Prozessorganisation. Entwicklung, Ansätze und Programme prozessorientierter Organisationsgestaltung*. 2. Auflage, München: Vahlen

Garud, R., & Karnøe, P. (2003): Bricolage versus breakthrough: Distributed and embedded agency in technology entrepreneurship. *Research Policy, 32*, No. 2, 277 – 300

Garud, R., Nayyar, P. R., & Shapira, Z. B. (Eds.). (1997): *Technological innovation: Oversights and foresights*. Cambridge: Cambridge University Press

Gassmann, O., Frankenberger, K., & Csik, M. (2013): *Geschäftsmodelle entwickeln: 55 innovative Konzepte mit dem St. Galler Business Model Navigator*. München: Hanser

Gassmann, O., & Granig, P. (2013): *Innovationsmanagement – 12 Erfolgsstrategien für KMU*. München: Hanser

Gergen, K. J. (1994): *Realities and relationships: Soundings in social construction*. Cambridge, MA: Harvard University Press

Gibbons, M., Limoges, C., Nowotny, H., Schwartzman, S., Scott, P., & Trow, M. (1994): *The new production of knowledge: The dynamics of science and research in contemporary societies*. London: Sage

Giddens, A. (1984): *The constitution of society*. Cambridge, MA: Polity

Gioia, D. A., & Chittipetti, K. (1991): Sensemaking and sensegiving in strategic change initiation. *Strategic Management Journal, 12*, No. 6, 433 – 448

Glaser, B., & Strauss, A. (1967): *The discovery of grounded theory*. Chicago, IL: Aldine

Golsorkhi, D., Rouleau, L., Seidl, D., & Vaara, E. (Eds.). (2015): *Cambridge – handbook of strategy as practice*. Cambridge: Cambridge University Press

Gomez, P. (1981): *Modelle und Methoden des system-orientierten Managements*. Bern: Haupt

Gomez, P., & Meynhardt, T. (2014): Public Value – Gesellschaftliche Wertschöpfung als unternehmerische Pflicht. In: Müller, C. & Zinth, C. P. (Hrsg.): *Management-perspektiven für die Zivilgesellschaft des 21. Jahrhunderts*. Wiesbaden: Springer Fachmedien, 17 – 26

Gomez, P., & Probst, G. (2007): *Die Praxis des ganzheitlichen Problemlösens: Vernetzt denken – unternehmerisch handeln – persönlich überzeugen*. Bern: Haupt

Gomez, P., & Zimmermann, T. (1992): *Unternehmensorganisation*. Frankfurt a. M.: Campus

Gomez, P. Y. (1994): *Qualité et théorie des conventions*. Paris: Economia

Gomez, P. Y. (1996): *Le gouvernement de l'entreprise*. Paris: InterEditions

Gomez, P. Y. (2001): *La république des actionnaires: Le gouvernement des entreprises, entre démocratie et démagogie*. Paris: Syros

Gomez, P. Y., & Jones, B. C. (2000): Conventions: An interpretation of deep structure in organizations. *Organization Science, 11*, No. 6, 696 – 708

Grand, S. (2003): Praxisrelevanz versus Praxisbezug der Forschung in der Managementforschung. *Die Betriebswirtschaft, 63*, No. 5, 599 – 604

Grand, S. (2016): *Routines, strategies and management: Engaging for recurrent creation 'at the edge'*. Cheltenham, UK: Edward Elgar

Grand, S., & Ackeret, A. (2012): Management knowledge: A process view. In: Schultz, M., Maguire, S., Langley, A., & Tsoukas, H. (Eds.): *Constructing identity in and around organizations*. Oxford: Oxford University Press, 261 – 305

Grand, S., & Bartl, D. (2011): *Executive Management in der Praxis. Entwicklung – Durchsetzung – Anwendung*. Frankfurt a. M.: Campus

Grand, S., Füglistaller, U., & Griesbach, D. (2011): Unternehmerische Handlungsfähigkeit schaffen: Eine wichtige Aufgabe des Verwaltungsrates. *Management Dossier Verwaltungsrat, 29*, 2 – 16

Grand, S., & Fust, A. (2011): „Unternehmerische Strategien" statt „Strategic Entrepreneurship": Zukunftsperspektiven für die unternehmerisch-strategische Forschung und Praxis. *Zeitschrift für KMU und Entrepreneurship, 59*, No. 3, 185 – 202

Grand, S., & Jonas, W. (Hrsg.). (2012): *Mapping design research*. Basel: Birkhäuser

Grand, S., Rüegg-Stürm, J., & von Arx, W. (2015): Constructivist paradigms: implications for strategy as practice research. In: Golsorkhi, D., Rouleau, L., Seidl, D. & Vaara, E. (Eds.): *Cambridge handbook of strategy as practice*. Cambridge: Cambridge University Press, 63 – 78

Grand, S., von Krogh, G., & Pettigrew, A. (1999): *Strategic thinking and acting under ambiguity*. Paper presented at the 15th Colloquium of the European Group of Organizational Studies, Warwick

Granovetter, M. (1985): Economic action and social structure: The problem of embeddedness. *American Journal of Sociology, 91*, No. 3, 481 – 510

Grant, R. M. (2013): *Contemporary strategy analysis: text and cases*. 8th edition, Chichester, UK: Wiley

Grant, D., Hardy, C., Oswick, C., & Putnam, L. (Eds.). (2004): *Organizational discourse*. London: Sage

Grichnik, D. (2006): Die Opportunity Map der internationalen Entrepreneurship-forschung: Zum Kern des interdisziplinären Forschungsprogramms. *Zeitschrift für Betriebswirtschaft, 76*, No. 12, 1303 – 1333

Griesbach, D., & Grand, S. (2013): Managing as transcending: An ethnography. *Scandinavian Journal of Management, 29*, No. 1, 63 – 77

Gross, P. (1994): *Die Multioptionsgesellschaft*. Frankfurt a. M.: Suhrkamp

Gutenberg, E. (1929): *Die Unternehmung als Gegenstand betriebswirtschaftlicher Theorie*. Berlin: Spaeth & Linde

Hacking, I. (1999): *Was heisst soziale Konstruktion? Zur Konjunktur einer Kampfvokabel in den Wissenschaften.* Frankfurt a. M.: Fischer

Hamel, G. (2006): The why, what, and how of management innovation. *Harvard Business Review, 84*, No. 2, 72 – 84

Hamel, G. (2007): *The future of management.* Boston, MA: Harvard Business School Press

Hamel, G., & Prahalad, C. K. (1994): *Competing for the future.* Boston, MA: Harvard Business School Press

Hammer, M. (1996): *Beyond reengineering: How the process-centered organization is changing our work and lives.* London: HaperColinsBusiness

Hammer, M., & Champy, J. (1993): *Reengineering the corporation.* London: Nicholas Brealey

Hammer, M., & Stanton, S. (1999): How Process Enterprises *Really* Work. *Harvard Business Review, 77*, 108 – 120

Hardy, C., Palmer, I., & Phillips, N. (2000): Discourse as a strategic resource. *Human Relations, 53*, No. 9, 1227 – 1248

Hargadon, A. (2003): *How breakthroughs happen: The surprising truth about how companies innovate.* Cambridge, MA: Harvard Business School Press

Hargadon, A., & Sutton, R. I. (1997): Technology brokerage and innovation in a product development firm. *Administrative Science Quarterly, 42*, No. 4, 716 – 749

Heintel, P., & Krainz, E. (1994): *Projektmanagement.* Wiesbaden: Gabler

Heracleous, L., & Jacobs, C. D. (2008): Crafting strategy: The role of embodied metaphors. *Long Range Planning, 41*, No. 3, 309 – 325

Hernes, T. (2008): *Understanding organization as process: Theory for a tangled world.* Abingdon: Routledge

Hernes, T. (2014): *A process theory of organization.* Oxford: Oxford University Press

Hernes, T., & Maitlis, S. (Eds.). (2010): *Process, sensemaking, and organizing.* Oxford: Oxford University Press

Herrmann, A., & Huber, F. (2013): *Produktmanagement: Grundlagen – Methoden – Beispiele.* 3. Auflage, Wiesbaden: Gabler

Hilb, M. (2009): *Integrierte Corporate Governance.* Berlin: Springer

Hirschi, C. (2012): Moderne Eunuchen? Offizielle Experten im 18. und 21. Jahrhundert. In: Reich, B., Rexroth, F. & Roick, M. (Hrsg.): *Wissen, massgeschneidert. Experten und Expertenkultur im Europa der Vormoderne.* München: Oldenburg, 289 – 327

Hosking, D., & Morley, I. (1991): *A social psychology of organizing. People, processes and contexts.* London: Harvester Wheatsheaf

Howard-Grenville, J. A. (2007): Developing issue-selling effectiveness over time: Issue selling as resourcing. *Organization Science, 18*, No. 4, 560 – 577

Imai, M. (1996): Kaizen. *Der Schlüssel zum Erfolg der Japaner im Wettbewerb.* Berlin: Ullstein

Imhof, K. (2014): Medien und Öffentlichkeit: Krisenanalytik. In: Karmasin, M., Rath, M., & Thomass, B. (Hrsg.): *Kommunikationswissenschaft als Integrationsdisziplin.* Wiesbaden: Springer VS, 341 – 366

Joas, H. (1992): *Die Kreativität des Handelns.* Frankfurt a. M.: Suhrkamp

Joas, H. (1997): *Die Entstehung der Werte.* Frankfurt a. M.: Suhrkamp

Joas, H., & Beckert, J. (2001): Action theory. In: Turner, J. H. (Ed.): *Handbook of sociological theory.* Berlin: Springer, 269 – 285

Johnson, G., Langley, A., Melin, L., & Whittington, R. (2007): *Strategy as practice: Research directions and resources.* Cambridge, MA: Cambridge University Press

Johnson, G., Melin, L., & Whittington, R. (2003): Guest editors' introduction: Micro-strategy and strategizing: Towards an activity-based view. *Journal of Management Studies, 40,* No. 1, 3 – 22

Jullien, F. (2005): *Conférence sur l'efficacité.* Paris: Presses Universitaires de France.

Kanter, R. M. (1983): *The change masters: corporate entrepreneurs at work.* London: Allen & Unwin

Kaplan, R. S., & Norton, D. P. (1996): *The balanced scorecard: Translating strategy into action.* Boston, MA: Harvard Business Press

Karpik, L. (2010): *Valuing the unique: The economics of singularities.* Princeton, NJ: Princeton University Press

Keller, R., Hirseland, A., Schneider, W., & Viehöver, W. (Hrsg.). (2011): *Handbuch sozialwissenschaftliche Diskursanalyse.* 3. Auflage, Heidelberg: Springer

Keynes, J. M. (1936): *The general theory of employment, interest, and money.* London: Macmillan

Kiefer, T. (2002): Understanding the emotional experience of organizational change: Evidence from a merger. *Advances in Developing Human Resources, 4,* No. 1, 39 – 61

Kieser, A., & Leiner, L. (2009): Why the rigour-relevance gap in management research is unbridgeable. *Journal of Management Studies, 46,* No. 3, 516 – 533

Kieser, A., & Walgenbach, P. (2010): *Organisation.* 6. Auflage, Stuttgart: Schäffer-Poeschel

Knight, F. (1921): *Risk, uncertainty and profit.* Boston, MA: Houghton Mifflin

Knoblauch, H. (2014): *Powerpoint, communication, and the knowledge society. Learning in doing: Social, cognitive and computational perspectives.* New York, NY: Cambridge University Press

Knorr Cetina, K. D. (1999): *Epistemic cultures: How the sciences make knowledge.* Cambridge, MA: Harvard University Press

Knorr Cetina, K. D., & Preda, A. (2006): *The sociology of financial markets.* Oxford: Oxford University Press

Koestenbaum, P. (1991): *Leadership: The inner side of greatness.* San Francisco, CA: Jossey-Bass

Kotter, J. P. (1982): *The general managers.* New York, NY: Free Press

Kouzes, J. M., & Posner, B. Z. (2010): *The truth about leadership.* San Francisco, CA: Jossey-Bass

Küpper, W., & Felch, A. (2000): *Organisation, Macht und Ökonomie: Mikropolitik und die Konstitution organisationaler Handlungssysteme.* Wiesbaden: Westdeutscher Verlag

Langley, A. (1999): Strategies for theorizing from process data. *Academy of Management Review, 24*, No. 4, 691 – 710

Langley, A. (2009): Studying processes in and around organizations. In: Buchanan, D. & Bryman, A. (Eds.): *The Sage handbook of organizational research methods.* Thousand Oaks, CA: Sage, 409 – 429

Langley, A., & Tsoukas, H. (2010): Introducing perspectives on process organizations studies. In: Hernes, T. & Maitlis, S. (Eds.): *Process, sensemaking, and organizing.* Oxford, NY: Oxford University Press, 1 – 21

Latour, B. (1999): *Pandora's hope: Essays on the reality of science studies.* Cambridge, MA: Harvard University Press

Latour, B. (2003): *Un monde pluriel, mais commun.* Paris: Editions de l'Aube

Latour, B. (2004): How to talk about the body? The normative dimension of science studies. *Body & Society, 10* (2 – 3), 205 – 229

Latour, B. (2005): *Reassembling the social: An introduction to actor-network-theory.* Oxford: Oxford University Press

Latour, B. (2007): *Das Parlament der Dinge. Für eine politische Ökologie.* Frankfurt a. M.: Suhrkamp

Latour. B. (2008): *Mapping controversies.* Retrieved from http://www.bruno-latour.fr/courses

Latour, B. (2012): *Enquête sur les modes d'existence.* Paris: La Découverte

Latour, B., & Weibel, P. (2005): *Making things public: Atmospheres of democracy.* Cambridge, MA: MIT Press

Lechner, C. (2006): *A primer to strategy process research.* Göttingen: Cuvillier

Leonard-Barton, D. (1992): The factory as a learning laboratory. *Sloan Management Review, 34*, No. 1, 23 – 38

Lessig, L. (1999): The law of the horse: What cyberlaw might teach. *Harvard Law Review, 113*, No. 2, 501 – 549

Luhmann, N. (1984): *Soziale Systeme. Grundriss einer allgemeinen Theorie.* Frankfurt a. M.: Suhrkamp

Luhmann, N. (1986): *Ökologische Kommunikation: Kann die moderne Gesellschaft sich auf ökologische Gefährdungen einstellen?* Opladen: Westdeutscher Verlag

Luhmann, N. (1988): Organisation. In: Küpper, W. & Ortmann, G. (Hrsg.): *Rationalität, Macht und Spiele in Organisationen*. Opladen: Westdeutscher Verlag, 165 – 185

Luhmann, N. (1989): *Vertrauen – Ein Mechanismus zur Reduktion von sozialer Komplexität*. 3. Auflage, Stuttgart: Enke

Luhmann, N. (1990): Risiko und Gefahr. In: Luhmann, N. (Hrsg.): *Soziologische Aufklärung 5*. Opladen: Westdeutscher Verlag, 131 – 169

Luhmann, N. (1997): *Die Gesellschaft der Gesellschaft*. Frankfurt a. M.: Suhrkamp

Luhmann, N. (2000): *Organisation und Entscheidung*. Heidelberg: Carl-Auer

Luhmann, N. (2002): *Einführung in die Systemtheorie*. Heidelberg: Carl-Auer

Luhmann, N. (2009): *Soziologische Aufkärung 3: Soziales System, Gesellschaft, Organisation*. 5. Auflage, Wiesbaden: VS Verlag für Sozialwissenschaften

Luhmann, N. (2012): *Macht*. 4. Auflage, Konstanz und München: UVK

Lukic, B., & Katz, B. (2010): *Nonobject*. Cambridge, MA: MIT Press

MacKenzie, D. (2008): *An engine, not a camera: How financial models shape markets*. Cambridge, MA: MIT Press

Maguire, S., & Hardy, C. (2013): Organizing processes and the construction of risk: A discursive approach. *Academy of Management Journal, 56*, No. 1, 231 – 255

Maitlis, S. (2005): The social processes of organizational sensemaking. *Academy of Management Journal, 48*, No. 1, 21 – 49.

Malik, F. (1981): *Management-Systeme*. Bern: Schweizerische Volksbank

Malik, F. (1984): *Strategie des Managements komplexer Systeme*. Bern: Haupt

Malik, F. (2013a): *Management: Das A und O des Handwerks*. 2. komplett überarbeitete und erweiterte Auflage, Frankfurt: Campus

Malik, F. (2013b): *Unternehmenspolitik und Corporate Governance: Wie Organisationen sich selbst organisieren*. 2. komplett überarbeitete und erweiterte Auflage, Frankfurt: Campus

Malik, F., & Probst, G. J. B. (1981): Evolutionäres Management. *Die Unternehmung, 35*, No. 2, 121 – 140

March, J. G. (1994): *A primer on decision making: How decisions happen*. New York, NY: Free Press

March, J. G., & Sutton, R. I. (1997): Organizational performance as a dependent variable. *Organization Science, 8*, No. 6, 697 – 706

Martens, W. (1989): *Entwurf einer Kommunikationstheorie der Unternehmung. Akzeptanz, Geld und Macht in Wirtschaftsorganisationen.* Frankfurt a. M.: Campus

Maturana, H., & Varela, F. (1987): *The tree of knowledge: The biological roots of human understanding*. Boston, MA: Shambhala

McGrath, R. G., & MacMillan, I. C. (2000): *The entrepreneurial mindset.* Boston, MA: Harvard Business School Press

McLuhan, M. (1964): *Understanding media: The extensions of man.* New York, NY: McGraw Hill

McLuhan, M., & Fiore, Q. (1967): *The medium is the message.* New York, NY: Bantam

Meynhardt, T. (2009): Public value inside: What is public value creation? *International Journal of Public Administration, 32*, No. 3, 192 – 219

Meynhardt, T. (2013): Public value: Organisationen machen Gesellschaft. *Zeitschrift für Organisationsentwicklung, 32*, No. 4, 4 – 7

Mintzberg, H. (1971): Managerial work: Analysis from observation. *Management Science, 18*, No. 2, B97 – B110

Mintzberg, H. (1987a): Crafting strategy. *Harvard Business Review, 65*, No. 4, 66 – 75

Mintzberg, H. (1987b): The strategy concept I: Five Ps for strategy. *California Management Review, 30*, No. 1, 11 – 24

Mintzberg, H. (2004): *Managers, not MBAs: A hard look at the soft practice of managing and management development.* San Francisco, CA: Berret-Koehler

Mintzberg, H. (2005): Developing theory about the development of theory. In: Smith, K. G. & Hitt, M. A. (Eds.): *Great minds in management: The process of theory development.* Oxford: Oxford University Press, 355 – 372

Mintzberg, H. (2009): *Managing.* San Francisco, CA: Berrett-Koehler

Mintzberg, H., Ahlstrad, B., & Lampel, J. (1998): *Strategy safari: a guided tour through the wilds of strategic management.* New York, NY: Free Press

Mintzberg, H., & Waters, J. (1985): Of strategies deliberate and emergent. *Strategic Management Journal, 6*, No. 3, 257 – 272

Mohr, L. B. (1982): *Explaining organizational behavior.* San Francisco, CA: Jossey-Bass

Mol, M. J., & Birkinshaw, J. (2009): The sources of management innovation: When firms introduce new management practices. *Journal of Business Research, 62*, No. 12, 1269 – 1280

Möller, K. (2006): *Wertschöpfung in Netzwerken.* München: Vahlen

Morgan, G. (1986): *Images of organization.* Beverly Hills, CA: Sage

Müller, M. (1999): *Prozessorientierte Veränderungsprojekte: Fallbeispiele des Unternehmenswandels* (Dissertation). St. Gallen: Universität St. Gallen

Müller-Stewens, G., & Brauer, M. (2009): *Corporate Strategy and Governance: Wege zur nachhaltigen Wertsteigerung im diversifizierten Unternehmen.* Stuttgart: Schäffer-Poeschel

Müller-Stewens, G., & Lechner, C. (2011): *Strategisches Management: wie strategische Initiativen zum Wandel führen: der St. Galler Management Navigator*. 4. Auflage, Stuttgart: Schäffer-Poeschel

Münkler, S., & Roesler, A. (2008): *Was ist ein Medium?* Frankfurt a. M.: Suhrkamp

Nagel, R. (2014): *Organisationsdesgin: Modelle und Methoden für Berater und Entscheider.* Stuttgart: Schäffer-Poeschel

Nagel, R., & Wimmer, R. (2014): *Systemische Strategieentwicklung: Modelle und Instrumente für Berater und Entscheider*. 6. Auflage, Stuttgart: Schäffer-Poeschel

Nassehi, A. (2015): *Die letzte Stunde der Wahrheit. Warum rechts und links keine Alternativen mehr sind und Gesellschaft ganz anders beschrieben werden muss.* Hamburg: Murmann

Nelson, R. R., & Winter, S. G. (1982): *An evolutionary theory of economic change.* Cambridge, MA: Harvard University Press

Neuberger, O. (1995): *Mikropolitik*. Stuttgart: Enke

Nicolini, D. (2013): *Practice theory, work, and organization: An introduction.* New York, NY: Oxford University Press

Noda, T., & Bower, J. L. (1996): Strategy making as iterative processes of resource allocation. *Strategic Management Journal, 17*, No. 1, 169 – 192

Nonaka, I. (1994): A dynamic theory of organizational knowledge creation. *Organization Science, 5*, No. 1, 14 – 37

North, D. C. (1990): *Institutions, institutional change and economic performance*. Cambridge: Cambridge University Press

Ohno, T. (1988): *Toyota production system: Beyond large-scale production.* New York, NY: Productivity Press

Orlikowski, W. J., & Scott, C. V. (2008): Sociomateriality: Challenging the separation of technology, work and organization. *Annals of the Academy of Management, 2*, No. 1, 433 – 474.

Orlikowski, W. J., & Yates, J. (1994): Genre repertoire: The structuring of communicative practices in organizations. *Administrative Science Quarterly, 39*, No. 4, 541 – 574

Ortmann, G. (2004): *Als ob: Fiktionen und Organisationen.* Wiesbaden: VS Verlag für Sozialwissenschaften

Ortmann, G. (2009): *Management in der Hypermoderne: Kontingenz und Notwendigkeit.* Wiesbaden: VS Verlag für Sozialwissenschaften

Osterloh, M., & Frost, J. (1996): *Prozessmanagement als Kernkompetenz: Wie Sie Business Reengineering strategisch nutzen können.*Wiesbaden: Gabler

Penrose, E. G. (1959): *The theory of the growth of the firm.* New York, NY: Wiley

Peteraf, M. (1993): The cornerstones of competitive advantage: A resource-based view. *Strategic Management Journal, 14*, No. 3, 179 – 191

Pettigrew, A. M. (1973): *The politics of organizational decision making.* London: Travistock

Pettigrew, A. M. (1977): Strategy formulation as a political process. *International Studies of Management and Organization, 7*, No. 2, 78 – 87

Pettigrew, A. M. (1987): Context and action in the transformation of the firm. *Journal of Management Studies, 24*, No. 6, 649 – 670

Pettigrew, A. M. (1990): Longitudinal field research on change: Theory and practice. *Organization Science, 1*, No. 3, 267 – 292

Pettigrew, A. M. (1992): The character and significance of strategy process research. *Strategic Management Journal, 13*, 5 – 16

Phillips, N., & Hardy, C. (2002): *Understanding discourse analysis.* Thousand Oaks, CA: Sage

Phillips, N., Lawrence, T. B., & Hardy, C. (2004): Discourse and institutions. *Academy of Management Review, 29*, No. 4, 635 – 652

Polanyi, M. (1966): *The tacit dimension.* Chicago, IL: University of Chicago Press

Porter, M. E. (1980): *Competitive strategy: Techniques for analyzing industries and competitors.* New York, NY: Free Press

Porter, M. E. (1985): *Competitive advantage: Creating and Sustaining Superior Performance.* New York, NY: Free Press.

Porter, M.E. (1996): What Is strategy? In: *Harvard Business Review, 74*, 6, 61 – 78

Powell, W. W., & DiMaggio, P. J. (Eds). (1991): *The new institutionalism in organizational analysis.* Chicago, IL: University of Chicago Press

Prahalad, C. K., & Bettis, R. A. (1986): The dominant logic: A new linkage between diversity and performance. *Strategic Management Journal, 7*, No. 6, 485 – 501

Prahalad, C. K., & Hamel, G. (1990): The core competence of the corporation. *Harvard Business Review, 68*, No. 3, 79 – 91

Probst, G. J. B. (1987): *Selbst-Organisation: Ordnungsprozesse in sozialen Systemen aus ganzheitlicher Sicht.* Berlin: Parey

Pümpin, C., & Prange, J. (1991): *Management der Unternehmensentwicklung: Phasengerechte Führung und der Umgang mit Krisen.* Frankfurt a. M.: Campus

Putnam, L. L., & Mumby, D. K., (Eds.). (2013): *The Sage handbook of organizational communication. Advances in theory, research, and methods.* 3rd edition, Los Angeles, CA: Sage

Reckwitz, A. (2002): Toward a theory of social practices: A development in culturalist theorizing. *European Journal of Social Theory, 5*, No. 2, 243-263

Reckwitz, A. (2012): *Die Erfindung der Kreativität: Zum Prozess gesellschaftlicher Ästhetisierung.* Berlin: Suhrkamp

Rüegg-Stürm, J. (1998a): Neuere Systemtheorie und unternehmerischer Wandel: Skizze einer systemisch-konstruktivistischen „Theory of the firm“ für das Management von tiefgreifenden Veränderungsprozessen. *Die Unternehmung, 52*, No. 1, 3 – 17

Rüegg-Stürm, J. (1998b): Implikationen einer systemisch-konstruktivistischen „Theory of the firm“ für das Management von tiefgreifenden Veränderungsprozessen. *Die Unternehmung, 52*, No. 2, 81 – 89

Rüegg-Stürm, J. (2000): Jenseits der Machbarkeit: Idealtypische Herausforderungen tiefgreifender unternehmerischer Wandelprozesse aus einer systemisch-relational-konstruktivistischen Perspektive. In: Schreyögg, G. & Conrad, P. (Hrsg.): *Organisatorischer Wandel und Transformation,* Managementforschung. Band 10. Wiesbaden: Gabler, 195 – 237

Rüegg-Stürm, J. (2001): *Organisation und organisationaler Wandel: Eine theoretische Erkundung aus konstruktivistischer Sicht.* Wiesbaden: Westdeutscher Verlag

Rüegg-Stürm, J. (2002): *Dynamisierung von Führung und Organisation – Eine Einzelfallstudie zur Unternehmensentwicklung von Ciba-Geigy 1987 – 1996.* Bern: Haupt

Rüegg-Stürm, J. (2003): *Das neue St. Galler Management-Modell.* 2. Auflage, Bern: Haupt

Rüegg-Stürm, J. (2008): Führung ist nicht gleich Führung… *Schweizerische Ärztezeitung, 89*, No. 23, 1025 – 1027

Rüegg-Stürm, J. (2011): Change Management reflexiv am konkreten Leben vermitteln. *OrganisationsEntwicklung, 1,* 42 – 44

Rüegg-Stürm, J., & Bachmann, A. (2012): Management im Spital – auch das noch?! In: Rüegg-Stürm, J. & Bieger, T. (Hrsg.): *Unternehmerisches Management – Herausforderungen und Perspektiven.* Bern: Haupt, 117 – 148

Rüegg-Stürm, J., & Grand, S. (2007): Handlung und Reflexion in Managementpraxis und Managementforschung: Konturen einer kreativen Beziehung. In: Eberle, T., Hoidn, S. & Sikavica, K. (Hrsg.): *Fokus Organisation: Sozialwissenschaftliche Perspektiven und Analysen.* Konstanz: UVK, 189 – 205

Rüegg-Stürm, J., & Gritsch, L. (2003): Die Bedeutung von Ritualen in Prozessen organisationalen Wandels. In: Nagel, E. (Hrsg.): *Welchen Wandel wollen wir? Ansätze und Perspektiven für die Gestaltung organisationaler Veränderungsprozesse. Luzerner Beiträge zur Betriebs- und Regionalökonomie.* Band 10. Chur: Rüegger, 49 – 76

Rüegg-Stürm, J., Müller, M., Tockenbürger, L., & Koller, W. (2009): Optimierung in Unternehmen. In: Dubs, R., Euler, D., Rüegg-Stürm, J. & Wyss, C. E. (Hrsg.): *Einführung in die Managementlehre.* Bern: Haupt, 223 – 252

Rumelt, R. P. (2011): *Good strategy / bad strategy: The difference and why it matters.* London: Profile

Rumelt, R. P., Schendel, D. E., & Teece, D. J. (Eds.). (1994): *Fundamental issues in strategy: A research agenda.* Boston, MA: Harvard Business School Press

Salvato, C. (2009): Capabilities unveiled: The role of ordinary activities in the evolution of product development processes. *Organization Science, 20*, No. 2, 384 – 409

Salvato, C., & Rerup, C. (2011): Beyond collective entities: Multilevel research on organizational routines and capabilities. *Journal of Management, 37*, No. 2, 468 – 490

Sarasvathy, S. D. (2008): *Effectuation: Elements of entrepreneurial expertise.* Cheltenham: Edward Elgar

Schatzki, T. R., Knorr Cetina, K. D., & von Savigny, E. (Eds.). (2001): *The practice turn in contemporary theory*. London: Routledge

Schedler, K., & Proeller, I. (2011): *New public management*. 5. Auflage, Bern: Haupt

Schedler, K., & Rüegg-Stürm, J. (Hrsg.). (2013): *Multirationales Management. Der erfolgreiche Umgang mit widersprüchlichen Anforderungen an die Organisation.* Bern: Haupt

Schein, E. (1985): *Organizational culture and leadership*. San Francisco, CA: Jossey-Bass

Schimank, U. (2010): Die funktional differenzierte kapitalistische Gesellschaft als Organisationsgesellschaft – eine theoretische Skizze. In: Endress, M. & Matys, T. (Hrsg.): *Die Ökonomie der Organisation – die Organisation der Ökonomie.* Wiesbaden: VS Verlag für Sozialwissenschaften, 33 – 61

Schmid, T. (2005): *Strategie als Kunst des Möglichen.* Wiesbaden: Deutscher Universitäts-Verlag

Schmid, W. (1998): *Philosophie der Lebenskunst: Eine Grundlegung.* Frankfurt a. M.: Suhrkamp

Schmid, W. (2013): *Dem Leben Sinn geben: Von der Lebenskunst im Umgang mit Anderen und der Welt.* Frankfurt a. M.: Suhrkamp

Schmidt, S. J. (2005): *Unternehmenskultur: Die Grundlage für den wirtschaftlichen Erfolg von Unternehmen.* 2. Auflage, Weilerswist-Metternich: Velbrück

Schön, D. A. (1983): *The reflective practitioner: How professionals think in action.* New York, NY. Basic Books

Schonert, T. (2008): *Interorganisationale Wertschöpfungsnetzwerke in der deutschen Automobilindustrie. Die Ausgestaltung von Geschäftsbeziehungen am Beispiel internationaler Standortentscheidungen.* Wiesbaden: Gabler

Schreyögg, G. (1999): Strategisches Management – Entwicklungstendenzen und Zukunftsperspektiven. *Die Unternehmung, 53*, No. 6, 387 – 407

Schreyögg, G. (2008): *Organisation: Grundlagen moderner Organisationsgestaltung.* Wiesbaden: Gabler

Schumacher, T. (2015): Linking action learning and inter-organisational learning: the learning journey approach. *Action Learning: Research and Practice, 12*, No. 3, 293 – 313

Schumpeter, J. A. (1942): *Capitalism, socialism and democracy.* London: Allen and Unwin

Schwaninger, M. (1994): *Managementsysteme*. Frankfurt a. M.: Campus

Seghezzi, H. D. (1996): *Integriertes Qualitätsmanagement: Das St. Galler Konzept.* München: Hanser

Seghezzi, H. D., Fahrni, F., & Friedli, T. (2013): *Integriertes Qualitätsmanagement: Der St. Galler Ansatz.* 4. Auflage, München: Hanser

Shane, S. (2003): *A general theory of entrepreneurship*. Cheltenham: Edward Elgar

Shane, S., & Venkataraman, S. (2000): The promise of entrepreneurship as a field of research. *Academy of Management Review, 25*, No. 1, 217 – 226

Shane, S., & Venkataraman, S. (2001): Entrepreneurship as a field of research: A response to Zahra and Dess, Singh, and Erikson. *Academy of Management Review, 26*, No. 1, 13 – 16

Shapira, Z. (1995): *Risk taking: A managerial perspective.* New York, NY: Russell Sage Foundation

Siegenthaler, H. (2005): Kulturelle Evolution, Tradition und Rationalität. In: Siegenthaler, H. (Hrsg.): *Rationalität im Prozess kultureller Evolution. Rationalitätsunterstellungen als eine Bedingung der Möglichkeit substantieller Rationalität des Handelns*. Tübingen: Mohr Siebeck. 3 – 29

Simon, F. B. (2006): *Einführung in Systemtheorie und Konstruktivismus.* Heidelberg: Carl-Auer

Simon, F. B. (2007): *Einführung in die systemische Organisationstheorie.* Heidelberg: Carl-Auer

Simon, H. A. (1996): *The sciences of the artificial.* 3rd edition, Cambridge, MA: MIT Press

Sloterdijk, P. (2013): Du musst dein Leben steigern! *Schweizer Monat,* Sonderdruck, Nr. 1006, 5 – 14

Spender, J. C. (1989): *The industry recipes: The nature and sources of managerial judgment*. Oxford: Blackwell

Spinosa, C., Flores, F., & Dreyfus, H. L. (1997): *Disclosing new worlds: Entrepreneurship, democratic action, and the cultivation of solidarity.* Cambridge, MA: MIT Press

Steiger, E. (2004): *Mit festem Schritt zum Abgrund.* Stansstad: Stansstad

Steyaert, C. (2007): Entrepreneuring as a conceptual attractor? A review of process theories in 20 years of entrepreneurship studies. *Entrepreneurship & Regional Development, 19*, No. 6, 453 – 477

Strauss, A. L. (1987): *Qualitative analysis for social scientists.* Cambridge: Cambridge University Press

Stücheli-Herlach, P., & Grand, S. (2014): Making strategies public. Strategiekommunikation und ihre Bedeutung für die Unternehmenspolitik. In: Kaufmann, R. & Hugi, A. (Hrsg.): *Innen- und Aussenpolitik von Unternehmen. Corporate Governance und Public Affairs in der Praxis – ein Managementbuch*. Bern: Stämpfli, 43 – 54

Suchman, L. (1987): *Human-machine reconfigurations: Plans and situated actions*. 2nd edition, Cambridge: Cambridge University Press

Suchman, M. C. (1995): Managing legitimacy: Strategic and institutional approaches. *Academy of Management Review, 20*, No. 3, 571 – 610

Sydow, J., Schreyögg, G., & Koch, J. (2009): Organizational path dependence: Opening the black box. *Academy of Management Review, 34*, No. 4, 689 – 709

Taleb, N. N. (2012): *Antifragile: Things that gain from disorder*. New York, NY: Random House

Taylor, J. R., & Van Every, E. J. (1999): *The emergent organization: Communication as its site and surface*. Mahwah, NJ: Lawrence Erlbaum

Taylor, J. R., & Van Every, E. J. (2011): *The situated organization: Case studies in the pragmatics of communication research*. New York: Routledge

Teece, D. J., Pisano, G., & Shuen, A. (1997): Dynamic capabilities and strategic management. *Strategic Management Journal, 18*, No. 7, 509 – 533

Tengblad, S. (Ed.). (2012): *The work of managers: Towards a practice theory of management*. Oxford: Oxford University Press

Thévenot, L. (2001): Pragmatic regimes governing the engagement with the world. In: Schatzki, T., Knorr Cetina, K. D. & von Savigny, E. (Eds.): *The practice turn in contemporary theory.* Abingdon: Routledge, 56 – 73

Thévenot, L. (2006): *L'action au pluriel: Sociologie des régimes d'engagement*. Paris: La Découverte

Thomä, D. (1996): *Lebenskunst und Lebenslust. Ein Lesebuch vom guten Leben.* München: C. H. Beck

Tichy, N. M., & Devanna, M. A. (1986): *The transformational leader*. New York, NY: Wiley

Tirole, J. (1988): *The theory of industrial organization*. Cambridge, MA: MIT Press

Tsoukas, H. (1994): What is management? An outline of a metatheory. *British Journal of Management, 5*, No. 4, 289 – 301

Tsoukas, H. (2005): *Complex knowledge*. Oxford: Oxford University Press.

Tsoukas, H., & Chia, R. (2002): On organizational becoming: Rethinking organizational change. *Organization Science, 13*, No. 5, 567 – 582

Tsoukas, H., & Knudsen, C. (2002): The conduct of strategy research. In: Pettigrew, A., Thomas, H. & Whittington, R. (Eds.): *Handbook of strategy and management*. London: Sage, 411 – 435

Tsoukas, H. (2017): Don't Simplify, Complexify: From Disjunctive to Conjunctive Theorizing in Organization and Management Studies. In: *Journal of Management Studies, 54*, 2, 132 – 153

Tuckermann, H. (2013): *Einführung in die systemische Organisationsforschung*. Heidelberg: Carl-Auer

Uebernickel, F., Brenner, W., Naef, T., Pukall, B., & Schindelholzer, B. (2015): *Design Thinking: Das Handbuch*. Frankfurt: Frankfurter Allgemeine Buch

Ulrich, H. (1968): *Die Unternehmung als produktives soziales System*. Bern: Haupt

Ulrich, H. (1978): *Unternehmungspolitik*. Bern: Haupt

Ulrich, H. (1984): *Management*. Bern: Haupt

Ulrich, H., & Krieg, W. (1972): *St. Galler Management-Modell*. Bern: Haupt

Ulrich, P., & Fluri, E. (1995): *Management. Eine konzentrierte Einführung*. 7. Auflage, Bern: Haupt.

Ulrich, P. (2008): *Integrative Wirtschaftsethik: Grundlagen einer lebensdienlichen Ökonomie*. 4. Auflage, Bern: Haupt

Ulrich, P. (2009): Normative Orientierungsprozesse. In: Dubs, R., Euler, D., Rüegg-Stürm, J. & Wyss, C. E. (Hrsg.): *Einführung in die Managementlehre*. 2. Auflage, Bern: Haupt, 363 – 377

Utterback, J. M. (1996): *Mastering the dynamics of innovation*. Boston, MA: Harvard Business Press

Vaara, E., & Whittington, R. (2012): Strategy-as-practice: Taking social practices seriously. *Academy of Management Annals*, 6, No. 1, 285 – 336

Van de Ven, A. (1993): Managing the process of organizational innovation. In: Huber, G. P. & Glick, W. H. (Eds.): *Organizational change and redesign: Ideas and insights for improving performance*. New York, NY: Oxford University Press, 269 – 294

Van de Ven, A. H. (2007): *Engaged scholarship: A guide for organizational and social research*. Oxford: Oxford University Press

Van de Ven, A. H., & Johnson, P. E. (2006): Knowledge for theory and practice. *Academy of Management Review*, *31*, No. 4, 802 – 821

Verganti, R. (2009): *Design-driven innovation: Changing the rules of competition by radically innovating what things mean*. Boston, MA: Harvard Business Review Press

von Foerster, H. (1984): Principles of self-organization – In a socio-managerial context. In: Ulrich, H. & Probst, G. J. B. (Eds.): *Self-organization and management of social systems: Insights, promises, doubts, and questions*. Berlin: Springer, 2 – 24

von Foerster, H. (1993): *Wissen und Gewissen. Versuch einer Brücke*. Frankfurt a. M.: Suhrkamp

von Foerster, H., von Glasersfeld, E., Hejl., P. M., Schmidt, S. J., & Watzlawick, P. (Hrsg.). (1992): *Einführung in den Konstruktivismus*. München: Piper

von Hayek, F.A. (1969): *Freiburger Studien: Gesammelte Aufsätze*. Tübingen: Mohr

von Hayek, F. A. (1972): *Theorie komplexer Phänomene*. Tübingen: Mohr

von Hippel, E. (1986): Lead users: A source of novel product concepts. *Management Science*, *32*, No. 7, 791 – 805 von Weizsäcker, E. (1986): Erstmaligkeit und Bestätigung als Komponenten der pragmatischen Information. In: Weizsäcker, E. (Hrsg.): *Offene Systeme I: Beiträge zur Zeitstruktur von Information, Entropie und Evolution.* 2. Auflage, Stuttgart: Klett-Cotta, 82 – 113

Walter-Busch, E. (1996): *Organisationstheorien von Weber bis Weick.* Amsterdam: Fakultas

Walzer, M. (1983): *Spheres of justice: A defense of pluralism and equality.* New York, NY: Basic

Watson, T. (1994): *In search of management. Culture, chaos and control in managerial work.* London: Routledge

Watson, T. (1995): Rhetoric, discourse and argument in organizational sense making: A reflexive tale. *Organization Studies, 16*, No. 5, 805 – 821

Watzlawick, P., Beavin, J. H., & Jackson, D. D. A. (1967): *Pragmatics of Human Communication: A study of interactional patterns, pathologies, and paradoxes.* NewYork, NY: Norton

Weber, M. (1921): *Wirtschaft und Gesellschaft.* Tübingen: Mohr

Weibel, A. (2004): *Kooperation in strategischen Wissensnetzwerken: Vertrauen und Kontrolle zur Lösung des sozialen Dilemmas.* Wiesbaden: Gabler

Weick, K. E. (1979): *The social psychology of organizing.* 2nd edition, New York, NY: McGraw-Hill

Weick, K. E. (1985): *Der Prozess des Organisierens.* Frankfurt a. M.: Suhrkamp.

Weick, K. E. (1995): *Sensemaking in organizations.* Thousand Oaks, CA: Sage

Weick, K. E. (1998): Introductory essay – Improvisation as a mindset for organizational analysis. *Organization Science, 9*, No. 5, 543 – 555

Weick. K. E., & Sutcliffe, K. M. (2001): *Managing the unexpected: Assuring high performance in an age of complexity.* San Francisco, CA: Jossey-Bass

Weick, K. E., Sutcliffe, K. M., & Obstfeld, D. (2005): Organizing and the process of sensemaking. *Organization Science, 16*, No. 4, 409 – 421

Weiss, M. (2011): *Management in Skizzen – Die Kraft der Bilder im Change Management.* Bern: Haupt

Wenger, E. (1998): *Communities of practice: Learning, meaning, and identity.* Cambridge: Cambridge University Press.

Wettstein, F. (2010): For better or for worse: Corporate responsibility beyond „do no harm". *Business Ethics Quarterly, 20*, No. 2, 275 – 283

Willke, H. (2005): *Systemtheorie II: Interventionstheorie: Grundzüge einer Theorie der Intervention in komplexe Systeme.* 4. Auflage, Stuttgart: Lucius & Lucius

Willke, H. (2006): *Systemtheorie I: Grundlagen: Eine Einführung in die Grundprobleme der Theorie sozialer Systeme.* 7. Auflage, Stuttgart: Lucius & Lucius

Willke, H. (2014): *Systemtheorie III: Steuerungstheorie: Grundzüge einer Theorie der Steuerung komplexer Sozialsysteme.* 4. Auflage, Stuttgart: Lucius & Lucius

Wimmer, R. (1999): Wider den Veränderungsoptimismus. Zu den Möglichkeiten und Grenzen einer radikalen Transformation von Organisationen. *Soziale Systeme, 5*, No. 1, 159 – 180

Wimmer, R. (2009): Führung und Organisation – zwei Seiten ein und derselben Medaille. *Revue für postheroisches Management, 4,* 20 – 33

Wimmer, R. (2011): Die Steuerung des Unsteuerbaren. In: Pörsken, B. (Hrsg.): *Schlüsselwerke des Konstruktivismus*. Wiesbaden: Springer, 520 – 547.

Wimmer, R. (2012): Die neuere Systemtheorie und ihre Implikationen für das Verständnis von Organisation, Führung und Management. In: Rüegg-Stürm, J. & Bieger, T. (Hrsg.): *Unternehmerisches Management: Herausforderungen und Perspektiven*. Bern: Haupt, 7 – 65

Wimmer, R. (2017): Führung und Change Management als Grundlage einer dauerhaften Wettbewerbsfähigkeit. In: Roehl, H. & Asselmeyer, H. (Hrsg.): *Organisation klug gestalten*. Stuttgart: Schäffer-Poeschel, 191 – 209

Wittgenstein, L. (1984): Philosophische Untersuchungen. In: J. Schulte (Hrsg.): *Tractatus logico-philosophicus, Tagebücher 1914 – 1916, Philosophische Untersuchungen*. Band 1. Frankfurt a. M: Suhrkamp, 228 – 580

Womack, J. P., Jones, D.T., & Roos, D. (1990): *The machine that changed the world.* New York, NY: Rawson

Wooldridge, B., Schmid, T., & Floyd, S. W. (2008): The middle management perspective on strategy process: Contributions, synthesis, and future research. *Journal of Management, 34*, No. 6, 1190 – 1221

Zellweger, T. M., & Astrachan, J. H. (2008): On the emotional value of owning a firm. *Family Business Review, 21*, No. 3, 347 – 363

Sachwortregister